面向“十二五”计算机辅助设计规划教材

SolidWorks 2012 辅助设计与制作技能基础教程

◎ 胡仁喜 闫聪聪 卢园 编著

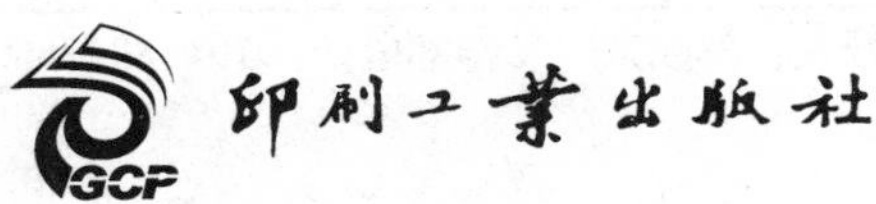

印刷工业出版社

内容提要

本书以SolidWorks 2012为蓝本，介绍了SolidWorks的基础知识与使用技巧。全书共分8章，内容包括SolidWorks 2012 辅助设计入门、草图绘制、基础特征建模、放置特征建模、曲面绘制、装配体绘制、工程图绘制和制动器设计综合实例。全书考虑初学者的学习特点，内容安排由浅入深，条理清晰，内容实用。每一章都采用基础知识点+案例的写作结构，帮助初学者快速掌握软件的基本用法并学习相关的设计技巧。最后一章介绍有代表性的综合案例，将本书的重点知识进行融合，从而锻炼读者的实际动手操作能力。本书精选了SolidWorks辅助设计的基础知识点，案例实用经典，具有较强的操作性和指导性。

本书提供实例所涉及的源文件和电子课件，读者可在印刷工业出版社网站（www.pprint.cn）下载。

本书可以作为大中专学校、相关领域培训班SolidWorks计算机辅助设计教程教材，也可作为从事工业设计和机械设计等相关行业的设计人员的自学教材和参考资料。

图书在版编目（CIP）数据

SolidWorks 2012 辅助设计与制作技能基础教程/胡仁喜,闫聪聪,卢园编著.
-北京:印刷工业出版社,2012.5
（职业技能竞争力课程解决方案）
ISBN 978-7-5142-0412-4

I.S… II. ①胡…②闫…③卢… III.计算机辅助设计－应用软件，SolidWorks 2012
－高等职业教育－教材 IV.TP391.72

中国版本图书馆CIP数据核字(2012)第028786号

SolidWorks 2012 辅助设计与制作技能基础教程

编　　著：胡仁喜　闫聪聪　卢　园

责任编辑：张　鑫
执行编辑：李　毅　　　　责任校对：岳智勇
责任印制：张利君　　　　责任设计：张　羽
出版发行：印刷工业出版社（北京市翠微路2号 邮编：100036）
网　　址：www.keyin.cn　　　www.pprint.cn
网　　店：//pprint.taobao.com
经　　销：各地新华书店
印　　刷：北京佳艺恒彩印刷有限公司

开　　本：787mm × 1092mm　1/16
字　　数：420千字
印　　张：15.75
印　　数：1～3000
印　　次：2012年5月第1版　2012年5月第1次印刷
定　　价：39.00元
I S B N ：978-7-5142-0412-4

如发现印装质量问题请与我社发行部联系　发行部电话：010-88275602

前言

SolidWorks 是一款基于 Windows 系统开发的三维 CAD 软件。该软件以参数化特征造型为基础，具有功能强大、易学、易用等特点，是当前最优秀的中档三维 CAD 软件之一。自从 1996 年 SolidWorks 进入中国以来，受到了广泛的好评，许多高等院校也将 SolidWorks 用作学生的教学和课程设计的首选软件。

新版 SolidWorks 2012 与 SolidWorks 2011 比起来，在草图绘制及特征设计等方面添加改进功能，使产品开发流程发生根本变革，并将软件操作速度、生成连续性工作流程、设计功能等提高到一个新的水平，新一代 SolidWorks 使现有产品和创新型新功能得到改进。

我们在教学及实际工作过程中发现，大多数学生和刚进入社会工作的毕业生仅仅学会了 SolidWorks 基本命令，在实际动手能力方面缺少实际设计经验。因此，我们编写了本书，希望能够通过基础知识点＋典型案例的写作方式详细剖析典型实例制作步骤，将知识点溶解于实际动手操作过程中，让读者充分了解使用 SolidWorks 进行辅助设计的工作流程，锻炼实际动手能力。本书主要有以下特点。

1. 图文并茂、内容充实

本书的执笔作者都是各科研院所从事计算机辅助设计教学研究或工程设计一线人员，具有丰富的教学实践经验与教材编写经验并能够准确地把握学生的学习心理与实际需求。本书以图文并茂的形式，详细介绍了 SolidWorks 辅助设计的基本功能及其操作方法，读者可在最短时间内迅速掌握 SolidWorks 的基础知识和使用技巧。

2. 案例真实、提高技能

书中的每个实例都是企业的真实零件，每一章都提供了独立、完整的零件制作过程，操作步骤都有简洁的文字说明和精美的图例展示。“授人以鱼不如授人以渔”，本书的实例安排本着“由浅入深，循序渐进”的原则，力求使读者“看得懂，学得会，用得上”，并能够学以致用，从而尽快掌握 SolidWorks 设计中的诀窍。

3. 经验技巧、基本流程

本书融入了作者在实际教学和工作中积累的经验和技巧，对一些需要提示和注意的知识点也进行了突出显示，这些在书中都有对应的小标志，使读者进一步接近实际工作案例，学习基本的实际工作流程。

本书以培养学生工程设计能力为主线，以实例为牵引全面地介绍了各种工业设计零件、装配图和工程图的设计方法与技巧。全书共由8章组成，第1章介绍了SolidWorks 2012入门的基础知识以及工作环境的设置；第2章介绍了草图绘制的相关知识和各种草图工具的应用；第3章讲述了SolidWorks基础特征建模和建模特征实例；第4章讲解如何放置特征建模；第5章介绍了曲面的创建、编辑等知识；第6章讲解如何绘制装配体；第7章介绍了工程图的绘制及其编辑和标注的方法；第8章是关于制动器设计综合实例，融合了全书的知识点，介绍了制动器设计的工作流程。本书在介绍的过程中，由浅入深，从易到难、循序渐进，注重基础实践应用环节中的教学训练，涵盖了计算机辅助设计课程的基本教学内容，可以作为大中专学校、相关领域培训班SolidWorks计算机辅助设计教程教材，也可供广大从事工业设计和机械设计等相关行业的设计人员参考使用，还可供初学者自学使用。

本书由胡仁喜、闫聪聪和卢园主编，刘昌丽、康士廷、王艳池、王培合、王义发、张日晶、王玮、王敏、王玉秋等参加了部分章节的编写工作。

本书由易锋教育总策划，读者若有任何意见和建议，可随时联系，联系QQ是yifengedu@126.com，亦可直接发送邮件到此邮箱，我们将尽快回复。本书提供配套教学资源，实例所涉及的源文件及电子课件，读者可在出版社网站（www.pprint.cn）下载。也可以通过上述联系方式联系我们索取。

由于时间仓促，加上编者水平有限，书中不足之处在所难免，望广大读者批评指正。

编 者

2012年3月

目录

CONTENTS

第1章

SolidWorks 2012入门

第2章

草图绘制

第3章

基础特征建模

第4章

放置特征建模

第5章
曲面绘制

第6章
装配体绘制

第7章
工程图绘制

第8章

制动器设计综合实例

第1章 SolidWorks 2012入门

本章导读

本章主要介绍 SolidWorks 软件的基本操作，如打开和关闭文件。同时简单介绍了软件术语，为后面章节的应用打下基础。

1.1 SolidWorks 2012简介

SolidWorks 是达索公司（Dassault Systemes S.A）下的子公司（专门负责研发与销售机械设计软件）推出的视窗产品。达索公司负责系统性的软件供应，并为制造厂商提供具有 Internet 整合能力的支援服务。

新推出的 SolidWorks 2012 在创新性、使用的方便性以及界面的人性化等方面都得到了增强，性能和质量有了大幅度的提高，同时开发了更多 SolidWorks 新设计功能，使产品开发流程发生了根本性的变革；支持全球性的协作和连接，增强了项目间的广泛合作。

SolidWorks 2012 在用户界面、草图绘制、特征、成本、零件、装配体、SolidWorks Enterprise PDM、Simulation、运动算例、工程图、出样图、钣金设计、输出和输入以及网络协同等方面都得到了增强，使用户可以更方便地使用该软件。本节将介绍 SolidWorks 2012 的一些基本操作。

1.1.1 启动 SolidWorks 2012

安装完成 SolidWorks 2012 后，就可以启动该软件了。在 Windows 操作环境下，选择屏幕左下角的“开始”→“所有程序”→“SolidWorks 2012”命令，或者双击桌面上 SolidWorks 2012 的快捷方式图标 SolidWorks 2012，就可以启动该软件。图 1-1 是几个 SolidWorks 2012 的随机启动画面。

启动画面消失后，系统进入 SolidWorks 2012 的初始界面，初始界面中只有菜单栏和“标准”工具栏，如图 1-2 所示，用户可在设计过程中根据自己的需要打开其他工具栏。

图1-1 SolidWorks 2012的随机启动画面

图1-2 SolidWorks 2012的初始界面

1.1.2 SolidWorks 术语

在学习使用一个软件之前，需要对这个软件中常用的一些术语进行简单的了解，从而避免对一些语言理解上的歧义。

1. 窗口

SolidWorks 文件窗口，如图 1-3 所示，有两个窗格。

图1-3　文件窗口

窗口的左侧窗格包含以下项目。

（1）FeatureManager 设计树。列出零件、装配体或工程图的结构。

（2）属性管理器。提供了绘制草图及与 SolidWorks 2012 应用程序交互的另一种方法。

（3）ConfigurationManager。提供了在文件中生成、选择和查看零件及装配体的多种配置的方法。

窗口的右侧窗格为图形区域，此窗格用于生成和操纵零件、装配体或工程图。

2．控标

控标允许用户在不退出图形区域的情形下，动态地拖动和设置某些参数，如图 1-4 所示。

3．常用模型术语（如图 1-5 所示）

（1）顶点：顶点为两条或多条直线或边线相交之处的点。顶点可选作绘制草图、标注尺寸以及许多其他用途。

（2）面：面为模型或曲面的所选区域（平面或曲面），模型或曲面带有边界，可帮助定义模型或曲面的形状。例如，矩形实体有 6 个面。

（3）原点：模型原点显示为蓝色，代表模型的(0,0,0)点坐标。当激活草图时，草图原点显示为红色，代表草图的 (0，0，0) 点坐标。尺寸和几何关系可以加入到模型原点，但不能加入到草图原点。

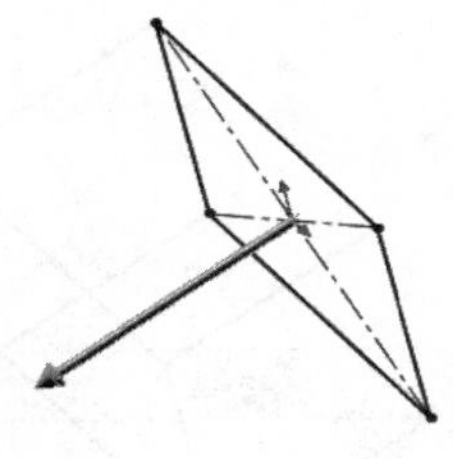

图1-4　控标

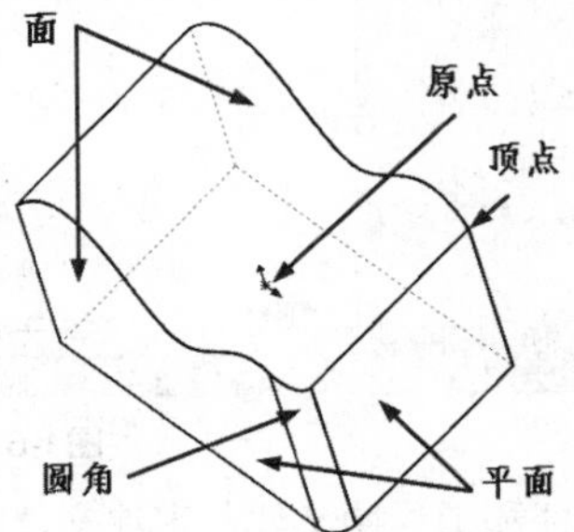

图1-5　常用模型术语

（4）平面：平面是平的构造几何体。平面可用于绘制草图、生成模型的剖面视图以及用于拔模特征中的中性面等。

（5）轴：轴为穿过圆锥面、圆柱体或圆周阵列中心的直线。插入轴有助于建造模型特征或阵列。

（6）圆角：圆角为草图内、曲面或实体上的角或边的内部圆形。

（7）特征：特征为单个形状，如与其他特征结合则构成零件。有些特征，如凸台和切除，则由草图生成。有些特征，如抽壳和圆角，则为修改特征而成的几何体。

（8）几何关系：几何关系为草图实体之间或草图实体与基准面、基准轴、边线或顶点之间的几何约束，可以自动或手动添加这些项目。

（9）模型：模型为零件或装配体文件中的三维实体几何体。

（10）自由度：没有由尺寸或几何关系定义的几何体可自由进行移动。在二维草图中，有 3 种自由度，沿 X 和 Y 轴移动以及绕 Z 轴旋转（垂直于草图平面的轴）。在三维草图中，有六种自由度，沿 X、Y 和 Z 轴移动，以及绕 X、Y 和 Z 轴旋转。

（11）坐标系：坐标系为平面系统，用来给特征、零件和装配体指定笛卡尔坐标。零件和装配体文件包含默认坐标系；其他坐标系可以用参考几何体定义，用于测量工具以及将文件输出到其他文件格式。

1.1.3 SolidWorks 用户界面

新建一个零件文件后，进入 SolidWorks 2012 用户界面，如图 1-6 所示。其中包括菜单栏、工具栏、特征管理区、图形区和状态栏等。

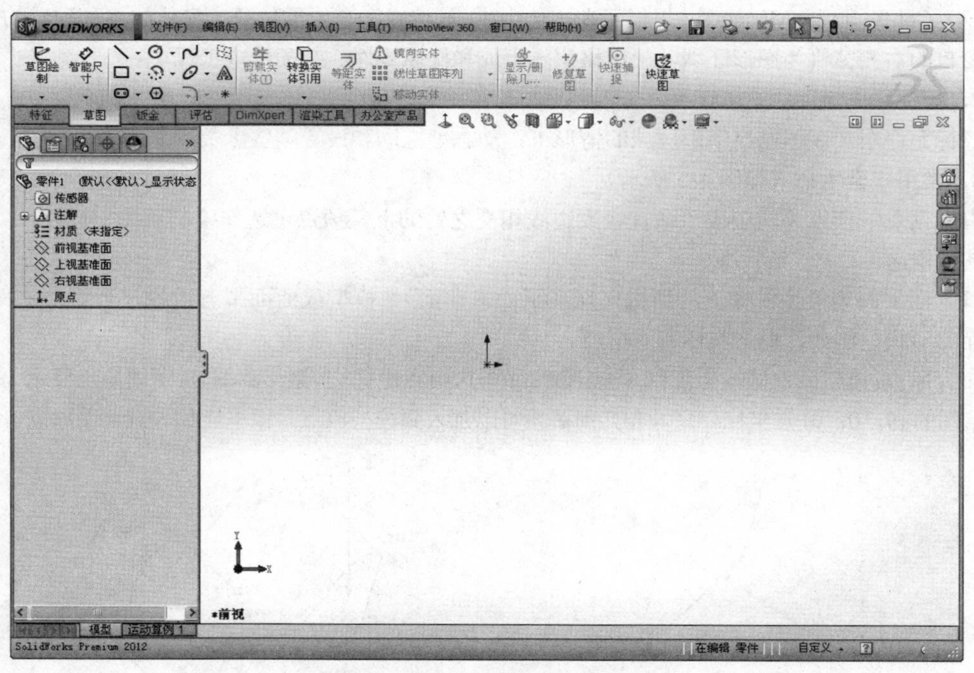

图1-6 SolidWorks的用户界面

装配体文件和工程图文件与零件文件的用户界面类似，在此不再赘述。

菜单栏包含了所有 SolidWorks 的命令，工具栏可根据文件类型（零件、装配体或工程图）来调整和放置并设定其显示状态。SolidWorks 用户界面底部的状态栏可以提供设计人员正在执行的功能的有关信息。下面介绍该用户界面的一些基本功能。

1．菜单栏

菜单栏显示在标题栏的下方，默认情况下菜单栏是隐藏的，只显示“标准”工具栏，如图 1-7 所示。

图1-7 “标准”工具栏

要显示菜单栏需要将鼠标指针移动到 SolidWorks 图标上或单击它，显示的菜单栏如图 1-8 所示。若要始终保持菜单栏可见，需要将“图钉”图标更改为钉住状态，其中最关键的功能集中在“插入”菜单和“工具”菜单中。

图1-8 菜单栏

通过单击工具栏按钮旁边的下移方向键，可以打开带有附加功能的弹出菜单。这样可以通过工具栏访问更多的菜单命令。例如，“保存”按钮的下拉菜单包括“保存”、“另存为”和“保存所有”命令，如图 1-9 所示。

SolidWorks 的菜单项对应于不同的工作环境，其相应的菜单以及其中的命令也会有所不同。在以后的应用中会发现，当进行某些任务操作时，不起作用的菜单会临时变灰，此时将无法应用该菜单。

如果选择保存文档提示，则当文档在指定间隔（分钟或更改次数）内保存时，将出现“未保存的文档通知”对话框，如图 1-10 所示。其中，包含“保存文档”和“保存所有文档”命令，它将在几秒钟后淡化消失。

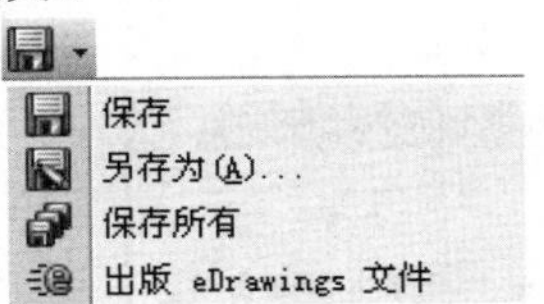

图1-9 “保存”按钮的下拉菜单

图1-10 “未保存的文档通知”对话框

2．工具栏

SolidWorks 中有很多可以按需要显示或隐藏的内置工具栏。选择菜单栏中的“视图”→“工具栏”命令，或者在工具栏区域右击，弹出“工具栏”菜单。选择“自定义”命令，在打开的“自定义”对话框中勾选“视图”复选框，会出现浮动的“视图”工具栏，可以自由拖动将其放置在需要的位置上，如图 1-11 所示。

此外，还可以设定哪些工具栏在没有文件打开时可显示，或者根据文件类型（零件、装配体或工程图）来放置工具栏并设定其显示状态（自定义、显示或隐藏）。例如，保持“自定义”对话框的打开状态，在 SolidWorks 用户界面中，可对工具栏按钮进行如下操作。

（1）从工具栏上的一个位置拖动到另一位置。

（2）从一个工具栏拖动到另一个工具栏。

（3）从工具栏拖动到图形区中，即从工具栏上将之移除。

有关工具栏命令的各种功能和具体操作方法将在后面的章节中作具体介绍。

在使用工具栏或工具栏中的命令时，将鼠标指针移动到工具栏图标附近，会弹出消息提示，显示该工具的名称及相应的功能，如图 1-12 所示，显示一段时间后，该提示会自动消失。

3．状态栏

状态栏位于 SolidWorks 用户界面底端的水平区域，提供了当前窗口中正在编辑的内容状态，以及鼠标指针位置坐标、草图状态等信息的内容。典型信息如下。

图1-11 调用“视图”工具栏

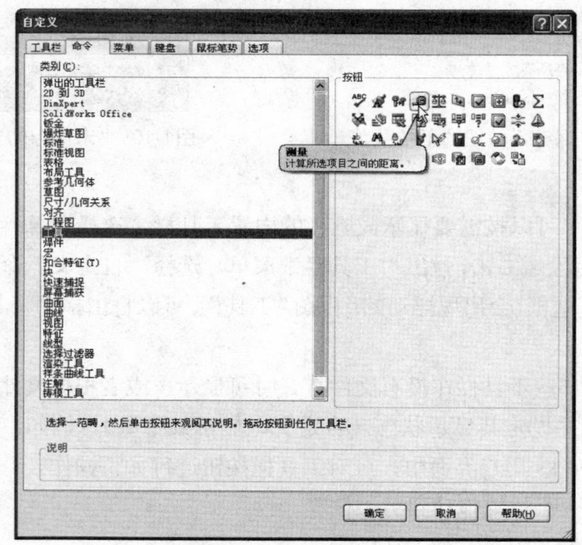

图1-12 消息提示

（1）重建模型图标：在更改了草图或零件而需要重建模型时，重建模型图标会显示在状态栏中。

（2）草图状态：在编辑草图过程中，状态栏中会出现 5 种草图状态，即完全定义、过定义、欠定义、没有找到解、发现无效的解。在零件完成之前，最好完全定义草图。

（3）快速提示帮助图标：它会根据 SolidWorks 的当前模式给出提示和选项，让使用更方便快捷，对于初学者来说这是很有用的。快速提示因具体模式而异，其中，表示可用，但当前未显示；表示当前已显示，单击可关闭快速提示；表示当前模式不可用；表示暂时禁用。

4. FeatureManager 设计树

FeatureManager 设计树位于 SolidWorks 用户界面的左侧，是 SolidWorks 中比较常用的部分，它提供了激活的零件、装配体或工程图的大纲视图，从而可以很方便地查看模型或装配体的构造情况，或者查看工程图中的不同图纸和视图。

FeatureManager 设计树和图形区是动态链接的。在使用时可以在任何窗口中选择特征、草图、工程视图和构造几何线。FeatureManager 设计树可以用来组织和记录模型中各个要素及要素之间的参数信息和相互关系，以及模型、特征和零件之间的约束关系等，几乎包含了所有设计信息。FeatureManager 设计树如图 1-13 所示。

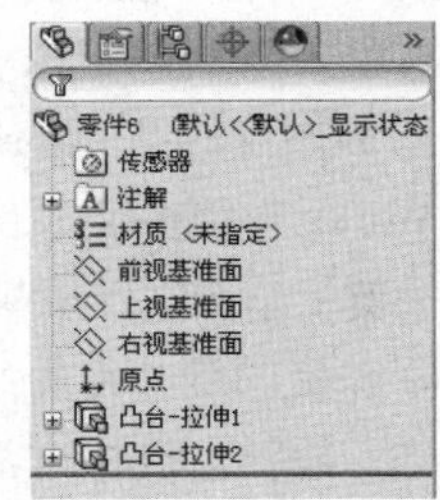

图1-13 FeatureManager设计树

对 FeatureManager 设计树的熟练操作是应用 SolidWorks 的基础，也是应用 SolidWorks 的重点，由于其功能强大，不能一一列举，在后几章节中会多次用到，只有在学习的过程中熟练应用设计树的功能，才能加快建模的速度和效率。

5. PropertyManager 标题栏

PropertyManager 标题栏一般会在初始化时使用，PropertyManager 为其定义命令时自动出现。编辑草图并选择草图特征进行编辑时，如图 1-14 所示，所选草图特征的 PropertyManager 将自动出现。

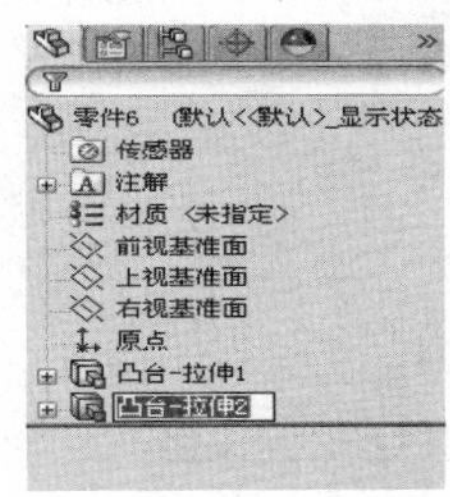

图1-14 在FeatureManager设计树中更改项目名称

激活 PropertyManager 时，FeatureManager 设计树会自动出现。欲扩展 FeatureManager 设计树，可以单击文件名称左侧的"+"标签。FeatureManager 设计树是透明的，因此不影响对其下面模型的修改。

1.2 SolidWorks的设计思想

SolidWorks 2012 是一套机械设计自动化软件，它采用了大家所熟悉的 Microsoft Windows® 图形用户界面。使用这套简单易学的工具，机械设计工程师能快速地按照其设计思想绘制出草图。

利用 SolidWorks 2012 不仅可以生成二维工程图而且可以生成三维零件，并可以利用这些三维零件来生成二维工程图及三维装配体，如图 1-15 所示。

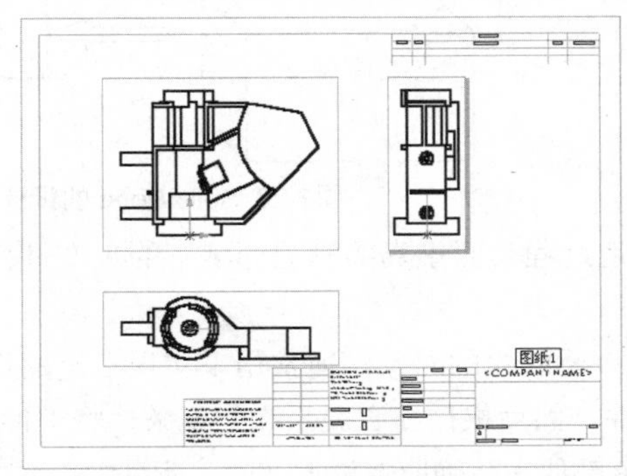

二维零件工程图

三维装配体

图1-15 SolidWorks实例

1.2.1 设计过程

在 SolidWorks 系统中，零件、装配体和工程都属于对象，它采用了自顶向下的设计方法创建对象，图 1-16 显示了这种设计过程。

图 1-16 中所表示的层次关系充分说明，在 SolidWorks 系统中：零件设计是核心；特征设计是关键；草图设计是基础。

草图指的是二维轮廓或横截面。对草图进行拉伸、旋转、放样或沿某一路径扫描等操作后即生成特征，如图 1-17 所示。

特征是指可以通过组合生成零件的各种形状（如凸台、切除、孔等）及操作（如圆角、倒角、抽壳等），图 1-18 给出了几种特征。

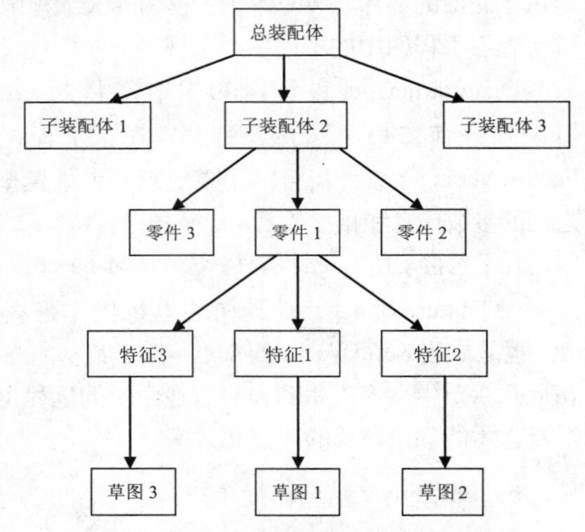

图1-16 自顶向下的设计方法

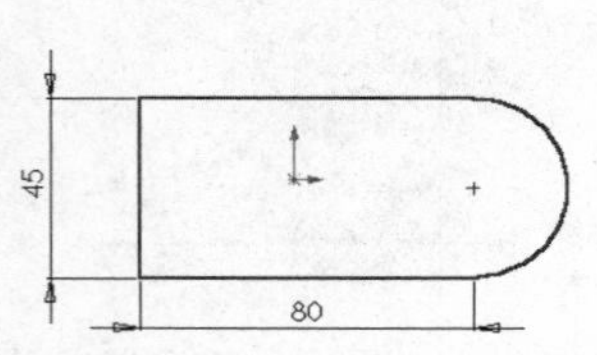

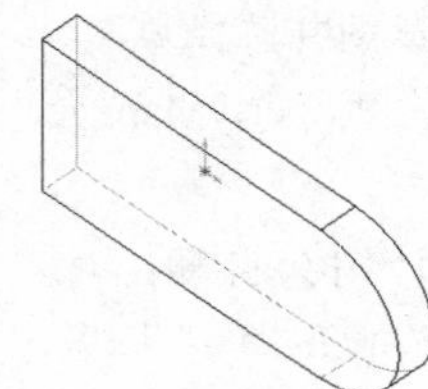

图1-17 二维草图经拉伸生成特征

凸台

圆角

图1-18 特征

1.2.2 设计方法

零件是 SolidWorks 系统中最主要的对象。传统的 CAD 设计方法是由平面（二维）到立体（三维），如图 1-19 所示。工程师首先设计出图纸，工艺人员或加工人员根据图纸还原出实际零件。然而在 SolidWorks 系统中却是工程师直接设计出三维实体零件，然后根据需要生成相关的工程图，如图 1-20 所示。

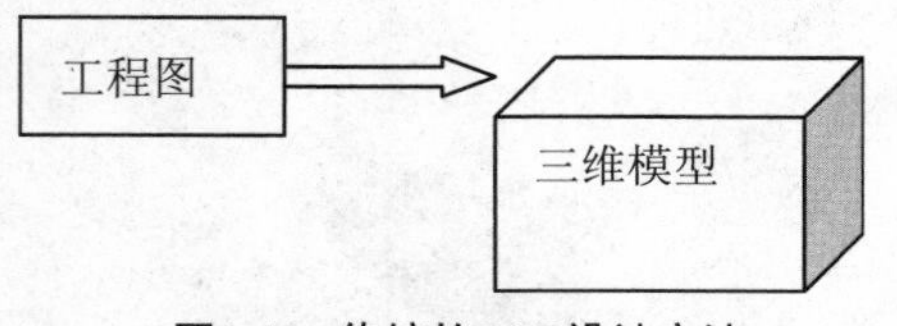

图1-19 传统的CAD设计方法

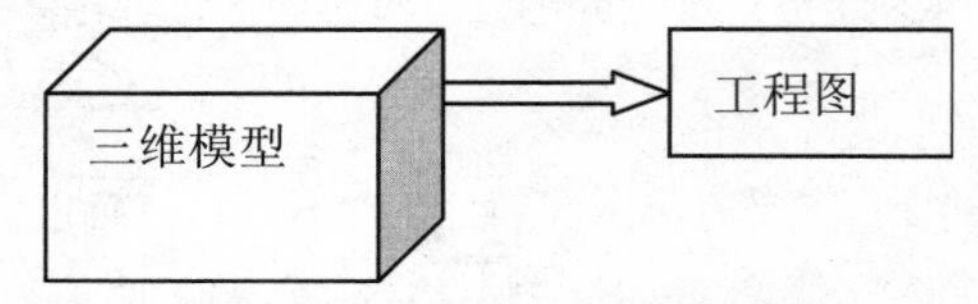

图1-20 SolidWorks的设计方法

此外，SolidWorks 系统的零件设计的构造过程类似于真实制造环境下的生产过程，如图 1-21 所示。

装配件是若干零件的组合，是 SolidWorks 系统中的对象，通常用来实现一定的设计功能。在 SolidWorks 系统中，用户先设计好所需的零件，然后根据配合关系和约束条件将零件组装在一起，生成装配件。使用配合关系，可相对于其他零部件来精确地定位零部件，还可定义零部件如何相对于其他的零部件移动和旋转。通过继续添加配合关系，还可以将零部件移到所需的位置。配合会在零部件之间建立几何关系，例如共点、垂直、相切等。每种配合关系对于特定的几何实体组合有效。

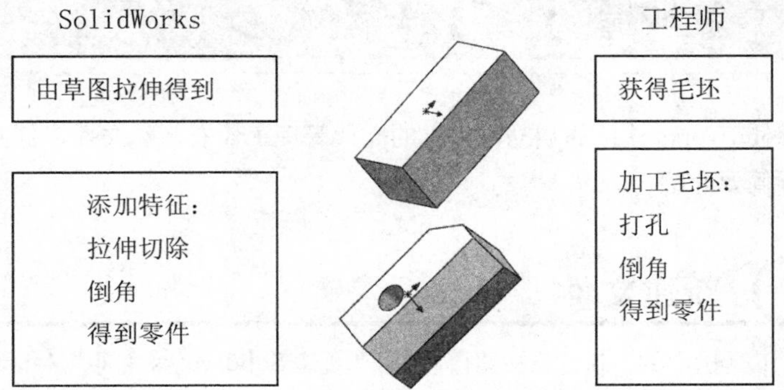

图1-21 在SolidWorks中生成零件

图 1-22 是一个简单的装配体，由顶盖和底座 2 个零件组成。设计、装配过程如下。

（1）首先设计出两个零件。

（2）新建一个装配体文件。

（3）将两个零件分别拖入到新建的装配体文件中。

（4）使顶盖底面和底座顶面“重合”，顶盖底一个侧面和底座对应的侧面“重合”，将顶盖和底座装配在一起，从而完成装配工作。

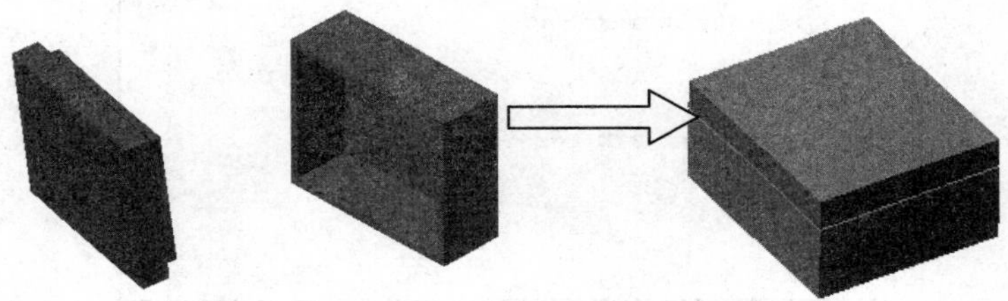

图1-22 在SolidWorks中生成装配体

工程图就是常说的工程图纸，是 SolidWorks 系统中的对象，用来记录和描述设计结果，是工程设计中的主要档案文件。

用户由设计好的零件和装配件，按照图纸的表达需要，通过 SolidWorks 系统中的命令，生成各种视图、剖面图、轴侧图等，然后添加尺寸说明，得到最终的工程图。图 1-23 显示了一个零件的多个视图，它们都是由实体零件自动生成的，无须进行二维绘图设计，这也体现了三维设计的优越性。此外，当对零件或装配体进行修改，则对应的工程图文件也会相应地修改。

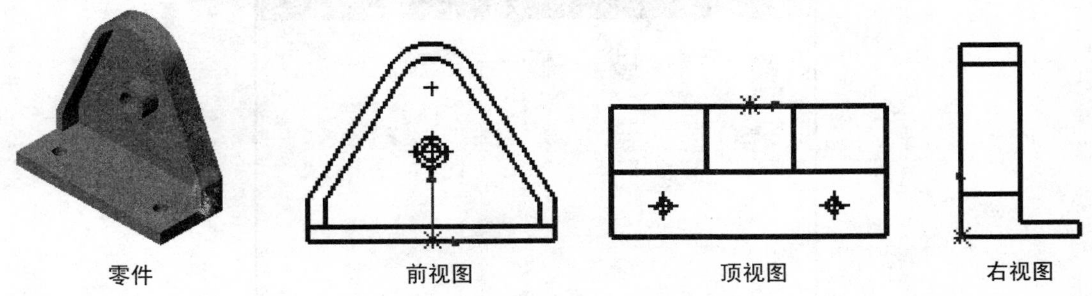

图1-23 SolidWorks中生成的工程图

1.3 文件管理

上面介绍了 SolidWorks 软件的启动，常见的文件管理工作有新建文件、打开文件、保存文件、退出系统等，下面简要介绍。

1.3.1 新建文件

单击“标准”工具栏中的“新建”按钮，弹出“新建 SolidWorks 文件”对话框，如图 1-24 所示，其按钮的功能如下。

“零件”按钮：双击该按钮，可以生成单一的三维零部件文件。

“装配体”按钮：双击该按钮，可以生成零件或其他装配体的排列文件。

“工程图”按钮：双击该按钮，可以生成属于零件或装配体的二维工程图文件。

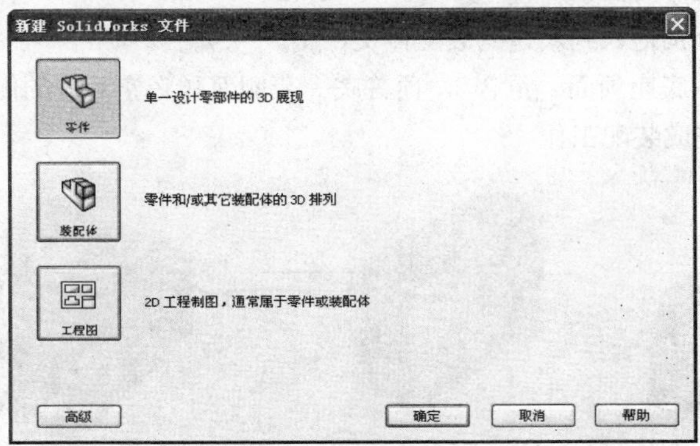

图1-24 “新建SolidWorks文件”对话框（一）

单击（零件）→“确定”按钮，即进入完整的用户界面。

在 SolidWorks 2012 中，“新建 SolidWorks 文件”对话框有两个版本可供选择，一个是高级版本，一个是新手版本。

高级版本在各个标签上显示模板图标的对话框，当选择某一文件类型时，模板预览出现在预览框中。在该版本中，用户可以保存模板，添加自己的标签，也可以选择 Tutorial 标签来访问指导教程模板，如图 1-25 所示。

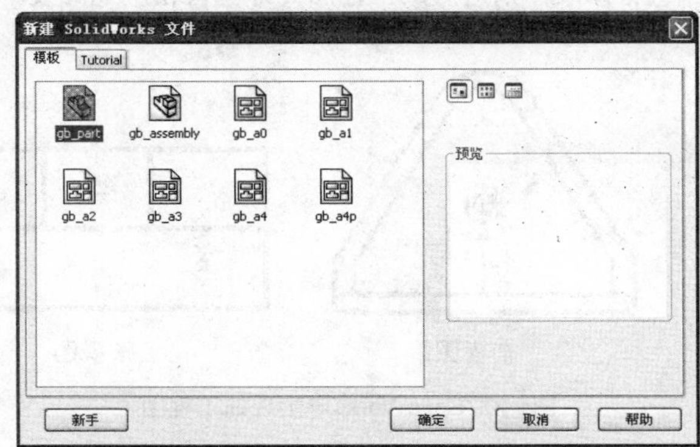

图1-25 “新建SolidWorks文件”对话框（二）

在如图 1-25 所示的“新建 SolidWorks 文件”对话框中单击“新手”按钮，即进入新手版本的“新建 SolidWorks 文件”对话框，如图 1-24 所示。该版本中使用较简单的对话框，提供零件、装配体和工程图文档的说明。

1.3.2 打开文件

在 SolidWorks 2012 中，可以打开已存储的文件，对其进行相应的编辑和操作。打开文件的操作步骤如下。

（1）单击“标准”工具栏中的“打开”按钮，执行打开文件命令。

（2）系统弹出如图 1-26 所示的“打开”对话框，在该对话框的“文件类型”下拉列表框中选择文件的类型，选择不同的文件类型，在对话框中会显示文件夹中对应文件类型的文件。勾选“缩略图”复选框，选择的文件就会显示在对话框的“预览”窗口中，但是并不打开该文件。

（3）选取了需要的文件后，单击对话框中的“打开”按钮，就可以打开选择的文件，对其进行相应的编辑和操作。

（4）在“文件类型”下拉列表框菜单中，并不限于 SolidWorks 类型的文件，还可以调用其他软件（如 ProE、Catia、UG 等）所形成的图形并对其进行编辑，如图 1-27 所示是“文件类型”下拉列表框。

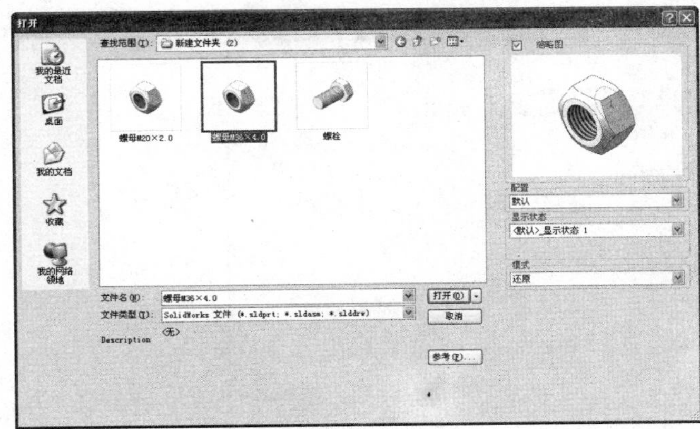

图1-26 “打开”对话框

图1-27 “文件类型”下拉列表框

1.3.3 保存文件

已编辑的图形只有保存后，才能在需要时打开该文件并对其进行相应的编辑和操作。保存文件的操作步骤如下。

单击“标准”工具栏中的“保存”按钮，执行保存文件命令，此时系统弹出如图 1-28 所示的“另存为”对话框。在该对话框的“保存在”下拉列表框中选择文件存放的文件夹，在“文件名”文本框中输入要保存的文件名称，在“保存类型”下拉列表框中选择所保存文件的类型。通常情况下，在不同的工作模式下，系统会自动设置文件的保存类型。

在“保存类型”下拉列表框中，并不限于 SolidWorks 类型的文件，如“*.sldprt”、“*.sldasm”和“*.slddrw”。也就是说，SolidWorks 不但可以把文件保存为自身的类型，还可以保存为其他类型的文件，方便其他软件对其调用并进行编辑。

在如图 1-28 所示的“另存为”对话框中，可以将文件保存的同时备份一份。保存备份文件，需要预先设置保存的文件目录。设置备份文件保存目录的步骤如下。

选择菜单栏中的“工具”→“选项”命令，系统弹出如图 1-29 所示的“系统选项 - 备份 / 恢复”对话框，选择“系统选项”选项卡中的“备份 / 恢复”选项，在“备份文件夹”文本框中可以修改保存备份文件的目录。

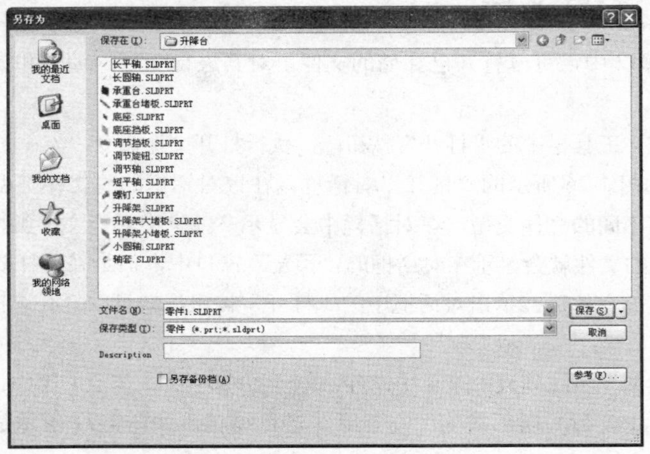

图1-28 “另存为”对话框

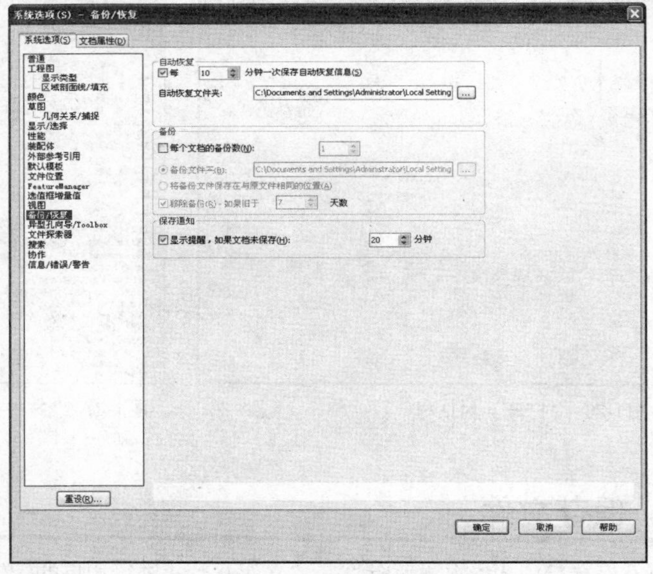

图1-29 “系统选项-备份/恢复”对话框

1.3.4 退出

在文件编辑完成并保存后，就可以退出 SolidWorks 2012 系统。单击系统操作界面右上角的“退出”按钮，可直接退出。

如果对文件进行了编辑而没有保存文件，或者在操作过程中，不小心执行了退出命令，会弹出系统提示框，如图 1-30 所示。如果要保存对文件的修改，则单击“是”按钮，系统会保存修改后的文件，并退出 SolidWorks 系统；如果不保存对文件的修改，则单击“否”按钮，系统不保存修改后的文件，并退出 SolidWorks 系统；单击“取消”按钮，则取消退出操作，回到原来的操作界面。

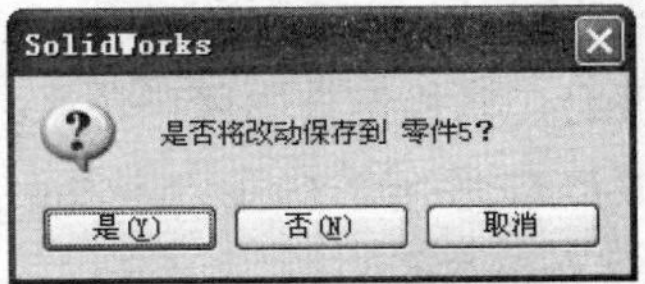

图1-30 系统提示框

1.4 SolidWorks工作环境设置

要熟练地使用一套软件，必须先认识软件的工作环境，然后设置适合自己的使用环境，这样可以使设计更加便捷。SolidWorks 软件同其他软件一样，可以根据自己的需要显示或者隐藏工具栏，以及添加或者删除工具栏中的命令按钮，还可以根据需要设置零件、装配体和工程图的工作界面。

1.4.1 设置工具栏

SolidWorks 系统默认的工具栏是比较常用的，SolidWorks 有很多工具栏，由于图形区的限制，不能显示所有的工具栏。在建模过程中，用户可以根据需要显示或者隐藏部分工具栏，其设置方法有两种，下面将分别介绍。

1．利用菜单命令设置工具栏

利用菜单命令添加或者隐藏工具栏的操作步骤如下。

（1）选择“工具”→“自定义”命令，或者在工具栏区域右击，在弹出的快捷菜单中单击“自定义”命令，此时系统弹出的“自定义”对话框如图 1-31 所示。

（2）单击对话框中的“工具栏”选项卡，此时会出现系统中所有的工具栏，勾选需要打开的工具栏复选框。

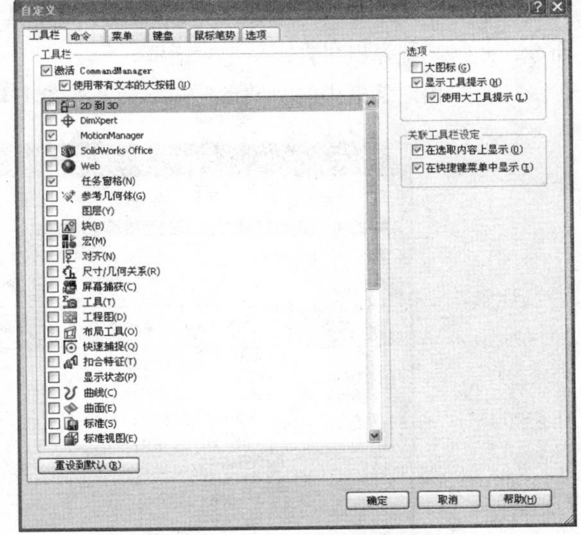

图1-31 “自定义”对话框

（3）确认设置。单击对话框中的“确定”按钮，在图形区中会显示选择的工具栏。

如果要隐藏已经显示的工具栏，取消对工具栏复选框的勾选，然后单击“确定”按钮，此时在图形区中将会隐藏取消勾选的工具栏。

2．利用鼠标右键设置工具栏

利用鼠标右键添加或者隐藏工具栏的操作步骤如下。

（1）在工具栏区域右击，系统会出现“工具栏”快捷菜单，如图 1-32 所示。

（2）单击需要的工具栏，前面复选框的颜色会加深，则图形区中将会显示选择的工具栏；如果单击已经显示的工具栏，前面复选框的颜色会变浅，则图形区中将会隐藏选择的工具栏。

另外，隐藏工具栏还有一个简便的方法，即选择界面中不需要的工具栏，将其拖到图形区中，此时工具栏上会出现标题栏。如图 1-33 所示是拖至图形区中的“注解”工具栏，单击“注解”工具栏右上角的“关闭”按钮☒，则图形区将隐藏该工具栏。

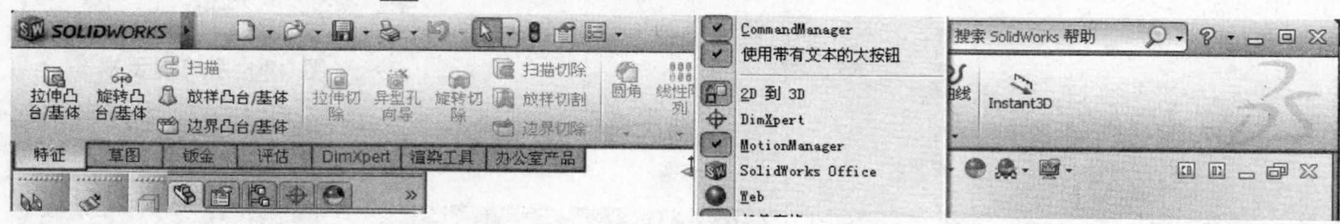

图1-32 “工具栏”快捷菜单

图1-33 “注解”工具栏

1.4.2 设置快捷键

除了可以使用菜单栏和工具栏执行命令外，SolidWorks 软件还允许用户通过自行设置快捷键的方式来执行命令。其操作步骤如下。

（1）执行“工具”→“自定义”命令，或者在工具栏区域右击，在弹出的快捷菜单中选择“自定义”命令，此时系统弹出“自定义”对话框。

（2）单击对话框中的“键盘”选项卡，如图 1-34 所示。

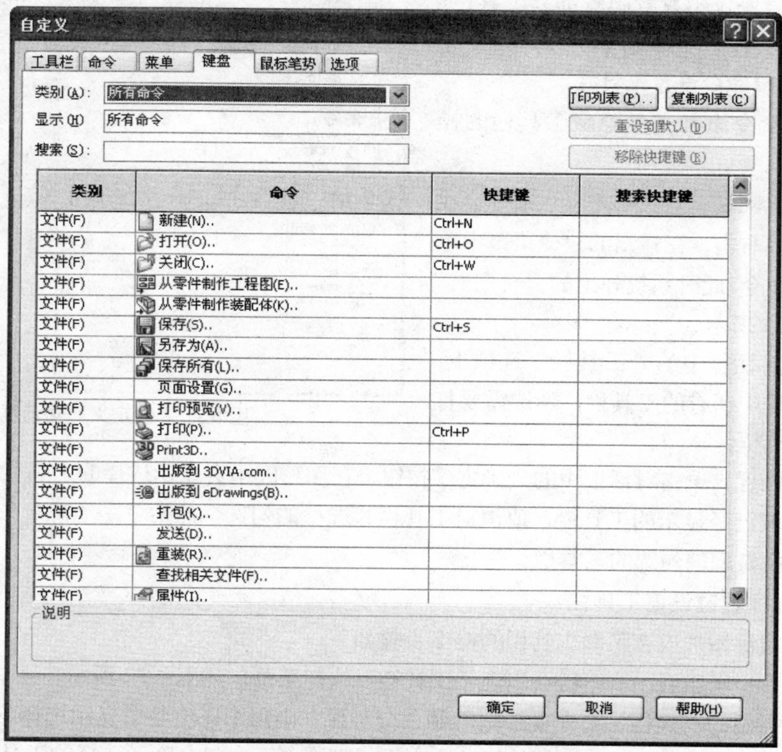

图1-34 “自定义”对话框的“键盘”选项卡

（3）在“类别”下拉列表框中选择“菜单类”选项，然后在下面列表的“命令”选项中选择要设置快捷键的命令。

（4）在“快捷键”选项中输入要设置的快捷键，输入的快捷键就出现在“当前快捷键”选项中。

（5）单击对话框中的“确定”按钮，快捷键设置成功。

技巧荟萃

（1）如果设置的快捷键已经被使用过，则系统会提示该快捷键已被使用，必须更改要设置的快捷键。

（2）如果要取消设置的快捷键，在“键盘”选项卡中选择“快捷键”选项中设置的快捷键，然后单击对话框中的“移除”按钮，则该快捷键就会被取消。

1.4.3 设置背景

在SolidWorks中，可以更改操作界面的背景及颜色，以设置个性化的用户界面。其操作步骤如下。

（1）选择菜单栏中的“工具”→“选项”命令，此时系统弹出“系统选项”对话框。

（2）在对话框中的“系统选项”一栏中选择“颜色”选项，如图1-35所示。

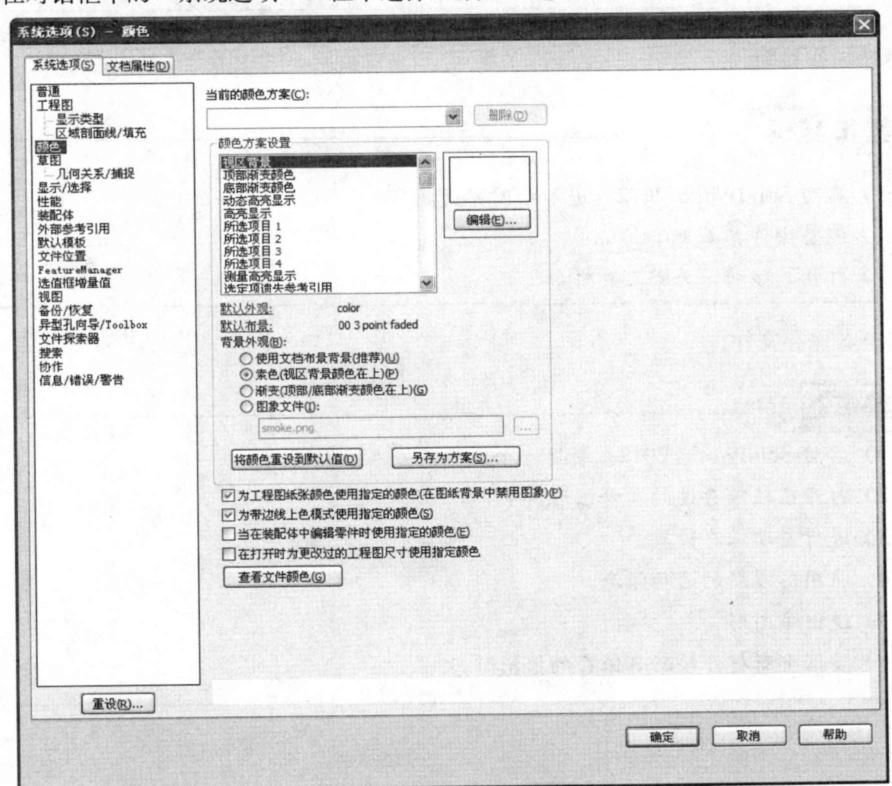

图1-35 “系统选项”对话框

（3）在右侧“颜色方案设置”一栏中选择“视区背景”，然后单击“编辑”按钮，此时系统弹出如图1-36所示的“颜色”对话框，在其中选择设置的颜色，然后单击“确定”按钮。可以使用该方式，设置其他选项的颜色。

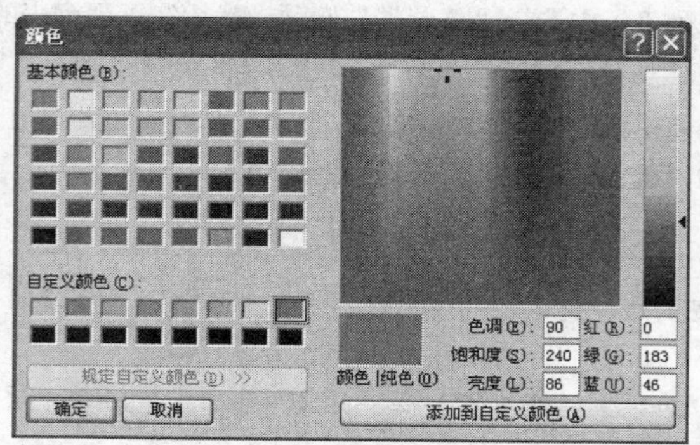

图1-36 “颜色”对话框

（4）确认背景颜色设置。单击对话框中的“确定”按钮，系统背景颜色设置成功。

在如图 1-35 所示的对话框中，勾选下面 4 个不同的选项，可以得到不同背景效果，用户可以自行设置，在此不再赘述。

1.5 思考与上机练习

1．熟悉操作界面。

操作提示

（1）启动 SolidWorks 2012，进入绘图界面。

（2）调整操作界面大小。

（3）打开、移动、关闭工具栏。

2．打开、保存文件。

操作提示

（1）启动 SolidWorks 2012，新建一个文件，进入绘图界面。

（2）打开已经保存过的零件图形。

（3）进行自动保存设置。

（4）将图形以新的名称保存。

（5）退出该图形。

（6）尝试重新打开按新名保存的原图形。

第2章

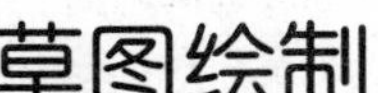

草图绘制

本章导读

本章主要介绍“草图”工具栏中草图绘制工具的使用方法。由于 SolidWorks 中大部分特征都需要先建立草图轮廓，因此本章的学习非常重要，能否熟练掌握草图的绘制和编辑方法，决定了能否快速三维建模、能否提高工程设计的效率、能否灵活地把该软件应用到其他领域。

2.1 草图绘制

本节主要介绍如何开始进入草图绘制环境以及退出草图绘制状态。

2.1.1 进入草图绘制

绘制二维草图，必须进入草图绘制状态。草图必须在平面上绘制，这个平面可以是基准面，也可以是三维模型上的平面。由于开始进入草图绘制状态时，没有三维模型，因此必须指定基准面。操作步骤如下。

（1）先在特征管理区中选择要绘制的基准面，即前视基准面、右视基准面和上视基准面中的一个面。

（2）单击“标准视图”工具栏中的“正视于”按钮，旋转基准面。

（3）单击“草图”工具栏中的“草图绘制”按钮，或者单击要绘制的草图实体，进入草图绘制状态。

2.1.2 退出草图绘制

草图绘制完毕后，可立即建立特征，也可以退出草图绘制再建立特征。有些特征的建立，需要多个草图，比如扫描实体等，因此需要了解退出草图绘制的方法。操作步骤如下。

（1）单击右上角“退出草图”按钮，完成草图，退出草图绘制状态。

（2）单击右上角“关闭草图”按钮，弹出系统提示框，提示用户是否保存对草图的修改，如图 2-1 所示，然后根据需要单击其中的按钮，退出草图绘制状态。

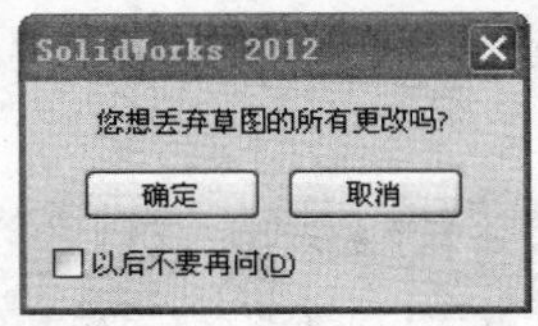

图2-1 系统提示框

2.2 草图绘制实体工具

绘制草图必须认识草图绘制的工具。在工具栏空白处单击右键弹出快捷菜单，如图 2-2 所示，选择“草图”，弹出如图 2-3 所示的“草图”工具栏。

图2-2 快捷菜单

图2-3 “草图”工具栏

在左侧模型树中选择要绘制的基准面（前视基准面、右视基准面和上视基准面中的一个面），单击“草图”工具栏中的“草图绘制”按钮或者单击要绘制的草图实体，如图 2-4 所示，进入草图绘制状态。

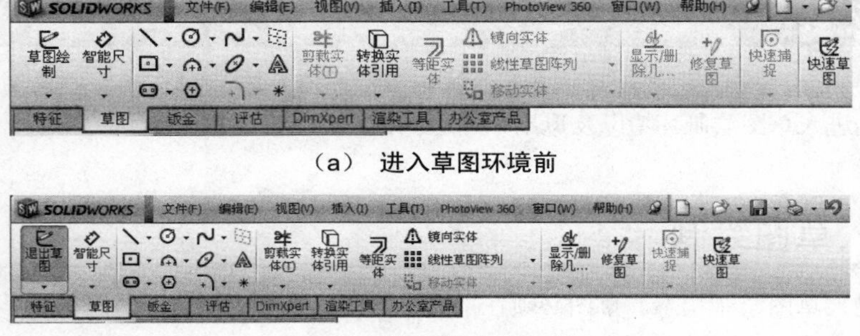

（a） 进入草图环境前

（b） 进入草图环境后

图2-4 “草图”工具栏

在图 2-4 中所示的是常见的草图工具，在草图绘制状态下，分别介绍这些命令。

2.2.1 点

执行方式

单击“草图”→“点”按钮，如图 2-4 所示。

选项说明

执行“点”命令后，光标变为绘图光标。

执行点命令后，在图形区中的任何位置，都可以绘制点，如图 2-5 所示。绘制的点不影响三维建模的外形，只起参考作用。

图2-5 绘制点

图2-6 “线”按钮

“点”命令还可以生成草图中两条不平行线段的交点以及特征实体中两个不平行边缘的交点，产生的交点作为辅助图形，用于标注尺寸或者添加几何关系，并不影响实体模型的建立。

2.2.2 直线与中心线

执行方式

单击“草图”→“ 中心线”按钮┆，如图 2-6 所示。

单击“草图”→“ 直线”按钮＼，如图 2-6 所示。

选项说明

执行“直线”命令后，光标变为绘图光标，开始绘制直线。系统弹出的“插入线条”属性管理器如图 2-7 所示，在“方向”选项组中有 4 个单选钮，默认是“按绘制原样”单选钮。选不同的单选钮，绘制直线的类型不一样。选“按绘制原样”单选钮以外的任意一项，均会要求输入直线的参数。如选“角度”单选钮，弹出的“插入线条”属性管理器如图 2-8 所示，要求输入直线的参数。设置好参数以后，选择直线的起点就可以绘制出所需要的直线。

（1）在“线条属性”属性管理器的“选项”选项组中有 3 个复选框，勾选不同的复选框，可以分别绘制构造线和无限长直线。

（2）在“线条属性”属性管理器的“参数”选项组中有 2 个文本框，分别是长度文本框和角度文本框。通过设置这两个参数可以绘制一条直线。

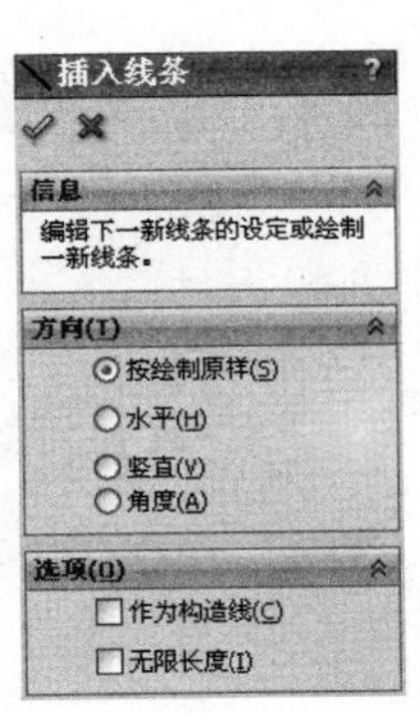

图2-7 “插入线条”属性管理器

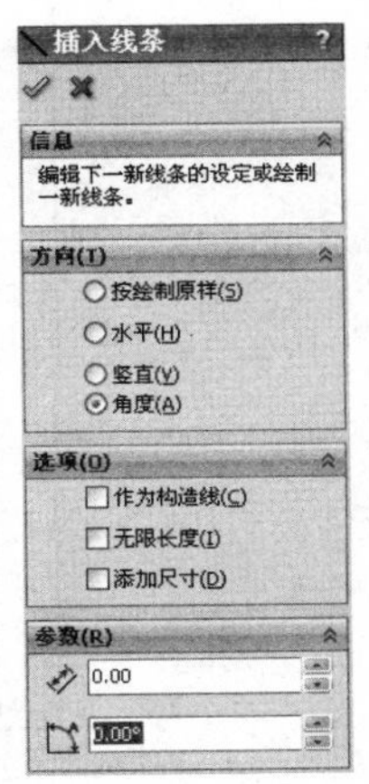

图2-8 “插入线条”属性管理器

直线与中心线的绘制方法相同，执行不同的命令，按照类似的操作步骤，在图形区绘制相应的图形即可。

直线分为 3 种类型，即水平直线、竖直直线和任意角度直线。在绘制过程中，不同类型的直线其显示方式不同，下面将分别介绍。

水平直线：在绘制直线过程中，笔形光标附近会出现水平直线图标符号 ━，如图 2-9 所示。

竖直直线：在绘制直线过程中，笔形光标附近会出现竖直直线图标符号 ┃，如图 2-10 所示。

任意角度直线：在绘制直线过程中，笔形光标附近会出现任意直线图标符号＼，如图 2-11 所示。

在绘制直线的过程中，光标上方显示的参数，为直线的长度和角度，可供参考。一般在绘制中，首先绘制一条直线，然后标注尺寸，直线也随之改变长度和角度。

绘制直线的方式有两种：拖动式和单击式。拖动式就是在绘制直线的起点，按住鼠标左键开始拖动鼠标，直到直线终点放开。单击式就是在绘制直线的起点处单击一下，然后在直线终点处单击一下。图 2-12 显示绘制图形。

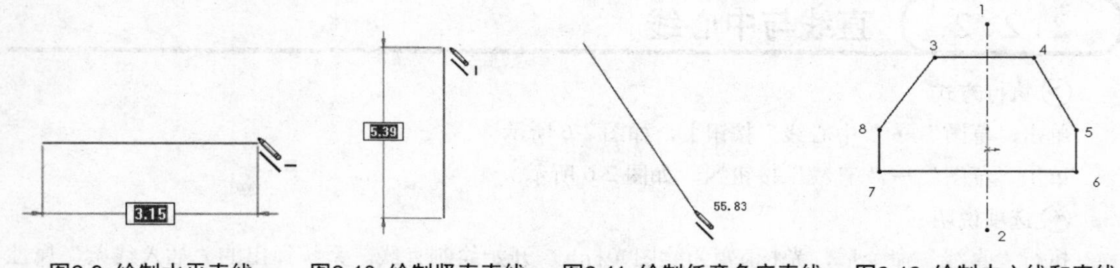

图2-9 绘制水平直线　　图2-10 绘制竖直直线　　图2-11 绘制任意角度直线　　图2-12 绘制中心线和直线

2.2.3 实例——阀杆草图

本例绘制阀杆草图，如图 2-13 所示。

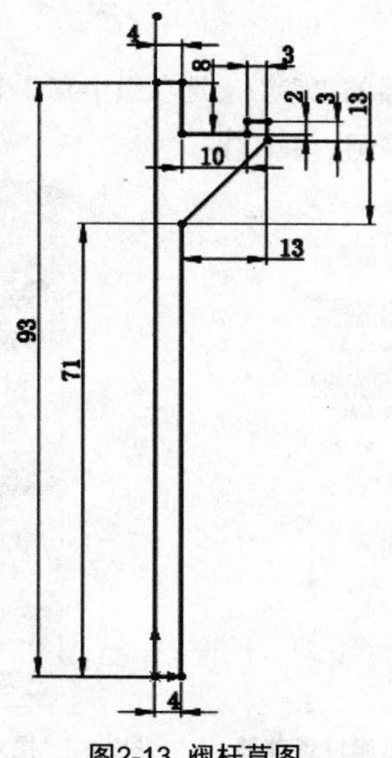

图2-13 阀杆草图

操作步骤

（1）设置草绘平面。在左侧的“FeatureManager 设计树”中选择“前视基准面”作为绘图基准面。单击“标准视图”工具栏中的“正视于”按钮，旋转基准面。

（2）绘制草图。单击“草图”工具栏中的“草图绘制”按钮，进入草图绘制状态。

（3）绘制中心线。单击“草图”工具栏中的“中心线”按钮，绘制过原点的竖直中心线，如图 2-14 所示。

（4）绘制直线。单击“草图”工具栏中的“直线”按钮，绘制过程中显示尺寸标注，输入直线长度，如图 2-15 所示，在图形区绘制阀杆草图，图形尺寸如图 2-13 所示。

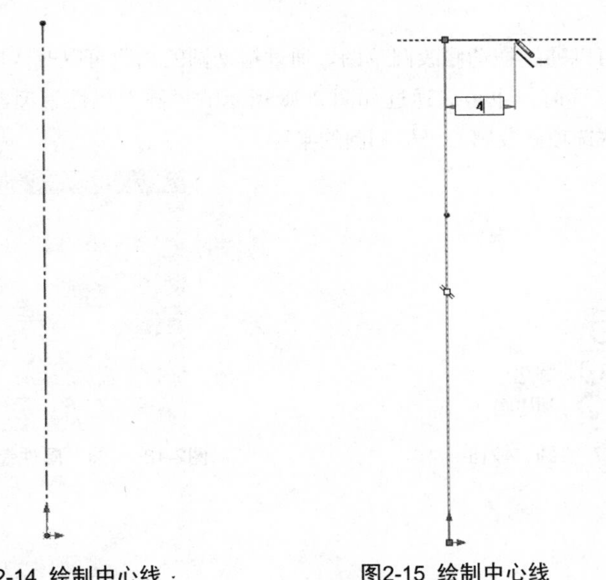

图2-14 绘制中心线　　图2-15 绘制中心线

注意

利用后面章节“旋转-凸台/基体”命令旋转草图，结果如图2-16所示。

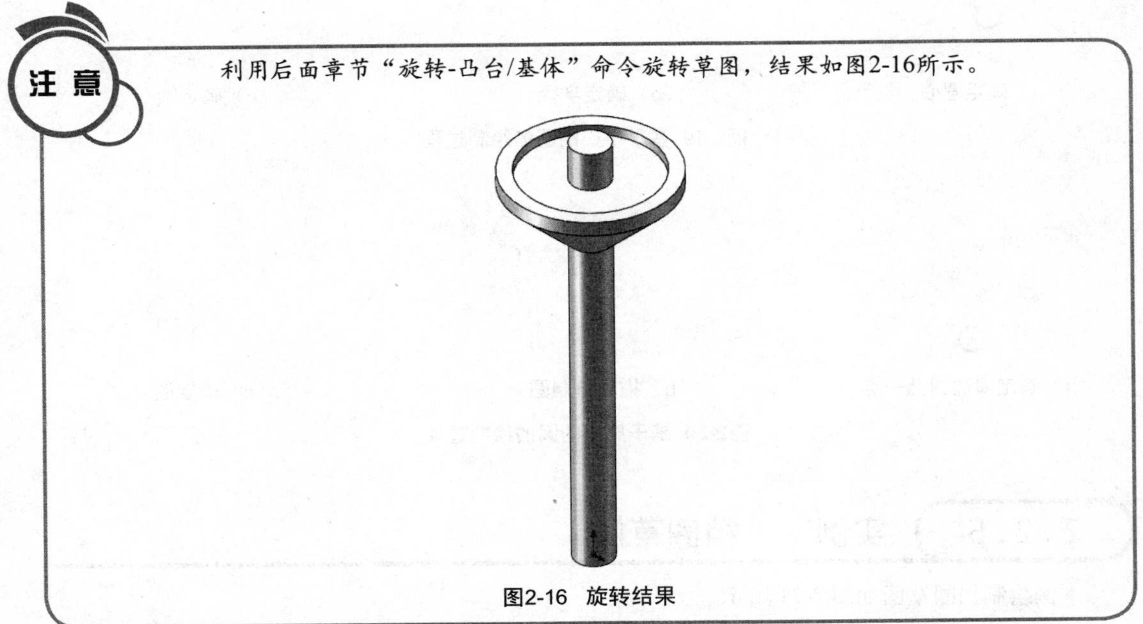

图2-16 旋转结果

2.2.4 绘制圆

执行方式

单击“草图”→“圆”按钮，如图 2-17 所示。

单击“草图”→“周边圆”按钮，如图 2-17 所示。

选项说明

当执行“圆”命令时，系统弹出的“圆”属性管理器如图 2-18 所示。从属性管理器中可以知道，可以通过两种方式来绘制圆：一种是绘制基于中心的圆，如图 2-19 所示，另一种是绘制基于周边的圆，如图 2-20 所示。

圆绘制完成后，可以通过拖动修改圆草图。通过拖动圆的周边可以改变圆的半径，拖动圆的圆心可以改变圆的位置。同时，也可以通过如图 2-18 所示的“圆”属性管理器修改圆的属性，通过属性管理器中“参数”选项修改圆心坐标和圆的半径。

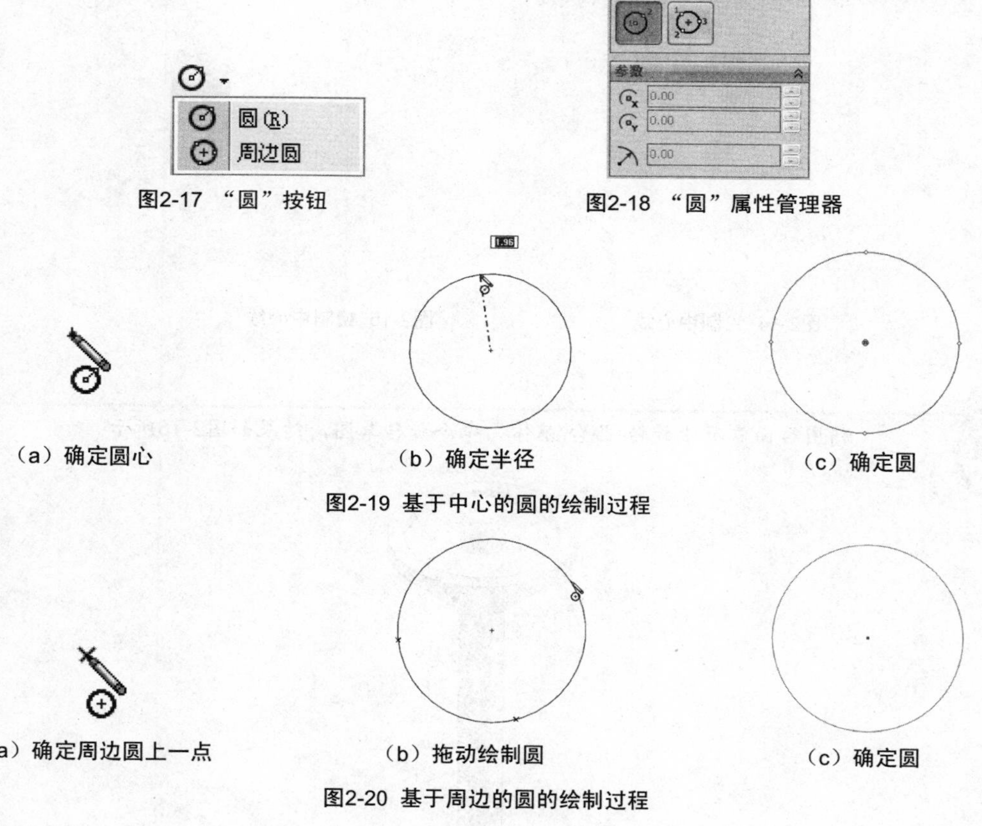

图2-17 “圆”按钮

图2-18 “圆”属性管理器

（a）确定圆心　（b）确定半径　（c）确定圆

图2-19 基于中心的圆的绘制过程

（a）确定周边圆上一点　（b）拖动绘制圆　（c）确定圆

图2-20 基于周边的圆的绘制过程

2.2.5 实例——挡圈草图

本例绘制挡圈草图如图 2-21 所示。

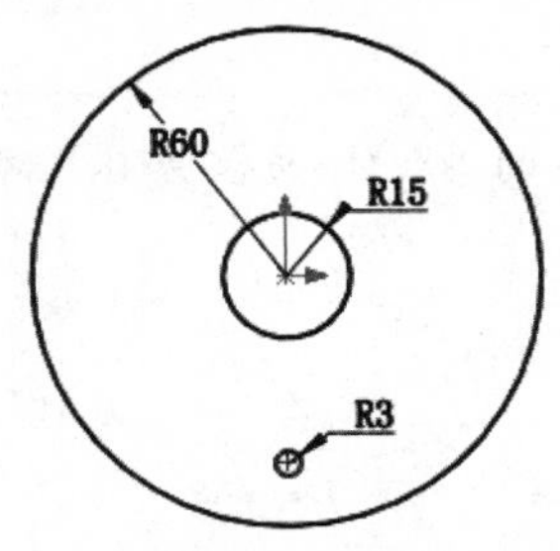

图2-21 挡圈草图

操作步骤

（1）设置草绘平面。在左侧的“FeatureManager 设计树”中选择“前视基准面”作为绘图基准面，单击“标准视图”工具栏中的“正视于”按钮，旋转基准面。

（2）绘制草图。单击“草图”工具栏中的“草图绘制”按钮，进入草图绘制状态。

（3）绘制圆。单击“草图”工具栏中的“圆”按钮，弹出“圆”属性管理器，以原点为圆心绘制适当大小的圆，如图 2-22 所示。

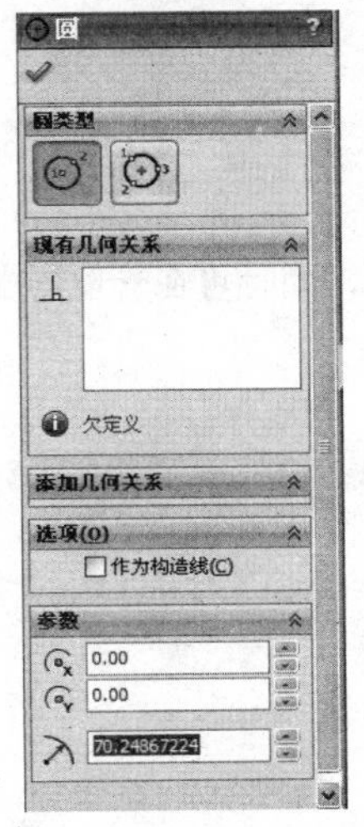

图2-22 “圆”属性管理器

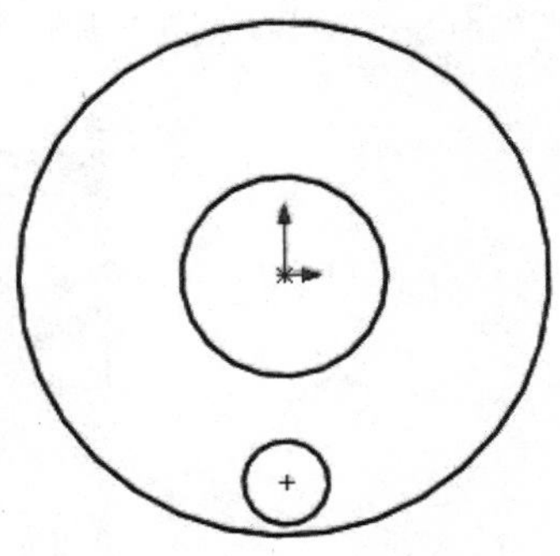

图2-23 绘制圆

（4）双击图 2-23 中圆的半径值，弹出“修改”对话框，如图 2-24 所示，修改对应大小，完成结果，如图 2-25 所示。

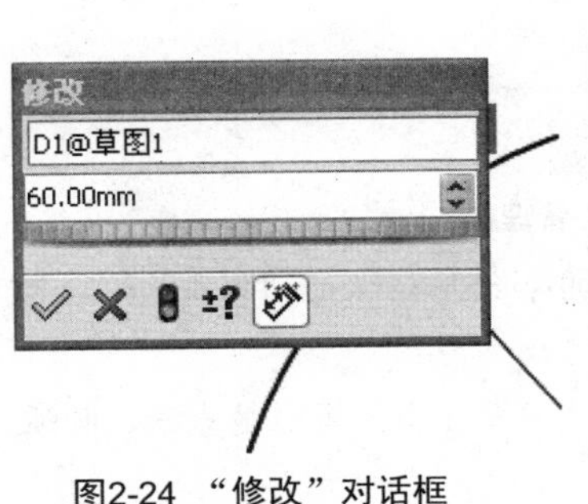

图2-24 “修改”对话框

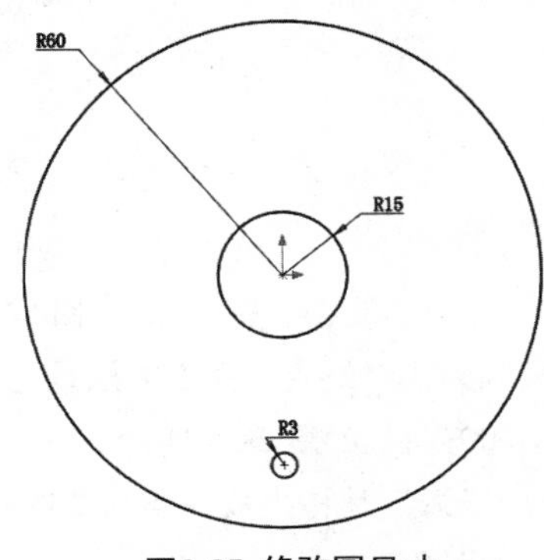

图2-25 修改圆尺寸

利用后面章节所讲述的"拉伸-凸台/基体"命令拉伸草图，结果如图2-26所示。

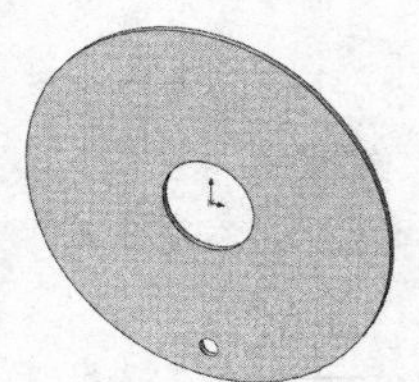

图2-26 拉伸结果

2.2.6 绘制圆弧

执行方式

单击"草图"→"圆心/起/终点画弧"按钮等，如图 2-27 所示。

图2-27 "圆弧"按钮

选项说明

选择"圆弧"命令，弹出"圆弧"属性管理器，如图 2-28 所示，同时可在管理器中选择其他绘制圆弧的方式。

图2-28 "圆弧"属性管理器

（1）"圆心/起/终点画弧"方法是先指定圆弧的圆心，然后依次拖动圆弧的起点和终点，确定圆弧的大小和方向，如图 2-29 所示。

（2）"切线弧"是指生成一条与草图实体相切的弧线。草图实体可以是直线、圆弧、椭圆和样条曲线等，如图 2-30 所示。

（3）“三点圆弧”是通过起点、终点与中点的方式绘制圆弧，如图 2-31 所示。

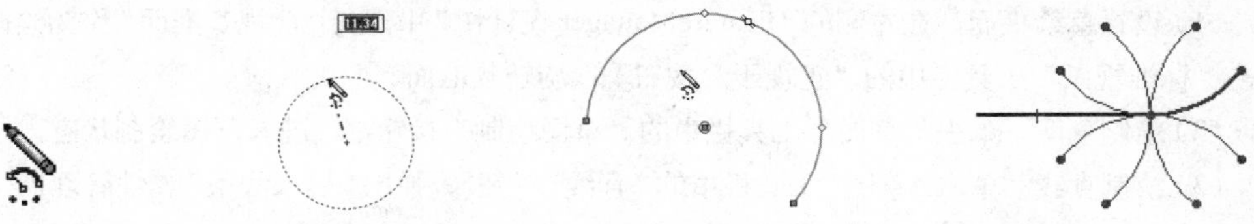

（a）确定圆弧圆心　（b）拖动确定起点　（c）拖动确定终点

图2-29 用“圆心/起/终点画弧”方法绘制圆弧的过程

图2-30 绘制的8种切线弧

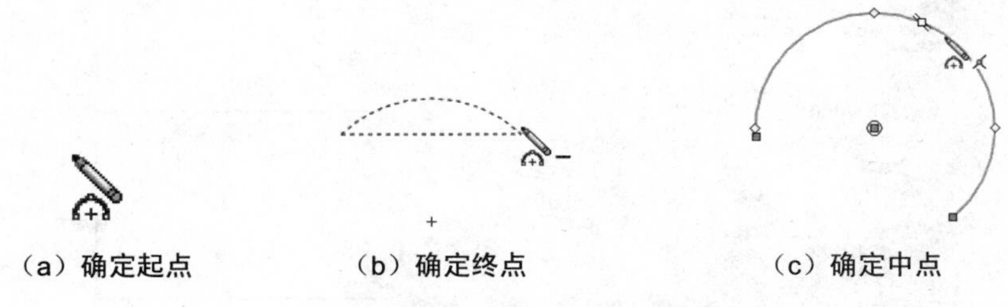

（a）确定起点　（b）确定终点　（c）确定中点

图2-31 绘制“三点圆弧”的过程

（4）使用“直线”转换为绘制“圆弧”的状态，必须先将光标拖回至终点，然后再拖出才能绘制圆弧，如图 2-32 所示。也可以在此状态下右击，此时系统弹出的快捷菜单如图 2-33 所示，选择“转到圆弧”命令即可绘制圆弧，同样在绘制圆弧的状态下，选择快捷菜单中的“转到直线”命令，如图 2-34 绘制直线。

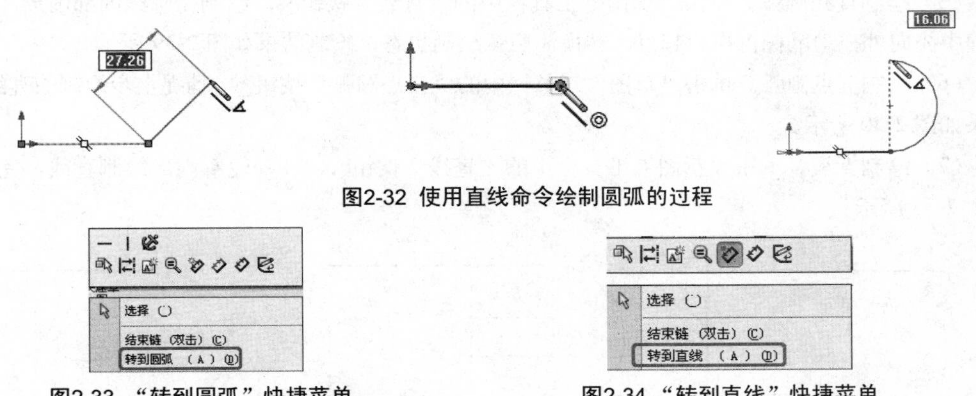

图2-32 使用直线命令绘制圆弧的过程

图2-33 “转到圆弧”快捷菜单　　图2-34 “转到直线”快捷菜单

2.2.7 实例——垫片草图

本例绘制垫片草图，如图 2-35 所示。

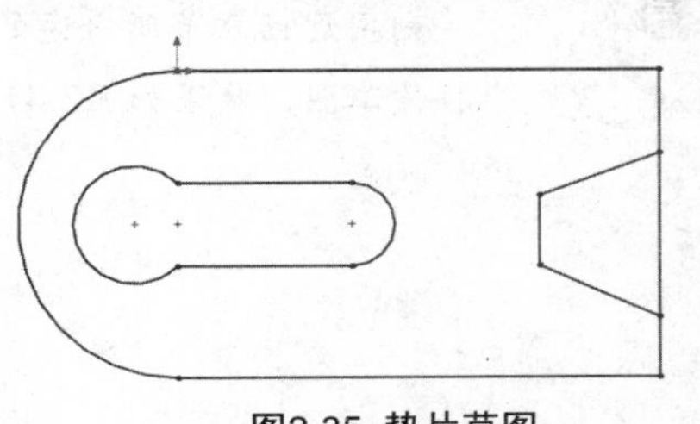

图2-35 垫片草图

操作步骤

（1）设置草绘平面。在左侧的“FeatureManager 设计树”中选择“前视基准面”作为绘图基准面，单击“标准视图”工具栏中的“正视于”按钮，旋转基准面。

（2）绘制草图。单击“草图”工具栏中的“草图绘制”按钮，进入草图绘制状态。

（3）绘制直线。单击“草图”工具栏中的“直线”按钮，弹出“插入线条”属性管理器，如图 2-36 所示，绘制三段直线，如图 2-37 所示。

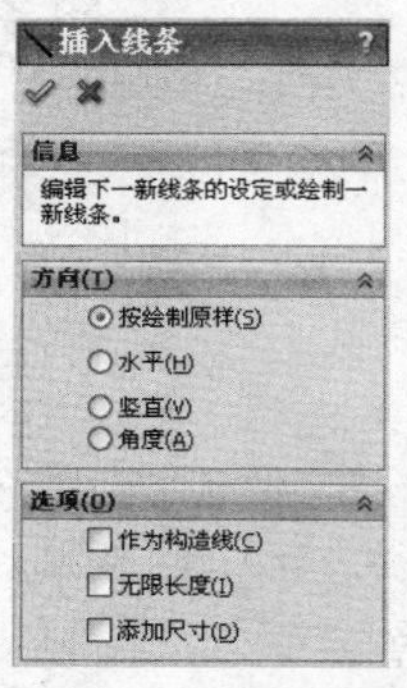

图2-36 “插入线条”属性管理器

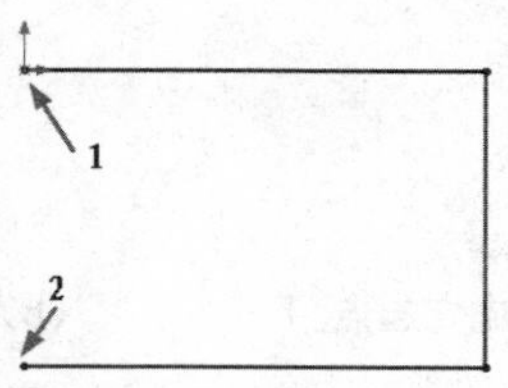

图2-37 绘制直线

（4）绘制圆心圆弧。单击“草图”工具栏中的“圆心 / 起 / 终点画弧”按钮，在点 1、2 连接线上捕捉中点为圆心，捕捉绘制图 2-37 中的 1、2 点为圆弧起点及端点，完成圆弧绘制，结果如图 2-38 所示。

（5）绘制直线圆弧。单击“草图”工具栏中的“直线”按钮，绘制轮廓线内部图形，在绘制过程中先向外拖动鼠标再拖回起点，转换为圆弧绘制状态，绘制结果如图 2-39 所示。

（6）绘制三点圆弧。单击“草图”工具栏中的“三点圆弧”按钮，捕捉上步绘制的直线端点，结果如图 2-40 所示。

（7）绘制直线。单击“草图”工具栏中的“直线”按钮，在外轮廓内部绘制直线，完成图形如图 2-35 所示。

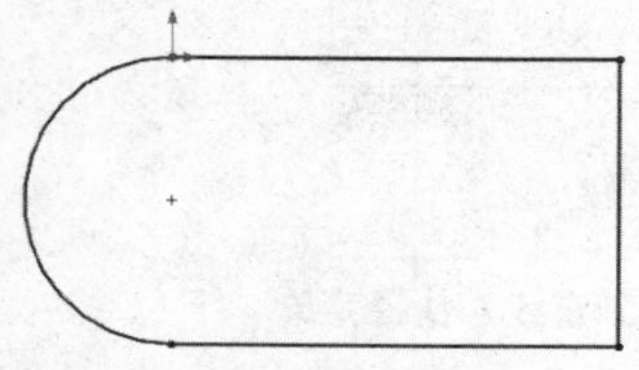

图2-38 绘制圆弧

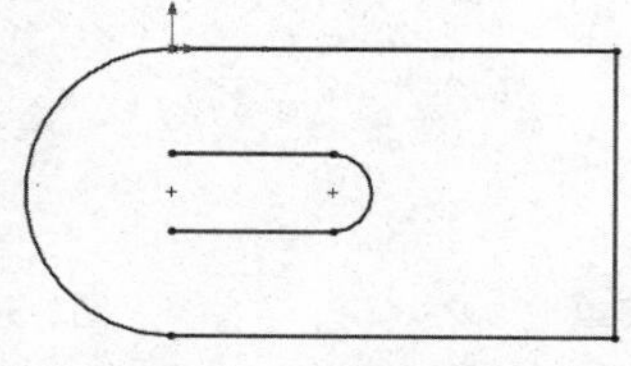

图2-39 绘制直线圆弧

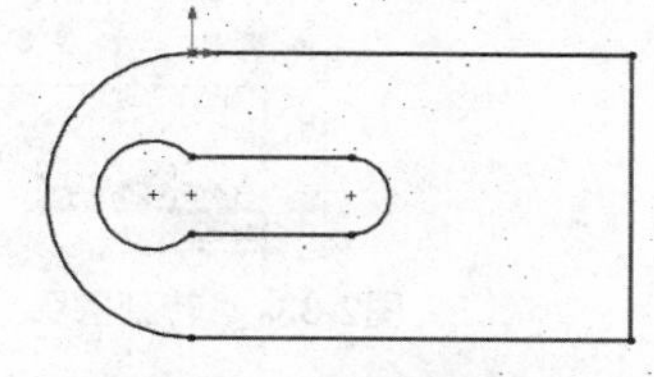

图2-40 绘制三点圆弧

利用后面章节所讲述的“拉伸-凸台/基体”命令拉伸草图，结果如图2-41所示。

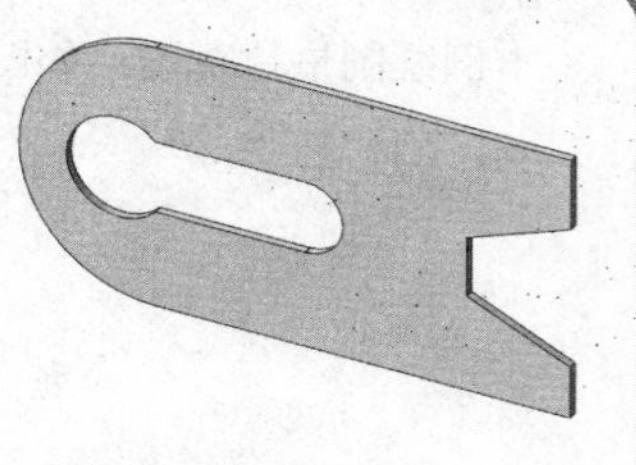

图2-41 拉伸结果

2.2.8 绘制矩形

执行方式

单击"草图"→"边角矩形"按钮 等，如图 2-42 所示。

选项说明

执行前三种"圆弧"命令，弹出"矩形"属性管理器，如图 2-43 所示，同时可在管理器中选择其他绘制矩形的方式。

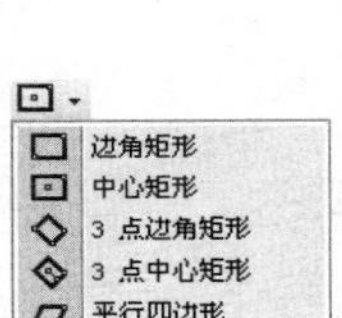

图2-42 快捷菜单

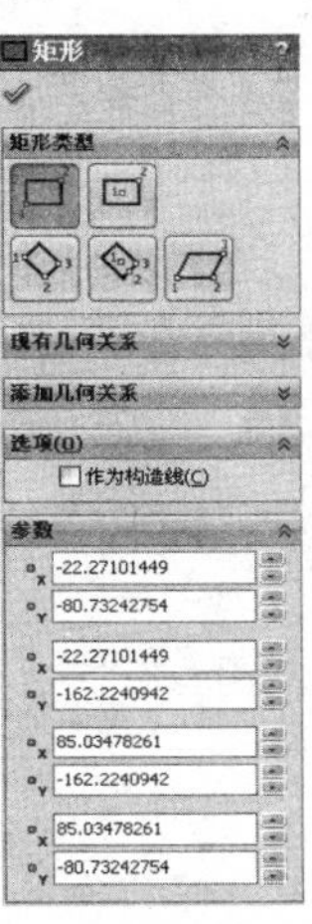

图2-43 "矩形"属性管理器

绘制矩形的方法主要有 5 种：边角矩形、中心矩形、3 点边角矩形、3 点中心矩形以及平行四边形命令绘制矩形。

（1）"边角矩形"命令绘制矩形的方法是标准的矩形草图绘制方法，即指定矩形的左上与右下的端点确定矩形的长度和宽度，绘制过程如图 2-44 所示。

（2）"中心矩形"命令绘制矩形的方法是指定矩形的中心与右上的端点确定矩形的中心和 4 条边线，绘制过程如图 2-45 所示。

（3）"3 点边角矩形"命令是通过制定 3 个点来确定矩形，前面两个点来定义角度和一条边，第 3 点来确定另一条边，绘制过程如图 2-46 所示。

（4）"3 点中心矩形"命令是通过制定 3 个点来确定矩形，绘制过程如图 2-47 所示。

（5）"平行四边形"命令既可以生成平行四边形，也可以生成边线与草图网格线不平行或不垂直的矩形，绘制过程如图 2-48 所示。

矩形绘制完毕后，拖动矩形的一个角点，可以动态地改变四边的尺寸。

按住【Ctrl】键，移动光标可以改变平行四边形的形状。

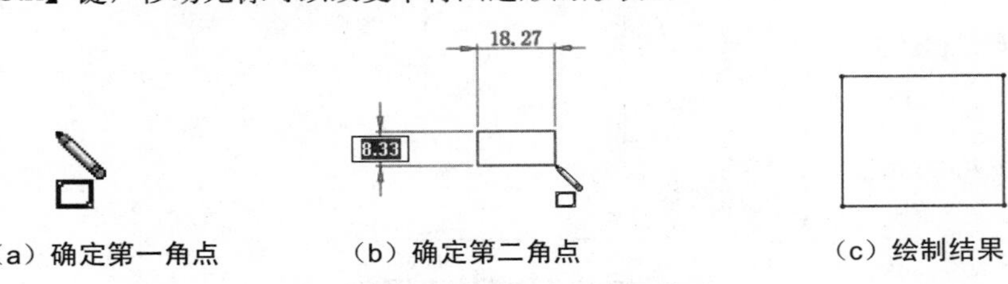

（a）确定第一角点　（b）确定第二角点　（c）绘制结果

图2-44 "边角矩形"绘制过程

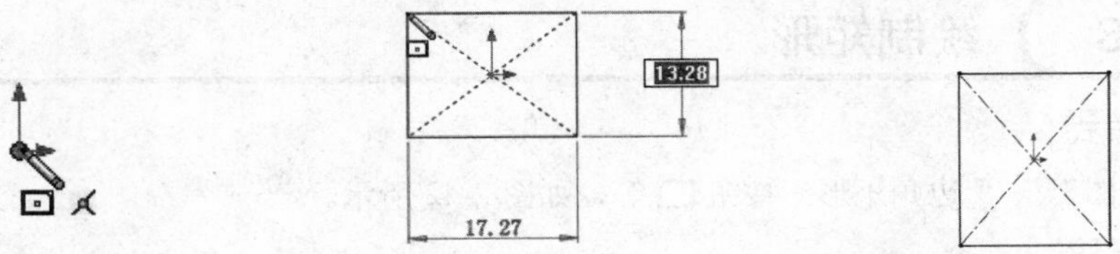

（a）确定中心点　　（b）确定第二点　　（c）绘制结果

图2-45 “中心矩形”绘制过程

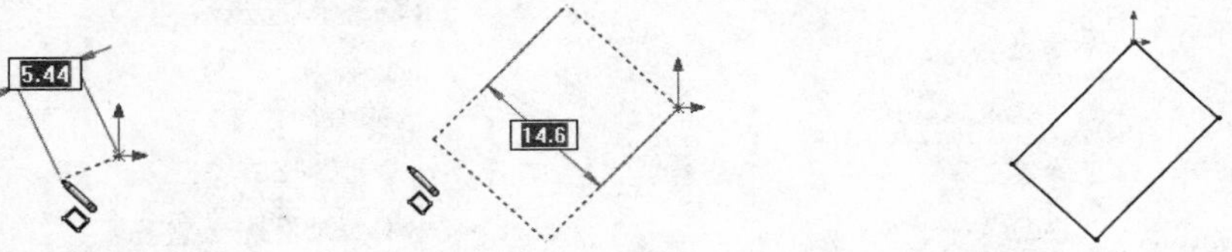

（a）确定第一角点　　（b）确定第二角点　　（c）确定第三角点

图2-46 “3点边角矩形”绘制过程

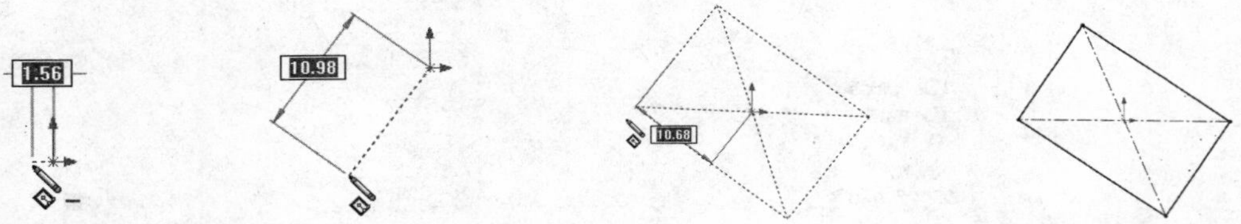

（a）确定中心点　　（b）确定第二点　　（c）确定第三点　　（d）结果

图2-47 “3点中心矩形”绘制过程

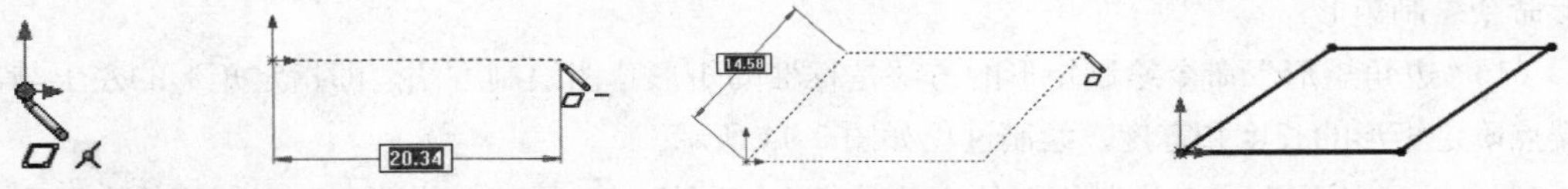

（a）确定第一点　　（b）确定第二点　　（c）确定第三点　　（d）绘制结果

图2-48 “平行四边形”绘制过程

2.2.9 实例——机械零件草图

本例绘制机械零件草图如图 2-49 所示。

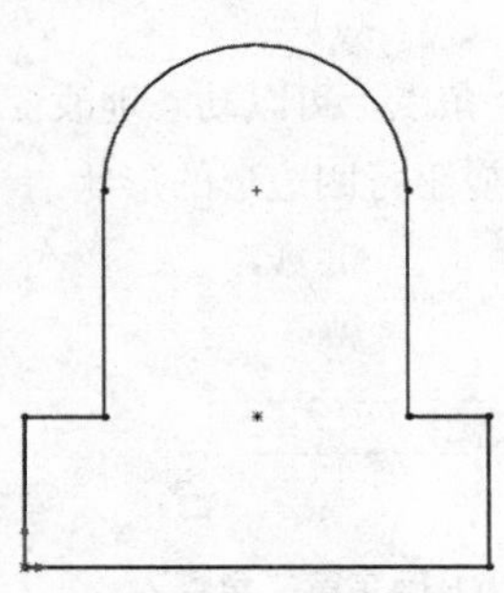

图2-49 机械零件草图

操作步骤

（1）设置草绘平面。在左侧的“FeatureManager 设计树”中选择“前视基准面”作为绘图基准面。单击“标准视图”工具栏中的“正视于”按钮，旋转基准面。

（2）绘制草图。单击“草图”工具栏中的“草图绘制”按钮，进入草图绘制状态。

（3）绘制边角矩形。单击“草图”工具栏中的“边角矩形”按钮，在图形区绘制适当大小的矩形，绘制结果如图 2-50、图 2-51 所示。

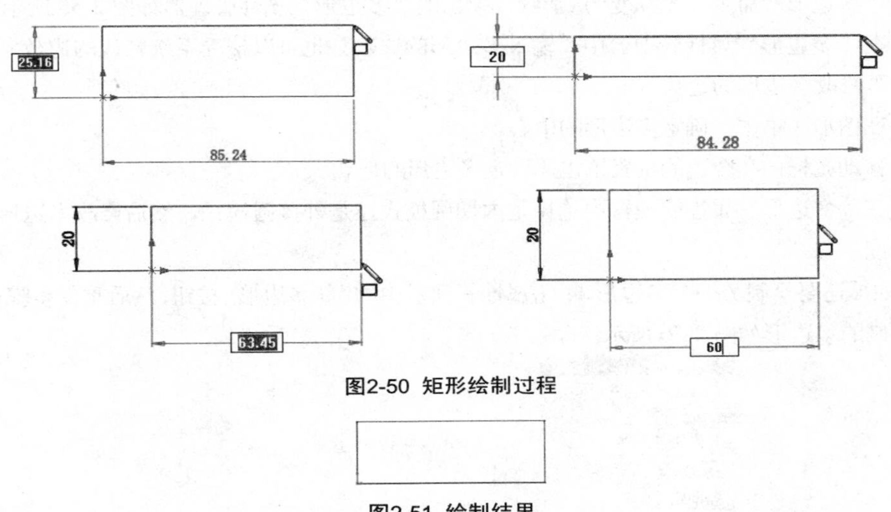

图2-50 矩形绘制过程

图2-51 绘制结果

（4）绘制中心矩形。单击“草图”工具栏中的“中心矩形”按钮，捕捉上步绘制矩形上端水平直线终点为中心，向外拖动绘制适当矩形，结果如图 2-52 所示。

（5）绘制三点矩形。单击“草图”工具栏中的“三点圆弧”按钮，捕捉中心矩形上端点终点为圆心，捕捉水平直线两端点为圆弧起点和端点，绘制结果如图 2-53 所示。

（6）修剪线段。单击“草图”工具栏中的“裁剪实体”按钮，修剪多余线段，结果如图 2-49 所示。

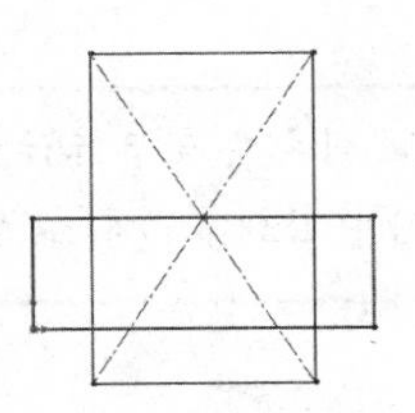

图2-52 绘制中心矩形

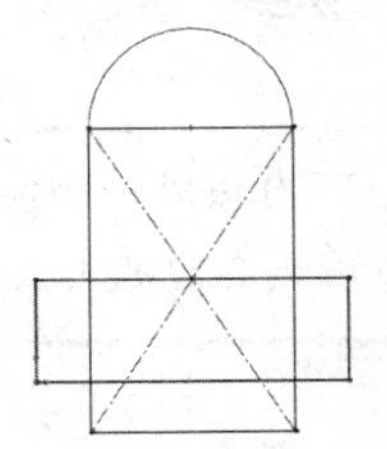

图2-53 绘制圆弧

注意

利用后面章节所讲述的“拉伸-凸台/基体”命令拉伸草图，结果如图2-54所示。

图2-54 拉伸结果

2.2.10 绘制多边形

执行方式

单击“草图”→“多边形”按钮。

选项说明

“多边形”命令用于绘制边数为3到40之间的等边多边形。

执行“多边形”命令，光标变为形状，弹出的“多边形”属性管理器如图2-55所示。

（1）在“多边形”属性管理器中，输入多边形的边数。也可以接受系统默认的边数，在绘制完多边形后再修改多边形的边数。

（2）在图形区单击，确定多边形的中心。

（3）移动光标，在合适的位置单击，确定多边形的形状。

（4）在“多边形”属性管理器中选择是内切圆模式还是外接圆模式，然后修改多边形辅助圆直径以及角度。

（5）如果还要绘制另一个多边形，单击属性管理器中的“新多边形”按钮，然后重复步骤（1）～（4）即可。绘制的多边形如图2-56所示。

图2-55 “多边形”属性管理器

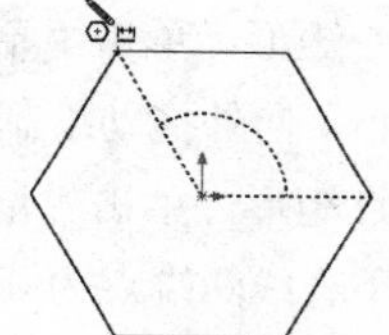

图2-56 绘制的多边形

技巧荟萃

多边形有内切圆和外接圆两种方式，两者的区别主要在于标注方法的不同。内切圆是表示圆中心到各边的垂直距离，外接圆是表示圆中心到多边形端点的距离。

2.2.11 实例——擦写板草图

本例绘制擦写板草图如图2-57所示。

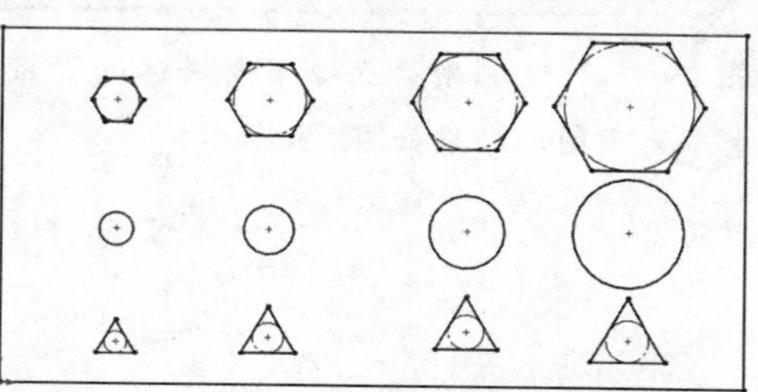

图2-57 擦写板草图

操作步骤

（1）设置草绘平面。在左侧的“FeatureManager 设计树”中选择“前视基准面”作为绘图基准面，单击“标准视图”工具栏中的“正视于”按钮，旋转基准面。

（2）绘制草图。单击“草图”工具栏中的“草图绘制”按钮，进入草图绘制状态。

（3）绘制边角矩形。单击“草图”工具栏中的“边角矩形”按钮，在图形区绘制适当大小的矩形，绘制结果如图 2-58 所示。

（4）绘制多边形。单击“草图”工具栏中的“多边形”按钮，弹出“多边形”属性管理器，如图 2-59 所示，在“参数”选项组下“边数”列表框中输入“6”，在矩形框内部绘制 4 个大小不一的六边形。

（5）设置多边形边属性。按住【Ctrl】键依次选择多边形上端直线，弹出“属性”属性管理器，如图 2-60 所示，单击“水平”按钮，添加“水平”约束，绘制结果如图 2-61 所示。

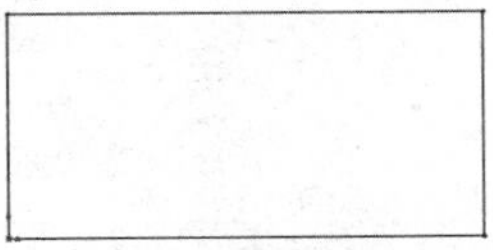

图2-58　绘制矩形边框

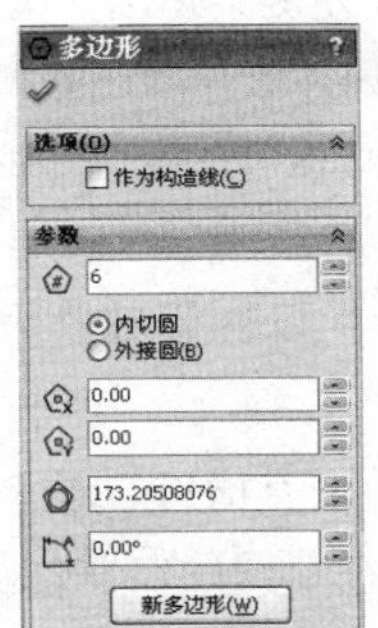

图2-59　“多边形”属性管理器

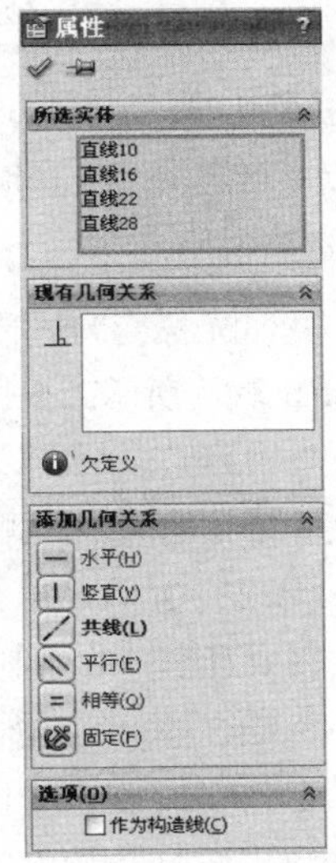

图2-60　“属性”属性管理器

（6）绘制圆。单击“草图”工具栏中的“圆”按钮，在矩形边框内部绘制 4 个大小不一的圆，结果如图 2-62 所示。

（7）绘制多边形。单击“草图”工具栏中的“多边形”按钮，弹出“多边形”属性管理器，如图 2-63 所示，在“参数”选项组下“边数”列表框中输入“3”，在矩形框内部绘制 4 个大小不一的三角形，绘制结果如图 2-57 所示。

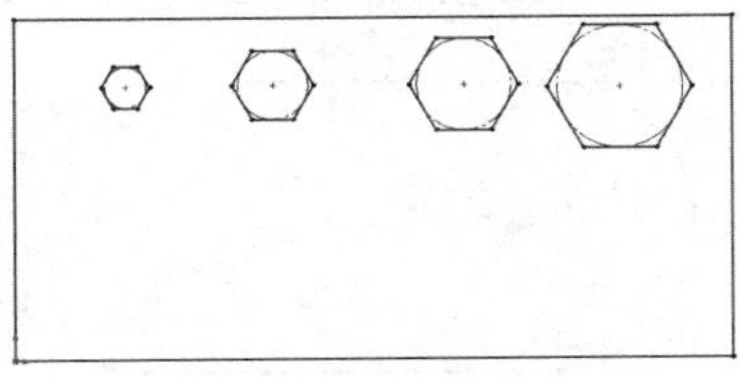

图2-61　绘制多边形

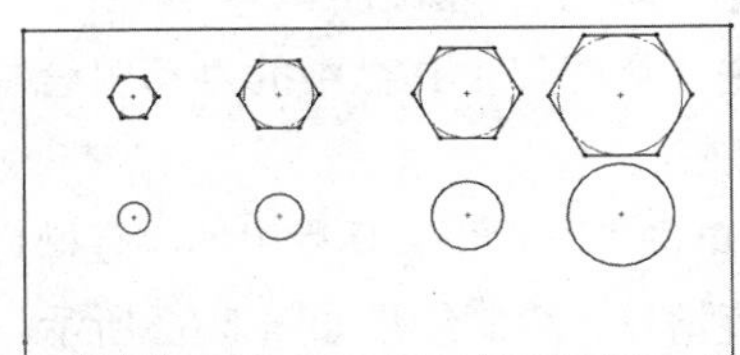

图2-62　绘制圆

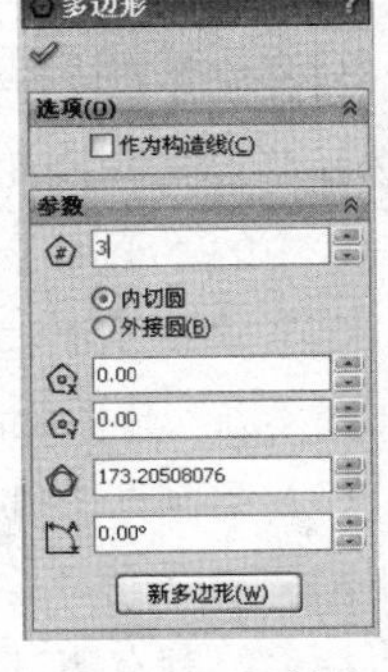

图2-63　“多边形”属性管理器

利用后面章节“拉伸-凸台/基体”命令拉伸草图，结果如图2-64所示。

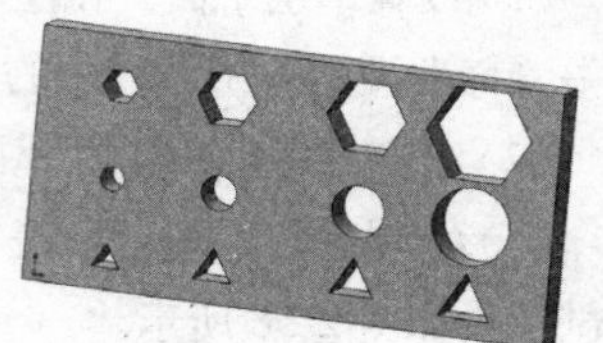

图2-64 拉伸结果

2.2.12 绘制直槽口

执行方式

单击“草图”→“直槽口”按钮。

选项说明

（1）此时光标变为形状。绘图区左侧会弹出“槽口”属性管理器，如图 2-65 所示。根据需要设置属性管理器中直槽口的参数。

（2）直槽口的绘制方法是：先确定直槽口的水平中心线两端点，然后确定直槽口的两端圆弧半径。

（3）完成设置后，单击“直槽口”属性管理器中的“确定”按钮，完成直槽口的绘制。

（4）拖动直槽口的特征点，可以改变直槽口的形状。

（5）如果要改变直槽口的属性，在草图绘制状态下，选择绘制的直槽口，此时会弹出“槽口”属性管理器，按照需要修改其中的参数，就可以修改相应的属性了。

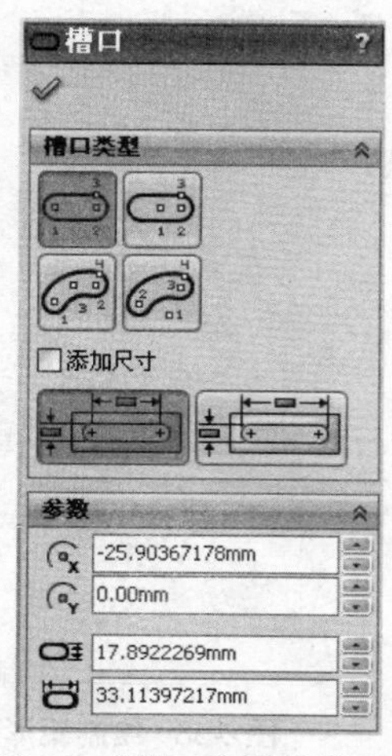

图2-65 “槽口”属性管理器

2.2.13 实例——圆头平键草图

本例绘制圆头平键草图，如图 2-66 所示。

操作步骤

（1）设置草绘平面。在左侧的“FeatureManager 设计树”中选择“前视基准面”作为绘图基准面。单击“标准视图”工具栏中的“正视于”按钮，旋转基准面。

（2）绘制草图。单击“草图”工具栏中的“草图绘制”按钮，进入草图绘制状态。

（3）绘制直槽口 1。单击“草图”工具栏中的“直槽口”按钮，在图形区绘制直槽口，绘制结果如图 2-67 所示。

（4）绘制直槽口 2。单击“草图”工具栏中的“直槽口”

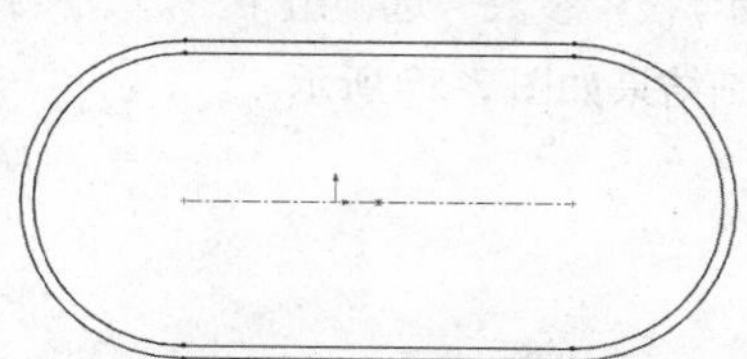

图2-66 圆头平键草图（一）

图2-67 圆头平键草图（二）

按钮，捕捉图 2-67 所示的 1、2 为水平线两端点，绘制结果如图 2-66 所示。

注意

利用后面章节所讲述的“拉伸-凸台/基体”命令拉伸草图，结果如图2-68所示。

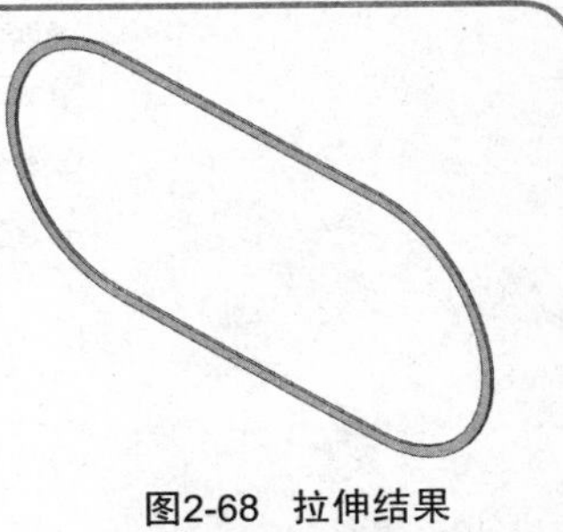

图2-68 拉伸结果

2.2.14 绘制样条曲线

执行方式

单击“草图”→“样条曲线”按钮～。

选项说明

（1）选择“样条曲线”命令，此时光标变为形状。在左侧弹出“样条曲线”属性管理器。

（2）在图形区单击，确定样条曲线的起点。

（3）移动光标，在图中合适的位置单击，确定样条曲线上的第二点。

（4）重复移动光标，确定样条曲线上的其他点。

（5）按【Esc】键，或者双击退出样条曲线的绘制。

系统提供了强大的样条曲线绘制功能，样条曲线至少需要三个点，并且可以在端点指定相切。如图 2-69 所示为绘制样条曲线的过程。

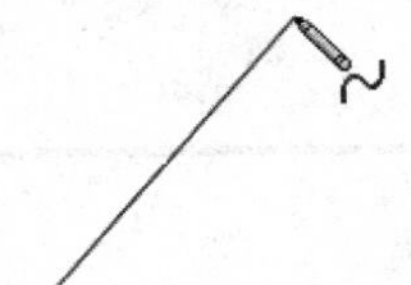

（a）确定第二点

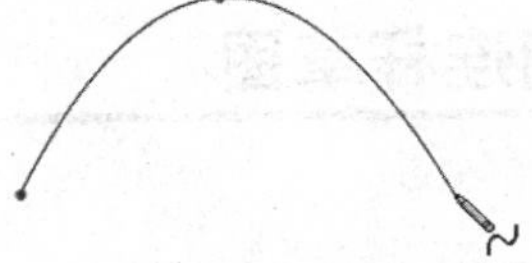

（b）确定第三点

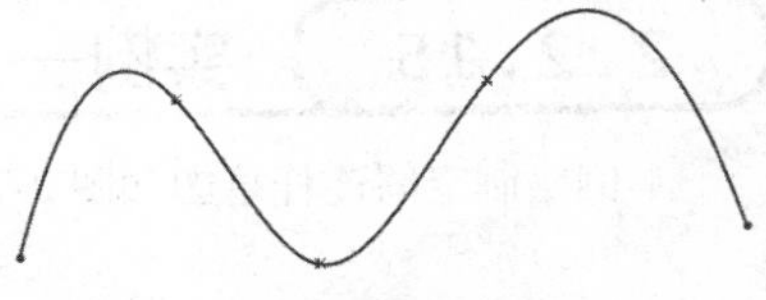

（c）确定其他点

图2-69 绘制样条曲线的过程

样条曲线绘制完毕后，可以通过以下方式，对样条曲线进行编辑和修改。

- 样条曲线属性管理器。“样条曲线”属性管理器如图 2-70 所示，在“参数”选项组中可以实现对样条曲线的各种参数进行修改。
- 样条曲线上的点。选择要修改的样条曲线，此时样条曲线上会出现点，拖动这些点就可以实现对样条曲线的修改，如图 2-71 所示为样条曲线的修改过程，拖动点 1 到点 2 位置，图 2-71（a）为修改前的图形，图 2-71（b）为修改后的图形。
- 插入样条曲线型值点。确定样条曲线形状的点称为型值点，即除样条曲线端点以外的点。在样条曲线绘制以后，还可以插入一些型值点。右击样条曲线，在弹出的快捷菜单中选择“插入样条曲线型值点”命令，然后在需要添加的位置单击即可。

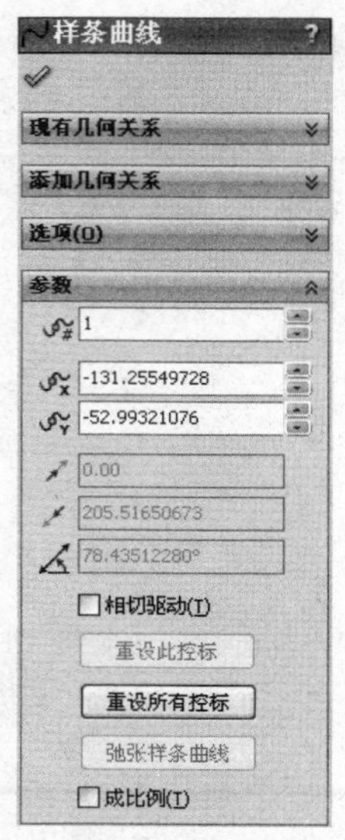

图2-70 “样条曲线”属性管理器

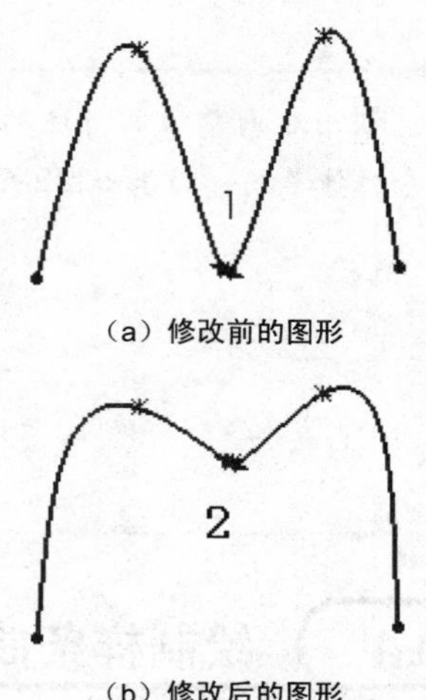

图2-71 样条曲线的修改过程

- 删除样条曲线型值点。若要删除样条曲线上的型值点，选择要删除的点，然后按【Delete】键即可。

样条曲线的编辑还有其他一些功能，如显示样条曲线控标、显示拐点、显示最小半径与显示曲率检查等，在此不一一介绍，用户可以右击，选择相应的功能，进行练习。

> **技巧荟萃**
>
> 系统默认显示样条曲线的控标。单击“样条曲线工具”工具栏中的“显示样条曲线控标”按钮，可以隐藏或者显示样条曲线的控标。

2.2.15 实例——空间连杆草图

本例绘制空间连杆草图如图 2-72 所示。

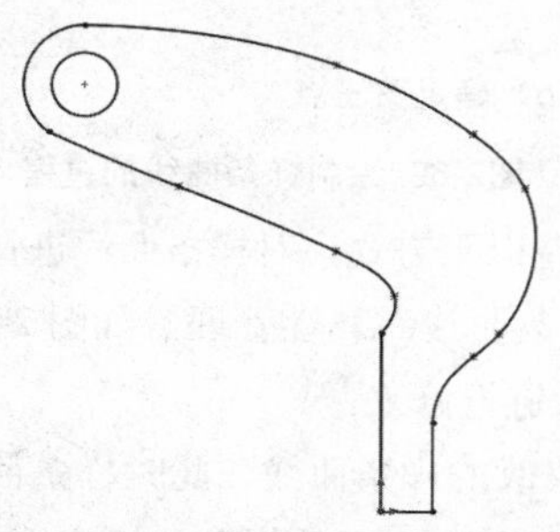

图2-72 空间连杆草图

操作步骤

(1) 设置草绘平面。在左侧的“FeatureManager 设计树”中选择“前视基准面”作为绘图基准面。单击“前导”工具栏中的“正视于”按钮，旋转基准面。

(2) 绘制草图。单击“草图”工具栏中的“草图绘制”按钮，进入草图绘制状态。

（3）绘制矩形。单击“草图”工具栏中的“边角矩形”按钮□，绘制适当大小的矩形，如图 2-73 所示。

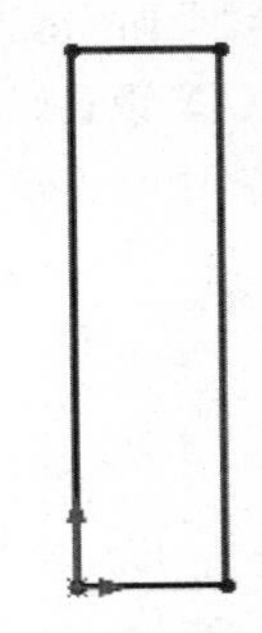

图2-73 绘制矩形

（4）绘制圆。单击“草图”工具栏中的“圆”按钮◎，在矩形左上方绘制两同心圆，结果如图 2-74 所示。

（5）绘制样条曲线。单击“草图”工具栏中的“样条曲线”按钮，捕捉矩形及圆上点，绘制两条样条曲线结果如图 2-75 所示。

（6）剪裁实体。单击“草图”工具栏中的“裁剪实体”按钮，修剪多余图形，结果如图 2-72 所示。

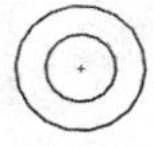

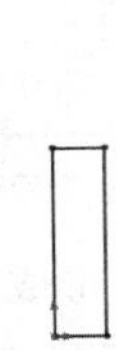

图2-74 绘制同心圆

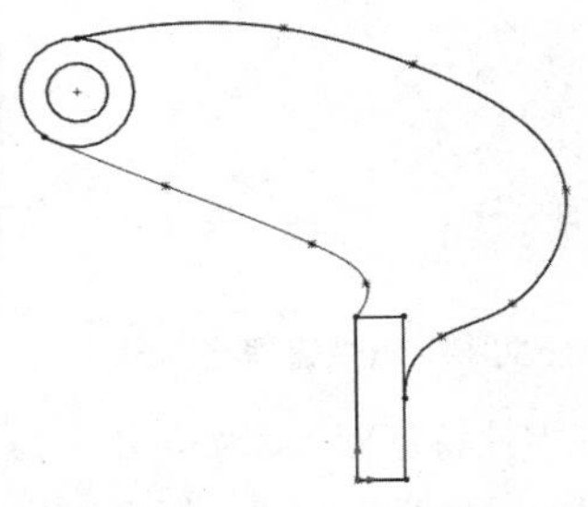

图2-75 绘制样条曲线

注意

利用后面章节所讲述的“拉伸-凸台/基体”命令拉伸草图，结果如图2-76所示。

图2-76 拉伸结果

2.2.16 绘制草图文字

执行方式

单击“草图”→“文字”按钮。

选项说明

执行“文字”命令后，系统弹出“草图文字”属性管理器，如图 2-77 所示。

（1）在图形区中选择一条边线、曲线、草图或草图线段，作为绘制文字草图的定位线，此时所选择的边线显示在“草图文字”属性管理器的“曲线”选项组中。

（2）在“草图文字”属性管理器的“文字”选项中输入要添加的文字。此时，添加的文字显示在图形区曲线上。

（3）如果不需要系统默认的字体，则取消对“使用文档字体”复选框的勾选，然后单击“字体”

按钮，此时系统弹出“选择字体”对话框，如图 2-78 所示，按照需要进行设置。

（4）设置好字体后，单击“选择字体”对话框中的“确定”按钮，然后单击“草图文字”属性管理器中的“确定”按钮，完成草图文字的绘制。

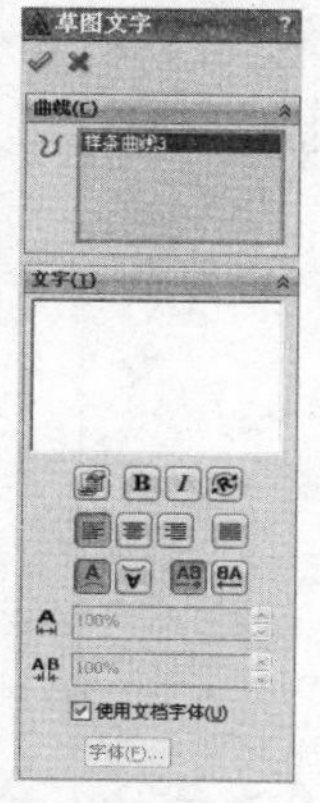

图2-77 “草图文字”属性管理器

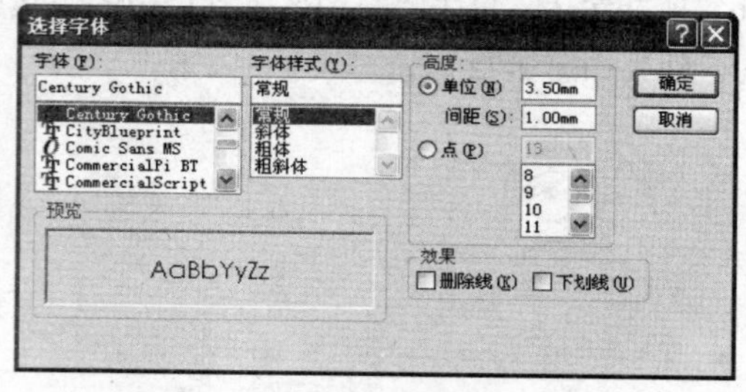

图2-78 “选择字体”对话框

草图文字可以在零件特征面上添加，用于拉伸和切除文字，形成立体效果。文字可以添加在任何连续曲线或边线组中，包括由直线、圆弧或样条曲线组成的圆或轮廓。

技巧荟萃

在草图绘制模式下，双击已绘制的草图文字，在系统弹出的“草图文字”属性管理器中，可以对其进行修改。

2.2.17 实例——文字模具草图

本例绘制文字模具草图如图 2-79 所示。

操作步骤

（1）制草绘基准面。在左侧的“FeatureManager 设计树”中选择“前视基准面”作为绘图基准面。单击“标准视图”工具栏中的“正视于”按钮，旋转基准面。

（2）绘制草图。单击“草图”工具栏中的“草图绘制”按钮，进入草图绘制状态。

（3）输入文字。单击“草图”工具栏中的“文字”按钮，弹出“草图文字”属性管理器，如图 2-80 所示，在“文字”选项组中输入“三维书屋”，单击“确定”按钮，绘制结果如图 2-79 所示。

三维书屋

图2-79 文字模具草图

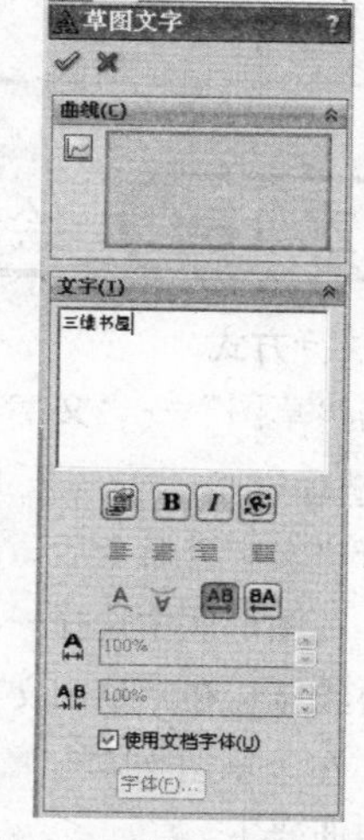

图2-80 “草图文字”属性管理器

利用后面章节“拉伸-凸台/基体”拉伸草图文字，结果如图2-81所示。

图2-81　拉伸结果

2.3　草图工具

本节主要介绍草图工具的使用方法，如圆角、倒角、等距实体、转换实体引用、裁减、延伸与镜像。

2.3.1　绘制圆角

执行方式

单击“草图”→“圆角”按钮。

选项说明

此时系统弹出的“绘制圆角”属性管理器如图2-82所示。

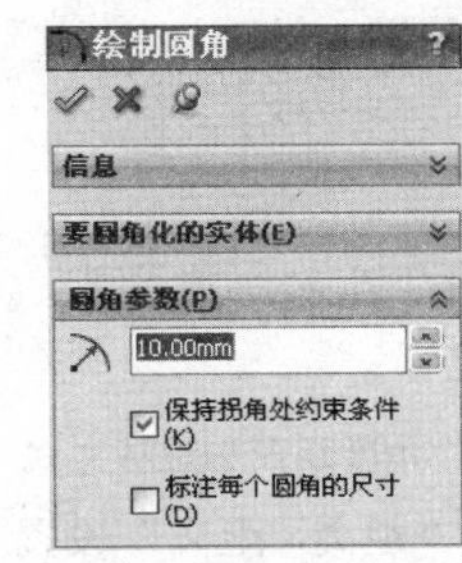

图2-82　“绘制圆角”属性管理器

（1）在“绘制圆角”属性管理器中，设置圆角的半径。如果顶点具有尺寸或几何关系，勾选“保持拐角处约束条件”复选框，将保留虚拟交点。如果不勾选该复选框，且顶点具有尺寸或几何关系，将会询问是否想在生成圆角时删除这些几何关系。

（2）设置好“绘制圆角”属性管理器后，选择如图2-83（a）所示的直线1和2、直线2和3、直线3和4、直线4和1。

（3）单击“绘制圆角”属性管理器中的“确定”按钮，完成圆角的绘制，如图2-83（b）所示。

绘制圆角工具是将两个草图实体的交叉处剪裁掉角部，生成一个与两个草图实体都相切的圆弧，此工具在二维和三维草图中均可使用。

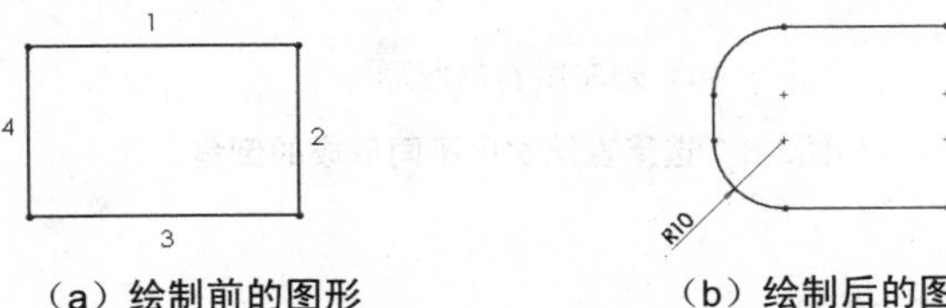

（a）绘制前的图形　　（b）绘制后的图形

图2-83　绘制圆角过程

技巧荟萃

SolidWorks可以将两个非交叉的草图实体进行倒圆角操作。执行完“圆角”命令后，草图实体将被拉伸，边角将被圆角处理。

2.3.2 绘制倒角

执行方式

单击“草图”→“倒角”按钮。

选项说明

此时系统弹出的“绘制倒角”属性管理器如图 2-84 所示。

（1）在“绘制倒角”属性管理器中，点选“角度距离”单选钮，按照如图 2-84 所示设置倒角方式和倒角参数，然后选择如图 2-86（a）所示的直线 1 和直线 4。

（2）在“绘制倒角”属性管理器中，点选“距离 - 距离”单选钮，按照如图 2-85 所示设置倒角方式和倒角参数，然后选择如图 2-86（a）所示的直线 2 和直线 3。

（3）单击“绘制倒角”属性管理器中的“确定”按钮，完成倒角的绘制，如图 2-86（b）所示。

绘制倒角工具是将倒角应用到相邻的草图实体中，此工具在二维和三维草图中均可使用。倒角的选取方法与圆角相同。“绘制倒角”属性管理器中提供了倒角的两种设置方式，分别是“角度距离”设置倒角方式和“距离 - 距离”设置倒角方式。

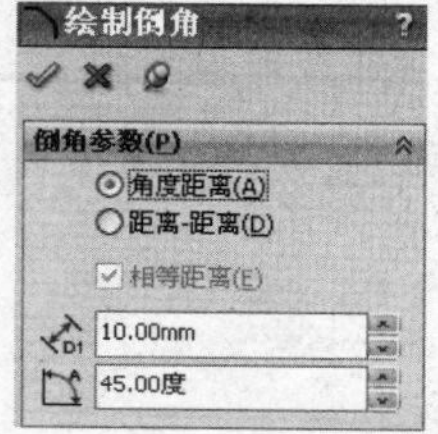

图2-84“角度距离”设置方式

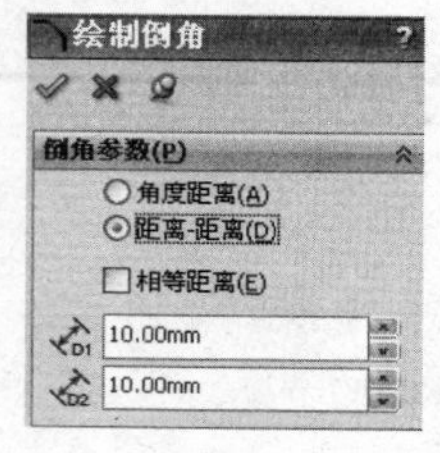

图2-85“距离-距离”设置方式

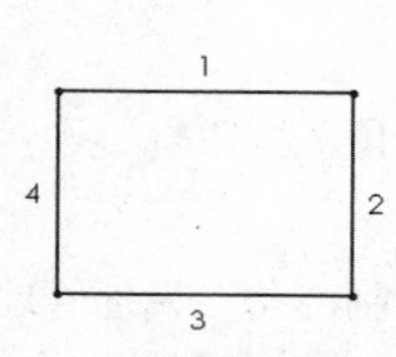

（a）绘制前的图形

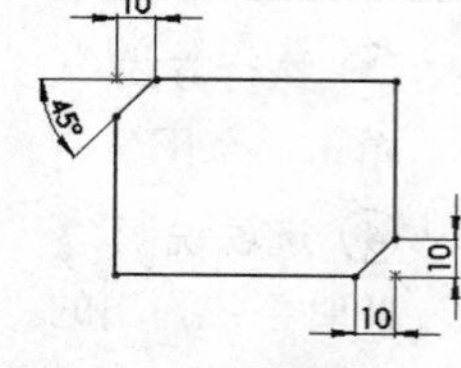

（b）绘制后的图形

图2-86 绘制倒角的过程

以“距离 - 距离”设置方式绘制倒角时，如果设置的两个距离不相等，选择不同草图实体的次序不同，绘制的结果也不相同。如图 2-87 所示，设置“D1 = 10”、“D2 = 20”，如图 2-87（a）所示为原始图形；如图 2-87（b）所示为先选取左侧的直线，后选择右侧直线形成的倒角；如图 2-87（c）所示为先选取右侧的直线，后选择左侧直线形成的倒角。

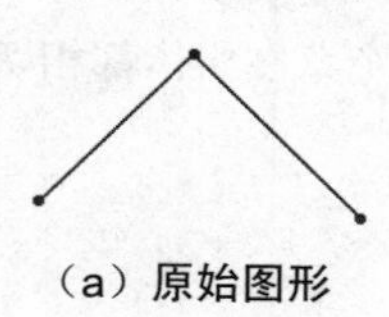

（a）原始图形

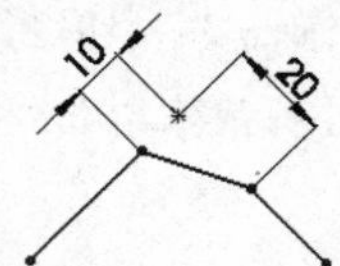

（b）先左后右的图形

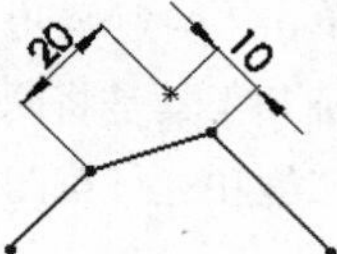

（c）先右后左的图形

图2-87 选择直线次序不同形成的倒角

2.3.3 等距实体

执行方式

单击“草图”→“等距实体”按钮。

选项说明

（1）系统弹出“等距实体”属性管理器，按照实际需要进行设置。

（2）单击选择要等距的实体对象。

（3）单击“等距实体”属性管理器中的“确定”按钮✔，完成等距实体的绘制。

等距实体工具是按特定的距离等距一个或者多个草图实体、所选模型边线、模型面。例如样条曲线或圆弧、模型边线组、环等草图实体。

“等距实体”属性管理器中各选项的含义如下。

- “等距距离”文本框：设定数值以特定距离来等距草图实体。
- “添加尺寸”复选框：勾选该复选框将在草图中添加等距距离的尺寸标注，这不会影响到包括原有草图实体中的任何尺寸。
- “反向”复选框：勾选该复选框将更改单向等距实体的方向。
- “选择链”复选框：勾选该复选框将生成所有连续草图实体的等距。
- “双向”复选框：勾选该复选框将在草图中双向生成等距实体。
- “制作基体结构”复选框：勾选该复选框将原有草图实体转换到构造性直线。
- “顶端加盖”复选框：勾选该复选框将通过选择双向并添加一个顶盖来延伸原有非相交草图实体。

如图 2-89 所示为按照如图 2-88 所示的“等距实体”属性管理器进行设置后，选取中间草图实体中任意一部分得到的图形。

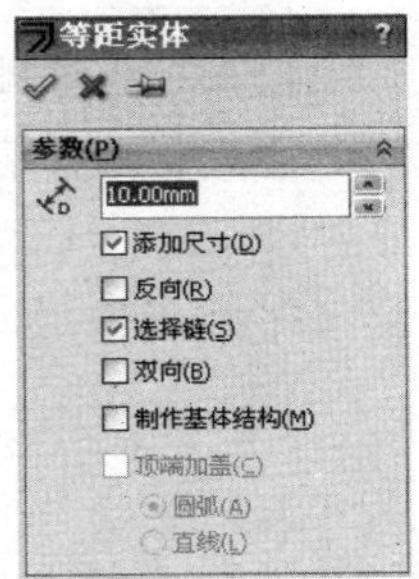

图2-88　“等距实体”属性管理器

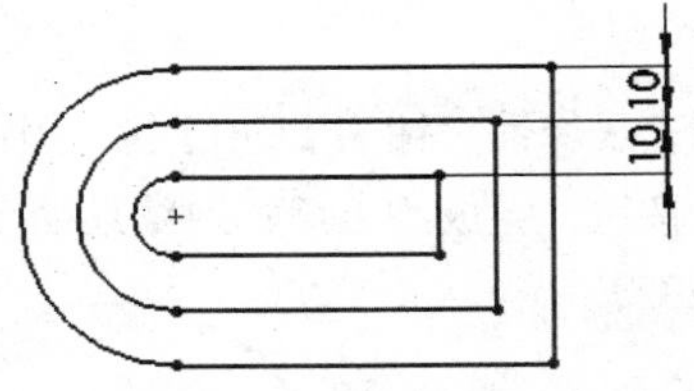

图2-89　等距后的草图实体

如图 2-90 所示为在模型面上添加草图实体的过程，图 2-90（a）为原始图形，图 2-90（b）为等距实体后的图形。执行过程为：先选择如图 2-90（a）所示的模型的上表面，然后进入草图绘制状态，再执行等距实体命令，设置参数为“单向”等距距离，距离为“10.00mm”。

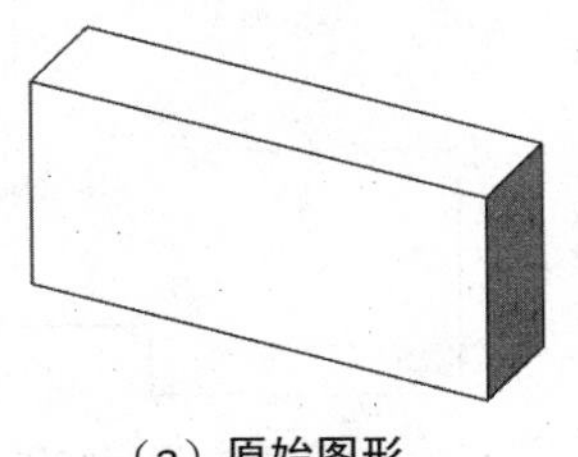

（a）原始图形

（b）等距实体后的图形

图2-90　模型面等距实体

技巧荟萃

在草图绘制状态下，双击等距距离的尺寸，然后更改数值，就可以修改等距实体的距离。在双向等距中，修改单个数值就可以更改两个等距的尺寸。

2.3.4 实例——支架垫片草图

本例绘制支架垫片草图，如图 2-91 所示。

操作步骤

（1）设置草绘平面。在左侧的“FeatureManager 设计树”中选择“前视基准面”作为绘图基准面。

（2）绘制草图。单击“草图”工具栏中的“草图绘制”按钮，进入草图绘制状态。

（3）绘制中心线。单击“草图”工具栏中的“中心线”按钮，绘制过原点的竖直中心线。

（4）绘制直线。单击“草图”工具栏中的“直线”按钮，在图形区绘制图形，绘制结果如图 2-92 所示。

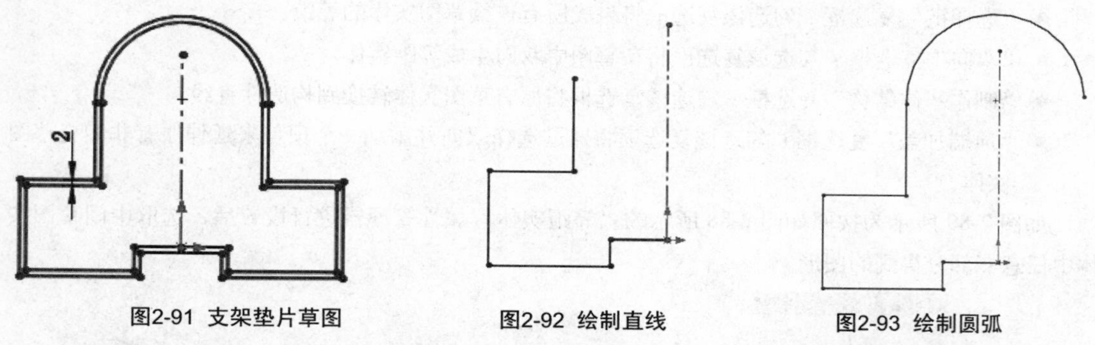

图2-91 支架垫片草图　　图2-92 绘制直线　　图2-93 绘制圆弧

（5）绘制圆弧。单击“草图”工具栏中的“三点圆弧”按钮，在图形中绘制圆弧，结果如图 2-93 所示。

（6）设置直线属性。按住【Ctrl】键，选择点 1 及线 2，弹出“属性”属性管理器，如图 2-94 所示，单击“重合”按钮，完成约束添加，结果如图 2-95 所示。

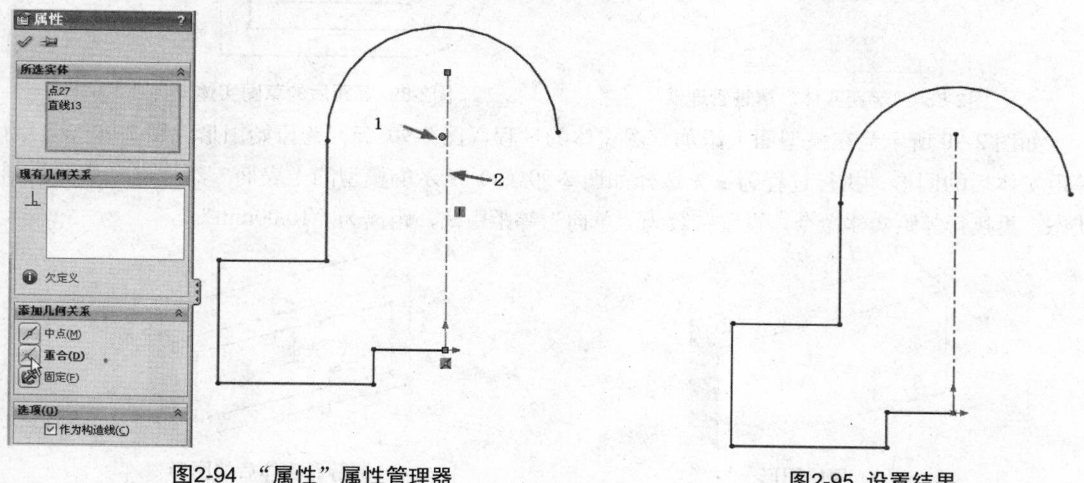

图2-94 “属性”属性管理器　　图2-95 设置结果

（7）镜像草图。单击“草图”工具栏中的“镜像实体”按钮，镜像左侧图形，结果如图 2-96 所示。

（8）单击“草图”工具栏中的“等距实体”按钮，弹出“等距实体”属性管理器，如图 2-97 所示，设置等距距离为“2.00mm”，勾选“选择链”复选框，在绘图区选择边线，单击“确定”按钮，完成操作，结果如图 2-91 所示。

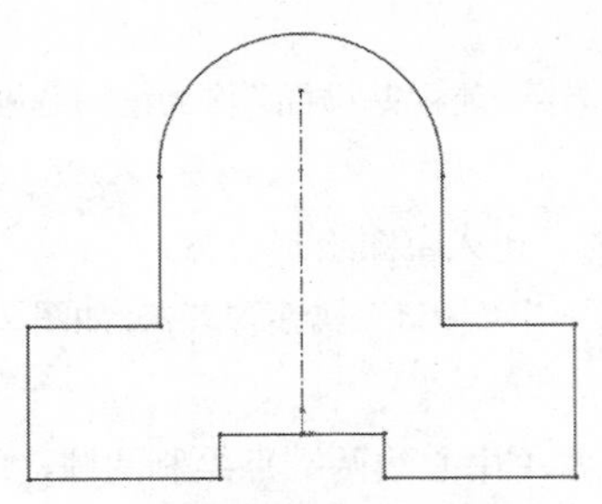

图2-96 镜像草图

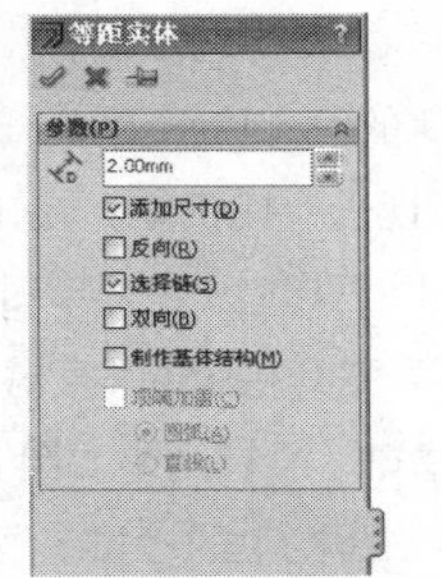

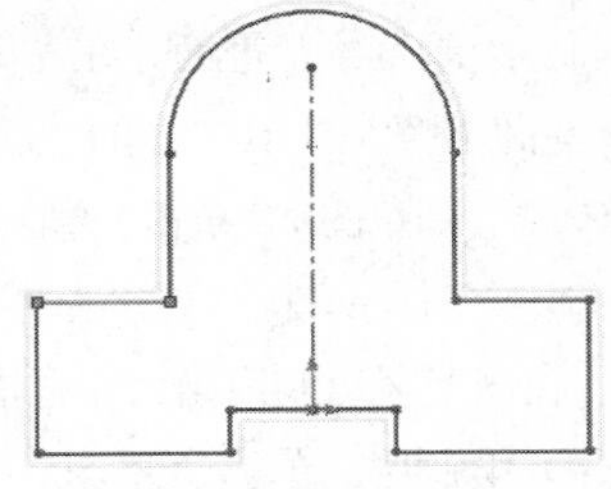

图2-97 “等距实体”属性管理器

2.3.5 转换实体引用

执行方式

单击“草图”→“转换实体引用”按钮。

选项说明

（1）选择“转换实体引用”命令，弹出“转换实体引用”属性管理器，如图2-98所示。

（2）按住【Ctrl】键，选取如图2-99（a）所示的边线1、2、3、4以及圆弧5。

（3）单击“退出草绘”按钮，退出草图绘制状态，转换实体引用后的图形如图2-99（b）所示。其中（1）、（2）两步顺序可互换。

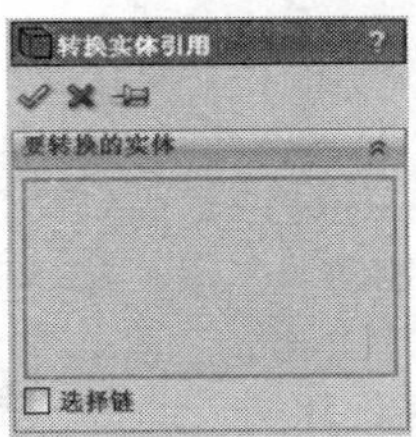

图2-98 “转换实体引用”属性管理器

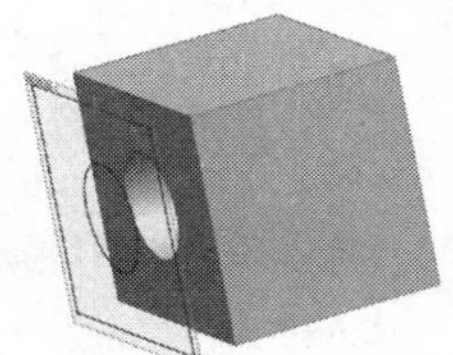

（a）转换实体引用前的图形　（b）转换实体引用后的图形

图2-99 转换实体引用过程

转换实体引用是通过已有的模型或者草图，将其边线、环、面、曲线、外部草图轮廓线、一组边线或一组草图曲线投影到草图基准面上。通过这种方式，可以在草图基准面上生成一或多个草图实体。使用该命令时，如果引用的实体发生更改，那么转换的草图实体也会相应地改变。

2.3.6 实例——前盖草图

本例绘制前盖草图，如图2-100所示。

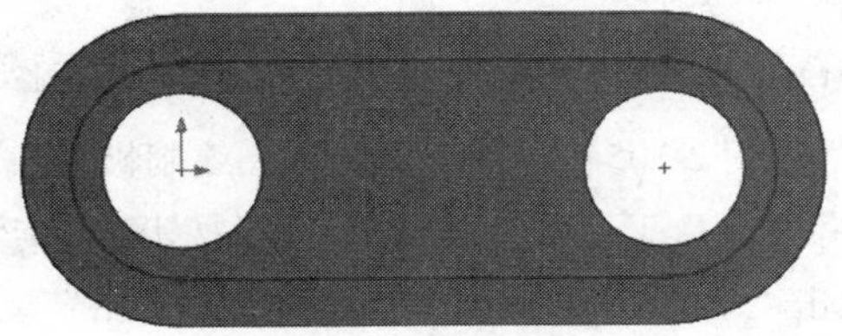

图2-100 前盖草图

操作步骤

（1）绘制草绘基准面。在左侧的“FeatureManager 设计树”中选择“前视基准面”作为绘图基准面。单击“标准视图”工具栏中的“正视于”按钮，旋转基准面。

（2）绘制草图 1。单击“草图”工具栏中的“草图绘制”按钮，进入草图绘制状态。

（3）绘制直槽口。单击“草图”工具栏中的“直槽口”按钮，弹出“槽口”属性管理器，如图 2-101 所示，在图形区绘制适当大小直槽口，绘制结果如图 2-102 所示。

（4）绘制圆。单击“草图”工具栏中的“圆”按钮，捕捉水平中心线两端点绘制两圆，绘制过程中输入圆半径，半径为 5，结果如图 2-103 所示。

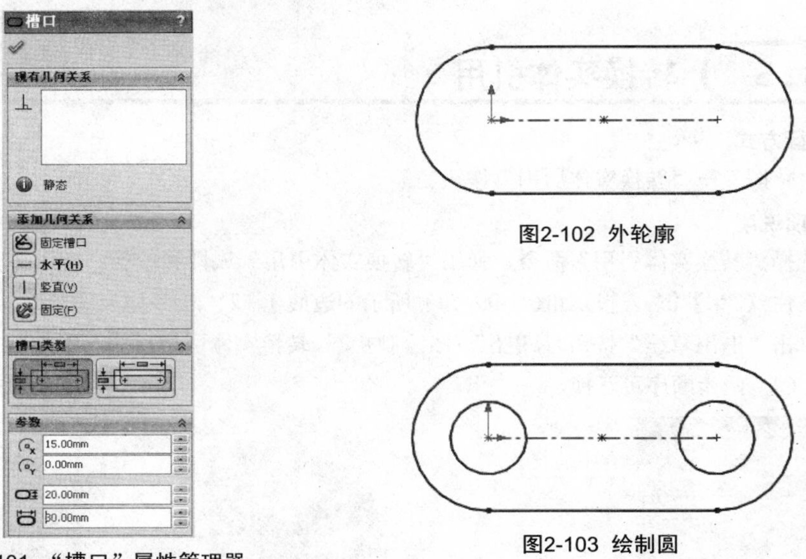

图2-101 “槽口”属性管理器

图2-102 外轮廓

图2-103 绘制圆

（5）拉伸实体。单击“特征”工具栏中的“拉伸凸台 / 基体”按钮，弹出“凸台 - 拉伸”属性管理器，设置参数，如图 2-104 所示。拉伸草图，结果如图 2-105 所示。

图2-104 “凸台-拉伸”属性管理器

图2-105 拉伸结果

（6）设置草绘平面 2。选择图 2-105 中的面 1，进入草图绘制状态。单击“草图”工具栏中的“草图绘制”按钮，单击“标准视图”工具栏中的“正视于”按钮，旋转基准面。

（7）转换实体引用。单击“草图”工具栏中的“转换实体引用”按钮，弹出“转换实体引用”属性管理器，如图 2-106 所示，选择最外侧轮廓线，将边线转换为草图，结果如图 2-107 所示。

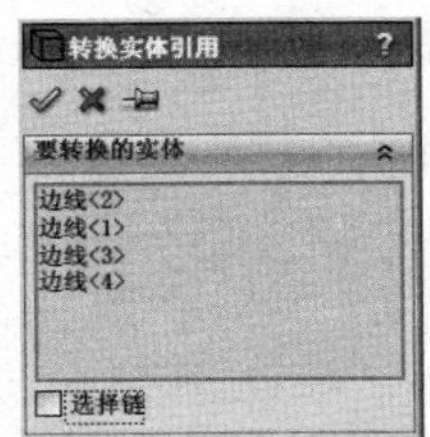

图2-106“转换实体引用”属性管理器

（8）等距实体操作。单击“草图”工具栏中的“等距实体”按钮，弹出“等距实体”属性管理器，如图 2-108 所示，设置等距距离为“3.00mm”，勾选“选择链”、“反向”复选框，选择最外侧轮廓线，单击“确定”按钮，完成操作。

（9）删除图形。按住【Delete】键，删除外侧轮廓，结果如图 2-100 所示。

图2-107 转换草图

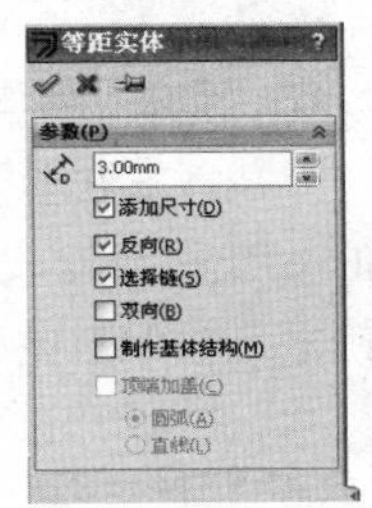

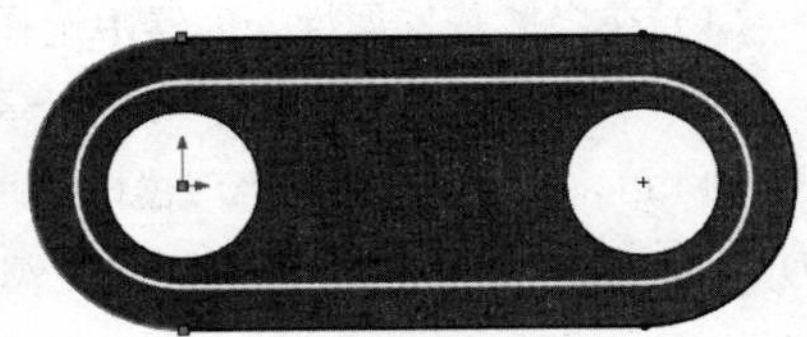

图2-108 “等距实体”属性管理器

（10）拉伸实体。单击“特征”工具栏中的“拉伸凸台 / 基体”按钮，弹出“拉伸 - 凸台”属性管理器，设置参数，如图 2-109 所示。拉伸草图，结果如图 2-110 所示。

图2-109 “凸台-拉伸”属性管理器

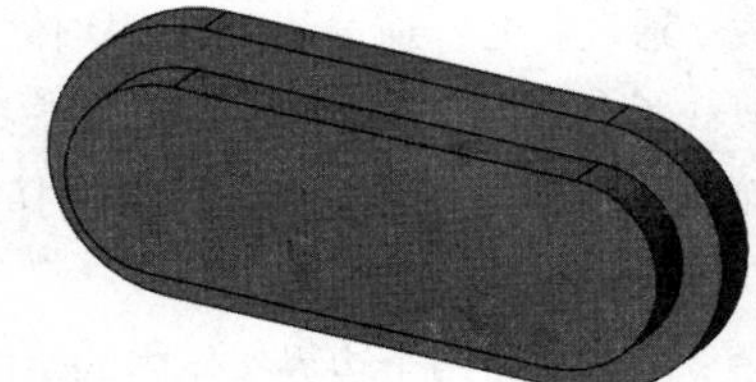

图2-110 拉伸结果

2.3.7 草图剪裁

执行方式

单击“草图”→“剪裁实体”按钮。

选项说明

执行“剪裁实体”命令，此时光标变为形状，并在左侧特征管理器弹出“剪裁”属性管理器，如图 2-111 所示。

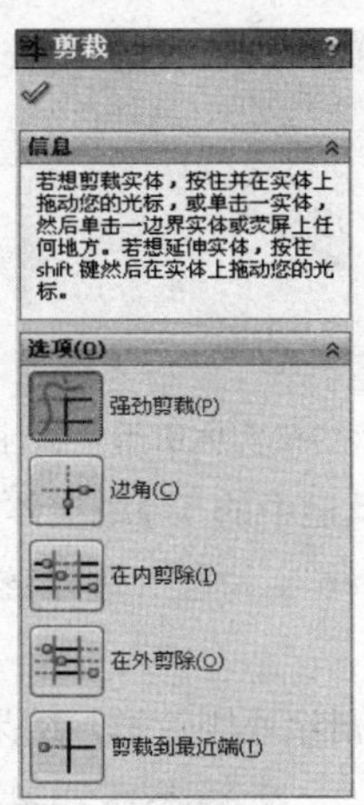

图2-111 “剪裁”属性管理器

（1）在“剪裁”属性管理器中选择“剪裁到最近端”选项。

（2）依次单击如图 2-112（a）所示的 A 处和 B 处，剪裁图中的直线。

（3）单击“剪裁”属性管理器中的“确定”按钮，完成草图实体的剪裁，剪裁后的图形如图 2-112（b）所示。

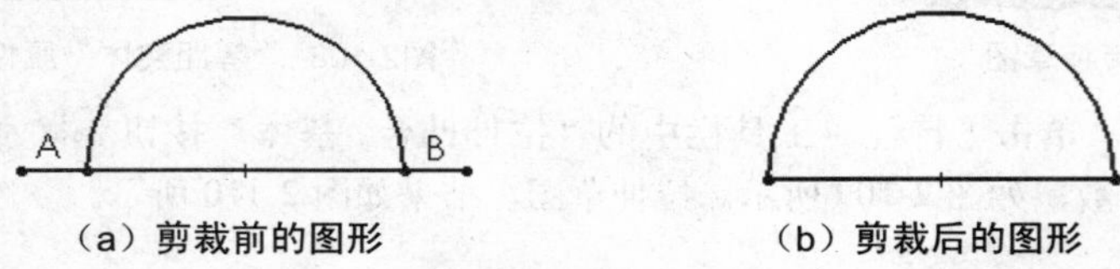

（a）剪裁前的图形　　（b）剪裁后的图形

图2-112 剪裁实体的过程

草图剪裁是常用的草图编辑命令。执行“草图剪裁”命令时，系统弹出的“剪裁”属性管理器如图 2-111 所示，根据剪裁草图实体的不同，可以选择不同的剪裁模式，下面将介绍不同类型的草图剪裁模式。

- 强劲剪裁：通过将光标拖过每个草图实体来剪裁草图实体。
- 边角：剪裁两个草图实体，直到它们在虚拟边角处相交。
- 在内剪除：选择两个边界实体，然后选择要裁剪的实体，剪裁位于两个边界实体外的草图实体。
- 在外剪除：剪裁位于两个边界实体内的草图实体。
- 剪裁到最近端：将一个草图实体裁减到最近端的交叉实体。

2.3.8 实例——扳手草图

本例绘制扳手草图，如图 2-113 所示。

操作步骤

（1）设置草绘平面。在左侧的“FeatureManager 设计树”中选择“前视基准面”作为绘图基准面。单击“标准视图”工具栏中的“正视于”按钮，旋转基准面。

（2）绘制草图。单击“草图”工具栏中的“草图绘制”按钮，进入草图绘制状态。

（3）绘制矩形。单击“草图”工具栏中的“边角矩形”按钮▭，在图形区绘制适当大小的矩形，绘制过程中输入矩形尺寸，结果如图 2-114 所示。

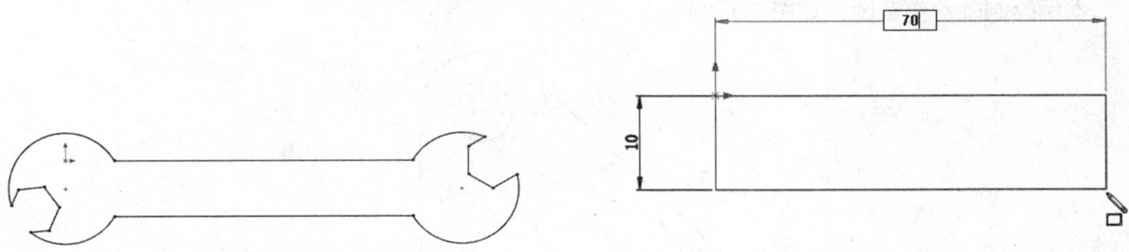

图2-113　扳手草图　　图2-114绘制矩形

（4）绘制圆。单击“草图”工具栏中的“圆”按钮⊙，捕捉矩形两端点为圆心。绘制半径为 10 的圆，结果如图 2-115 所示。

（5）绘制多边形。单击“草图”工具栏中的“多边形”按钮⊙，绘制六边形，如图 2-116 所示。

图2-115　绘制圆　　图2-116 绘制六边形

（6）剪裁实体。单击“草图”工具栏中的“裁剪实体”按钮，修剪多余图形，如图 2-113 所示。

2.3.9　草图延伸

执行方式

单击“草图”→“ 延伸实体”按钮T。

选项说明

执行“延伸实体”命令，光标变为形状，进入草图延伸状态。

（1）单击如图 2-117（a）所示的直线。

（2）按【Esc】键，退出延伸实体状态，延伸后的图形如图 2-117（b）所示。

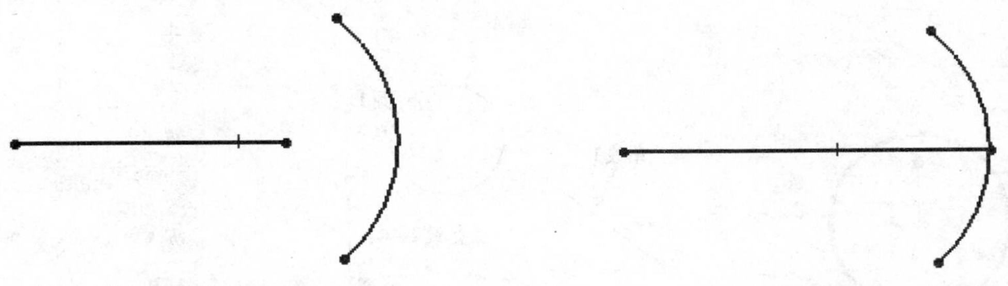

（a）延伸前的图形　　（b）延伸后的图形

图2-117　草图延伸的过程

（3）草图延伸是常用的草图编辑工具。利用该工具可以将草图实体延伸至另一个草图实体。

（4）在延伸草图实体时，如果两个方向都可以延伸，而只需要单一方向延伸时，单击延伸方向一侧的实体部分即可实现，在执行该命令过程中，实体延伸的结果在预览时会以红色显示。

2.3.10 实例——轴承座草图

本例绘制轴承座草图，如图 2-118 所示。

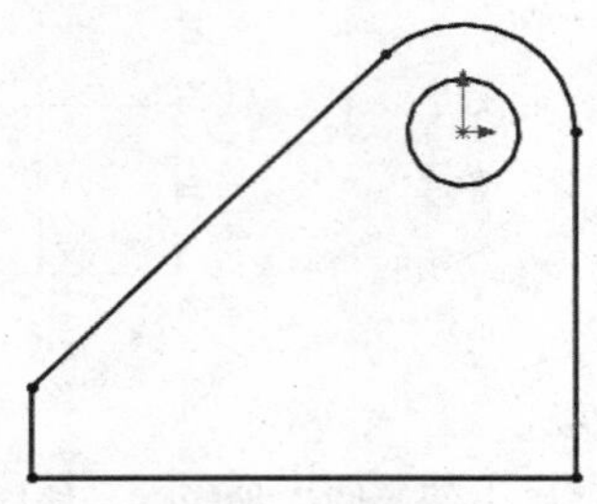

图2-118 轴承座草图

操作步骤

（1）设置草绘平面。在左侧的“FeatureManager 设计树”中选择“前视基准面”作为绘图基准面。单击“标准视图”工具栏中的“正视于”按钮，旋转基准面。

（2）绘制草图。单击“草图”工具栏中的“草图绘制”按钮，进入草图绘制状态。

（3）绘制圆。单击“草图”工具栏中的“圆”按钮，在图形区绘制适当大小的圆，绘制结果如图 2-119 所示。

（4）绘制直线。单击“草图”工具栏中的“直线”按钮，绘制连续直线，结果如图 2-120 所示。

（5）设置线属性。按住【Ctrl】键，选择图 2-120 中直线 1、圆 1，弹出“属性”属性管理器，如图 2-121 所示，单击“相切”按钮，添加相切关系；同样的方法为图 2-120 中的直线 2、圆 1 添加“相切”关系，结果如图 2-122 所示。

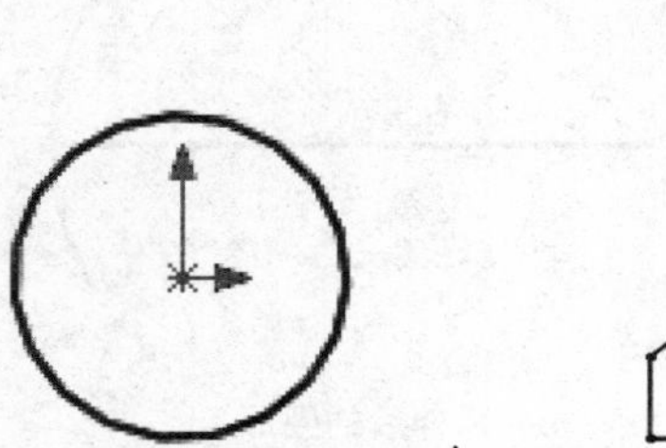

图2-119 绘制圆

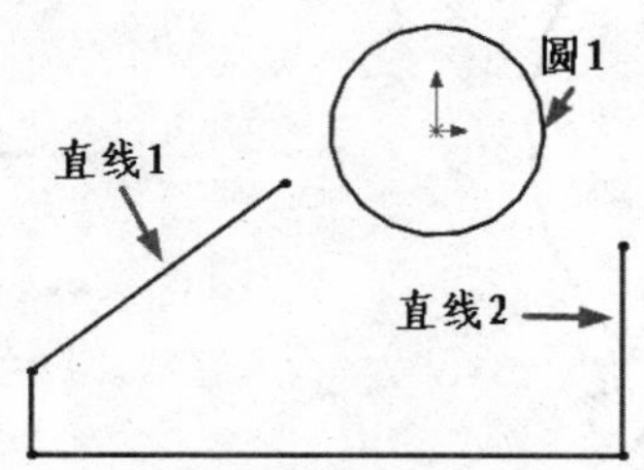

图2-120 绘制直线

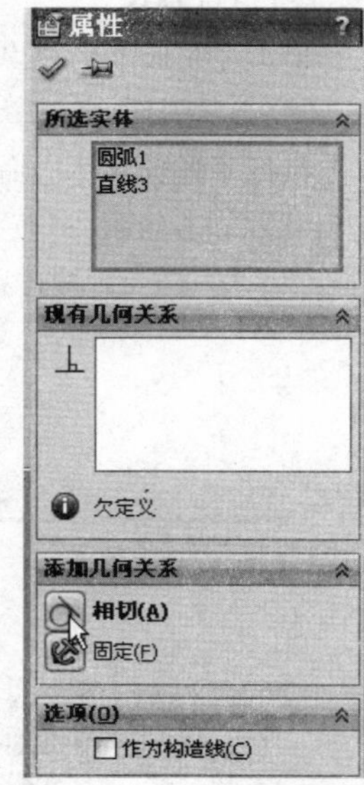

图2-121 “属性”属性管理器

（6）延伸实体。单击“草图”工具栏中的“延伸实体”按钮，在绘图区显示图标，选择图 2-122 中的线 1、2，结果如图 2-123 所示。

（7）剪裁实体。单击“草图”工具栏中的“裁剪实体”按钮，修剪多余图形，如图 2-124 所示。

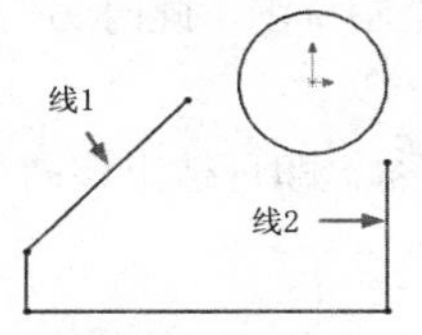

图2-122 添加几何关系

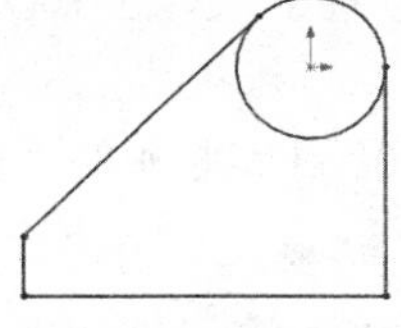
图2-123 延伸结果

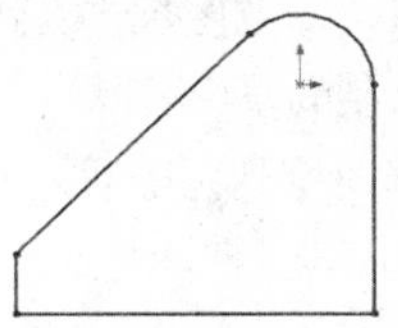
图2-124 修剪图形

（8）绘制圆。单击“草图”工具栏中的“圆”按钮，捕捉原点为圆心，绘制圆，结果如图 2-118 所示。

2.3.11 镜像草图

执行方式

单击“草图”→“镜像实体”按钮。

单击“草图”→“动态镜像实体”按钮。

选项说明

执行“镜像实体”命令，系统弹出“镜像”属性管理器，如图 2-125 所示。

在绘制草图时，经常要绘制对称的图形，这时可以使用镜像实体命令来实现。

在 SolidWorks 2012 中，镜像点不再仅限于构造线，它可以是任意类型的直线。SolidWorks 提供了两种镜像方式，一种是镜像现有草图实体，另一种是在绘制草图时动态镜像草图实体。

1. 镜像现有草图实体

（1）选中属性管理器中的“要镜像的实体”列表框，使其变为粉红色，然后在图形区中框选如图 2-126（a）所示的直线左侧图形。

（2）选中属性管理器中的“镜像点”列表框，使其变为粉红色，然后在图形区中选取如图 2-126（a）所示的直线。

（3）单击“镜像”属性管理器中的“确定”按钮，草图实体镜像完毕，镜像后的图形如图 2-126（b）所示。

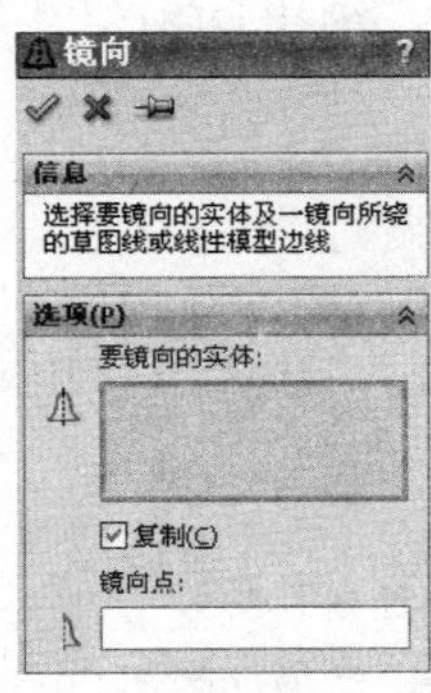

图2-125 “镜像”属性管理器

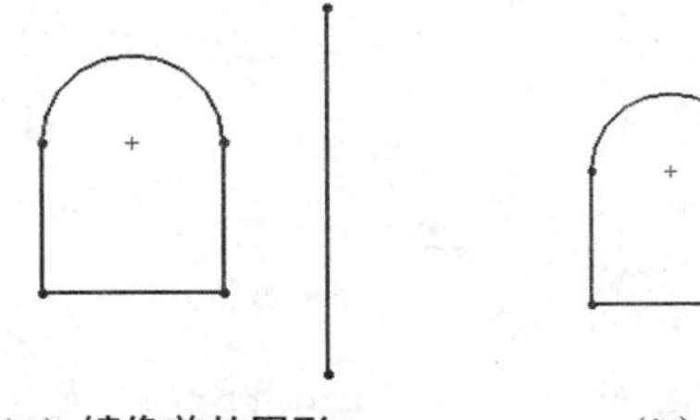
（a）镜像前的图形

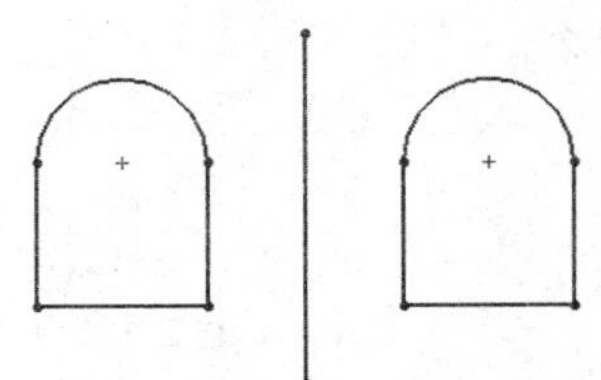
（b）镜像后的图形

图2-126 镜像草图的过程

2. 动态镜像草图实体

（1）在草图绘制状态下，先在图形区中绘制一条中心线，并选取它。

（2）单击“草图”工具栏中的“动态镜像实体”按钮，此时对称符号出现在中心线的两端。

（3）单击“草图”工具栏中的“直线”按钮╲，在中心线的一侧绘制草图，此时另一侧会动态地镜像出绘制的草图。

（4）草图绘制完毕后，再次单击“草图”工具栏中的“直线”按钮╲，即可结束该命令的使用。如图 2-127 所示。

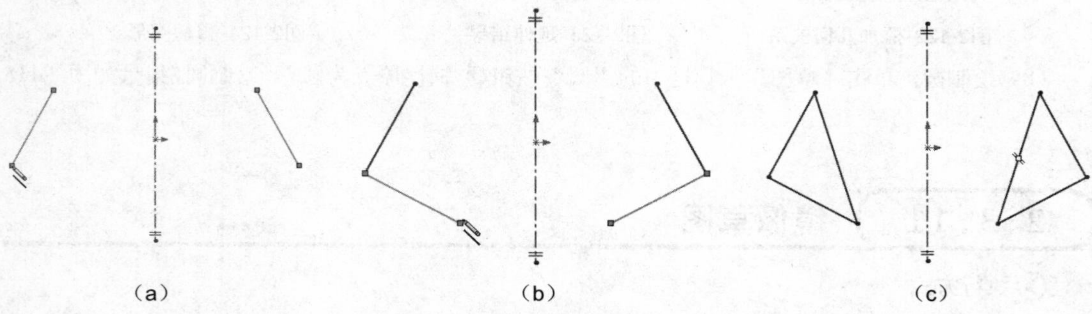

图2-127 动态镜像草图实体的过程

镜像实体在三维草图中不可使用。

2.3.12 实例——压盖草图

本例绘制压盖草图，如图 2-128 所示。

操作步骤

（1）设置草绘平面。在左侧的“FeatureManager 设计树”中选择“前视基准面”作为绘图基准面。单击“标准视图”工具栏中的“正视于”按钮，旋转基准面。

（2）绘制草图。单击“草图”工具栏中的“草图绘制”按钮，进入草图绘制状态。

（3）绘制中心线。单击“草图”工具栏中的“中心线”按钮，绘制水平、竖直中心线，如图 2-129 所示。

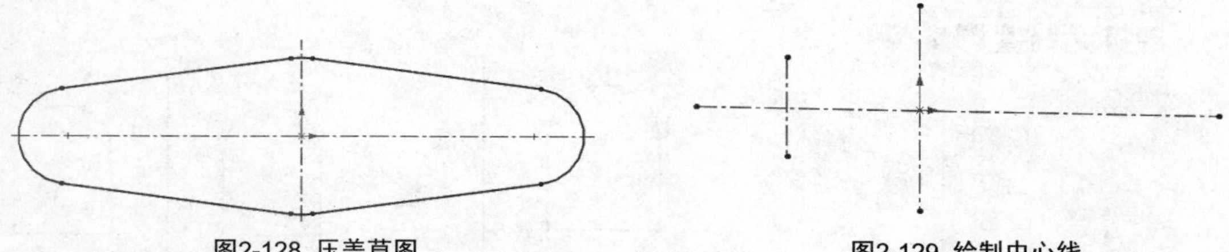

图2-128 压盖草图　　图2-129 绘制中心线

（4）绘制圆。单击“草图”工具栏中的“圆”按钮，捕捉圆心，绘制圆，结果如图 2-130 所示。

（5）绘制直线。单击“草图”工具栏中的“直线”按钮，捕捉两圆上端点绘制切线。按住【Ctrl】键，分别选择圆与直线，弹出“属性”属性管理器，单击“相切”按钮，完成约束添加。结果如图 2-131 所示。

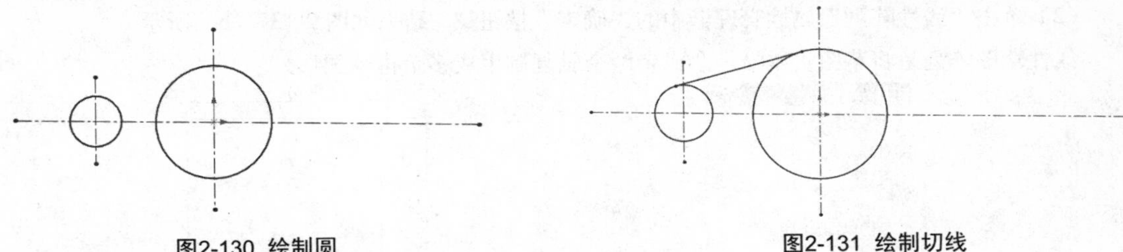

图2-130　绘制圆　　　　图2-131　绘制切线

（6）镜像草图。单击“草图”工具栏中的“镜像实体”按钮，弹出“镜像”属性管理器。如图 2-132 所示，选择切线，结果如图 2-133 所示。

（7）镜像其余草图。同样的方法继续执行“镜像”命令，选择图 2-134 中左侧图形，镜像结果如图 2-135 所示。

（8）剪裁草图。单击“草图”工具栏中的“裁剪实体”按钮，修剪多余图形，如图 2-128 所示。

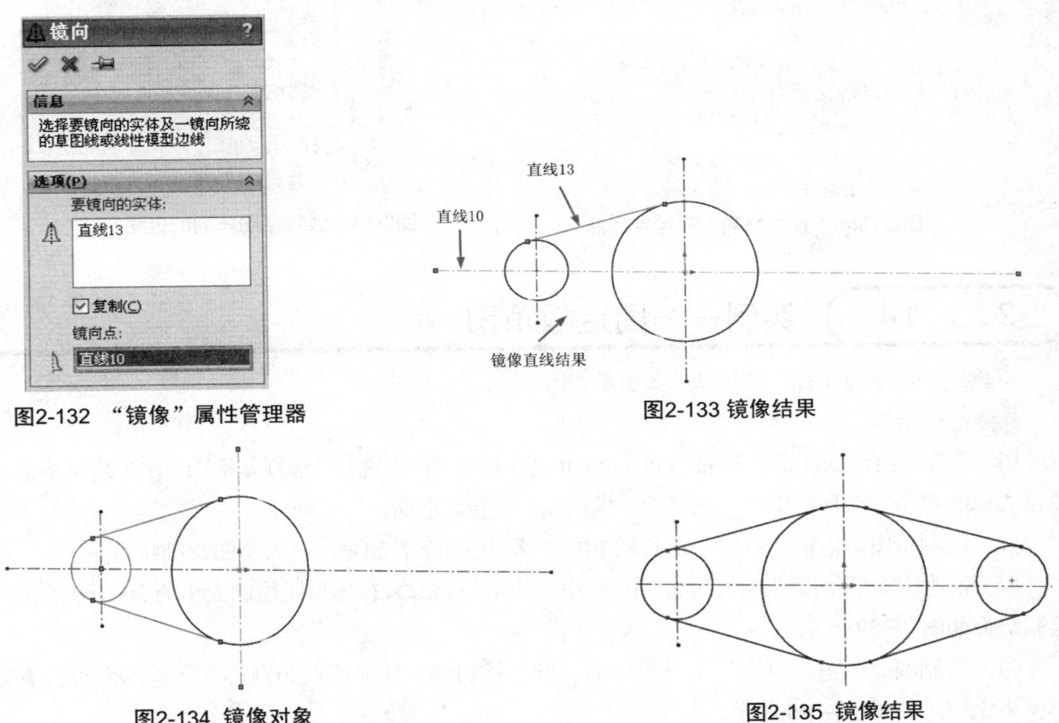

图2-132　“镜像”属性管理器　　　　图2-133 镜像结果

图2-134　镜像对象　　　　图2-135　镜像结果

2.3.13　线性草图阵列

执行方式

单击“草图”→“线性草图阵列”按钮。

选项说明

执行该命令时，系统弹出的“线性阵列”属性管理器如图 2-136 所示。

（1）单击“要阵列的实体”列表框，然后在图形区中选取如图 2-137（a）所示的直径为 10 的圆弧，其他设置如图 2-136 所示。

（2）单击“线性阵列”属性管理器中的“确定”按钮✔，结果如图 2-137（b）所示。

线性草图阵列是将草图实体沿一个或者两个轴复制生成多个排列图形。

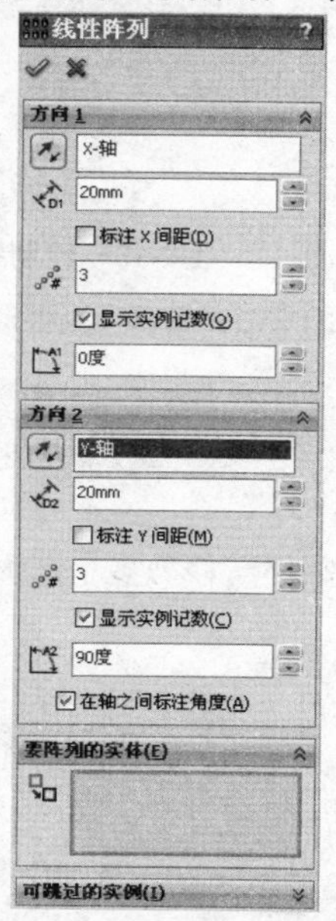

图2-136 “线性阵列”属性管理器

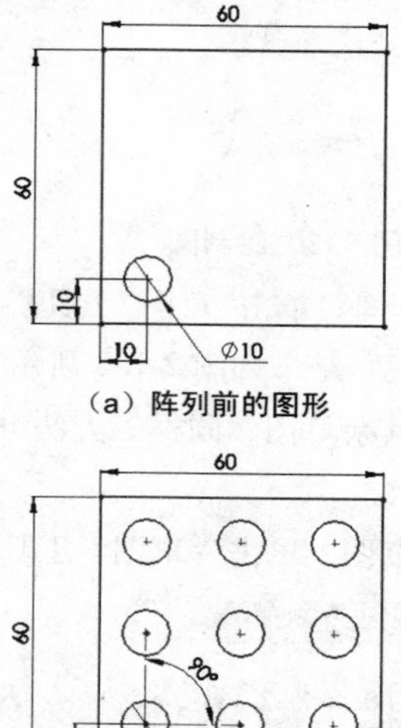

图2-137 线性草图阵列的过程

2.3.14 实例——固定板草图

本例绘制固定板草图，如图 2-138 所示。

操作步骤

（1）设置草绘平面。在左侧的“FeatureManager 设计树”中选择“前视基准面”作为绘图基准面。单击“标准视图”工具栏中的“正视于”按钮，旋转基准面。

（2）绘制草图。单击“草图”工具栏中的“草图绘制”按钮，进入草图绘制状态。

（3）绘制矩形。单击“草图”工具栏中的“中心矩形”按钮，在图形区绘制大小为 30×60 的矩形，绘制结果如图 2-139 所示。

（4）绘制圆。单击“草图”工具栏中的“圆”按钮，捕捉原点为圆心，在矩形内部绘制圆，半径为 3，结果如图 2-140 所示。

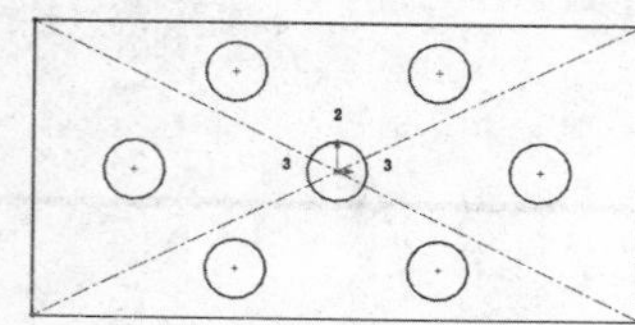

图2-138 固定板草图

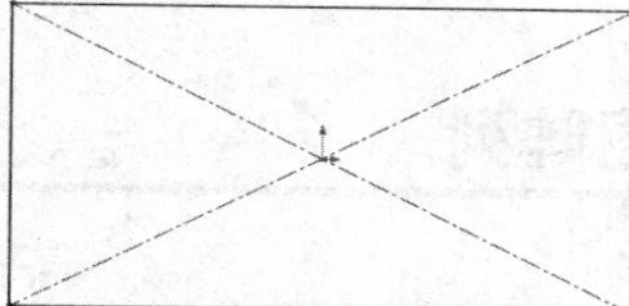

图2-139 绘制矩形

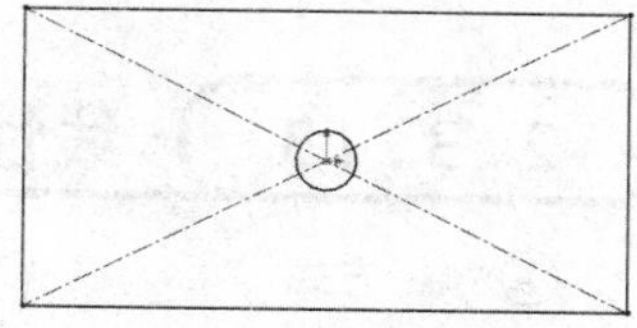

图2-140 绘制圆

（5）绘制线性阵列 1。单击“草图”工具栏中的“线性草图阵列”按钮，弹出“线性阵列”属性管理器，如图 2-141 所示。参数设置如图 2-141 所示。

（6）绘制线性阵列 2。单击“草图”工具栏中的“线性草图阵列”按钮，弹出“线性阵列”属性管理器，如图 2-142 所示。参数设置如图 2-142 所示。

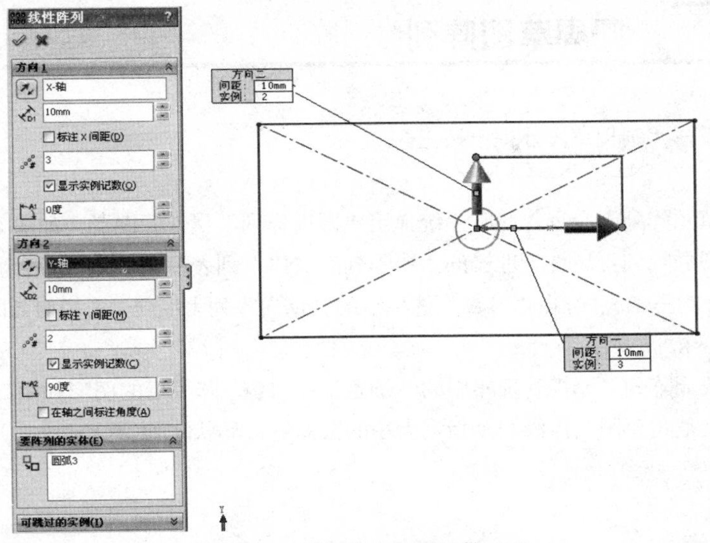

图2-141　“线性阵列”属性管理器

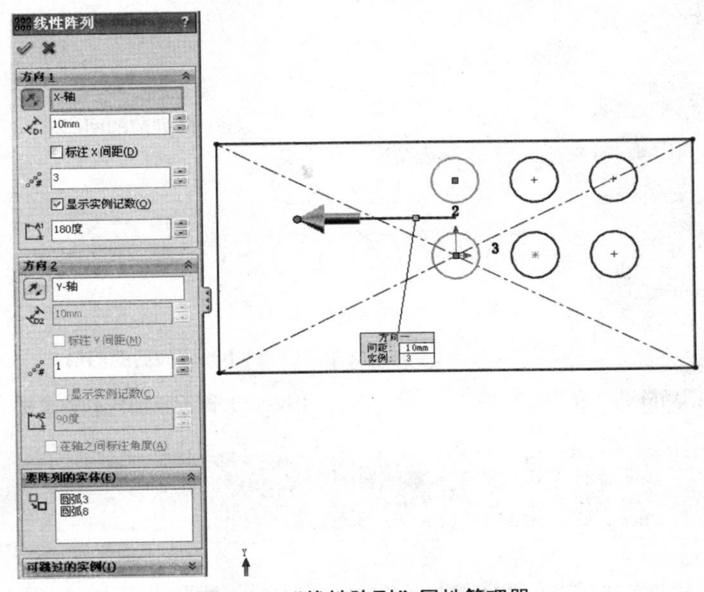

图2-142　“线性阵列”属性管理器

（7）绘制线性阵列 3。继续执行“线性草图阵列”命令，阵列结果如图 2-143、图 2-144 所示。

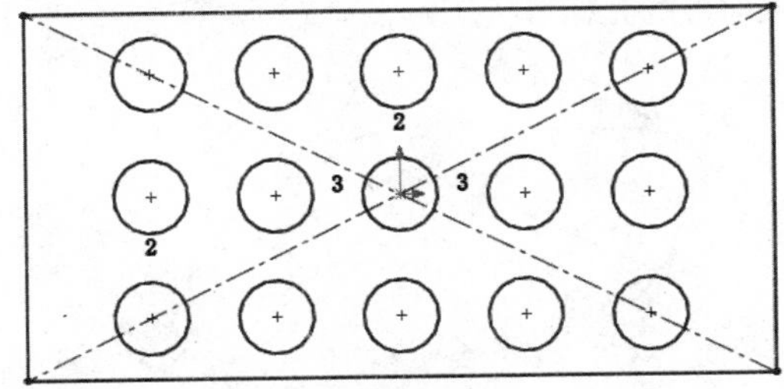

图2-143 阵列结果（一）

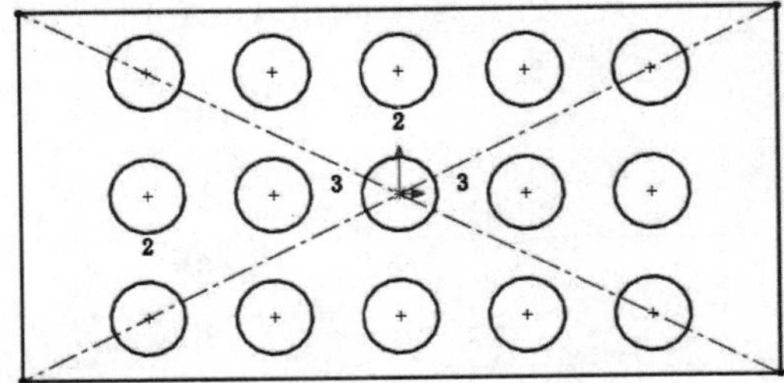

图2-144 阵列结果（二）

（8）删除多余圆。按住【Delete】键，删除多余圆，结果如图 2-138 所示。

2.3.15 圆周草图阵列

执行方式

单击“草图”→“圆周草图阵列”按钮。

选项说明

执行“圆周草图阵列”命令，此时系统弹出“圆周阵列”属性管理器，如图 2-145 所示。

(1) 选择“圆周阵列”属性管理器的“要阵列的实体”列表框，然后在图形区中选取如图 2-146 (a) 所示的圆弧外的三条直线，在“参数”选项组的“反向”列表框中选择圆弧的圆心，在“数量”文本框中输入“8”。

(2) 单击“圆周阵列”属性管理器中的“确定”按钮，阵列后的图形如图 2-146 (b) 所示。

圆周草图阵列是将草图实体沿一个指定大小的圆弧进行环状阵列。

图2-145 “圆周阵列”属性管理器

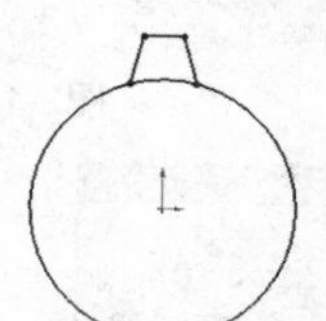

(a) 阵列前的图形

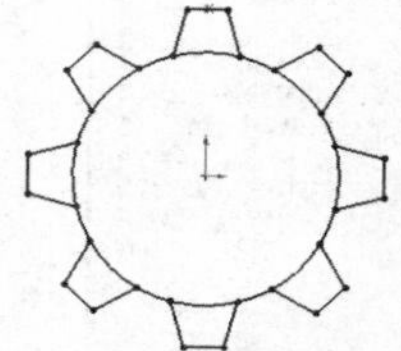

(b) 阵列后的图形

图2-146 圆周草图阵列的过程

2.4 添加几何关系

几何关系为草图实体之间或草图实体与基准面、基准轴、边线或顶点之间的几何约束。

使用 SolidWorks 的自动添加来添加几何关系后，在绘制草图时光标会改变形状以显示可以生成哪些几何关系。如图 2-147 所示显示了不同几何关系对应的光标形状。

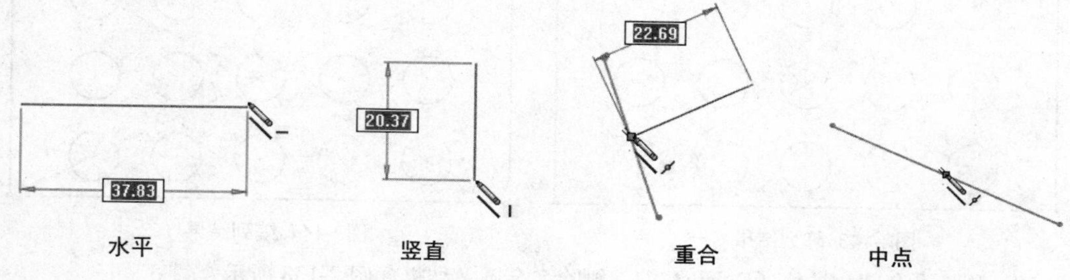

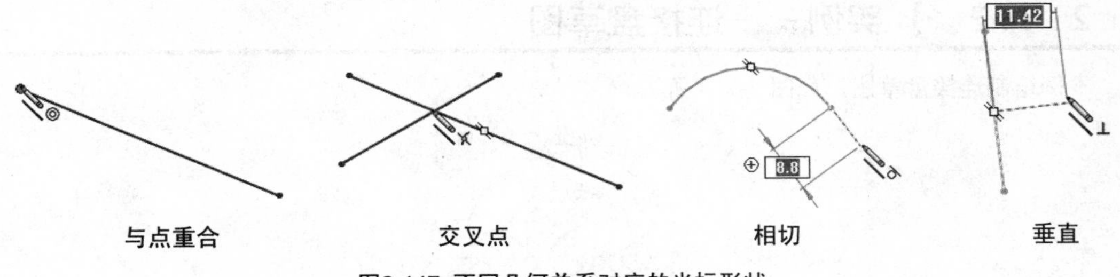

图2-147 不同几何关系对应的光标形状

2.4.1 添加几何关系

执行方式

单击“草图”→“添加几何关系”按钮⊥。

选项说明

（1）系统弹出“添加几何关系”属性管理器，如图2-149所示。在草图中选择图2-148中要添加几何关系的实体圆1、线2。

（2）此时所选实体会在“添加几何关系”属性管理器的“所选实体”选项中显示，如图2-149所示。

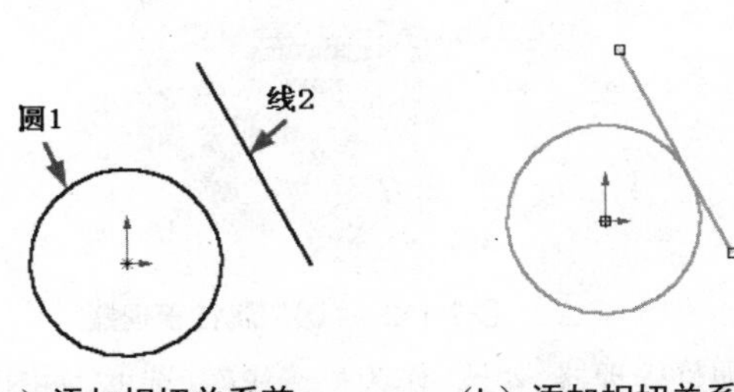

图2-148 添加相切关系前后的两实体

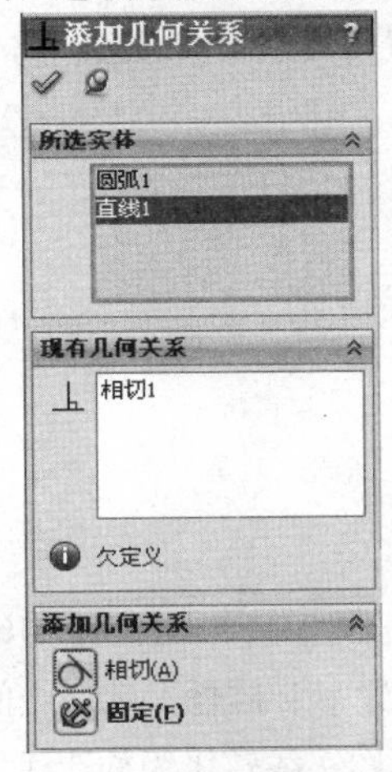

图2-149 “添加几何关系”属性管理器

（3）信息栏显示所选实体的状态（完全定义或欠定义等）。

（4）如果要移除一个实体，在“所选实体”选项的列表框中右击该项目，在弹出的快捷菜单中选择“清除选项”命令即可。

（5）在“添加几何关系”选项组中选择要添加的几何关系类型（相切或固定等），这时添加的几何关系类型就会显示在“现有几何关系”列表框中。

（6）如果要删除添加了的几何关系，在“现有几何关系”列表框中右击该几何关系，在弹出的快捷菜单中选择“删除”命令即可。

（7）单击“确定”按钮，几何关系添加到草图实体间，如图2-148（b）所示。

利用“添加几何关系”按钮⊥可以在草图实体之间或草图实体与基准面、基准轴、边线或顶点之间生成几何关系。

2.4.2 实例——连接盘草图

本例绘制连接盘草图，如图 2-150 所示。

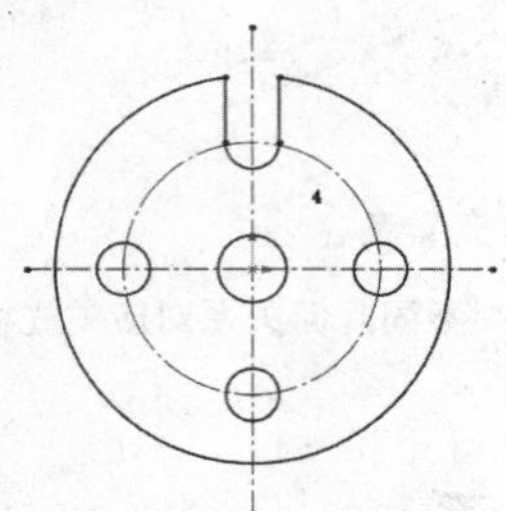

图2-150 连接盘草图

操作步骤

（1）设置草绘平面。在左侧的“FeatureManager 设计树”中选择“前视基准面”作为绘图基准面。单击“标准视图”工具栏中的“正视于”按钮，旋转基准面。

（2）绘制草图。单击“草图”工具栏中的“草图绘制”按钮，进入草图绘制状态。

（3）绘制中心线。单击“草图”工具栏中的“中心线”按钮，绘制相交中心线，如图 2-151 所示。

（4）绘制圆。单击“草图”工具栏中的“圆”按钮，弹出“圆”属性管理器，如图 2-152 所示，绘制三个适当大小的同心圆，结果如图 2-153 所示。

图2-151 绘制中心线

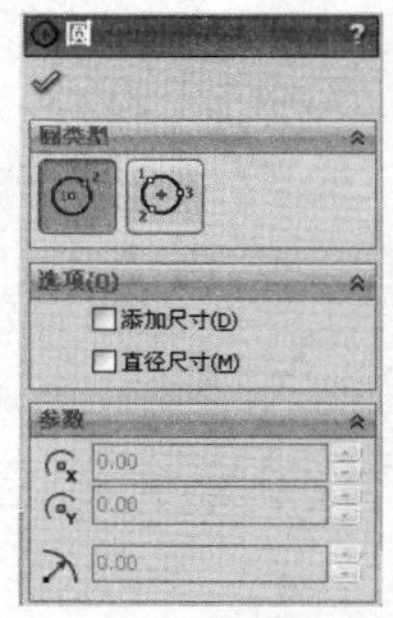

图2-152 “圆”属性管理器

（5）设置“圆”属性。选择中间圆，弹出“属性”属性管理器，勾选“作为构造线”复选框，如图 2-154 所示，将草图实线转化为构造线，结果如图 2-155 所示。

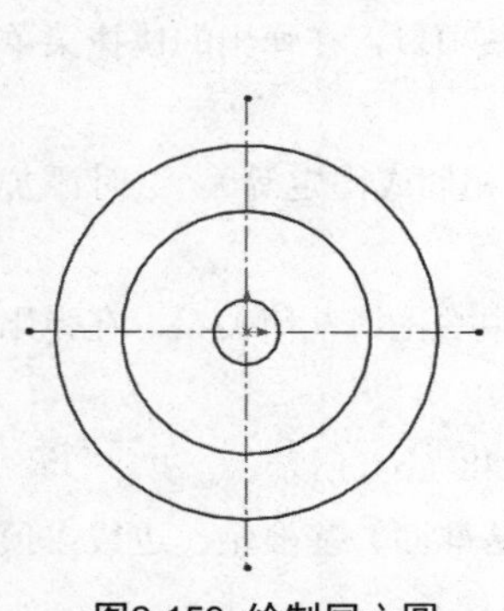

图2-153 绘制同心圆

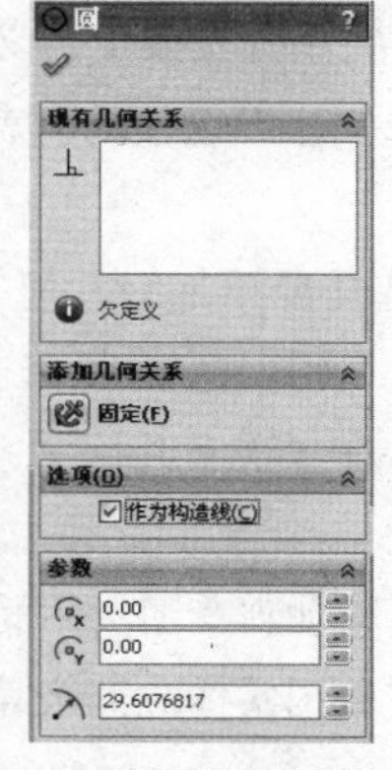

图2-154 “圆”属性管理器

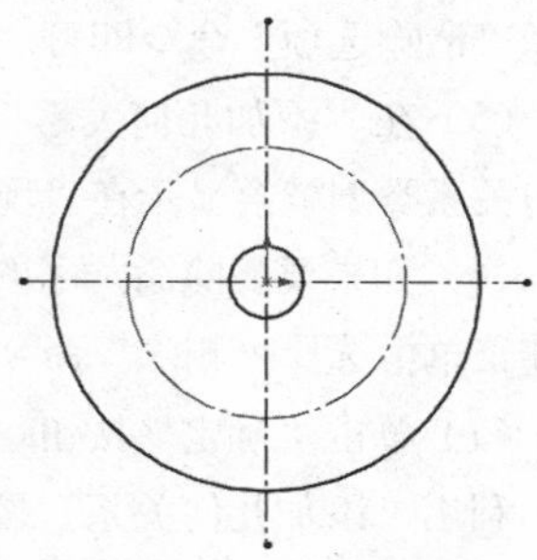

图2-155 转换为构造线

（6）绘制圆。单击“草图”工具栏中的“圆”按钮，捕捉中心线与构造圆的上交点为圆心，绘制圆，结果如图 2-156 所示。

（7）绘制圆周阵列。单击“草图”工具栏中的“圆周草图阵列”按钮，弹出“圆周阵列”属性管理器，设置参数，如图 2-157 所示，选择圆心为中心点，输入阵列个数为 4，结果如图 2-158 所示。

（8）绘制矩形。单击“草图”工具栏中的“边角矩形”按钮，绘制矩形，结果如图 2-159 所示。

（9）添加“对称”几何关系。单击“草图”工具栏中的“添加几何关系”按钮，弹出“添加几何关系”属性管理器，选择矩形两竖直侧边及竖直中心线，单击“对称”按钮，如图 2-160 所示，单击“确定”按钮，退出对话框。

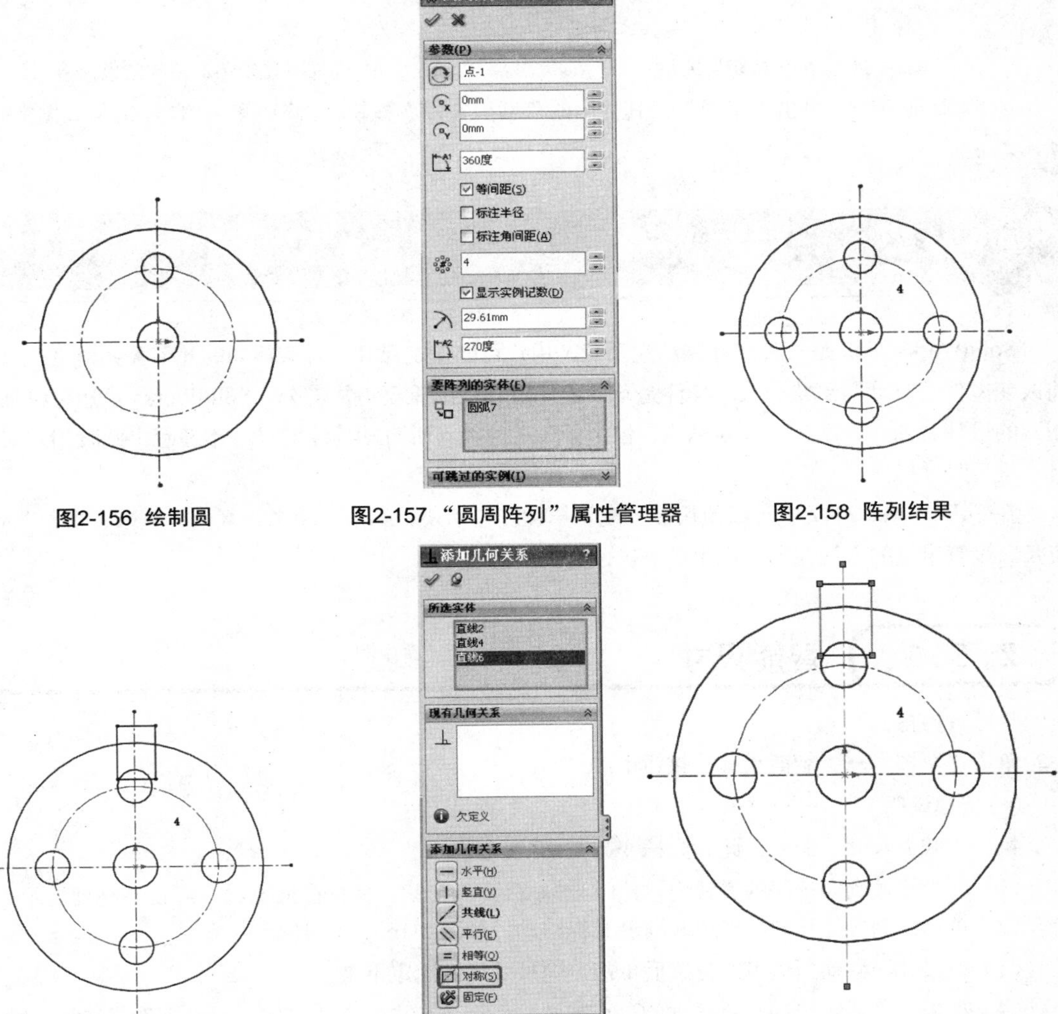

图2-156　绘制圆

图2-157　“圆周阵列”属性管理器

图2-158　阵列结果

图2-159　绘制矩形

图2-160　添加“对称”关系

（10）添加“相切”几何关系。单击“尺寸 / 几何关系”工具栏中的“添加几何关系”按钮，弹出“添加几何关系”属性管理器，选择矩形竖直侧边及圆，单击“相切”按钮，如图 2-161 所示，单击“确定”按钮，退出对话框。结果如图 2-162 所示。

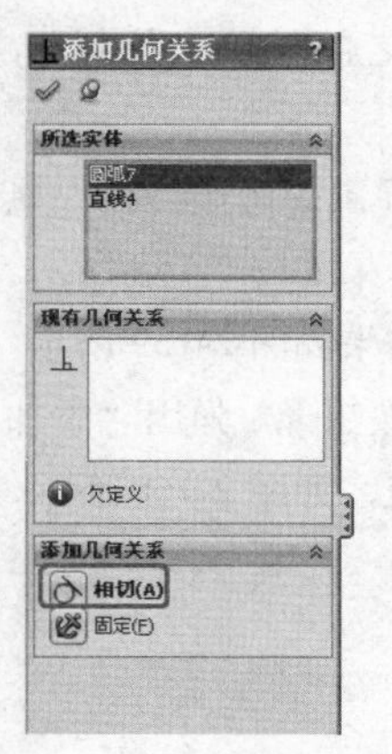

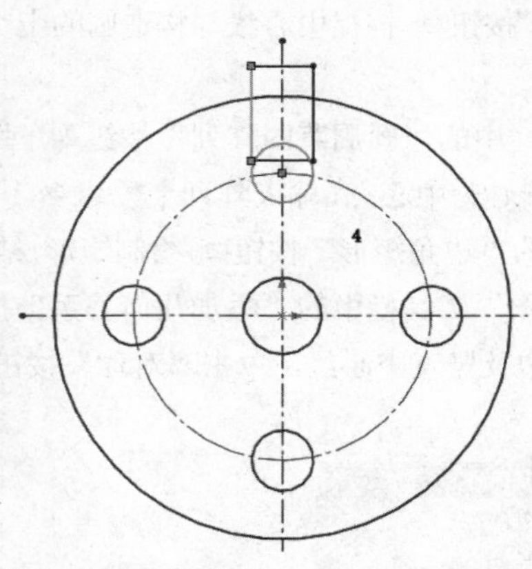

图2-161 添加“相切”关系

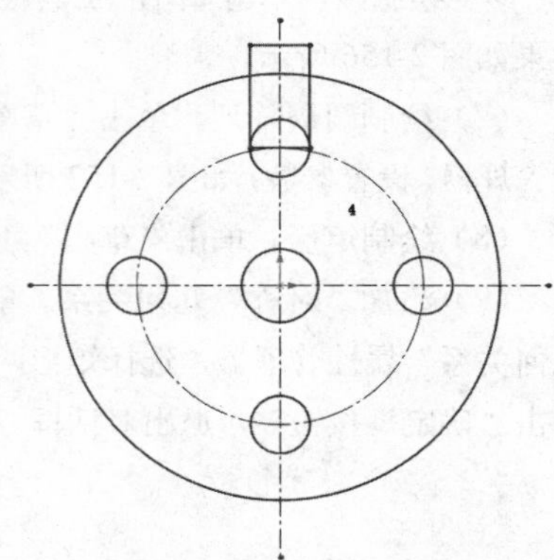

图2-162 绘制结果

（11）修剪草图。单击“草图”工具栏中的“裁剪实体”按钮，修剪多余图形，结果如图 2-150 所示。

2.5 尺寸标注

SolidWorks 2012 是一种尺寸驱动式系统，用户可以指定尺寸及各实体间的几何关系，更改尺寸将改变零件的尺寸与形状。尺寸标注是草图绘制过程中的重要组成部分。SolidWorks 虽然可以捕捉用户的设计意图，自动进行尺寸标注，但由于各种原因有时自动标注的尺寸不理想，此时用户必须自己进行尺寸标注。

在 SolidWorks 2012 中可以使用多种度量单位，包括埃、纳米、微米、毫米、厘米、米、英寸、英尺。设置单位的方法在第 1 章中已讲述，这里不再赘述。

2.5.1 智能尺寸

执行方式

单击“草图”→“智能尺寸”按钮。

选项说明

执行“智能尺寸”命令，此时光标变为形状。

（1）将光标放到要标注的直线上，这时光标变为形状，要标注的直线以红色高亮度显示。

（2）单击，则标注尺寸线出现并随着光标移动，如图 2-163（a）所示。

（3）将尺寸线移动到适当的位置后单击，则尺寸线被固定下来。

（4）如果在“系统选项”对话框的“系统选项”选项卡中勾选了“输入尺寸值”复选框，则当尺寸线被固定下来时会弹出“修改”对话框，如图 2-163（b）所示。

（5）在“修改”对话框中输入直线的长度，单击“确定”按钮，完成标注。

（6）如果没有勾选“输入尺寸值”复选框，则需要双击尺寸值，打开“修改”对话框对尺寸进行修改。

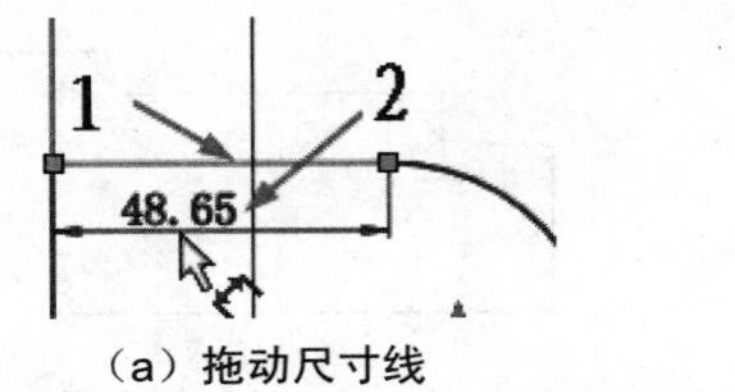

（a）拖动尺寸线

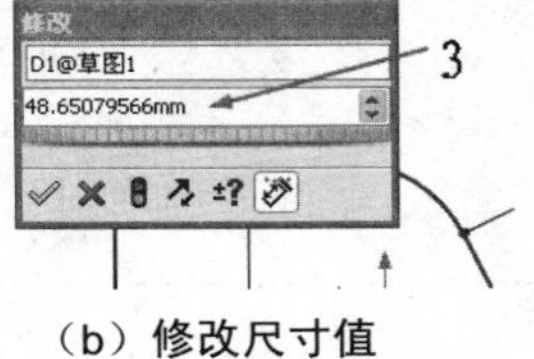

（b）修改尺寸值

图2-163 直线标注

为一个或多个所选实体生成尺寸，如图 2-164、图 2-165、图 2-166 所示。

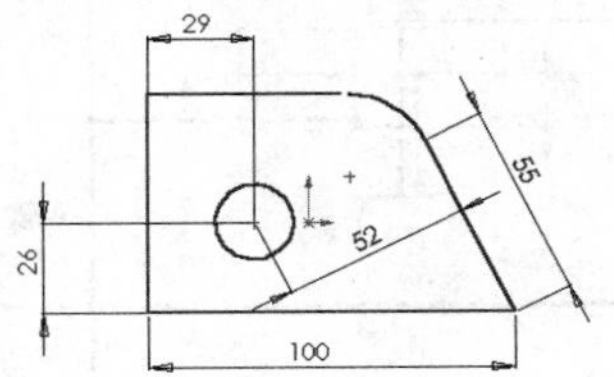

图2-164 线性尺寸

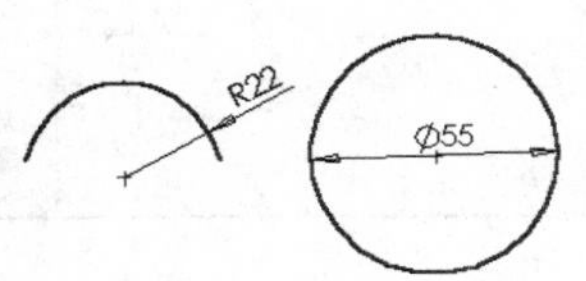

图2-165 直径和半径尺寸

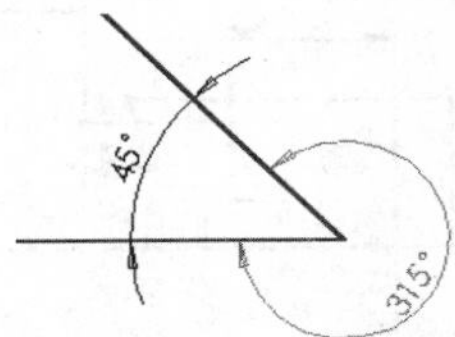

图2-166 不同的夹角角度

2.5.2 实例——轴旋转草图

本例绘制轴旋转草图，如图 2-167 所示。

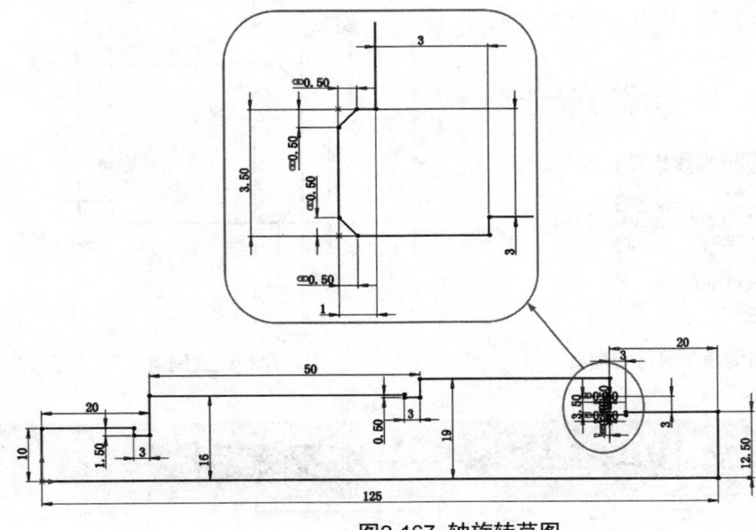

图2-167 轴旋转草图

操作步骤

（1）设置草绘平面。在左侧的“FeatureManager 设计树”中选择“前视基准面”作为绘图基准面。单击“标准视图”工具栏中的“正视于”按钮，旋转基准面。

（2）绘制草图。单击“草图”工具栏中的“草图绘制”按钮，进入草图绘制状态。

（3）绘制中心线。单击“草图”工具栏中的“中心线”按钮，绘制水平中心线，如图 2-168 所示。

（4）绘制直线。单击“草图”工具栏中的“直线”按钮，绘制闭合图形，如图 2-169 所示。

（5）标注尺寸。单击“草图”工具栏中的“智能尺寸”按钮，此时鼠标指针变为形状，标注上图绘制的闭合图形，结果如图 2-170 所示。

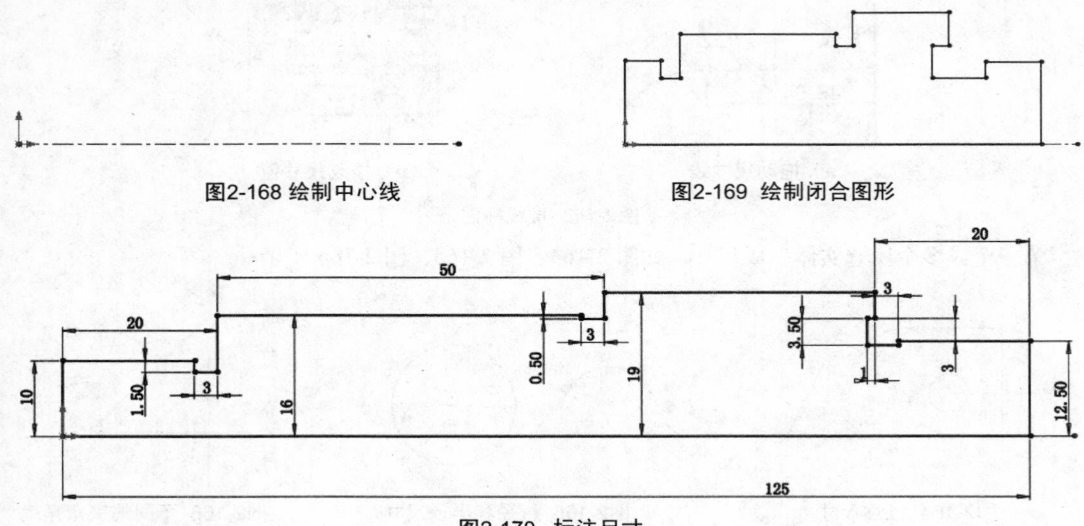

图2-168 绘制中心线　　图2-169 绘制闭合图形

图2-170 标注尺寸

（6）倒角操作。单击“草图”工具栏中的“绘制倒角”按钮，弹出“绘制倒角”属性管理器，如图 2-171 所示，在图形适当位置进行倒角操作，结果如图 2-172 所示。最终结果如图 2-167 所示。

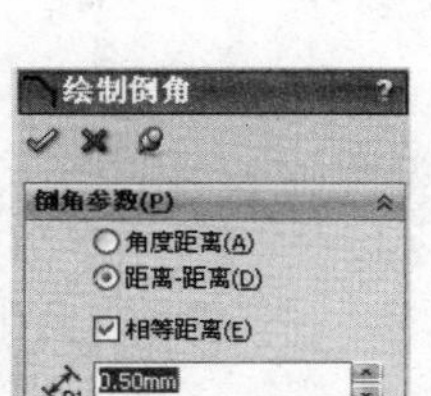

图2-171 “绘制倒角”属性管理器

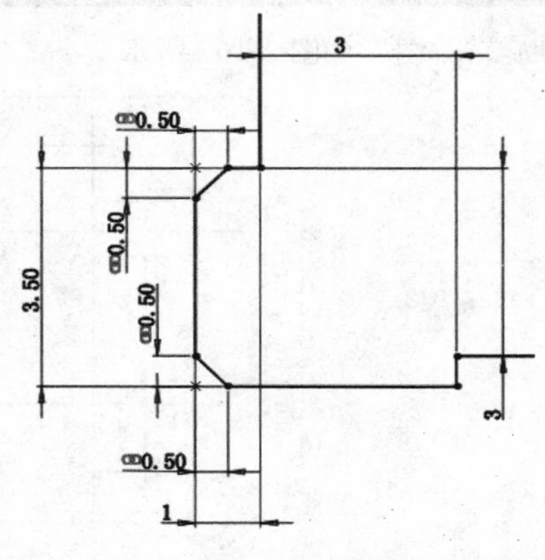

图2-172 设置倒角

2.6 实战综合实例——拨叉草图

学习目的

通过拨叉草图的绘制掌握草图绘制的各种绘制方法和编辑功能。

重点难点

本实例重点是掌握各种编辑工具的灵活应用，难点是约束工具的恰当使用。

本例绘制的拨叉草图如图 2-173 所示。本例首先绘制构造线构建大概轮廓，绘制的过程中要用到约束工具，然后对其进行修剪和倒圆角操作，最后标注图形尺寸，完成草图的绘制。

本案例素材文件为“素材 \ 第 2 章 \ 拨叉 .SLDPRT”。

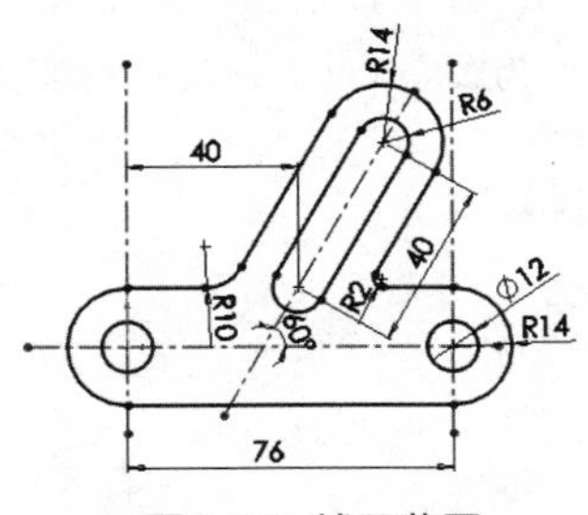

图2-173 拨叉草图

操作步骤

1. 新建文件

单击“标准”工具栏中的“新建”按钮，在弹出如图2-174所示的“新建SolidWorks文件”对话框中选择“零件”按钮，然后单击“确定”按钮，创建一个新的零件文件。

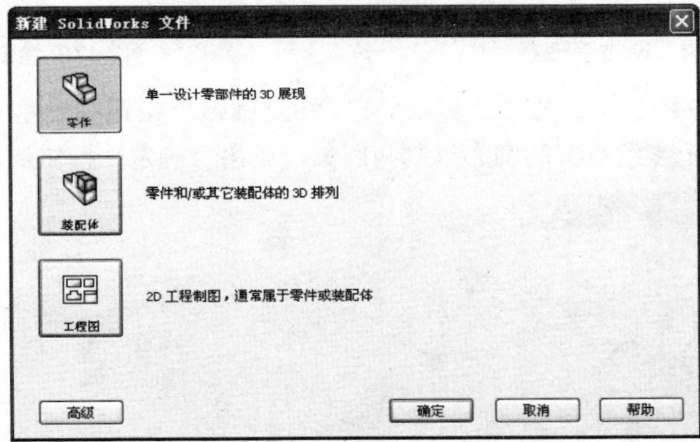

图2-174 “新建SolidWorks文件”对话框

2. 创建草图

Step01 在左侧的“FeatureManager设计树”中选择“前视基准面”作为绘图基准面。单击“草图”工具栏中的“草图绘制”按钮，进入草图绘制状态。

Step02 单击“草图”工具栏中的“中心线”按钮，弹出“插入线条”属性管理器，如图2-175所示。单击“确定”按钮，绘制的中心线如图2-176所示。

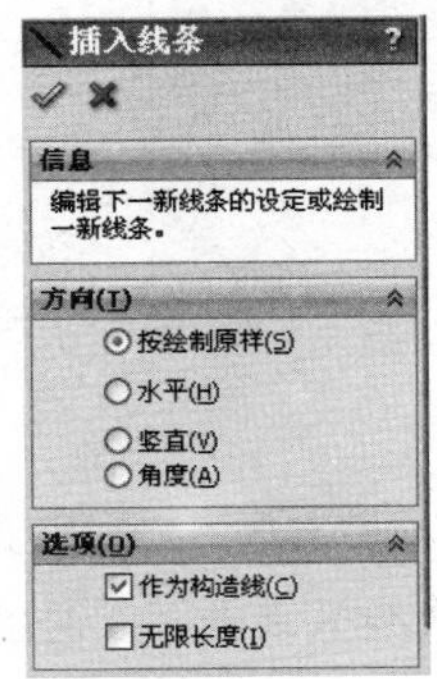

图2-175 “插入线条”属性管理器

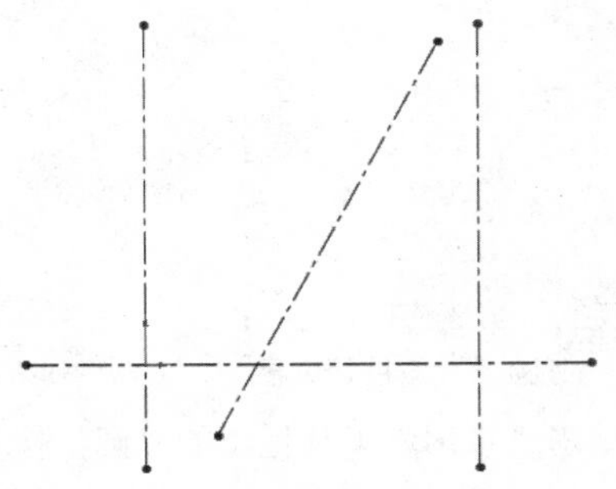

图2-176 绘制中心线

Step 03 单击“草图”工具栏中的“圆”按钮，弹出如图 2-177 所示的“圆”属性管理器。分别捕捉两竖直直线和水平直线的交点为圆心（此时鼠标指针变成），单击“确定”按钮，绘制圆，如图 2-178 所示。

图2-177 “圆”属性管理器

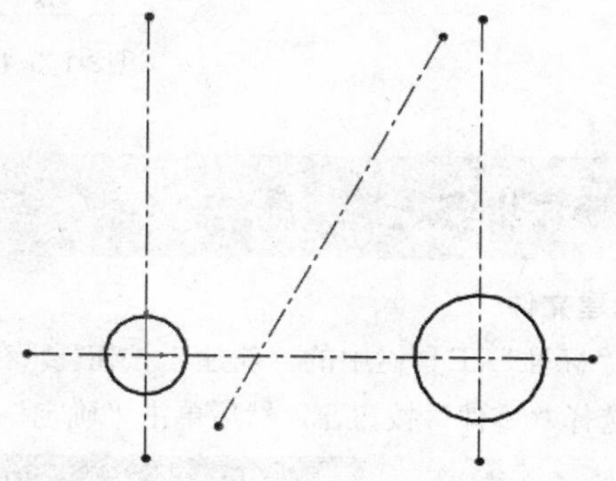

图2-178 绘制圆

Step 04 单击“草图”工具栏中“圆心/起/终点画弧”按钮，弹出如图 2-179 所示“圆弧”属性管理器，分别以上步绘制圆的圆心绘制两圆弧，单击“确定”按钮，如图 2-180 所示。

图2-179 “圆弧”属性管理器

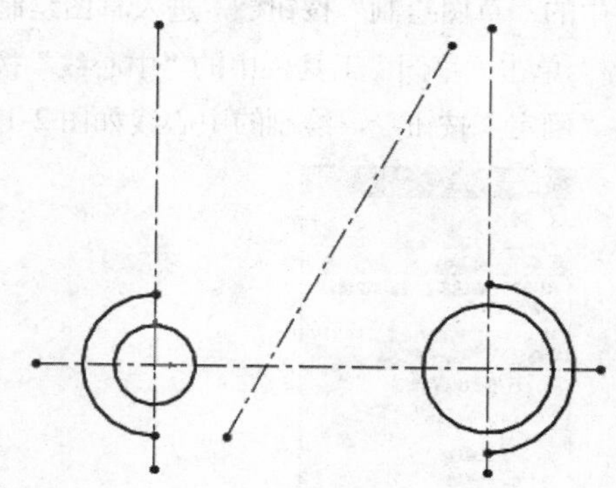

图2-180 绘制圆弧

Step 05 单击“草图”工具栏中的“圆”按钮，弹出“圆”属性管理器。分别在斜中心线上绘制三个圆，单击“确定”按钮，绘制圆，如图 2-181 所示。

Step06 单击“草图”工具栏中的“直线”按钮，弹出“插入线条”属性管理器，绘制直线，如图 2-182 所示。

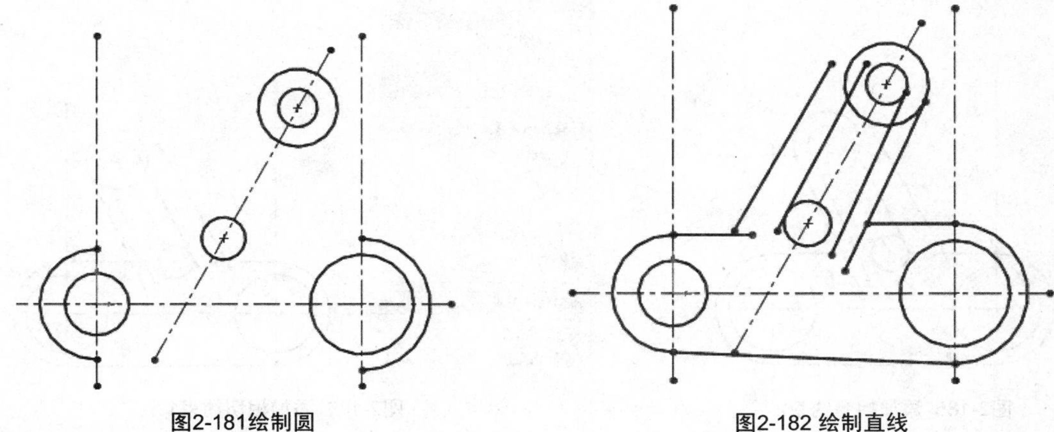

图2-181绘制圆　　图2-182 绘制直线

3. 添加约束

Step01 单击“草图”工具栏中的“添加几何关系”按钮，弹出“添加几何关系”属性管理器，如图 2-183 所示。选择步骤 03 中绘制的两个圆，在属性管理器中选择“相等”按钮，使两圆相等。如图 2-184 所示。

Step02 同上步骤，分别使两圆弧和两小圆相等，结果如图 2-185 所示。

Step03 选择小圆和直线，在属性管理器中选择“相切”按钮，使小圆和直线相切，如图 2-186 所示。

Step04 重复上述步骤，分别使直线和圆相切，如图 2-187 所示。

Step05 选择四条斜直线，在属性管理器中选择“平行”按钮，使直线平行。

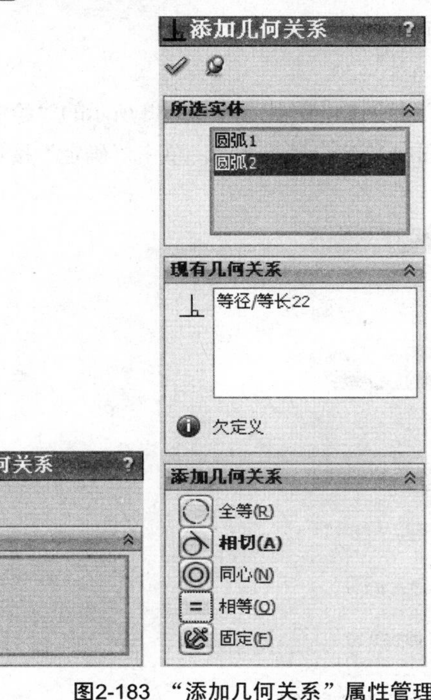

图2-183 “添加几何关系”属性管理器

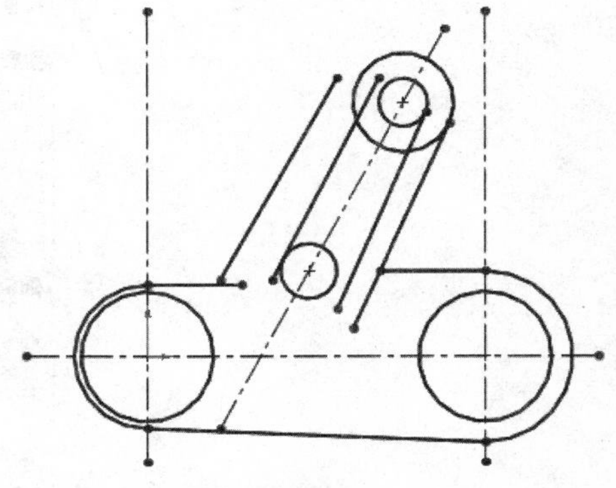

图2-184 添加相等约束

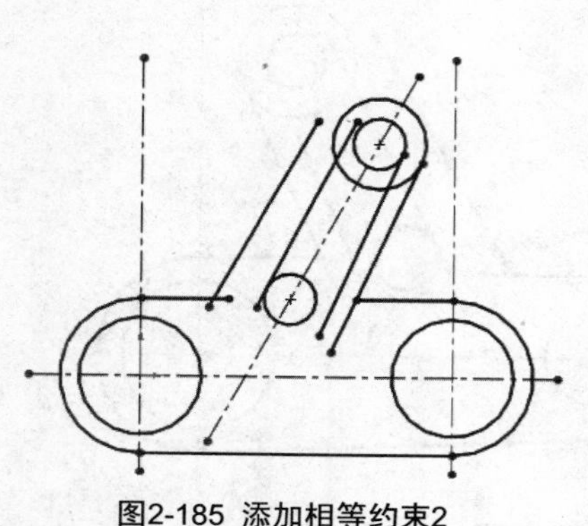

图2-185 添加相等约束2

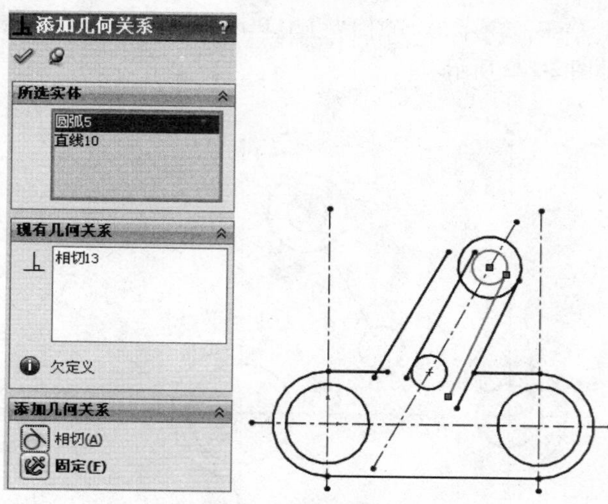

图2-186 添加相切约束1

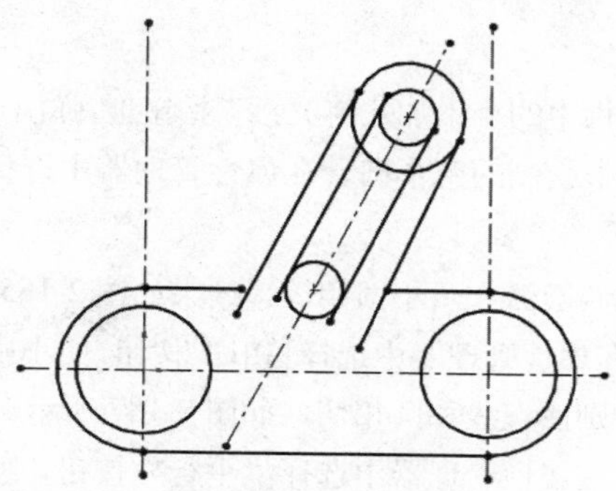

图2-187 添加相切约束2

4．编辑草图

Step 01 单击“草图”工具栏中的“绘制圆角”按钮，弹出如图 2-188 所示的“绘制圆角”属性管理器，输入圆角半径为“10.00mm”，选择视图中左边的两条直线，单击“确定”按钮，结果如图 2-189 所示。

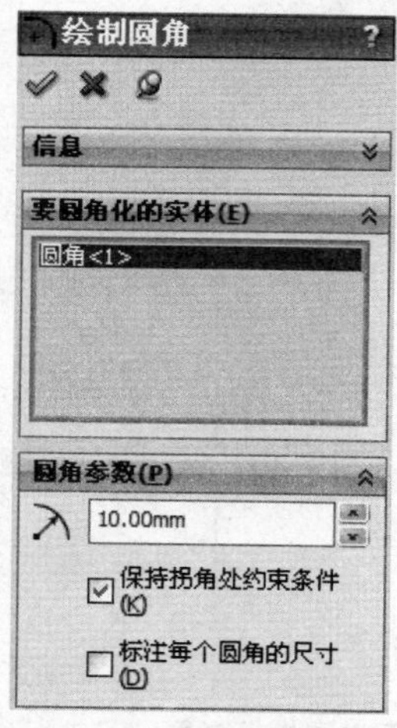

图2-188 “绘制圆角”属性管理器

Step 02 重复“绘制圆角”命令，在右侧创建半径为 2 的圆角，结果如图 2-190 所示。

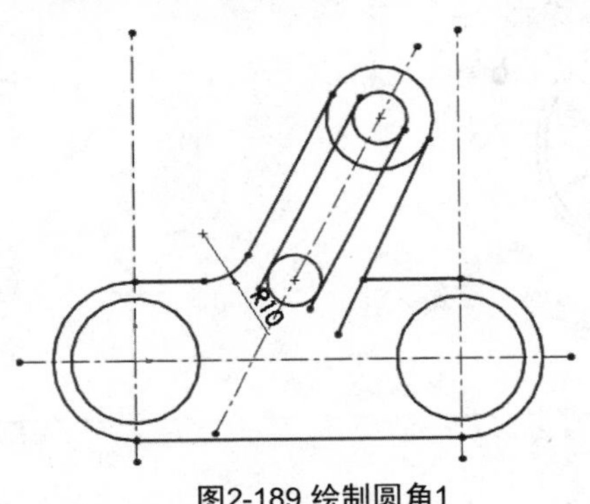

图2-189 绘制圆角1

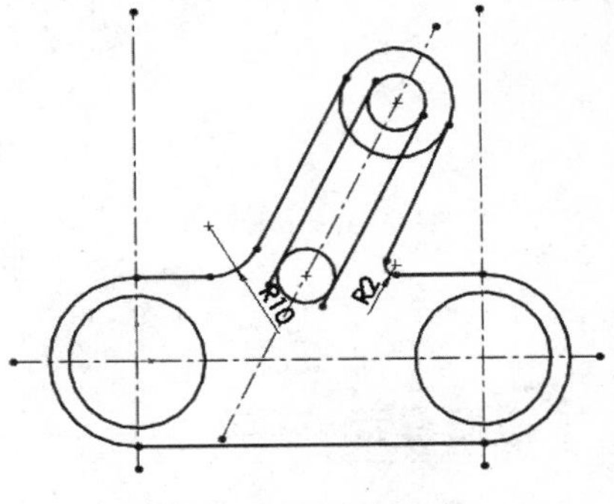

图2-190 绘制圆角2

Step 03 单击“草图”工具栏中的“剪裁实体”按钮，弹出如图 2-191 所示的“剪裁”属性管理器，选择“剪裁到最近端”选项，剪裁多余的线段，单击“确定”按钮，结果如图 2-192 所示。

图2-191 “剪裁”属性管理器

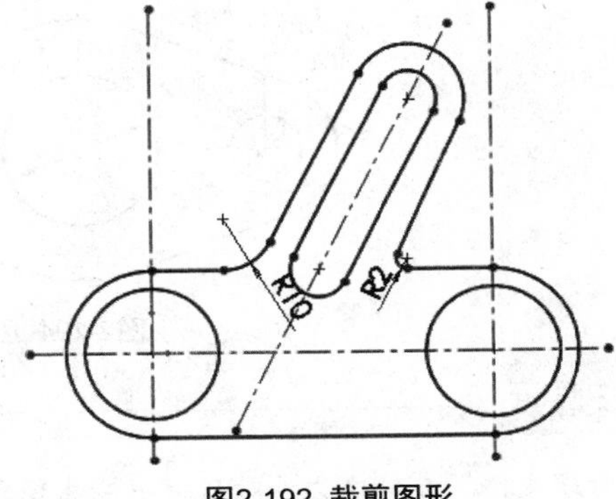

图2-192 裁剪图形

5．标注尺寸

单击“草图”工具栏中的“智能尺寸”按钮，选择两条竖直中心线，在弹出的“修改”对话框中修改尺寸为 76。同理标注其他尺寸，结果如图 2-173 所示。

案例总结

本例通过一个典型的零件——拨叉草图的绘制过程将本章所学的草图绘制相关知识进行了综合应用，包括基本绘制工具、基本编辑工具、草图约束工具、尺寸标注工具的灵活应用，为后面的三维造型的绘制进行了充分的基础知识准备。

2.7　思考与上机练习

1．绘制如图 2-193 所示的挡圈草图。

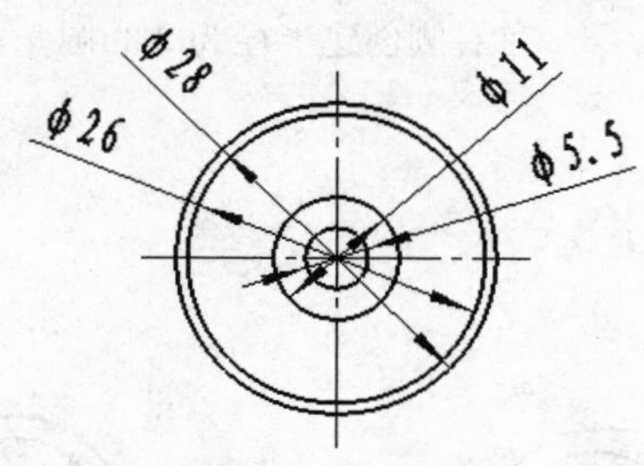

图2-193 挡圈

操作提示

（1）新建文件。选择零件图标，进入零件图模式。

（2）创建草图。选择前视基准面，单击“草图绘制”按钮，进入草图绘制模式。

（3）绘制草图。依次单击“中心线”按钮、“圆”按钮，绘制如图 2-193 所示的草图。

（4）智能标注。在“草图”操控面板中，单击“智能尺寸”按钮，标注尺寸如图 2-193 所示。

2．绘制如图 2-194 所示的压盖草图。

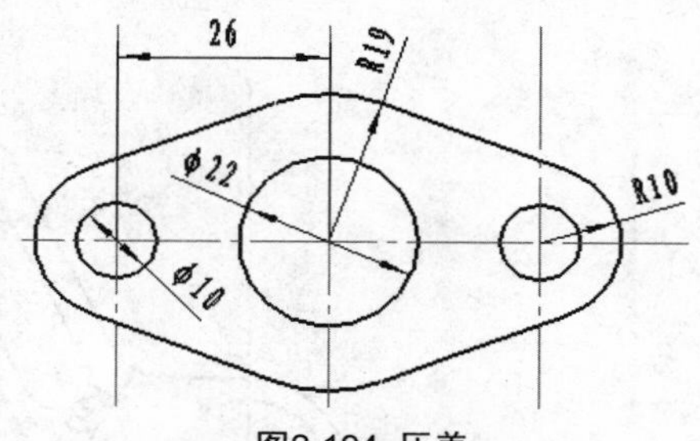

图2-194 压盖

操作提示

（1）新建文件。在新建文件对话框中，选择零件图标，进入零件图模式。

（2）创建草图。选择前视基准面，单击“草图绘制”按钮，进入草图绘制模式。

（3）绘制草图。在“草图”操控面板中，单击“中心线”按钮，过原点绘制如图 2-194 所示的中心轴；单击“圆心 / 起 / 终点圆弧”按钮，分别绘制三段圆弧 R10、R19 和 R11；单击“直线”按钮，绘制直线连接圆弧 R10 和 R19。单击“圆”按钮，绘制 Φ10 的圆。

（4）添加几何关系。在“草图”操控面板中，单击“添加几何关系”按钮，选择图示圆弧、直线，保证其同心、相切的关系。

（5）镜像。选择绘制完成的图形，以中心线为对称轴，进行镜像，结果如图 2-194 所示压盖。

（6）智能标注。在“草图”操控面板中，单击“智能尺寸”按钮，标注尺寸如图 2-194 所示。

第3章 基础特征建模

本章导读

基础特征建模是三维实体最基本的绘制方式，可以构成三维实体的基本造型。基础特征建模相当于二维草图中的基本图元，是最基本的三维实体绘制方式。基础特征建模主要包括参考几何体、拉伸特征、拉伸切除特征、旋转特征、旋转切除特征、扫描特征与放样特征等。

3.1 参考几何体

参考几何体指参考指令，在模型绘制过程中选择基准时，一般选择实体基准面、点、坐标系等，但有时无法直接使用上述基准参考，利用参考几何体中的命令，创建所需基准参考，本章详细讲解参考几何体的设置。

参考几何体主要包括基准面、基准轴、坐标系与点 4 个部分。“参考几何体”操控板如图 3-1 所示。

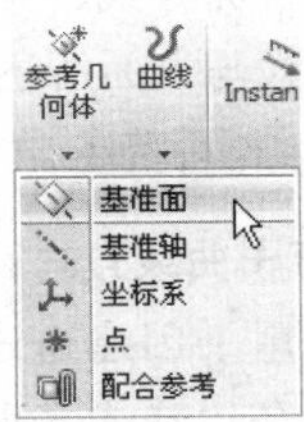

图3-1 “参考几何体”操控板

3.1.1 基准面

基准面主要应用于零件图和装配图中，可以利用基准面来绘制草图，生成模型的剖面视图，用于拔模特征中的中性面等。

执行方式

单击“草图”→“ 基准面”按钮。

执行上面命令后，打开“基准面”属性管理器，如图 3-3 所示。

选项说明

SolidWorks 提供了前视基准面、上视基准面和右视基准面 3 个默认的、相互垂直的基准面。通常情况下，用户在这 3 个基准面上绘制草图，然后使用特征命令创建实体模型即可绘制需要的图形。但是，对于一些特殊的特征，比如扫描特征和放样特征，需要在不同的基准面上绘制草图，才能完成模型的构建，这就需要创建新的基准面。

创建基准面有 6 种方式，分别是：通过直线 / 点方式、点和平行面方式、夹角方式、等距距离方式、垂直于曲线方式与曲面切平面方式。下面详细介绍这几种创建基准面的方式。

1. 通过直线 / 点方式

该方式创建的基准面有三种：通过边线、轴；通过草图线及点；通过三点。方法如下：

（1）打开素材文件："素材\第 3 章\ 3.1.1.1.sldprt"，如图 3-2 所示，单击"草图"→"基准面"按钮，打开"基准面"属性管理器，如图 3-3 所示。

（2）在"基准面"属性管理器"第一参考"选项框中，选择如图 3-2 所示边线 1。在"第二参考"选项框中，选择如图 3-2 所示边线 2 的中点。"基准面"属性管理器设置如图 3-3 所示。

（3）单击"基准面"属性管理器中的"确定"按钮，创建的基准面 1 如图 3-4 所示。

点和平行面方式、夹角方式、等距距离方式与上面所述的直线 / 点方式类似，不再赘述。

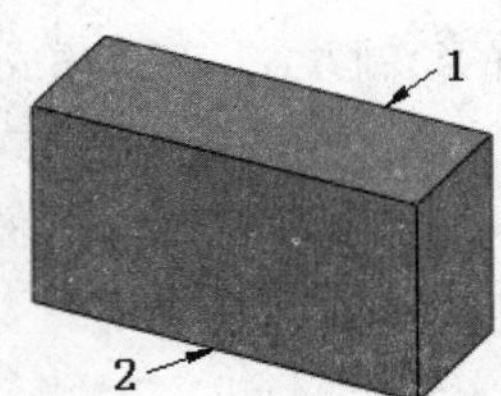

图3-2 实体模型

图3-3 "基准面"属性管理器

图3-4 创建的基准面

2. 垂直于曲线方式

该方式用于创建通过一个点且垂直于一条边线或者曲线的基准面。方法如下。

（1）打开素材文件"素材\第 3 章\ 3.1.1.2.sldprt"，如图 3-5 所示，单击"草图"→"基准面"按钮，此时系统弹出"基准面"属性管理器，如图 3-6 所示。

（2）在"基准面"属性管理器"第一参考"选项框中，选择如图 3-5 所示的点 1。在"第二参考"选项框中，选择如图 3-5 所示的曲线 2。"基准面"属性管理器设置如图 3-6 所示。

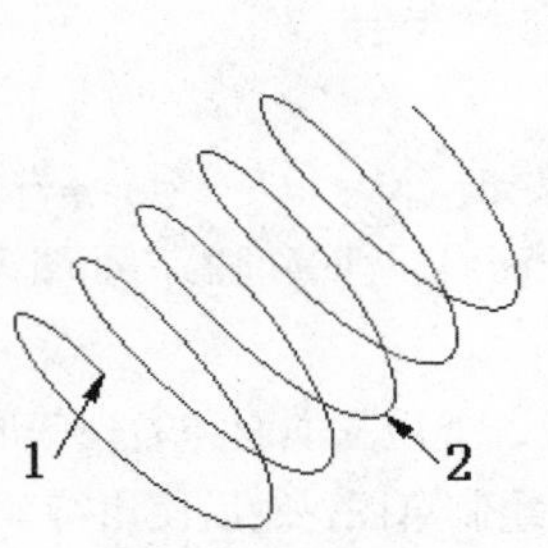

图3-5 曲线

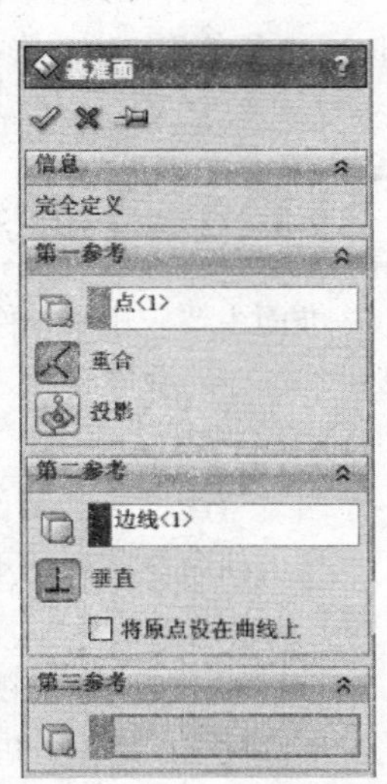

图3-6 "基准面"属性管理器

（3）单击“基准面”属性管理器中的“确定”按钮✔，创建通过点 1 且与螺旋线垂直的基准面 5，如图 3-7 所示。

（4）选择菜单栏“视图”→“修改”→“旋转视图”按钮，将视图以合适的方向显示，如图 3-8 所示。

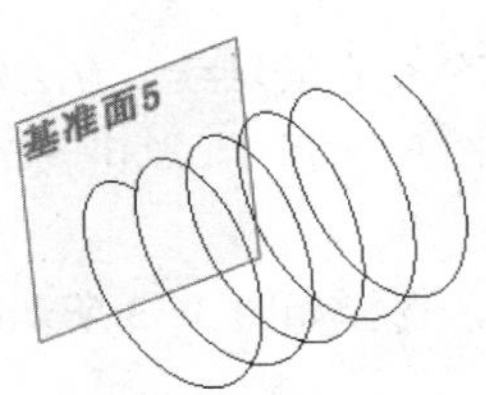

图3-7　创建的基准面5

图3-8　旋转视图后的图形

3．曲面切平面方式

该方式用于创建一个与空间面或圆形曲面相切于一点的基准面。方法如下。

（1）打开素材文件“素材＼第 3 章＼ 3.1.1.3.sldprt”，如图 3-9 所示，选择“草图”→“ 基准面”命令，此时系统弹出“基准面”属性管理器，如图 3-10 所示。

（2）在“基准面”属性管理器“第一参考”选项框中，选择如图 3-9 所示的面 1。在“第二参考”选项框中，选择右视基准面。“基准面”属性管理器设置如图 3-10 所示。

（3）单击“基准面”属性管理器中的“确定”按钮✔，创建与圆柱体表面相切且垂直于右视基准面的基准面 6，如图 3-11 所示。

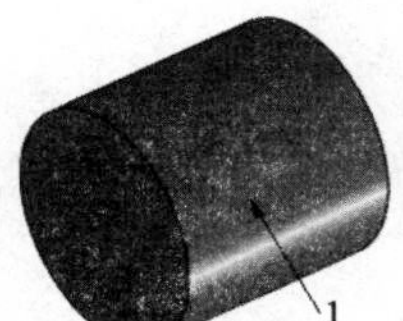

图3-9　实体模型

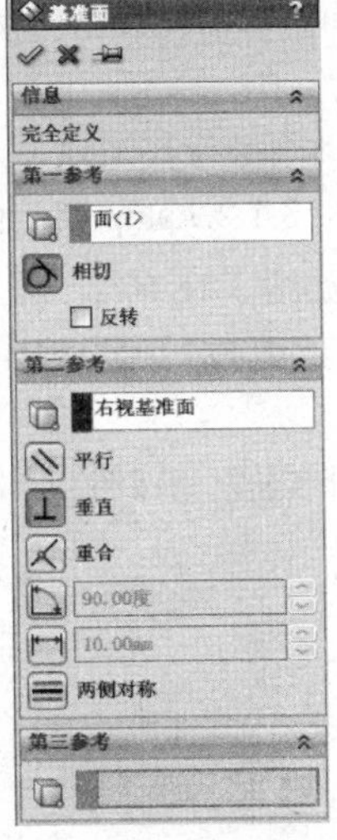

图3-10　“基准面”属性管理器

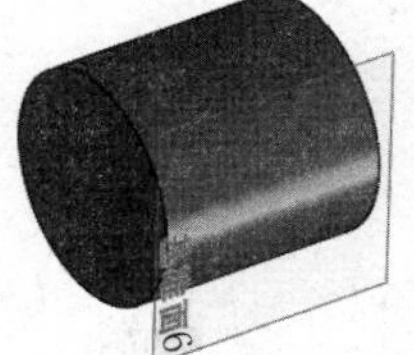

图3-11　参照平面方式创建的基准面6

3.1.2　基准轴

基准轴通常在草图几何体或者圆周阵列中使用。

执行方式

单击“草图”→“基准轴”按钮。

执行上述命令后，打开“基准轴”属性管理器，如图 3-12 所示。

每一个圆柱和圆锥面都有一条轴线。临时轴是由模型中的圆锥和圆柱隐含生成的，可以选择菜单栏中的“视图”→“临时轴”命令来隐藏或显示所有的临时轴。

创建基准轴有 5 种方式，分别是：一直线 / 边线 / 轴方式、两平面方式、两点 / 顶点方式、圆柱 / 圆锥面方式与点和面 / 基准面方式。下面详细介绍这几种创建基准轴的方式。

1. 一直线 / 边线 / 轴方式

选择一个草图的直线、实体的边线或者轴，创建所选直线所在的轴线。方法如下。

（1）打开素材文件“素材 \ 第 3 章 \ 3.1.2.1.sldprt”，如图 3-13 所示，单击“草图”→“基准轴”按钮，打开“基准轴”属性管理器，如图 3-12 所示。

（2）在“基准轴”属性管理器“第一参考”选项框中，选择如图 3-13 所示的线 1。“基准轴”属性管理器设置如图 3-12 所示。

（3）单击“基准轴”属性管理器中“确定”按钮，创建边线 1 所在的基准轴 1 如图 3-14 所示。

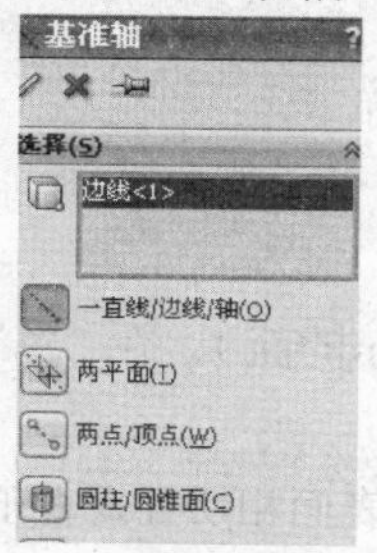

图3-12 “基准轴”属性管理器

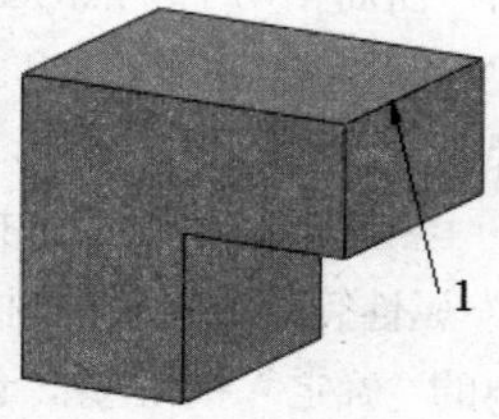

图3-13 实体模型

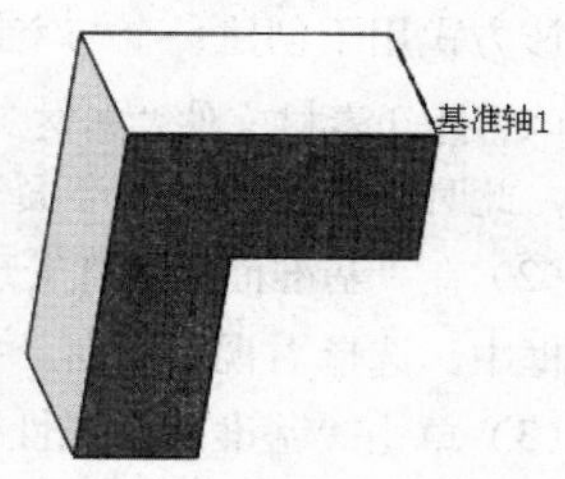

图3-14 创建的基准轴1

两平面方式、两点 / 顶点方式与上面所述的一直线 / 边线 / 轴方式类似，这里不再赘述。

2. 圆柱 / 圆锥面方式

选择圆柱面或者圆锥面，将其临时轴确定为基准轴。方法如下。

（1）打开素材文件“素材 \ 第 3 章 \ 3.1.2.2.sldprt”，如图 3-15 所示，单击“草图”→“基准轴”按钮，打开“基准轴”属性管理器，如图 3-16 所示。

（2）在“基准轴”属性管理器“第一参考”选项框中，选择如图 3-15 所示的面 1。“基准轴”属性管理器设置如图 3-16 所示。

（3）单击“基准轴”属性管理器中的“确定”按钮，将圆柱体临时轴确定为基准轴 4，如图 3-17 所示。

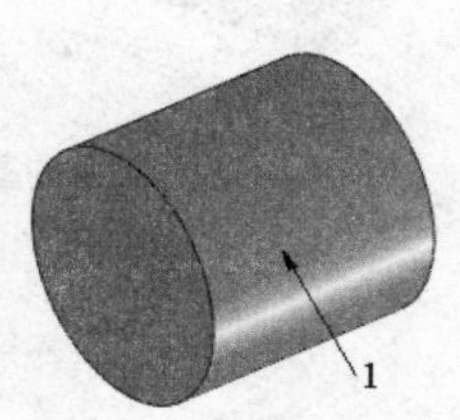

图3-15 实体模型

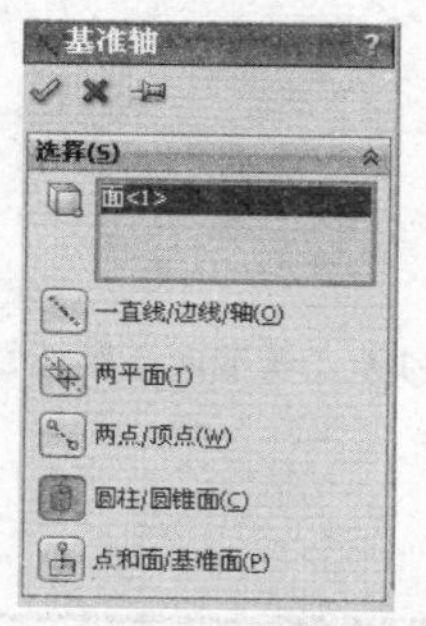

图3-16 “基准轴”属性管理器

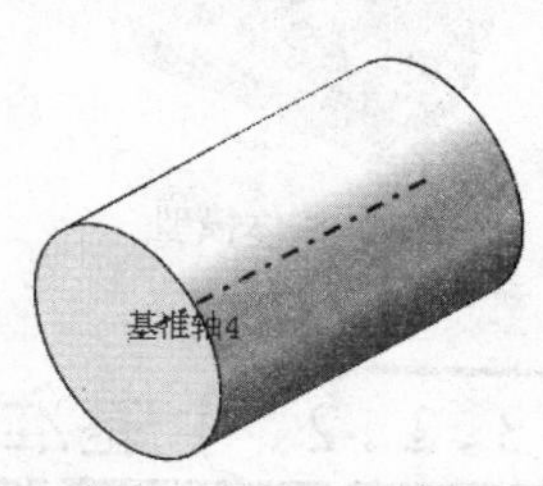

图3-17 创建的基准轴4

3. 点和面 / 基准面方式

选择一个曲面或者基准面以及顶点、点或者中点，创建一个通过所选点并且垂直于所选面的基准轴。方法如下。

（1）打开素材文件“素材\第 3 章\ 3.1.2.3.sldprt”，如图 3-18 所示，单击“草图”→“基准轴”按钮，打开“基准轴”属性管理器，如图 3-19 所示。

（2）在“基准轴”属性管理器“第二参考”选项框中，选择如图 3-18 所示的边线 2 的中点。“基准轴”属性管理器设置如图 3-19 所示。

（3）单击“基准轴”属性管理器中的“确定”按钮，创建通过边线 2 的中点且垂直于面 1 的基准轴 5。

（4）单击“标准视图”工具栏中的“旋转视图”按钮，将视图以合适的方向显示，创建的基准轴 5 如图 3-20 所示。

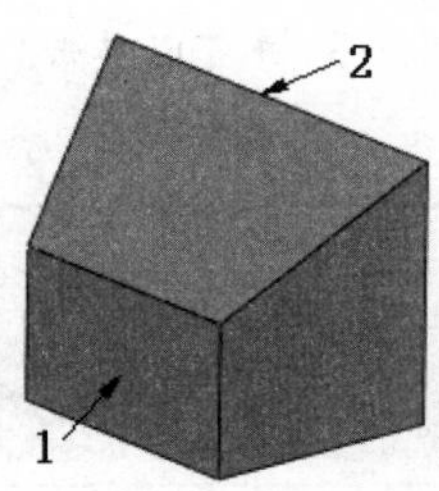

图3-18 实体模型

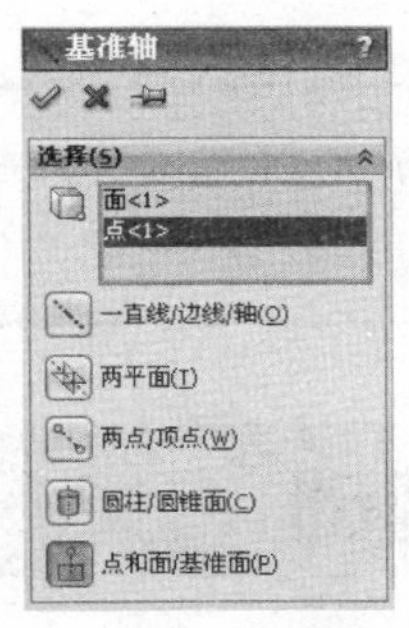

图3-19 “基准轴”属性管理器

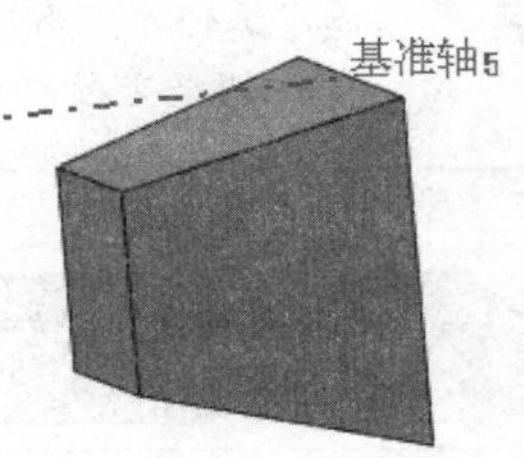

图3-20 创建的基准轴5

3.1.3 坐标系

坐标系可用于将 SolidWorks 文件输出成 IGES、STL、ACIS、STEP、Parasolid、VRML 和 VDA 文件。

执行方式

单击“草图”→“坐标系”按钮。

执行上述命令后，打开“坐标系”属性管理器，如图 3-21 所示。操作方法如下。

（1）打开素材文件“素材\第 3 章\ 3.1.3.sldprt”，如图 3-22 所示，单击“草图”→“基准轴”按钮，打开“坐标系”属性管理器，如图 3-21 所示。

（2）在“坐标系”属性管理器（原点）选项中，选择如图 3-22 所示的点 A；在“X 轴”选项中，选择如图 3-22 所示的边线 1；在“Y 轴”选项中，选择如图 3-22 所示的边线 2；在“Z 轴”选项中，选择图 3-22 所示的边线 3。“坐标系”属性管理器设置如图 3-21 所示，单击“方向”按钮，改变轴线方向。

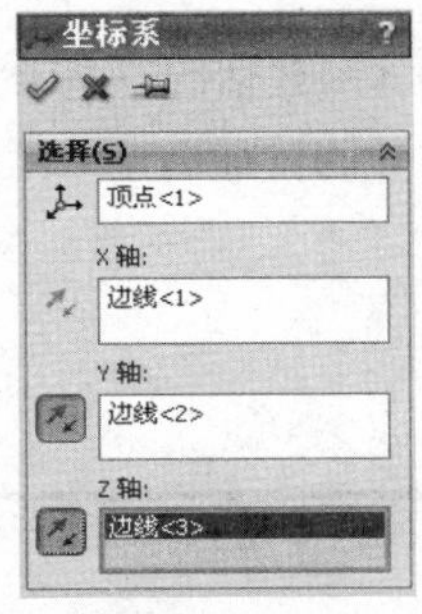

图3-21 “坐标系”属性管理器

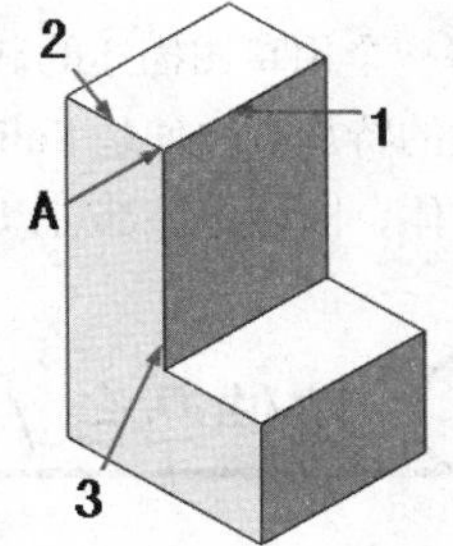

图3-22 实体模型

（3）单击“坐标系”属性管理器中的“确定”按钮，创建的新坐标系 1 如图 3-23 所示。此时所创建的坐标系 1 也会出现在“FeatureManager 设计树”中，如图 3-24 所示。

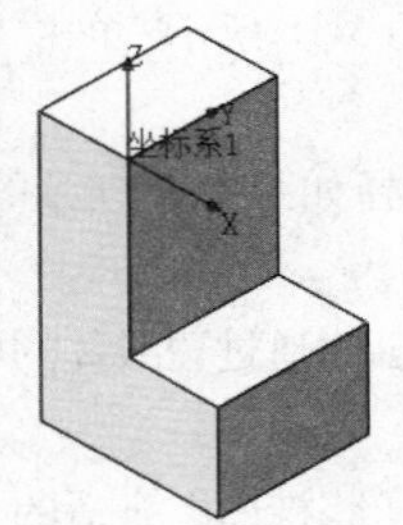

图3-23 创建的坐标系1

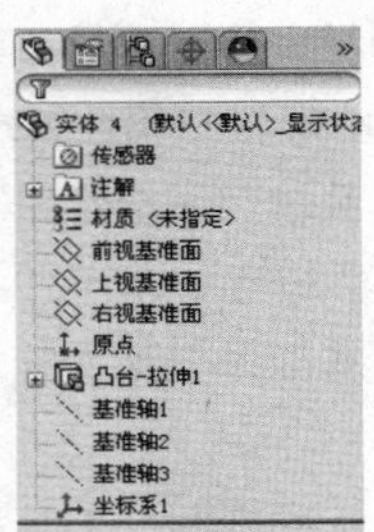

图3-24 FeatureManager设计树

技巧荟萃

在“坐标系”属性管理器中，每一步设置都可以形成一个新的坐标系，并可以单击“方向”按钮调整坐标轴的方向。

3.2 特征建模基础

在 SolidWorks 工具栏空白处单击右键弹出快捷菜单，选择“特征”，弹出“特征”工具栏，如图 3-25 所示，显示基础建模特征。同时 SolidWorks 提供了专用的“特征”工具栏，如图 3-26 所示。单击工具栏中相应的按钮就可以对草图实体进行相应的操作，生成需要的特征模型。

图3-25 “特征”工具栏

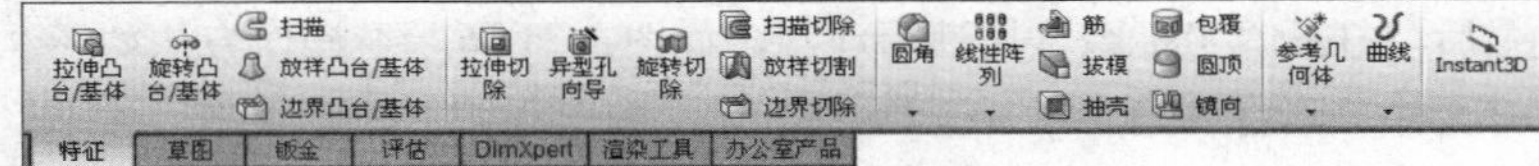

图3-26 “特征”专用工具栏

3.3 拉伸特征

拉伸特征是将一个用草图描述的截面，沿指定的方向（一般情况下是沿垂直于截面方向）延伸一段距离后所形成的特征。拉伸是 SolidWorks 模型中最常见的特征类型，具有相同截面、有一定长度的实体，如长方体、圆柱体等都可以由拉伸特征来形成。

3.3.1 拉伸凸台 / 基体

执行方式

单击“特征”→“拉伸凸台 / 基体”按钮或选择菜单“插入”→“特征”→“拉伸凸台 / 基体”命令。

执行上述命令后，打开如图 3-27 所示的“凸台 - 拉伸”属性管理器。

选项说明

SolidWorks 可以对闭环和开环草图进行实体拉伸，如图 3-28 所示。所不同的是，如果草图本身是一个开环图形，则拉伸凸台 / 基体工具只能将其拉伸为薄壁；如果草图是一个闭环图形，则既可以选择将其拉伸为薄壁特征，也可以选择将其拉伸为实体特征。

（1）在弹出的“凸台 - 拉伸”属性管理器中勾选“薄壁特征”复选框，如果草图是开环系统则只能生成薄壁特征。

（2）在“反向”按钮右侧的“拉伸类型”下拉列表框中选择拉伸薄壁特征的方式。

单向：使用指定的壁厚向一个方向拉伸草图。

两侧对称：在草图的两侧各以指定壁厚的一半向两个方向拉伸草图。

双向：在草图的两侧各使用不同的壁厚向两个方向拉伸草图。

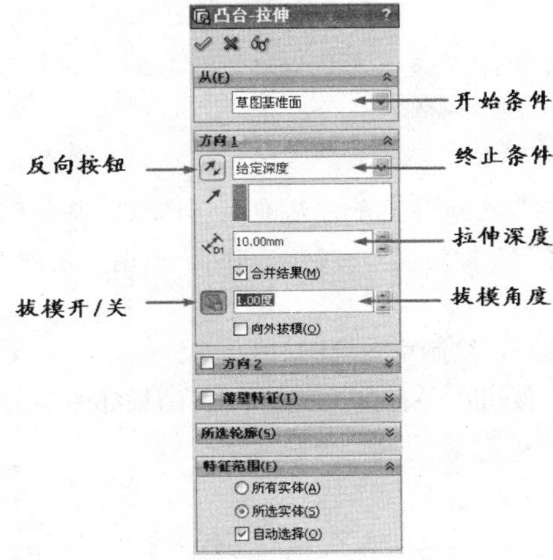

图3-27 “凸台-拉伸”属性管理器

图3-28 开环和闭环草图的薄壁拉伸

（3）在“厚度”文本框中输入薄壁的厚度。

（4）默认情况下，壁厚加在草图轮廓的外侧。单击“反向”按钮，可以将壁厚加在草图轮廓的内侧。

（5）对于薄壁特征基体拉伸，还可以指定以下附加选项。

如果生成的是一个闭环的轮廓草图，可以勾选“顶端加盖”复选框，此时将为特征的顶端加上封盖，形成一个中空的零件，如图 3-29（a）所示。

如果生成的是一个开环的轮廓草图，可以勾选“自动加圆角”复选框，此时自动在每一个具有相交夹角的边线上生成圆角，如图 3-29（b）所示。

（6）单击“确定”按钮，完成拉伸薄壁特征的创建。

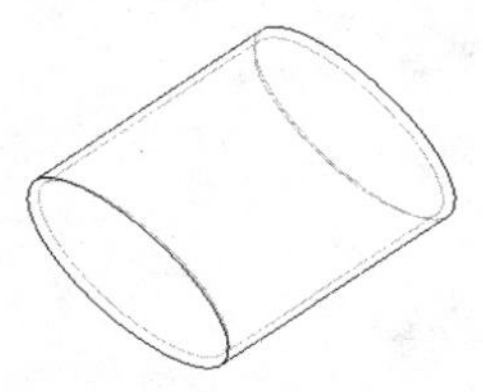

（a）中空零件

（b）带有圆角的薄壁

图3-29 薄壁

3.3.2 实例——胶垫

本实例首先绘制胶垫的外形轮廓草图，然后拉伸成为胶垫。实体模型如图 3-30 所示。

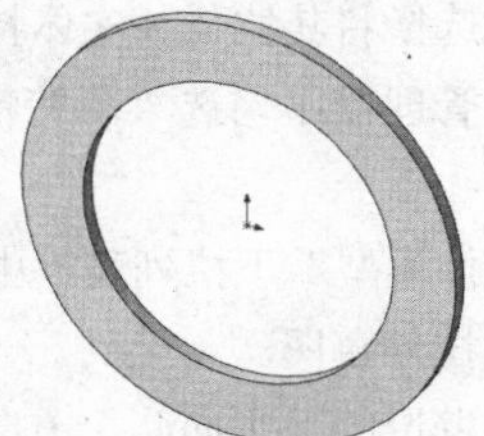

图3-30 胶垫

操作步骤

（1）单击“标准”工具栏中的“新建”按钮，在弹出的“新建 SolidWorks 文件”对话框中选择“零件”按钮，然后单击“确定”按钮，创建一个新的零件文件。

（2）绘制草图。

- 设置草绘平面。在左侧的“FeatureManager 设计树”中选择“前视基准面”作为绘制图形的基准面，单击“标准视图”工具栏中的“正视于”按钮，旋转基准面。单击“草图”工具栏中的“草图绘制”按钮，进入草图绘制环境。
- 绘制同心圆。单击“草图”工具栏中的“圆”按钮，绘制草图轮廓。
- 标注草图。单击“草图”工具栏中的“智能尺寸”按钮，标注并修改尺寸，结果如图 3-31 所示。

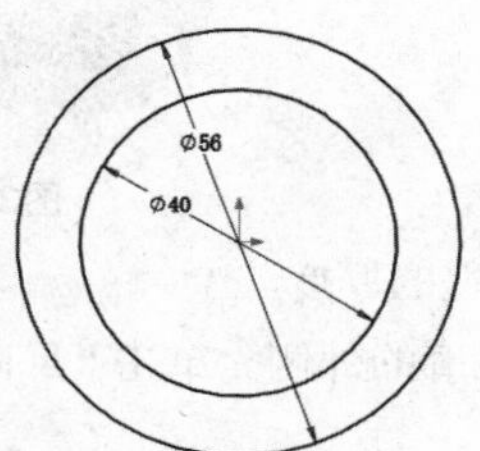

图3-31 绘制草图

（3）单击“特征”工具栏中的“拉伸凸台 / 基体”按钮，此时系统弹出如图 3-32 所示的“凸台 - 拉伸”属性管理器。选择上步绘制的草图为拉伸截面，设置终止条件为“给定深度”，输入拉伸距离为“2.00mm”，然后单击属性管理器中的“确定”按钮，结果如图 3-30 所示。

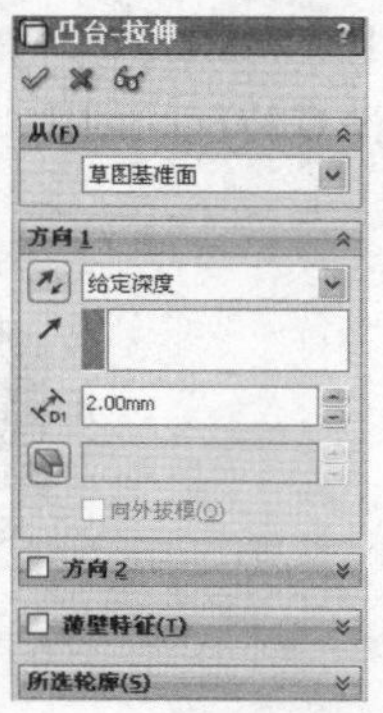

图3-32 “凸台-拉伸”属性管理器

3.3.3 拉伸切除特征

执行方式

单击“特征”→“拉伸切除”按钮或选择“插入”菜单→“特征”→“拉伸切除”命令。

执行上述命令后，打开“切除 - 拉伸”属性管理器，如图 3-33 所示。

图3-33 “切除-拉伸”属性管理器

选项说明

(1) 在“方向 1”选项组中执行如下操作。

- 在“反向”按钮右侧的“终止条件”下拉列表框中选择“切除-拉伸”。
- 如果勾选了“反侧切除”复选框，则将生成反侧切除特征。
- 单击“反向”按钮，可以向另一个方向切除。
- 单击“拔模开 / 关”按钮，可以给特征添加拔模效果。

(2) 如果有必要，勾选“方向 2”复选框，将拉伸切除应用到第 2 个方向。

(3) 如果要生成薄壁切除特征，勾选“薄壁特征”复选框，然后执行如下操作。

在“反向”按钮右侧的下拉列表框中选择切除类型：“单向”、“两侧对称”或“双向”。

单击“反向”按钮，可以以相反的方向生成薄壁切除特征。

在“深度”文本框中输入切除的厚度。

(4) 单击“确定”按钮，完成拉伸切除特征的创建。

如图 3-34 所示展示了利用拉伸切除特征生成的几种零件效果。

切除拉伸

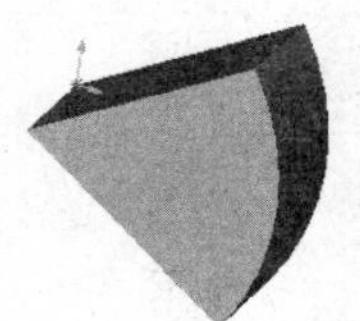

反侧切除

拔模切除

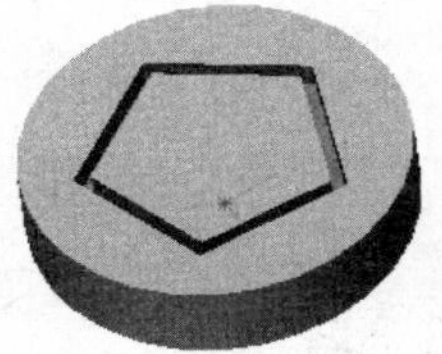

薄壁切除

图3-34 利用拉伸切除特征生成的几种零件效果

技巧荟萃

下面以如图3-35所示为例，说明“反侧切除”复选框对拉伸切除特征的影响。如图3-35（a）所示为绘制的草图轮廓，如图3-35（b）所示为取消对“反侧切除”复选框勾选的拉伸切除特征；如图3-35（c）所示为勾选“反侧切除”复选框的拉伸切除特征。

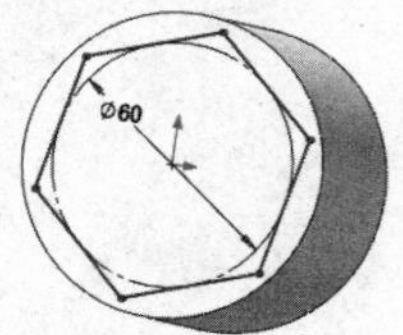

（a）绘制的草图轮廓

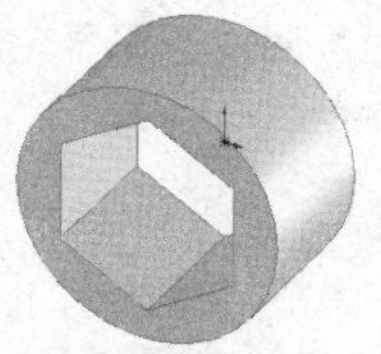
（b）未选择复选框的特征图形

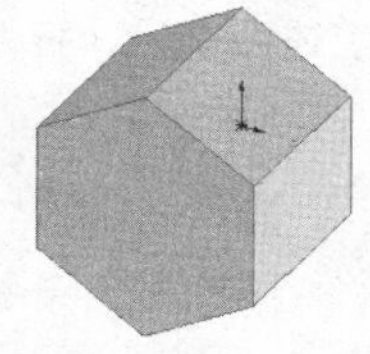
（c）选择复选框的特征图形

图3-35 “反侧切除”复选框对拉伸切除特征的影响

3.3.4 实例——摇臂

本实例使用草图绘制命令建模，并用到特征工具栏中的相关命令进行实体操作，最终完成如图3-36所示的摇臂的绘制。

图3-36 摇臂

操作步骤

（1）单击“标准”工具栏中的“新建”按钮，在打开的“新建Solidworks文件”对话框中，单击“零件”按钮，单击“确定”按钮。

（2）在左侧的“FeatureManager设计树”中选择“前视基准面”，单击“草图绘制”按钮，新建一张草图。

（3）单击“草图”工具栏中的“中心线”按钮，通过原点绘制一条水平中心线。

（4）绘制草图作为拉伸基体特征的轮廓，如图3-37所示。

（5）单击“特征”工具栏中的“拉伸凸台/基体”按钮，设定拉伸的终止条件为“给定深度”。在“深度”列表框中设置拉伸深度为“6.00mm”，保持其他选项的系统默认值不变，如图3-38所示。单击“确定”按钮，完成基体拉伸特征。

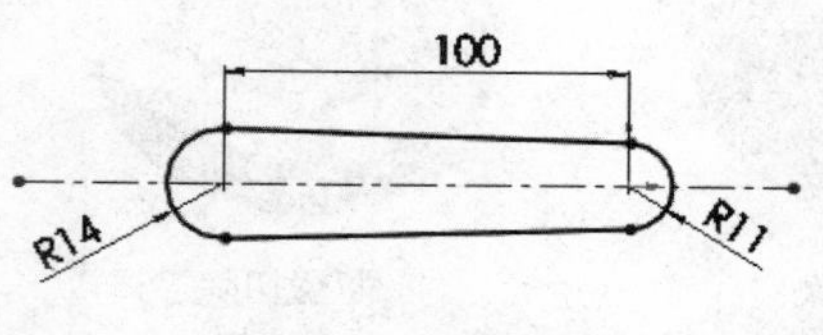

图3-37 基体拉伸草图

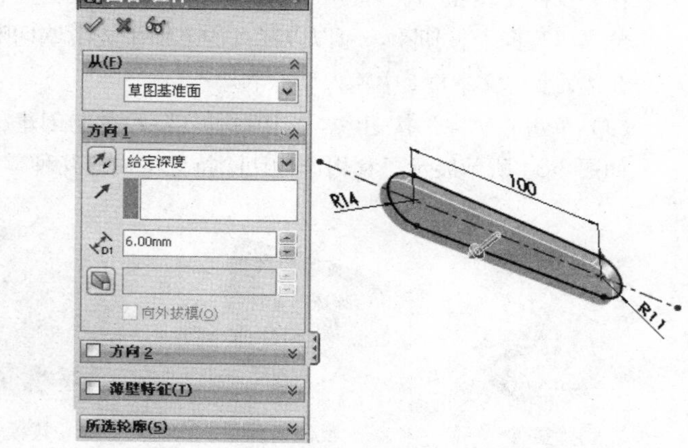

图3-38 设置拉伸参数

（6）选择特征管理器设计树上的前视视图，然后选择“插入”→“参考几何体”→“基准面”命令或单击“参考几何体”工具栏中的“基准面”按钮。在基准面属性管理器上的“偏移距离”微调框中设置等距距离为“3.00mm”，如图 3-39 所示。单击“确定”按钮，添加基准面。

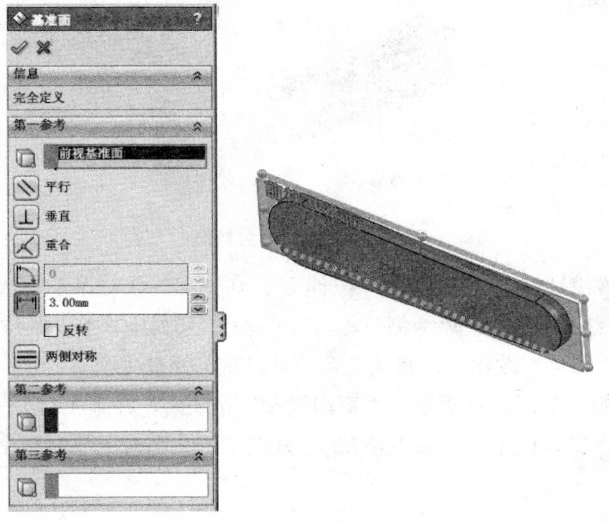

图3-39 添加基准面

（7）单击“草图绘制”按钮，从而在基准面 1 上打开一张草图。单击“标准视图”工具栏中的“正视于”按钮，正视于基准面 1 视图。

（8）单击“草图”工具栏中的“圆”按钮，绘制两个圆作为凸台轮廓，如图 3-40 所示。

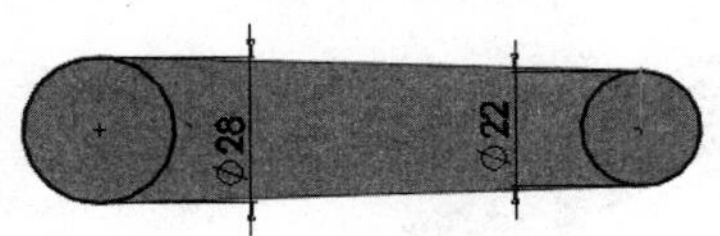

图3-40 绘制凸台轮廓

（9）单击“特征”工具栏中的“拉伸凸台 / 基体”按钮，设定拉伸的终止条件为“给定深度”。在“深度”列表框中设置拉伸深度为“7.00mm”，保持其他选项的系统默认值不变，如图 3-41 所示。单击“确定”按钮，完成凸台拉伸特征。

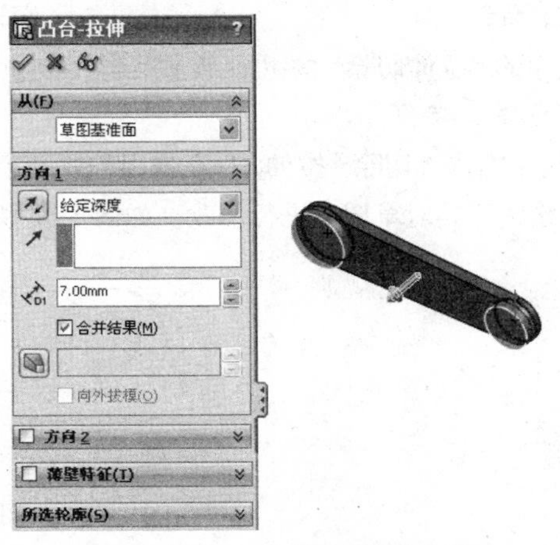

图3-41 “凸台-拉伸”属性管理器

(10) 在特征管理器设计树中，右击“基准面 1”。在弹出的快捷菜单中选择“隐藏”命令，将基准面 1 隐藏起来。单击“视图定向”工具栏中的“等轴测”按钮，用等轴测视图观看图形，如图 3-42 所示。从图中看出两个圆形凸台在基体的一侧，而并非对称分布。下面需要对凸台进行重新定义。

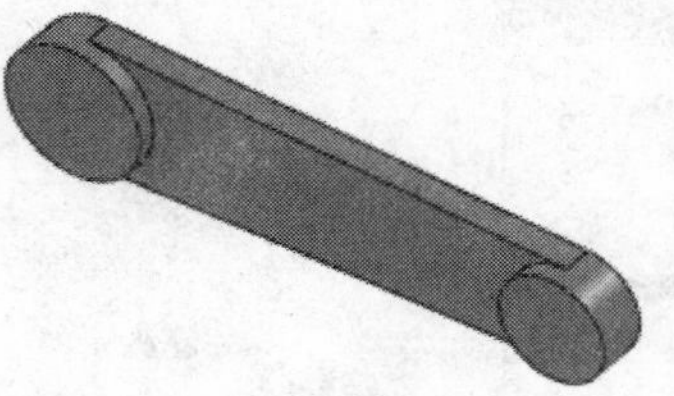

图3-42 原始的凸台特征

（11）在特征管理器设计树中，右击特征“拉伸 2”。在弹出的快捷菜单中选择“编辑特征”命令。在拉伸属性管理器中将终止条件改为“两侧对称”，在“深度”列表框中设置拉伸深度为“14.00mm”，如图 3-43 所示。单击“确定”按钮，完成凸台拉伸特征的重新定义。

（12）选择凸台上的一个面，然后单击“草图绘制”按钮，在其上打开一张新的草图。

（13）单击“草图”工具栏中的“圆”按钮，分别在两个凸台上绘制两个同心圆，并标注尺寸，如图 3-44 所示。

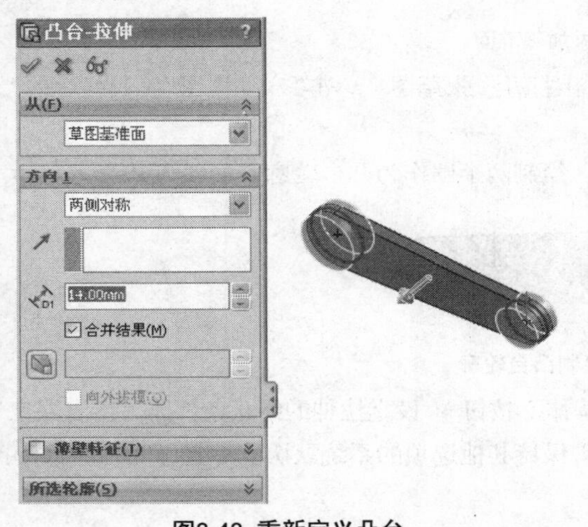

图3-43 重新定义凸台

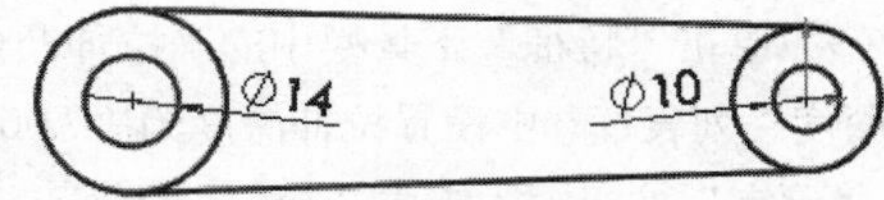

图3-44 绘制同心圆

（14）单击“特征”工具栏中的“拉伸切除”按钮，设置切除的终止条件为“完全贯穿”，单击“确定”按钮，生成切除特征，如图 3-45 所示。

（15）在特征管理器设计树中右击“切除 - 拉伸 1”，在弹出的快捷菜单中选择“编辑草图”命令，从而打开对应的草图 3。使用绘图工具对草图 3 进行修改，如图 3-36 所示。

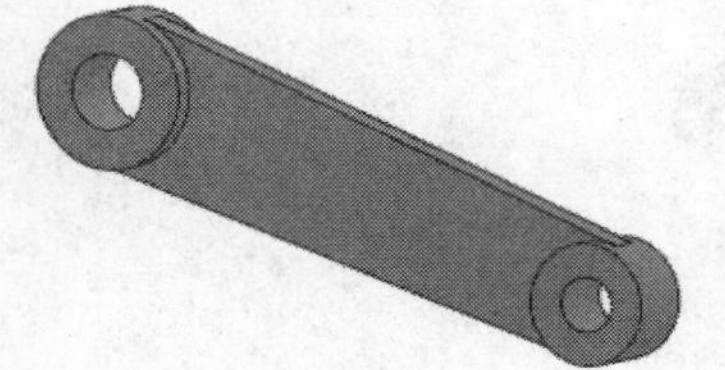

图3-45 生成切除特征

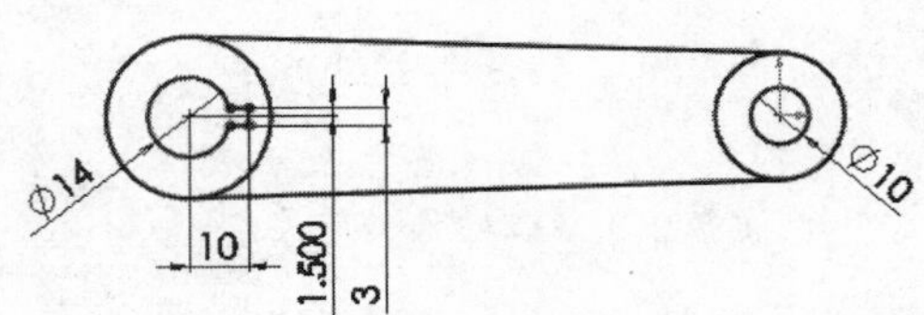

图3-46 修改草图

（16）再次单击“草图绘制”按钮，退出草图绘制。最后效果如图 3-36 所示。

3.4 旋转特征

旋转特征是由特征截面绕中心线旋转而成的一类特征，它适于构造回转体零件。旋转特征应用比较广泛，是比较常用的特征建模工具。主要应用在以下零件的建模中。

- 环形零件，如图 3-47 所示。
- 球形零件，如图 3-48 所示。
- 轴类零件，如图 3-49 所示。
- 形状规则的轮毂类零件，如图 3-50 所示。

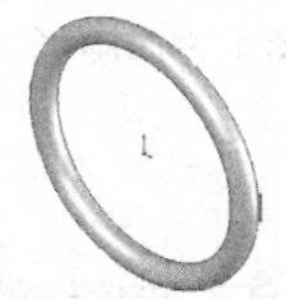

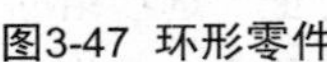

图3-47 环形零件

图3-48 球形零件

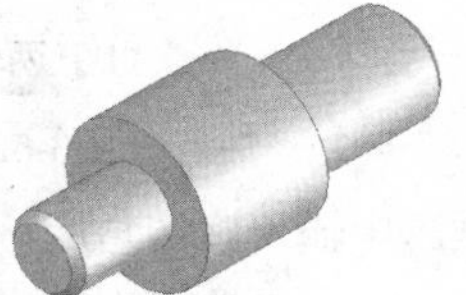

图3-49 轴类零件

图3-50 轮毂类零件

3.4.1 旋转凸台 / 基体

执行方式

单击“特征”→“旋转凸台 / 基体”按钮或选择“插入”菜单→“特征”→“旋转凸台 / 基体”命令。

执行上述命令后，打开“旋转”属性管理器，同时在右侧的图形区中显示生成的旋转特征，如图 3-51 所示。

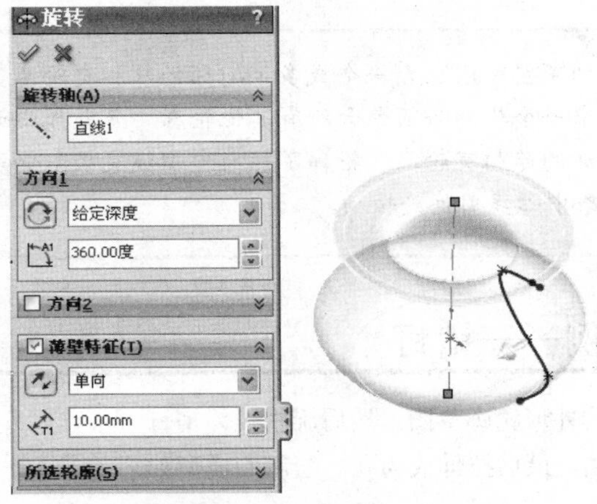

图3-51 “旋转”属性管理器

选项说明

（1）在“旋转参数”选项组的下拉列表框中选择旋转类型。

- 单向：草图向一个方向旋转指定的角度。如果想要向相反的方向旋转特征，单击“反向”按钮，如图 3-52（a）所示。
- 两侧对称：草图以所在平面为中面分别向两个方向旋转相同的角度，如图 3-52（b）所示。

● 两个方向：从草图基准面以顺时针和逆时针两个方向生成旋转特征，两个方向旋转角度为属性管理器中设定的值。方向 1 的旋转角度，方向 2 的旋转角度，如图 3-52（c）所示。

（a）单向旋转

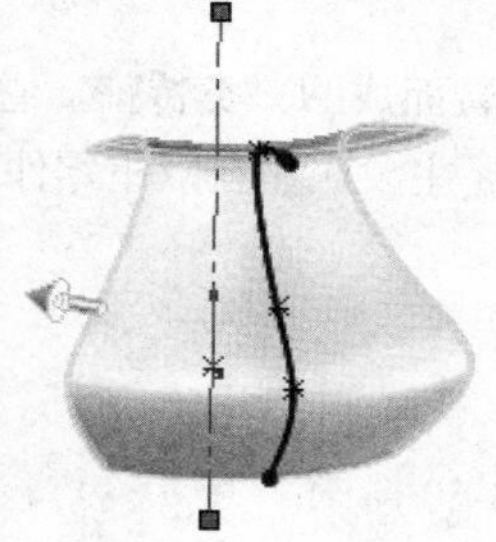

（b）两侧对称旋转

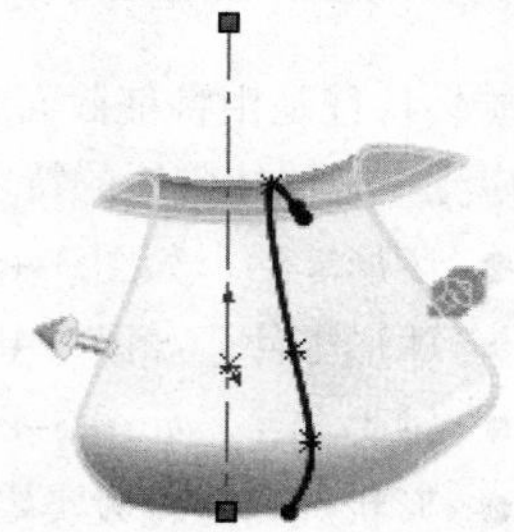

（c）两个方向旋转

图3-52 旋转特征

（2）在“角度”文本框中输入旋转角度。

（3）如果准备生成薄壁旋转，则勾选“薄壁特征”复选框，然后在“薄壁特征”选项组的下拉列表框中选择拉伸薄壁类型。这里的类型与在旋转类型中的含义完全不同，这里的方向是指薄壁截面上的方向。

单向：使用指定的壁厚向一个方向拉伸草图，默认情况下，壁厚加在草图轮廓的外侧。

两侧对称：在草图的两侧各以指定壁厚的一半向两个方向拉伸草图。

双向：在草图的两侧各使用不同的壁厚向两个方向拉伸草图。

（4）在“厚度”文本框中指定薄壁的厚度。单击“反向”按钮，可以将壁厚加在草图轮廓的内侧。

（5）单击“确定”按钮，完成旋转凸台 / 基体特征的创建。

技巧荟萃

实体旋转特征的草图可以包含一个或多个闭环的非相交轮廓。对于包含多个轮廓的基体旋转特征，其中一个轮廓必须包含所有其他轮廓。薄壁或曲面旋转特征的草图只能包含一个开环或闭环的非相交轮廓。轮廓不能与中心线交叉。如果草图包含一条以上的中心线，则选择一条中心线用作旋转轴。

3.4.2 实例——销钉

本实例首先绘制销钉的外形轮廓草图，然后旋转成为销钉主体轮廓，再绘制孔的草图，最后拉伸成为孔。绘制的模型如图 3-53 所示。

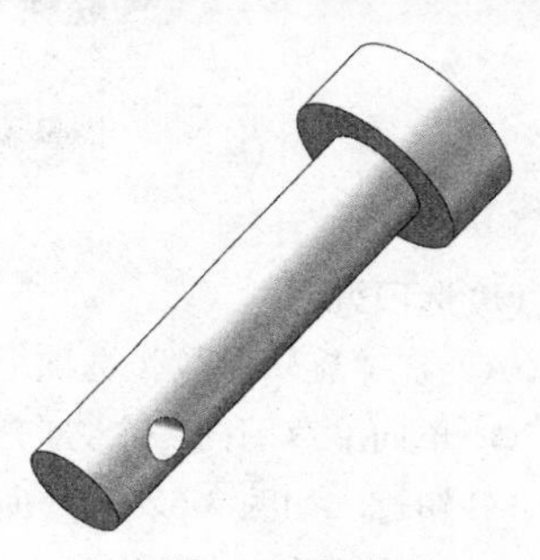

图3-53 销钉

操作步骤

（1）单击“标准”工具栏中的“新建”按钮，在弹出的“新建 SolidWorks 文件”对话框中选择“零件”按钮，然后单击“确定”按钮，创建一个新的零件文件。

（2）在左侧的“FeatureManager 设计树”中选择“前视基准面”作为绘制图形的基准面。单击“草图”工具栏中的“草图绘制”按钮，进入草图绘制状态。单击“标准视图”工具栏中的“正视于”按钮，旋转基准面。

（3）单击“草图”工具栏中的“中心线”按钮，绘制一条通过原点的竖直中心线；依次单击“草图”工具栏中的“直线”按钮和“智能尺寸”按钮，绘制草图轮廓，标注并修改尺寸，结果如图 3-54 所示。

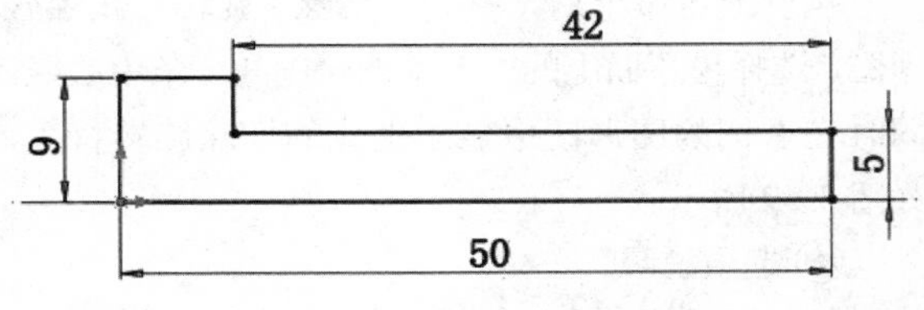

图3-54 绘制草图

（4）单击“特征”工具栏中的“旋转凸台 / 基体”按钮，此时系统弹出如图 3-55 所示的“旋转”属性管理器。选择上步绘制的水平中心线为旋转轴，设置终止条件为“给定深度”，输入旋转角度为“360.00 度”，然后单击属性管理器中的“确定”按钮，结果如图 3-56 所示。

（5）在左侧的“FeatureManager 设计树”中选择“前视基准面”作为绘制图形的基准面。单击“草图”工具栏中的“草图绘制”按钮，进入草图绘制状态。单击“标准视图”工具栏中的“正视于”按钮，旋转基准面。

（6）依次单击“草图”工具栏中的“圆”按钮和“智能尺寸”按钮，绘制草图轮廓，标注并修改尺寸，结果如图 3-57 所示。

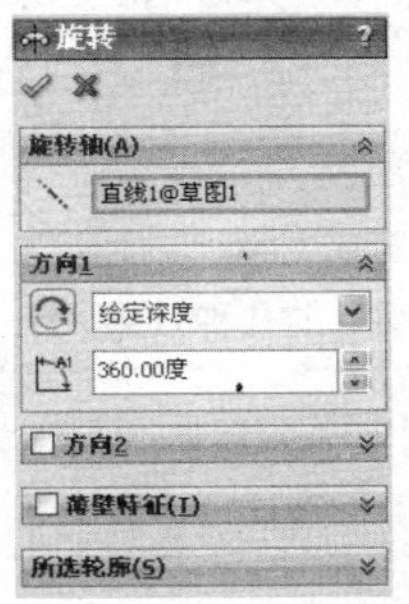

图3-55 “旋转”属性管理器

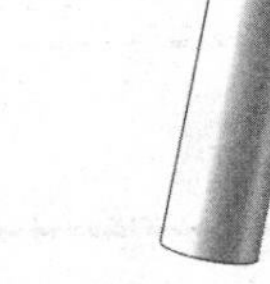

图3-56 旋转后的图形

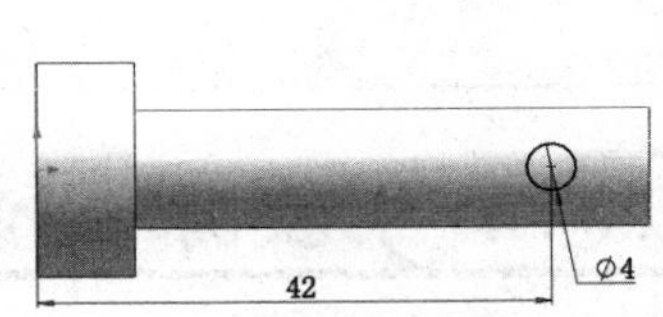

图3-57 绘制草图

（7）单击“特征”工具栏中的“拉伸切除”按钮，此时系统弹出如图 3-58 所示的“切除 - 拉伸”属性管理器。选择上步绘制的草图为拉伸截面，设置方向 1 和方向 2 中的终止条件为“完全贯穿”，然后单击属性管理器中的“确定”按钮，结果如图 3-53 所示。

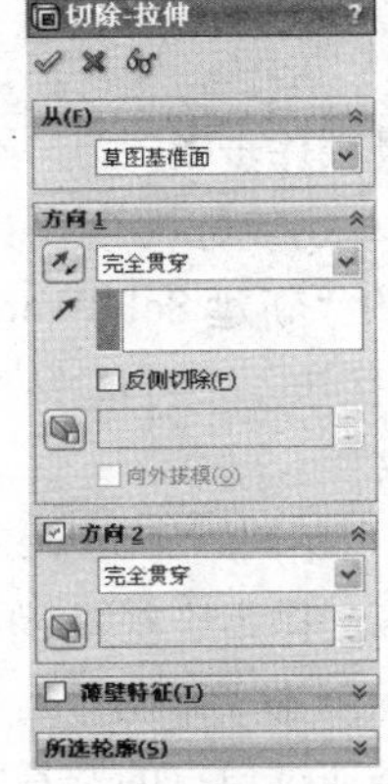

图3-58 “切除-拉伸”属性管理器

3.4.3 旋转切除

执行方式

单击“特征”→“旋转切除”按钮或选择“插入”菜单→“特征”→“旋转切除”命令。

执行上述命令后，打开“切除-旋转”属性管理器，选择模型面上的一个草图轮廓和一条中心线。同时在右侧的图形区中显示生成的切除旋转特征，如图 3-59 所示。

图3-59 “切除-旋转”属性管理器

选项说明

(1) 在“旋转参数”选项组的下拉列表框中选择旋转类型（单向、两侧对称、双向）。其含义同“旋转凸台 / 基体”属性管理器中的“旋转类型”。

(2) 在“角度”文本框中输入旋转角度。

(3) 如果准备生成薄壁旋转，则勾选“薄壁特征”复选框，设定薄壁旋转参数。

(4) 单击“确定”按钮，完成旋转切除特征的创建。

技巧荟萃

与旋转凸台 / 基体特征不同的是，旋转切除特征用来产生切除特征，也就是用来去除材料。如图 3-60 所示展示了旋转切除的几种效果。

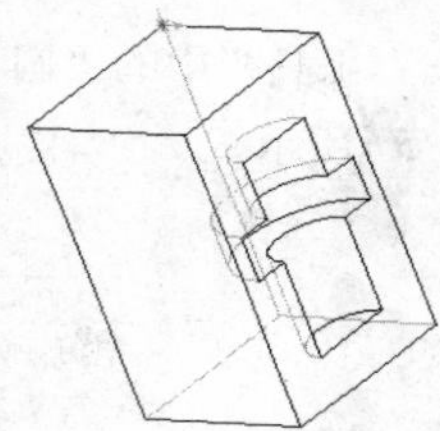

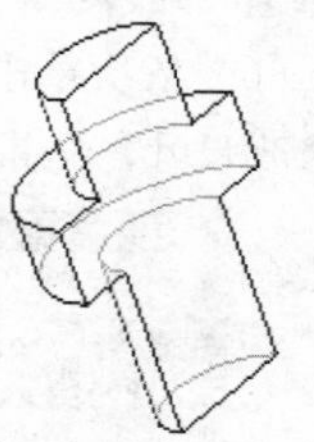

图3-60 旋转切除的几种效果

3.4.4 实例——酒杯

本实例绘制酒杯，首先绘制酒杯的外形轮廓草图，然后旋转成为酒杯轮廓，最后拉伸切除为酒杯。如图 3-61 所示。

图3-61 酒杯

操作步骤

(1) 单击“标准”工具栏中的“新建”按钮，在弹出的“新建 SolidWorks 文件”对话框中先单击“零件”按钮，再单击“确定”按钮，创建一个新的零件文件。

(2)在左侧的“FeatureManager 设计树”中选择“前视基准面”作为绘制图形的基准面。

(3) 单击“草图”工具栏中的“直线”按钮，绘制一条通过原点的竖直中心线；依次单击“草图”

工具栏中的“直线”按钮和“圆心/起/终点画弧”按钮以及“绘制圆角”按钮，绘制酒杯的草图轮廓。结果如图 3-62 所示。

（4）单击“草图”工具栏中的“智能尺寸”按钮，标注上一步绘制草图的尺寸。结果如图 3-63 所示。

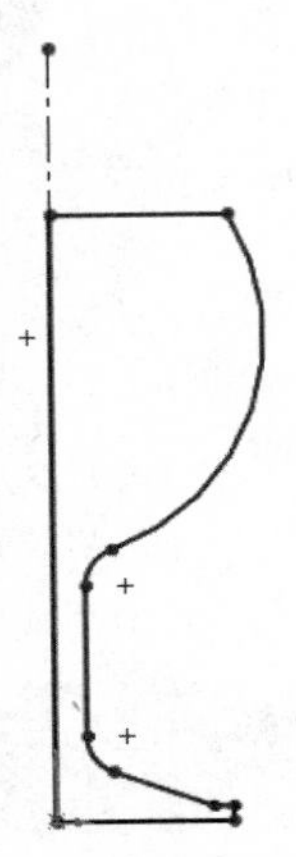

图3-62 绘制的草图

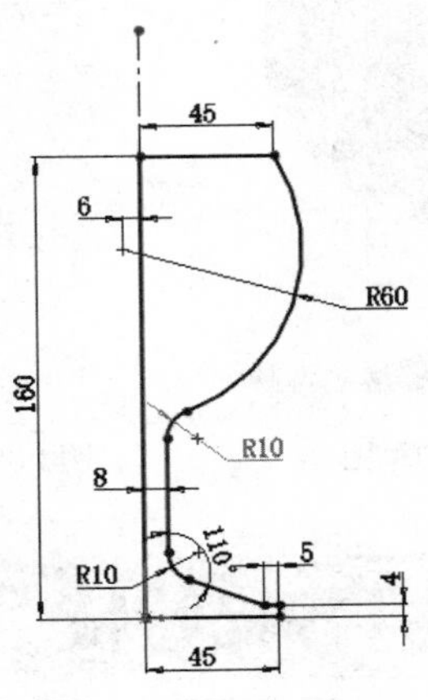

图3-63 标注的草图

（5）单击“特征”工具栏中的“旋转凸台/基体”按钮，此时系统弹出如图 3-64 所示的“旋转”属性管理器。按照图示设置后，单击对话框中的“确定”按钮。结果如图 3-65 所示。

技巧荟萃

在使用旋转命令时，绘制的草图可以是封闭的，也可以是开环的。绘制薄壁特征的实体，草图应是开环的。

（6）在左侧的“FeatureManager 设计树”中单击“前视基准面”，然后单击“标准视图”工具栏中的“正视于”按钮，将该表面作为绘制图形的基准面。结果如图 3-66 所示。

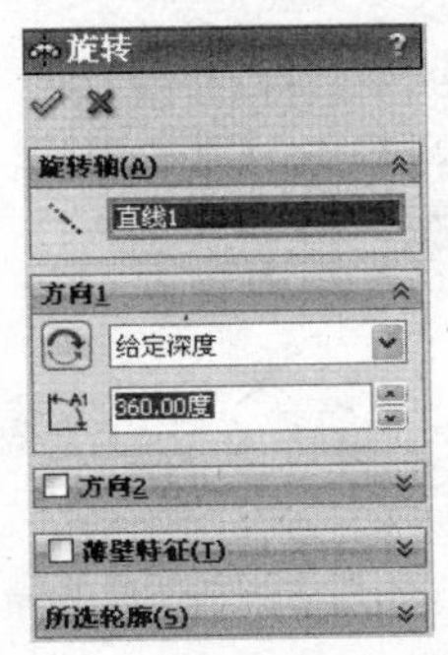

图3-64 “旋转”属性管理器

图3-65 旋转后的图形

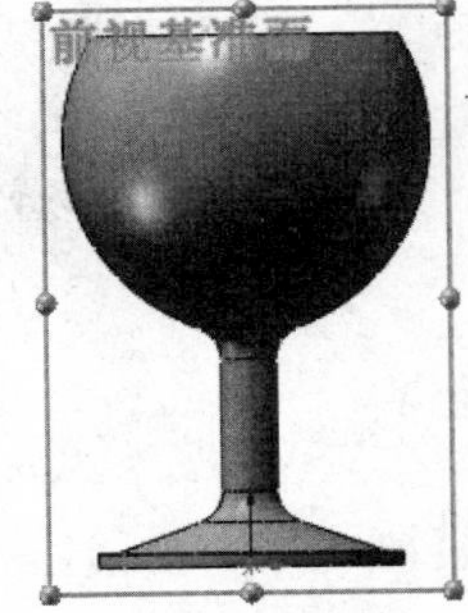

图3-66 设置的基准面

（7）单击“草图”工具栏中的“等距实体”按钮，绘制与酒杯圆弧边线相距 1 的轮廓线，单击“直线”按钮及“中心线”按钮，绘制草图，延长并封闭草图轮廓，如图 3-67 所示。

（8）单击“特征”工具栏中的“旋转切除”按钮，在图形区域中选择通过坐标原点的竖直中心线作为旋转的中心轴，其他选项如图 3-68 所示。单击“确定”按钮，生成旋转切除特征。

（9）单击“标准视图”工具栏中的“等轴测”按钮，将视图以等轴测方向显示。结果如图 3-69 所示。

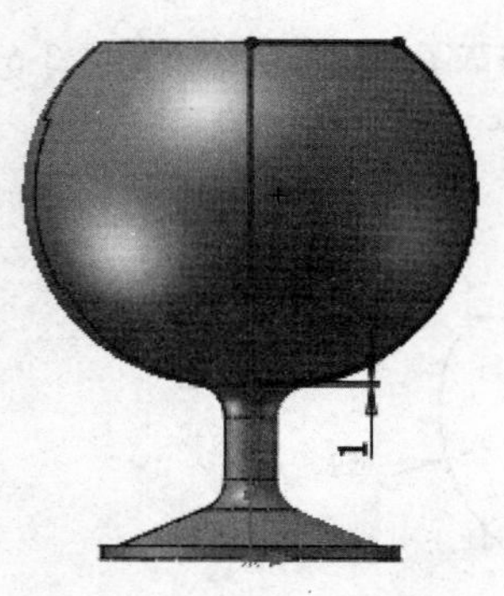

图3-67 绘制的草图

图3-68 “旋转切除”属性管理器

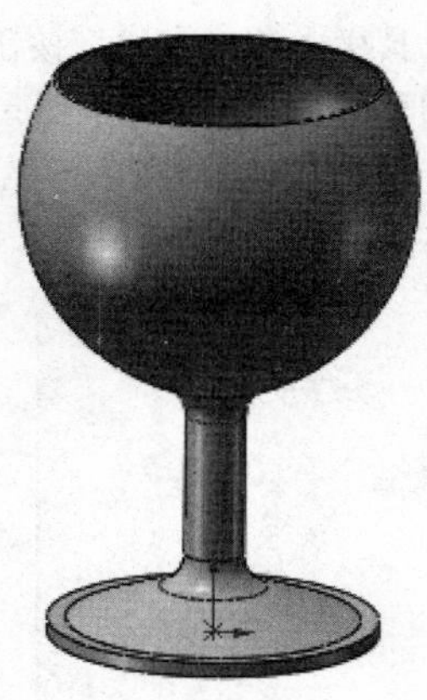

图3-69 切除后的图形

3.5 扫描特征

扫描特征是指由二维草绘平面沿一个平面或空间轨迹线扫描而成的一类特征。沿着一条路径移动轮廓（截面）可以生成基体、凸台、切除或曲面。如图 3-70 所示是扫描特征实例。

SolidWorks 2012 的扫描特征遵循以下规则。

- 扫描路径可以为开环或闭环。
- 路径可以是草图中包含的一组草图曲线、一条曲线或一组模型边线。
- 路径的起点必须位于轮廓的基准面上。

图3-70 扫描特征实例

3.5.1 扫描

执行方式

单击“特征”→“扫描”按钮或选择“插入”菜单→“特征”→“扫描”命令。

执行上述命令后，打开“扫描”属性管理器如图 3-71 所示。

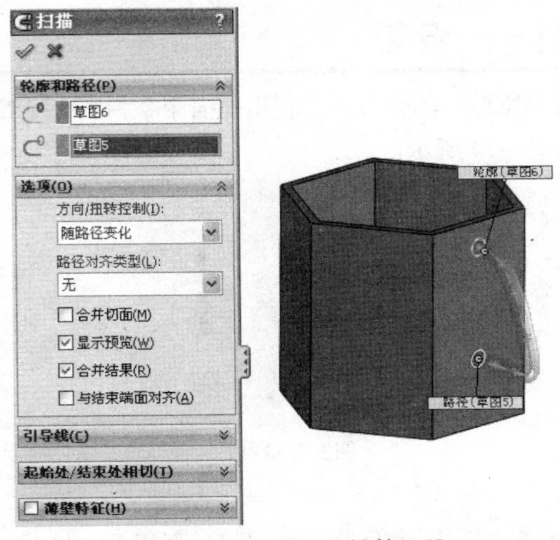

图3-71 “扫描”属性管理器

选项说明

（1）单击“轮廓”按钮，然后在图形区中选择轮廓草图。

（2）单击“路径”按钮，然后在图形区中选择路径草图。如果勾选了“显示预览”复选框，此时在图形区中将显示不随引导线变化截面的扫描特征。

（3）在“引导线”选项组中单击“引导线”按钮，然后在图形区中选择引导线。此时在图形区中将显示随引导线变化截面的扫描特征。

（4）如果存在多条引导线，可以单击“上移”按钮或“下移”按钮，改变使用引导线的顺序。同时在右侧的图形区中显示生成的扫描特征，如图 3-71 所示。

（5）在“方向 / 扭转类型”下拉列表框中，选择以下选项之一。

- 随路径变化：草图轮廓随路径的变化而变换方向，其法线与路径相切，如图 3-72（a）所示。
- 保持法向不变：草图轮廓保持法线方向不变，如图 3-72（b）所示。

（6）如果要生成薄壁特征扫描，则勾选“薄壁特征”复选框，从而激活薄壁选项。

- 选择薄壁类型（单向、两侧对称或双向）。
- 设置薄壁厚度。

（7）扫描属性设置完毕，单击“确定”按钮。

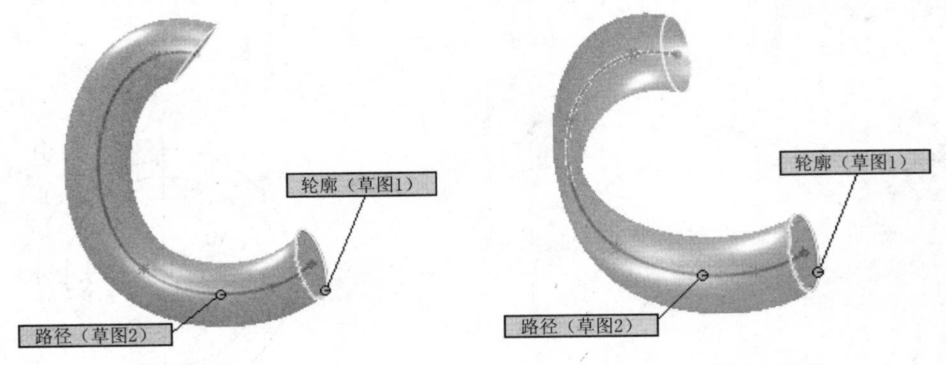

（a）随路径变化　　（b）保持法向不变

图3-72 扫描特征

3.5.2 实例——弯管

本实例首先利用拉伸命令拉伸一侧管头，再利用扫描命令扫描弯管管道，最后利用拉伸命令拉伸另侧管头，绘制的弯管如图 3-73 所示。

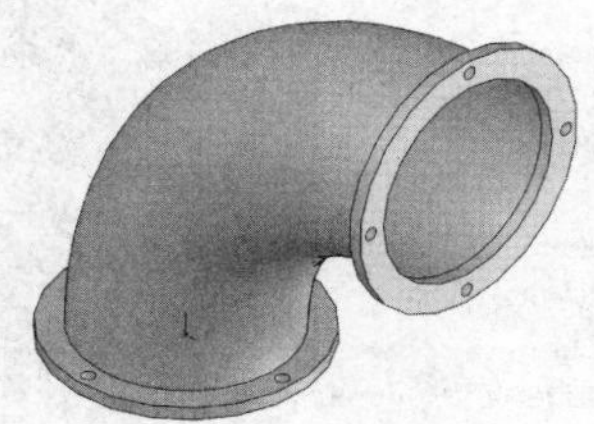

图3-73 弯管

操作步骤

（1）单击“标准”工具栏中的“新建”按钮，在打开的“新建 Solidworks 文件”对话框中，选择“零件”按钮，单击“确定”按钮。

（2）在左侧的“FeatureManager 设计树”中选择“上视基准面”，单击“草图”工具栏中的“草图绘制”按钮，新建一张草图。

（3）单击“标准视图”工具栏中的“正视于”按钮，正视于上视视图。

（4）单击“草图”工具栏中的“中心线”按钮，在草图绘制平面通过原点绘制两条相互垂直的中心线。

（5）单击“草图”工具栏中的“圆”按钮，弹出“圆”属性管理器，如图 3-74 所示，绘制一个以原点为圆心，半径为“90.00”的圆，勾选“作为构造线”复选框，将圆作为构造线，结果如图 3-75 所示。

（6）单击“草图”工具栏中的“圆”按钮，绘制圆。

（7）单击“草图”工具栏中的“智能尺寸”按钮，标注绘制的法兰草图如图 3-76 所示，并标注尺寸。

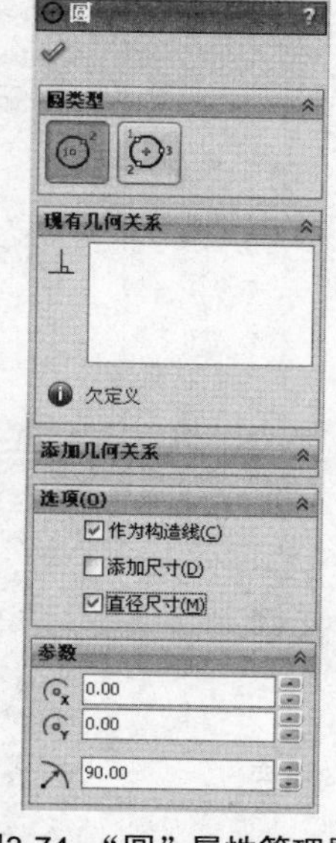

图3-74 “圆”属性管理器

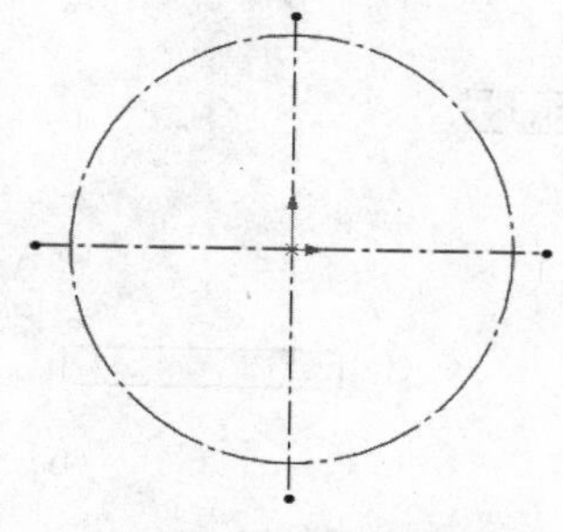

图3-75 绘制构造圆

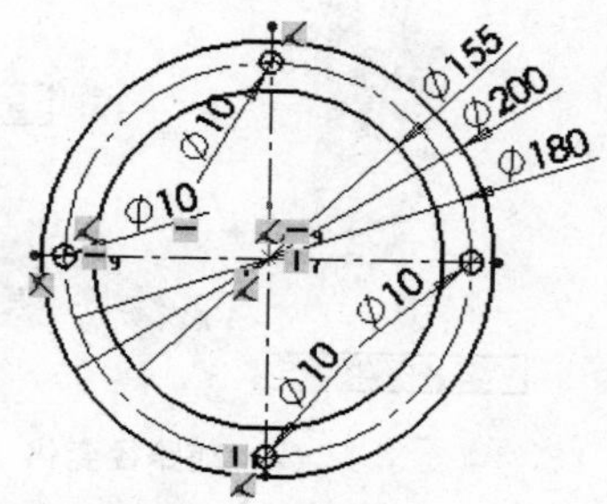

图3-76 法兰草图

（8）单击“特征”工具栏中的“拉伸凸台 / 基体”按钮，设定拉伸的终止条件为“给定深度”。在“深度”列表框中设置拉伸深度为“10.00mm”，保持其他选项的系统默认值不变，设置如图 3-77 所示。单击“确定”按钮，完成法兰的创建，如图 3-78 所示。

（9）选择法兰的上表面，单击“草图”工具栏中的“草图绘制”按钮，新建一张草图。

（10）单击“标准视图”工具栏中的“正视于”按钮，正视于该草图平面。

图3-77 “凸台-拉伸”属性管理器

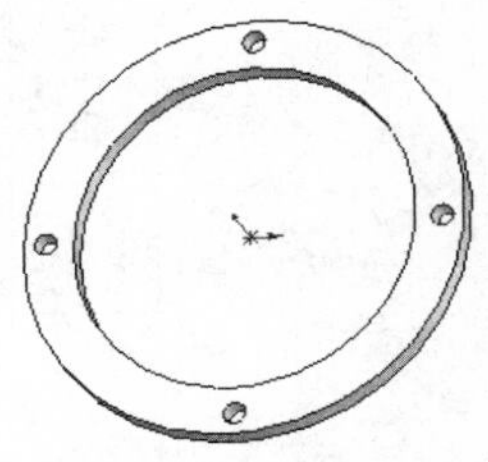

图3-78 法兰

（11）单击“草图”工具栏中的“圆”按钮，分别绘制两个以原点为圆心，直径为 160 和 155 的圆作为扫描轮廓，如图 3-79 所示。

（12）在设计树中选择前视基准面，单击“草图”工具栏中的“草图绘制”按钮，新建一张草图。

（13）单击“标准视图”工具栏中的“正视于”按钮，正视于前视视图。

（14）单击“草图”工具栏中的“中心圆弧”按钮，在法兰上表面延伸的一条水平线上捕捉一点作为圆心，上表面原点作为圆弧起点，绘制一个四分之一圆弧作为扫描路径，标注半径为 250，如图 3-80 所示。

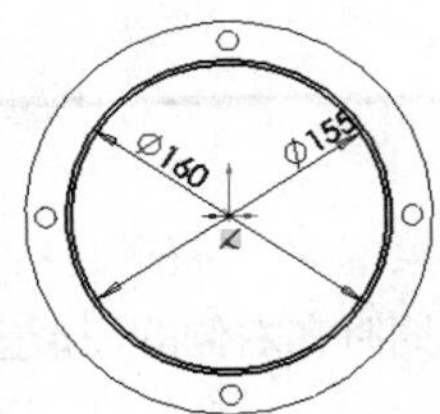

图3-79 扫描轮廓

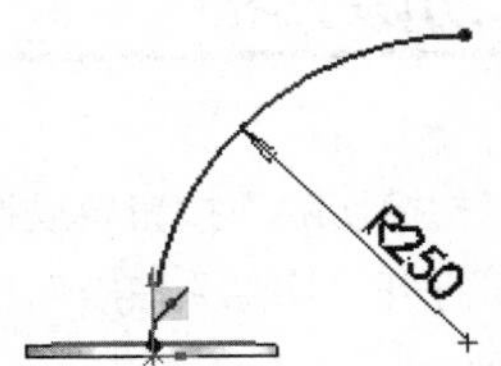

图3-80 扫描路径

（15）单击“特征”工具栏中的“扫描”按钮，选择步骤（10）中的草图作为扫描轮廓，步骤（13）中的草图作为扫描路径，如图 3-81 所示。单击“确定”按钮，从而生成弯管部分，如图 3-82 所示。

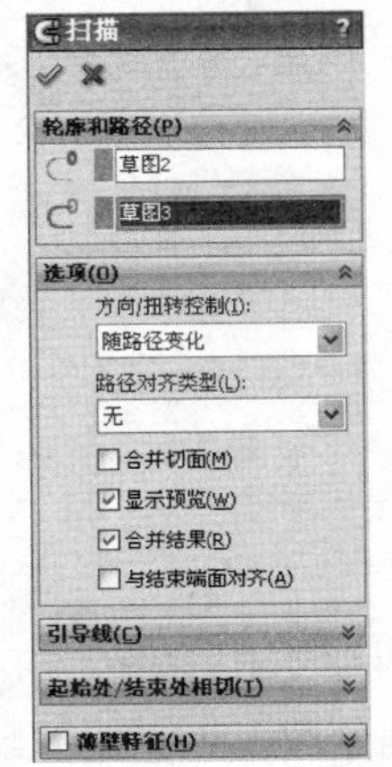

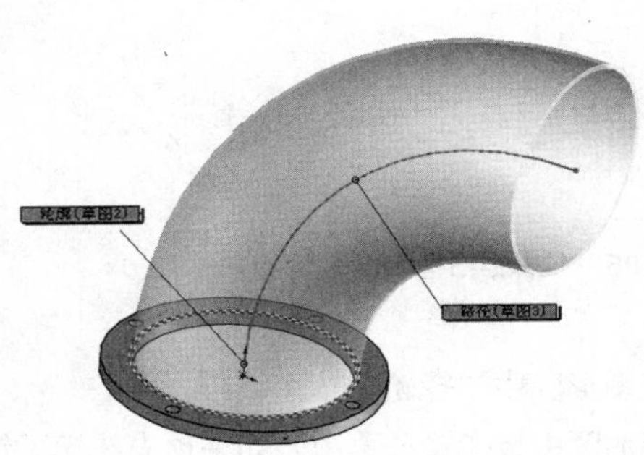

图3-81 设置扫描参数

图3-82 弯管

（16）选择弯管的另一端面，单击“草图”工具栏中的“草图绘制”按钮，新建一张草图。

（17）单击“标准视图”工具栏中的“正视于”按钮，正视于该草图。

（18）重复步骤（3）~（6），绘制如图 3-83 所示另一端的法兰草图。

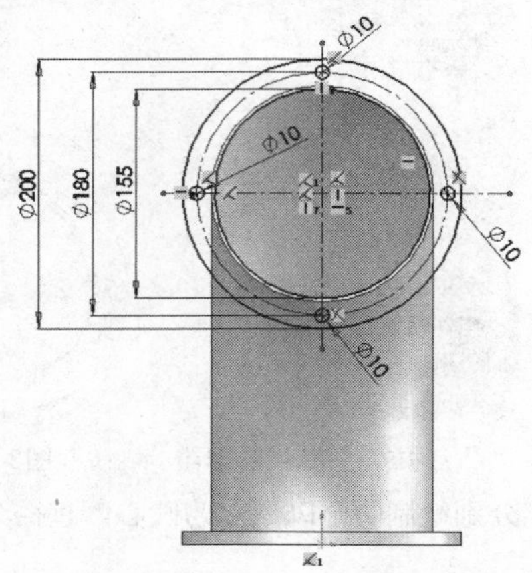

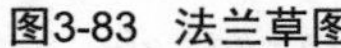

图3-83　法兰草图

图3-84　“凸台–拉伸”属性管理器

（19）单击“特征”工具栏中的“拉伸凸台 / 基体”按钮，设定拉伸的终止条件“给定深度”。在“深度”微调框“深度”中设置拉伸深度为“10.00mm”，保持其他选项的系统默认值不变，设置如图 3-84 所示，单击“确定”按钮，完成法兰的创建。最后结果如图 3-73 所示。

3.5.3　切除扫描

执行方式

单击“特征”→“扫描切除”按钮或选择“插入”菜单→“特征”→“扫描 - 切除”命令。

执行上述命令后，打开“切除 - 扫描”属性管理器，同时在右侧的图形区中显示生成的切除扫描特征，如图 3-85 所示。

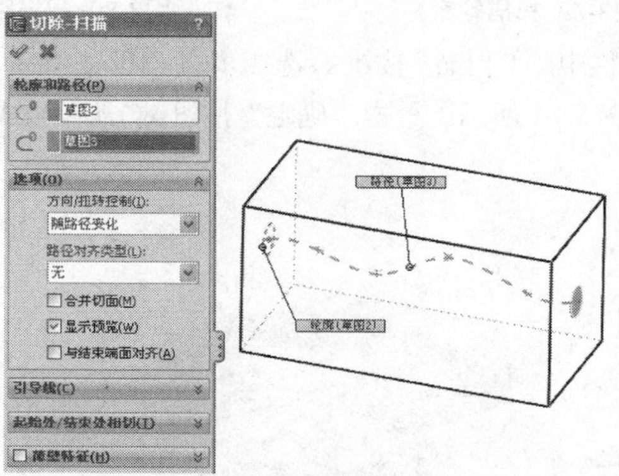

图3-85　“切除-扫描”属性管理器

选项说明

（1）单击“轮廓”按钮，然后在图形区中选择轮廓草图。

（2）单击“路径”按钮，然后在图形区中选择路径草图。如果预先选择了轮廓草图或路径草图，则草图将显示在对应的属性管理器方框内。

（3）在“选项”选项组的“方向 / 扭转类型”下拉列表框中选择扫描方式。

（4）其余选项同凸台 / 基体扫描。

（5）切除扫描属性设置完毕，单击“确定“按钮✓。

3.5.4 实例——电线盒

本实例两次利用拉伸命令，拉伸盒盖、盒身，最后利用切除扫描命令绘制电线放置位置，绘制结果如图 3-86 所示。

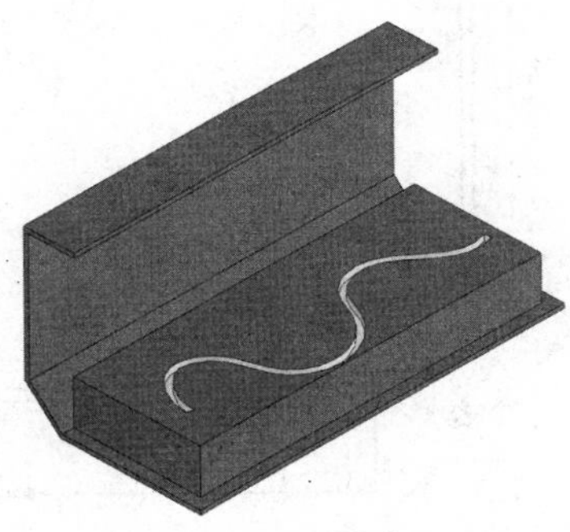

图3-86 电线盒

操作步骤

（1）单击“标准”工具栏中的“新建”按钮，在打开的“新建 Solidworks 文件”对话框中，选择“零件”按钮，单击“确定”按钮，新建一个零件文件。

（2）绘制草图。在左侧的“FeatureManager 设计树”中选择“前视基准面”作为绘制图形的基准面。

（3）单击“草图”工具栏中的“直线”按钮＼，绘制一系列直线段，如图 3-87 所示。

（4）单击“草图”工具栏中的“智能尺寸”按钮，依次标注图 3-87 中的直线段。结果如图 3-88 所示。

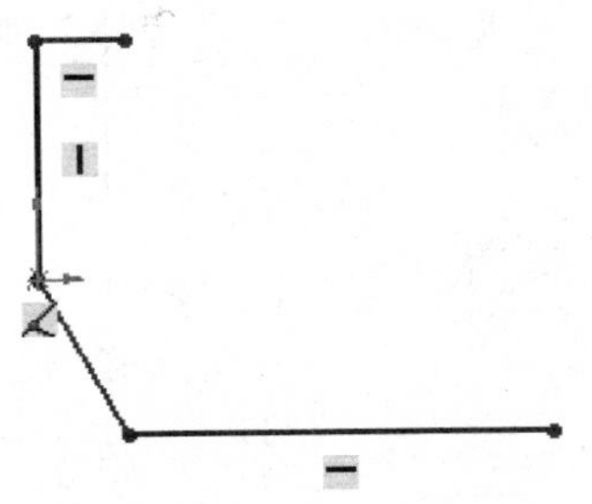

图3-87 绘制的草图

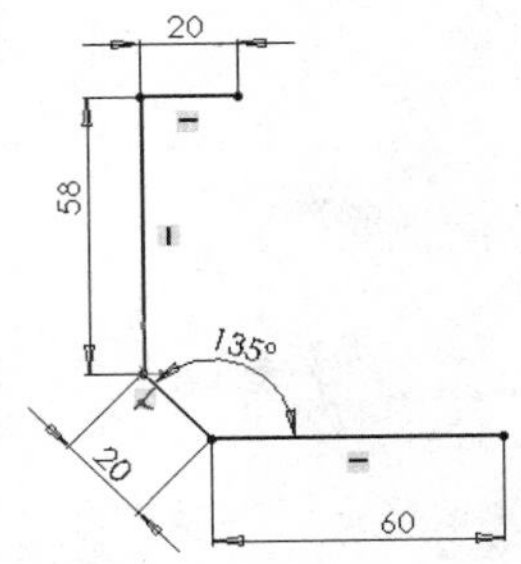

图3-88 标注的草图

使用SolidWorks绘制草图时，不需要绘制具有精确尺寸的草图，绘制好草图轮廓后，通过标注尺寸，可以智能调整各个草图实际的大小。

（5）单击“草图”工具栏中的“等距实体”按钮，此时系统弹出如图 3-89 所示的“等距实体”属性管理器。在“等距距离”一栏中输入值“2.00mm”，并且是向外等距。按照图示进行设置后，单击“确定”按钮✓，结果如图 3-90 所示。

（6）单击“草图”工具栏中的“直线”按钮╲，将上一步绘制的等距实体的两端闭合。

（7）单击“特征”工具栏中的“拉伸凸台 / 基体”按钮，此时系统弹出如图 3-91 所示的“凸台 - 拉伸”属性管理器。在“深度”一栏中输入值“160.00mm”。按照图示进行设置后，单击“确定”按钮✓。结果如图 3-92 所示。

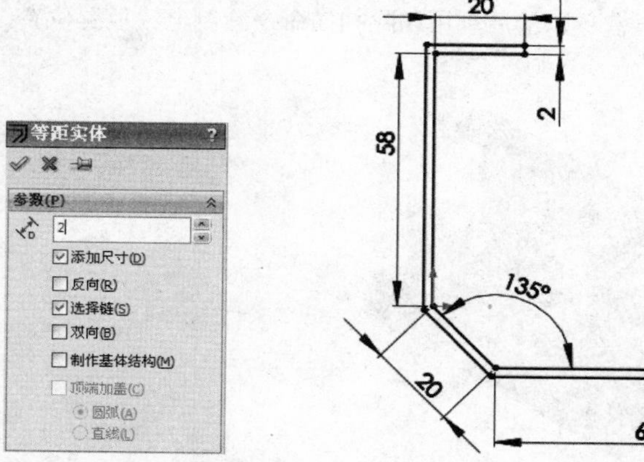

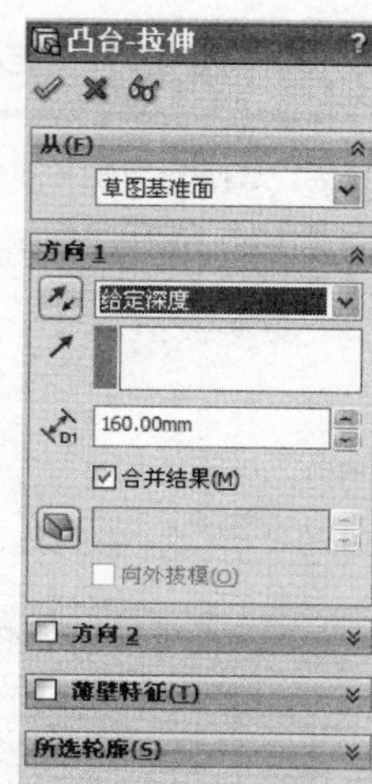

图3-89 “等距实体” 属性管理器　　图3-90 设置后的图形　　图3-91 “凸台-拉伸” 属性管理器

（8）选择图 3-92 中的表面 1，然后单击“标准视图”工具栏中的“正视于”按钮，将该表面作为绘制图形的基准面，单击“草图”工具栏中的“草图绘制”按钮，进入草图绘制环境。

（9）单击“草图”工具栏中的“边角矩形”按钮□，在上一步选择的基准面上绘制一个矩形，长宽可以是任意数值。结果如图 3-93 所示。

（10）单击“草图”工具栏中的“智能尺寸”按钮，依次标注图 3-93 中的直线段。结果如图 3-94 所示。

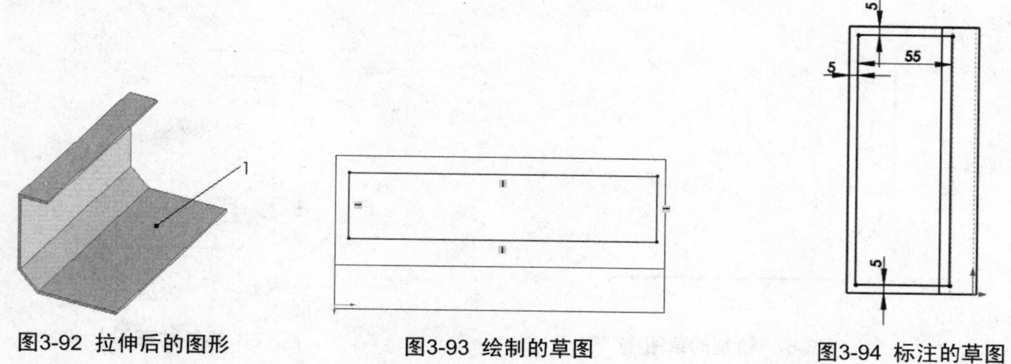

图3-92 拉伸后的图形　　图3-93 绘制的草图　　图3-94 标注的草图

(11) 单击“特征”工具栏中的“拉伸凸台 / 基体”按钮，此时系统弹出如图 3-95 所示的属性管理器。在“深度”一栏中输入值“20.00mm”。按照图示进行设置后，单击“确定”按钮✓。结果如图 3-96 所示。

（12）选择图 3-96 中的面 1，单击“草图”工具栏中的“草图绘制”按钮，然后单击“标准视图”工具栏中的“正视于”按钮，将该表面作为绘制图形的基准面。

（13）单击“草图”工具栏中的“样条曲线”按钮，在草绘平面绘制电线安放路径，如图 3-97 所示。

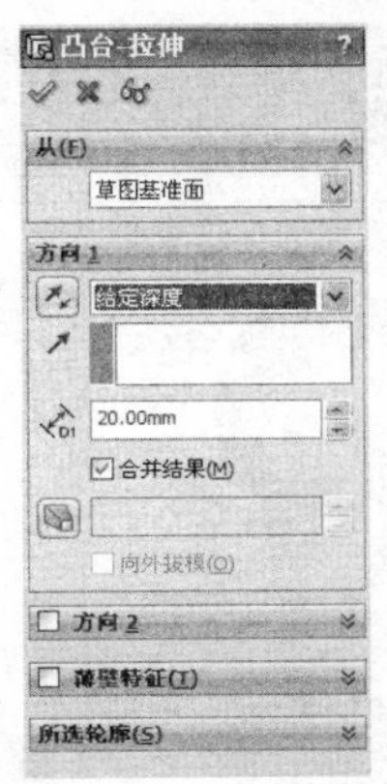

图3-95 “凸台-拉伸”属性管理器

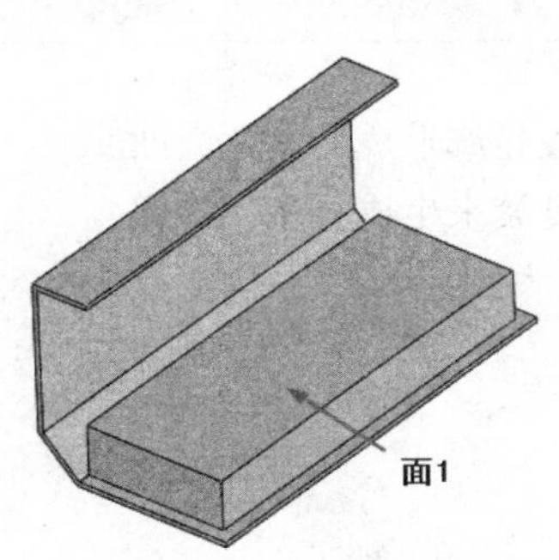

图3-96 拉伸后的图形

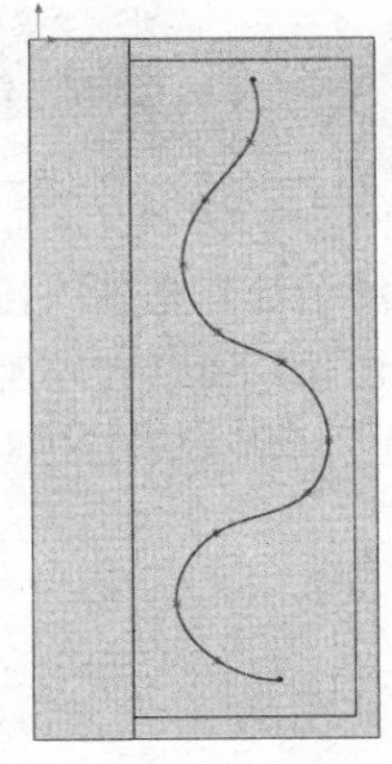

图3-97 绘制样条曲线

（14）单击“参考几何体”工具栏中的“基准面”按钮，弹出“基准面”属性管理器，选择点1及面1，如图3-98所示。

（15）选择图3-99中的面1，单击“草图”工具栏中的“草图绘制”按钮，然后单击“标准视图”工具栏中的“正视于”按钮，将该表面作为绘制图形的基准面。

（16）单击“草图”工具栏中的“边角矩形”按钮，在草绘平面绘制电线安放轮廓。

（17）单击“草图”工具栏中的“智能尺寸”按钮，依次标注图3-100中的直线段。

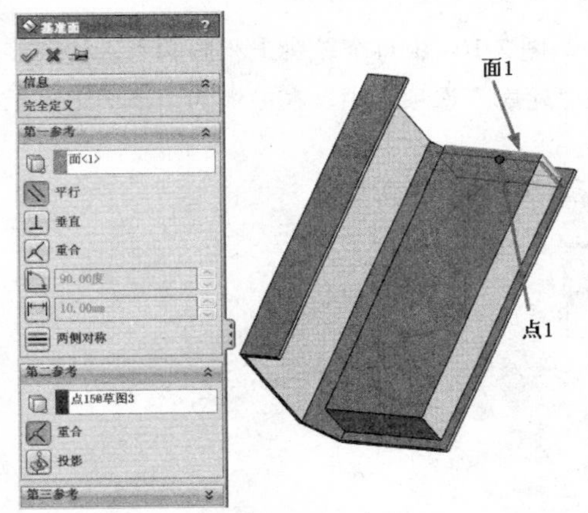

图3-98 基准面设置

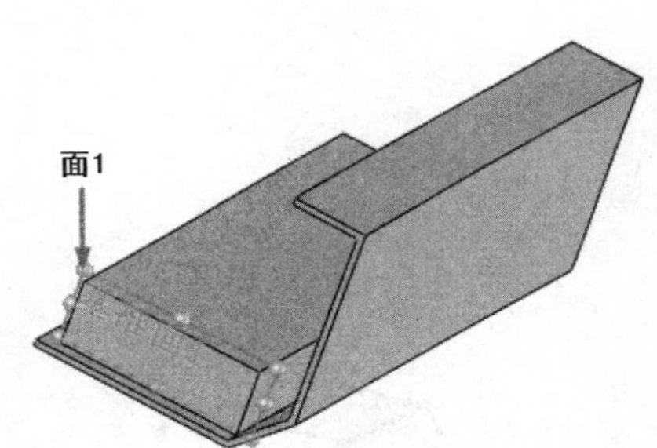

图3-99 选择草绘基准面

（18）单击“特征”工具栏中的“扫描切除”按钮，选择路径及轮廓，如图3-101所示，结果如图3-102所示。

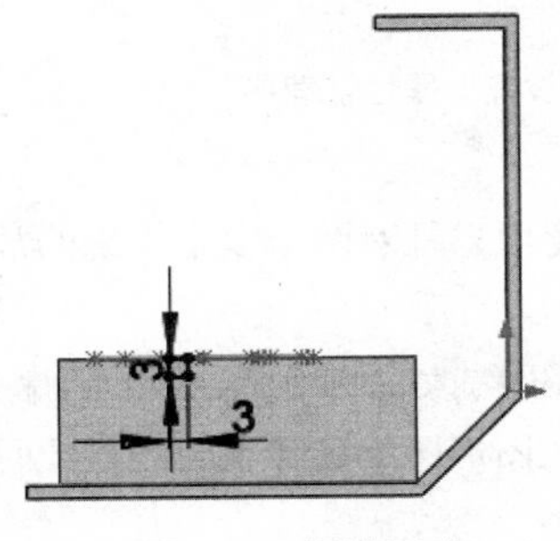

图3-100 标准尺寸

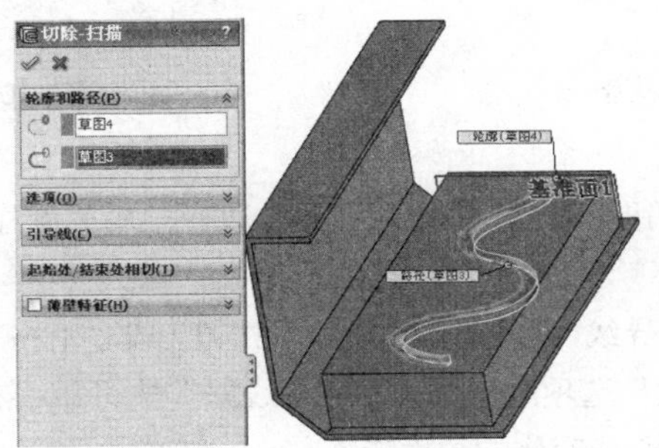

图3-101 “切除-扫描”属性管理器

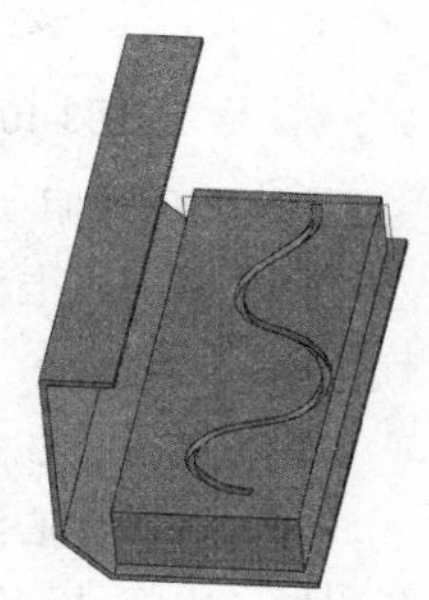

图3-102 绘制草图轮廓

3.6 放样特征

所谓放样是指连接多个剖面或轮廓形成的基体、凸台或切除，通过在轮廓之间进行过渡来生成特征。如图 3-103 所示是放样特征实例。

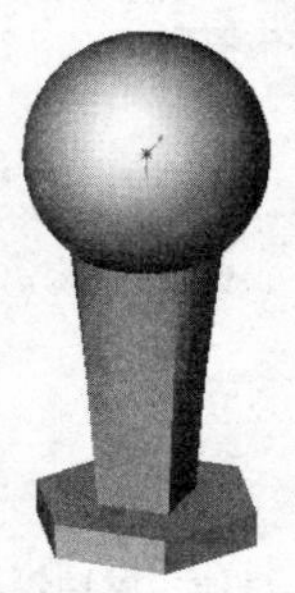

图3-103 放样特征实例

3.6.1 放样凸台 / 基体

执行方式

单击“特征”→“放样凸台 / 基体”按钮或选择“插入”菜单→“特征”→“放样凸台 / 基体”命令。

执行上述命令后，打开“放样”属性管理器，单击图 3-104 中每个轮廓上相应的点，按顺序选择空间轮廓和其他轮廓的面，此时被选择轮廓显示在“轮廓”选项组中，在右侧的图形区中显示生成的放样特征，如图 3-105 所示。

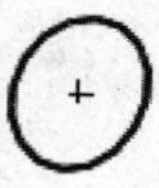

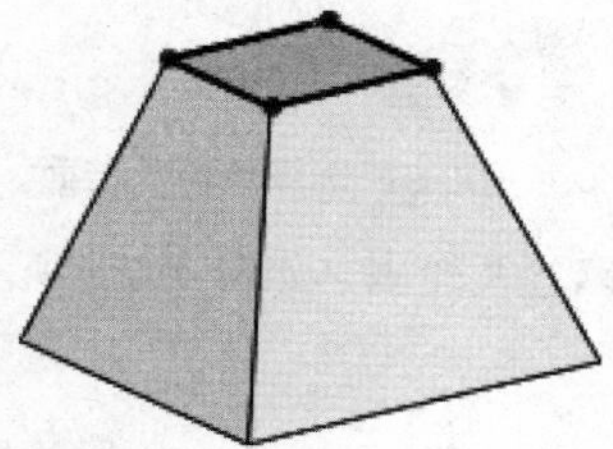

图3-104 实体模型

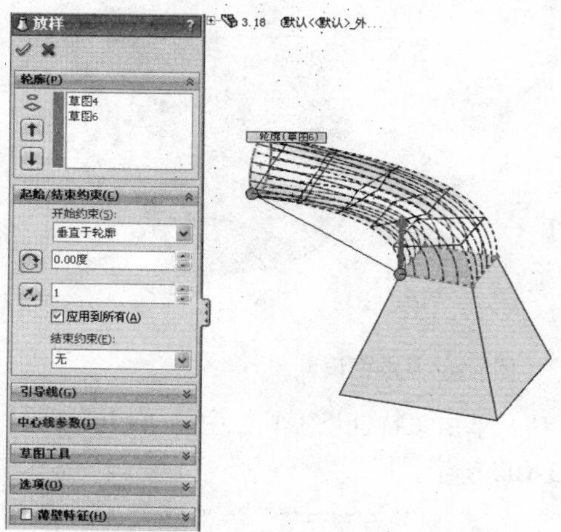

图3-105 “放样”属性管理器

选项说明

（1）单击“上移”按钮或“下移”按钮，改变轮廓的顺序。此项只针对两个以上轮廓的放样特征。

（2）如果存在多条引导线，可以单击“上移”按钮或“下移”按钮，改变使用引导线的顺序。

（3）在“中心线参数”选项组中单击“中心线框”按钮，然后在图形区中选择中心线，此时在图形区中将显示随着中心线变化的放样特征。

（4）调整“截面数”滑杆来更改在图形区显示的预览数。

（5）如果要生成薄壁特征，则勾选“薄壁特征”复选框，从而激活薄壁选项，设置薄壁特征。

（6）如果要在放样的开始和结束处控制相切，则设置“起始 / 结束约束”选项组。

- 无：不应用相切。
- 垂直于轮廓：放样在起始和终止处与轮廓的草图基准面垂直。
- 方向向量：放样与所选的边线或轴相切，或与所选基准面的法线相切。
- 所有面：放样在起始处和终止处与现有几何的相邻面相切。

通过使用空间上两个或两个以上的不同平面轮廓，可以生成最基本的放样特征。如图 3-106 所示说明了相切选项的差异。

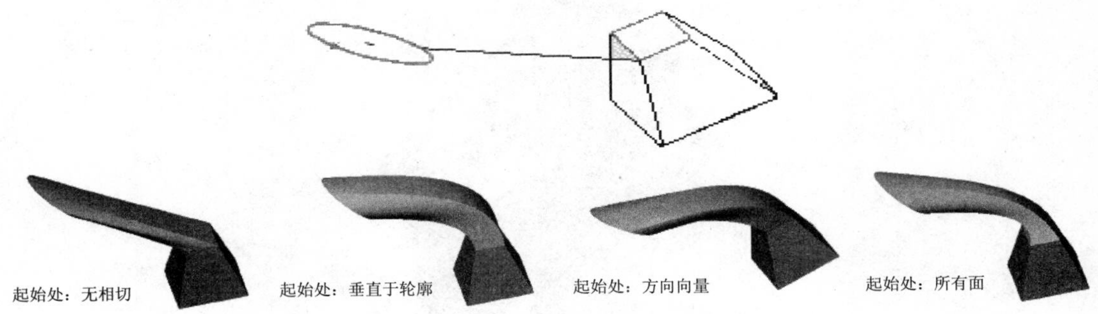

图3-106 相切选项的差异

（7）如果要生成薄壁放样特征，则勾选“薄壁特征”复选框，从而激活薄壁选项。

- 选择薄壁类型（单向、两侧对称或双向）。
- 设置薄壁厚度。

（8）放样属性设置完毕，单击“确定”按钮✔，完成放样。

3.6.2 切割放样

“切割放样”指在两个或多个轮廓之间通过移除材质来切除实体模型。

执行方式

单击“特征”→“放样切割”按钮或选择“插入”菜单→“特征”→“放样切割”命令。

执行上述命令后，打开“切除 - 放样”属性管理器，单击每个轮廓上相应的点，按顺序选择空间轮廓和其他轮廓的面，此时被选择轮廓显示在“轮廓”选项组中，在右侧的图形区中显示生成的放样特征，如图 3-107 所示。

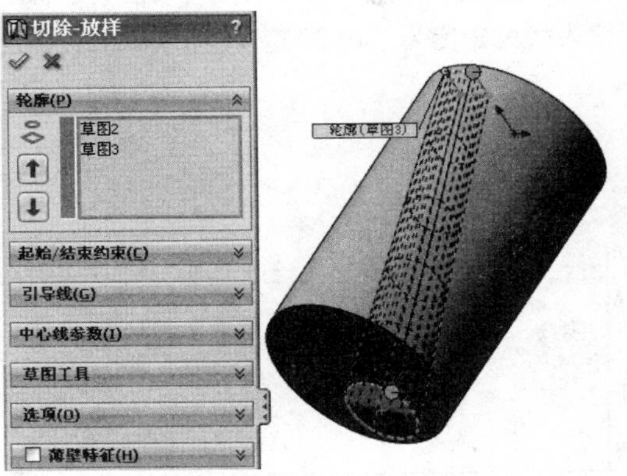

图3-107 “切除-放样”属性管理器

选项说明

（1）单击“上移”按钮或“下移”按钮，改变轮廓的顺序。此项只针对两个以上轮廓的放样特征。

（2）其余选项设置同图 3-107 所示“切除 - 放样”属性管理器。

3.6.3 实例——马桶

本实例首先利用拉伸命令绘制底座，再利用放样命令绘制中间部分，最后利用切割放样命令切除冲水口，结果如图 3-108 所示。

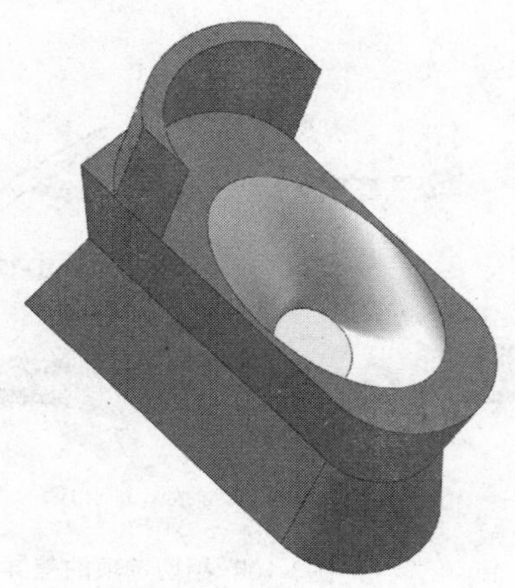

图3-108 马桶

操作步骤

（1）单击“标准”工具栏中的“新建”按钮，在弹出的“新建 SolidWorks 文件”对话框中选择“零件”按钮，然后单击“确定”按钮，创建一个新的零件文件。

（2）在左侧的“FeatureManager 设计树”中选择“前视基准面”作为绘制图形的基准面。

（3）单击“草图”工具栏中的“草图绘制”按钮，进入草图绘制环境。

（4）单击“草图”工具栏中的“直线”按钮，绘制草图轮廓。

（5）单击“草图”工具栏中的“智能尺寸”按钮，标注并修改尺寸，结果如图 3-109 所示。

（6）单击“特征”工具栏中的“拉伸凸台 / 基体”按钮，弹出“凸台 - 拉伸”属性管理器，设置拉伸终止条件为“给定深度”，输入拉伸距离为“200.00mm”，单击“拔模开 / 关”按钮，然后输入拔模角度为“10.00 度”，然后单击“确定”按钮。结果如图 3-110 所示。

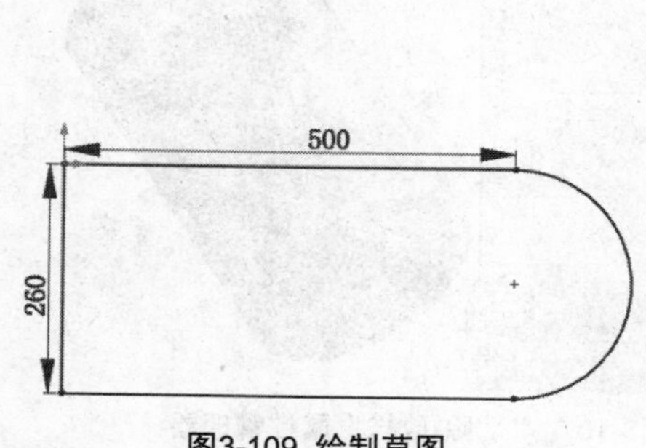

图3-109 绘制草图

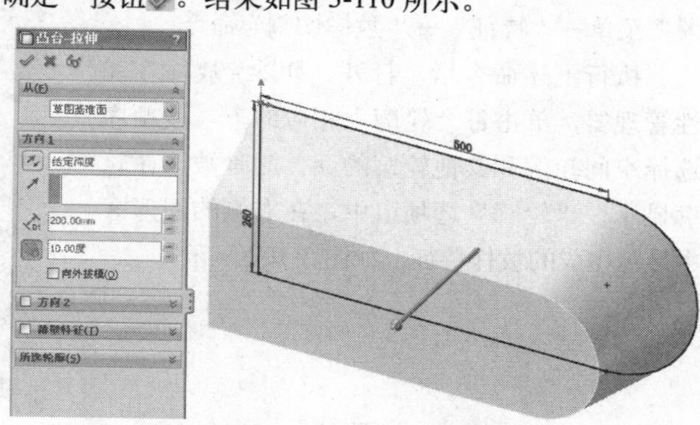

图3-110 “凸台-拉伸”属性管理器

(7) 在左侧的“FeatureManager 设计树”中选择图 3-111 中的面 1 作为绘制图形的基准面，单击“草图”工具栏中的“草图绘制”按钮，进入草图绘制状态。

（8）单击“草图”工具栏中的“转换实体引用”按钮，弹出“转换实体引用”属性管理器，选择实体最外侧边线，如图 3-112 所示，转换实体结果如图 3-113 所示。

图3-111　拉伸结果

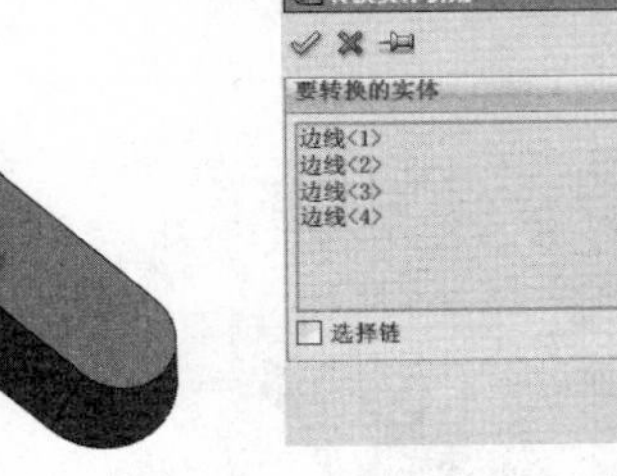

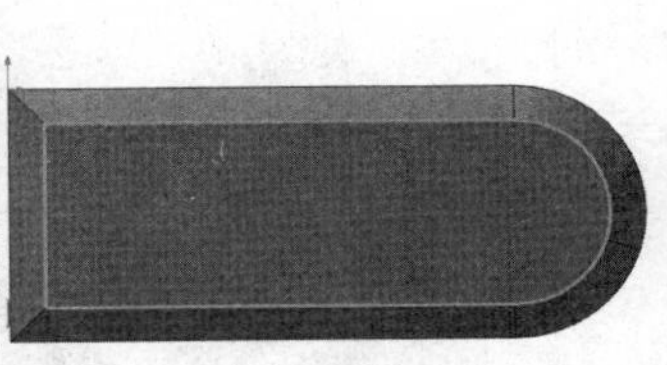

图3-112　“转换实体引用”属性管理器

图3-113　准换实体结果

（9）单击“参考几何体”工具栏中的“基准面”按钮，弹出“基准面”属性管理器，选择图 3-112 中的面 1，输入距离值为“200.00mm”，如图 3-114 所示。

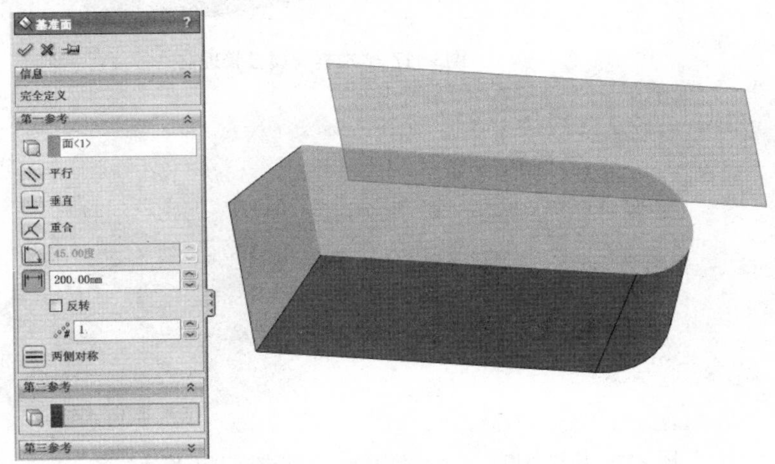

图3-114　“基准面”属性管理器

（10）选择上步绘制的基准面，单击“草图”工具栏中的“草图绘制”按钮，然后单击“标准视图”工具栏中的“正视于”按钮，将该表面作为绘制图形的基准面。

（11）单击“草图”工具栏中的“转换实体引用”按钮，弹出“转换实体引用”属性管理器，选择实体内侧边线，如图 3-115 所示，转换实体结果如图 3-116 所示。

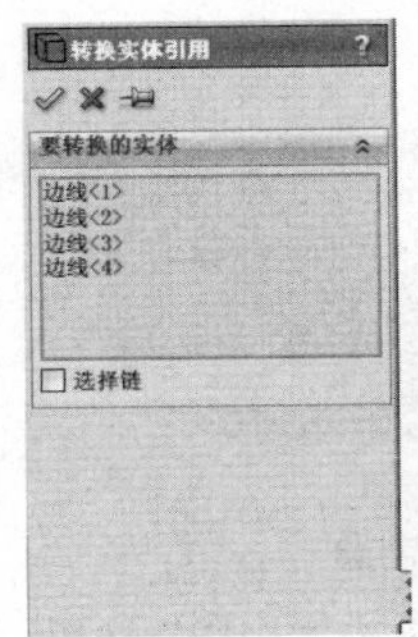

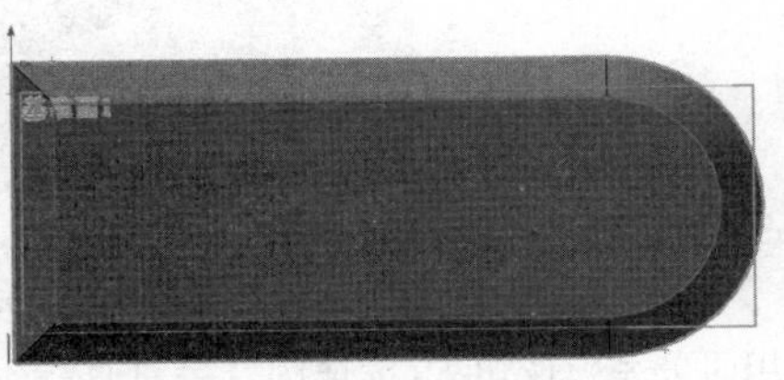

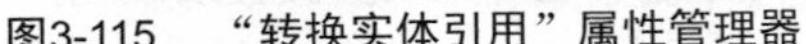

图3-115　“转换实体引用”属性管理器

图3-116　转换实体结果

（12）单击“特征”工具栏中的“放样凸台/基体”按钮，弹出“放样”属性管理器，在“轮廓”选项组中选择草图，其他属性选择默认值，如图 3-117 所示，然后单击“确定”按钮。

（13）依次选择基准面 1 及放样草图，右键单击弹出快捷菜单，如图 3-118 所示，选择“隐藏”命令，模型结果如图 3-119 所示。

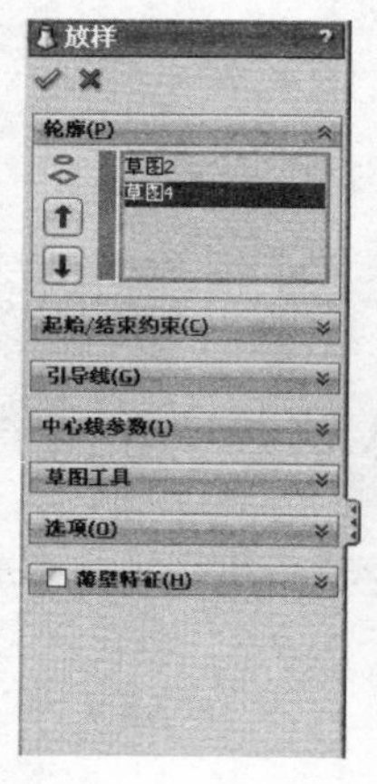

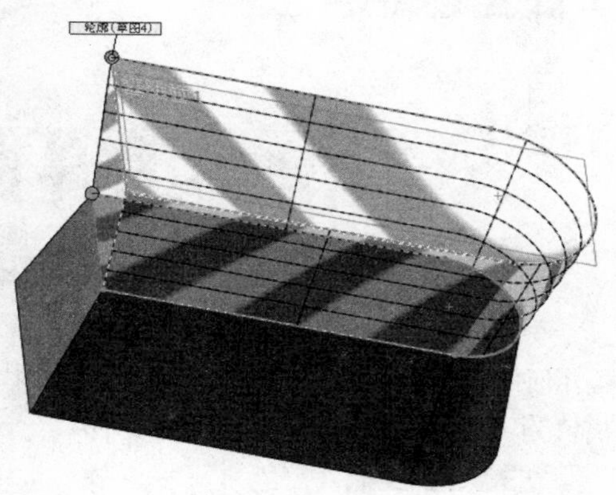

图3-117 “放样”属性管理器

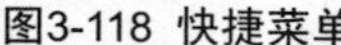

图3-118 快捷菜单

图3-119 放样结果

（14）选择图 3-119 所示的面 1，单击“草图”工具栏中的“草图绘制”按钮，然后单击“标准视图”工具栏中的“正视于”按钮，将该表面作为绘制图形的基准面。

（15）单击“草图”工具栏中的“转换实体引用”按钮，弹出“转换实体引用”属性管理器，选择实体内侧边线，转换实体结果如图 3-120 所示。

（16）单击“草图”工具栏中的“圆”按钮，绘制圆，结果如图 3-121 所示。

图3-120 转换实体结果

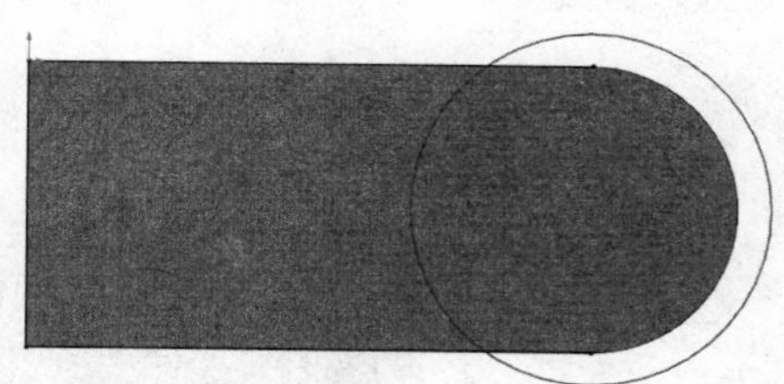

图3-121 绘制圆

（17）单击“草图”工具栏中的“添加几何关系”按钮，选择圆及竖直直线，单击“相切”按钮，如图 3-122 所示，结果如图 3-123 所示。

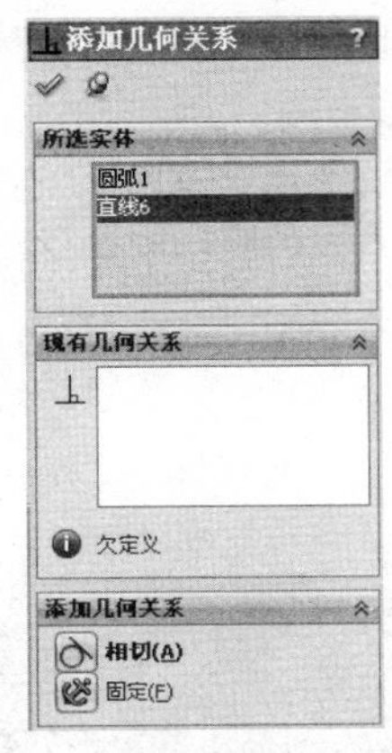

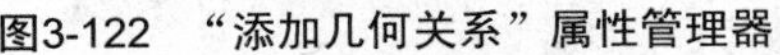

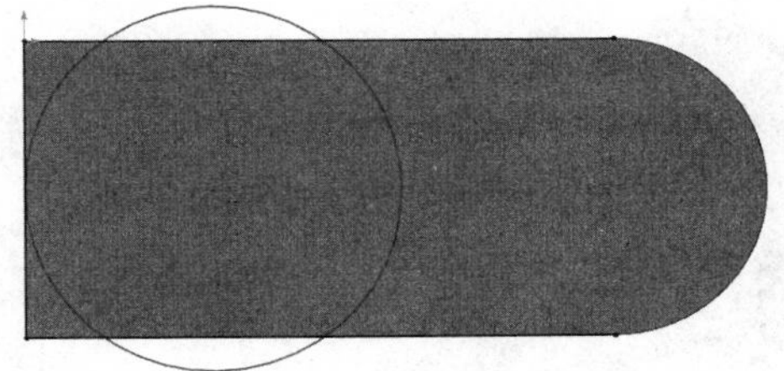

图3-122 “添加几何关系”属性管理器　　图3-123 结果图

（18）单击“草图”工具栏中的“等距实体”按钮，弹出“等距实体”属性管理器，如图 3-124 所示，输入距离值为“30.00mm”。

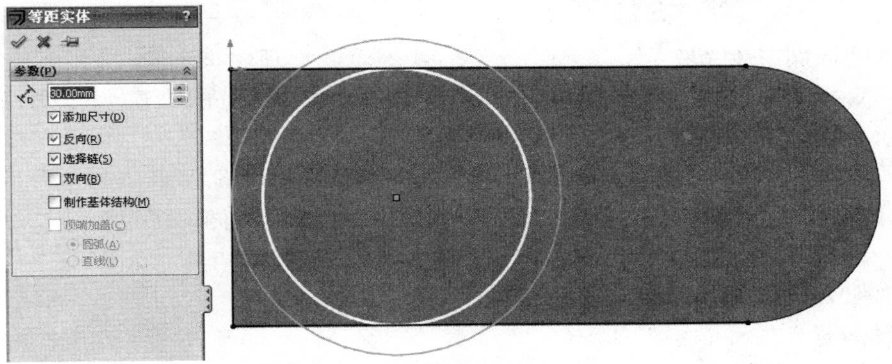

图3-124 “等距实体”属性管理器

（19）单击“草图”工具栏中的“裁剪实体”按钮，修剪多余对象，如图 3-125 所示。

（20）单击“特征”工具栏中的“拉伸凸台 / 基体”按钮，弹出“凸台 - 拉伸”属性管理器，设置拉伸深度为“200.00mm”，如图 3-126 所示，拉伸结果如图 3-127 所示。

图3-125 修剪结果　　图3-126 “凸台-拉伸”属性管理器

（21）选择图 3-127 所示的面 1，单击“草图”工具栏中的“草图绘制”按钮，然后单击“标准视图”工具栏中的“正视于”按钮，将该表面作为绘制图形的基准面。

（22）单击“草图”工具栏中的“椭圆”按钮，绘制放样轮廓 1，单击“草图”工具栏中的“智能尺寸”按钮，标注结果如图 3-128 所示。

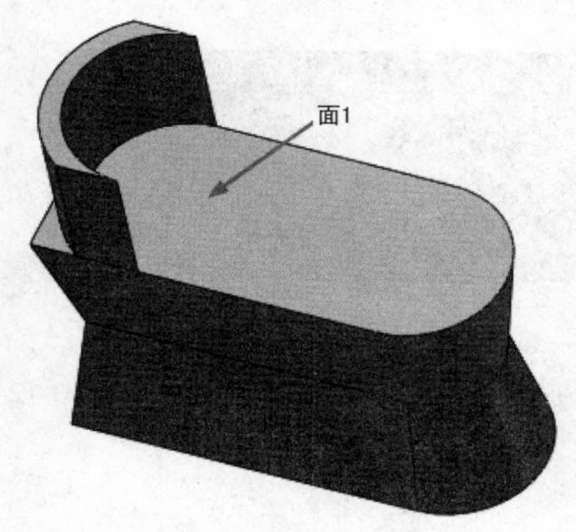

图3-127 拉伸结果

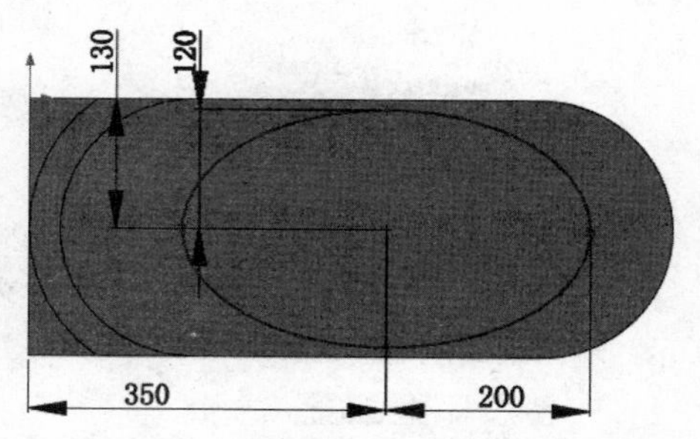

图3-128 轮廓1

（23）单击“参考几何体”工具栏中的“基准面”按钮，弹出“基准面”属性管理器，如图 3-129 所示，选择面 1，输入偏移距离为“100.00mm”。

（24）选择图 3-129 所示的基准面，单击“草图”工具栏中的“草图绘制”按钮，然后单击“标准视图”工具栏中的“正视于”按钮，将该表面作为绘制图形的基准面。

（25）单击“草图”工具栏中的“椭圆”按钮，绘制放样轮廓 2，单击“草图”工具栏中的“智能尺寸”按钮，标注结果如图 3-130 所示。

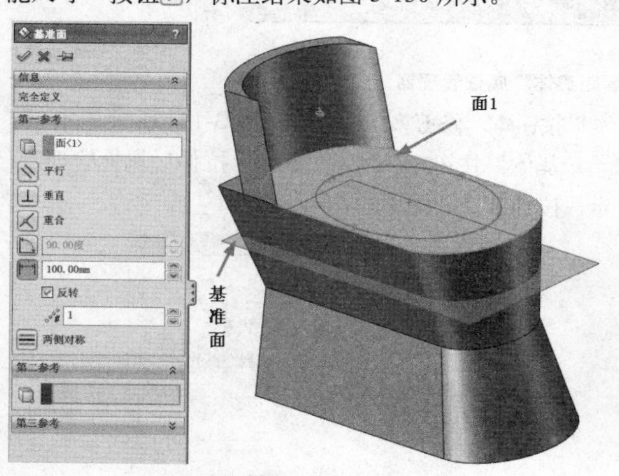

图3-129 “基准面”属性管理器

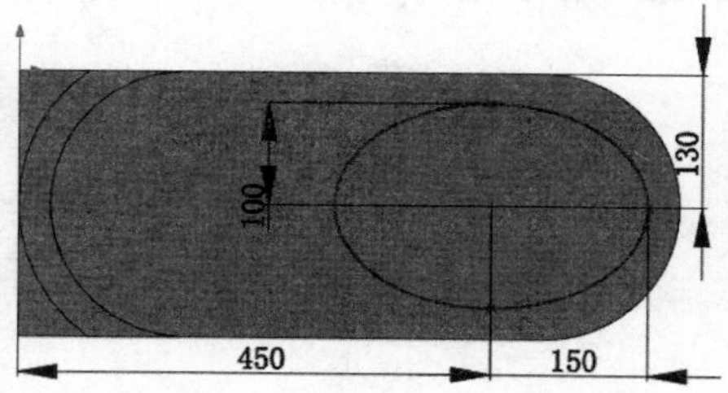

图3-130 轮廓2

（26）单击“参考几何体”工具栏中的“基准面”按钮，弹出“基准面”属性管理器，如图 3-131 所示，选择面 1，输入偏移距离为“200.00mm”。

（27）选择图 3-129 所示的基准面，单击“草图”工具栏中的“草图绘制”按钮，然后单击“标准视图”工具栏中的“正视于”按钮，将该表面作为绘制图形的基准面。

（28）单击“草图”工具栏中的“圆”按钮，绘制放样轮廓 3，单击“草图”工具栏中的“智能尺寸”按钮，标注结果如图 3-132 所示。

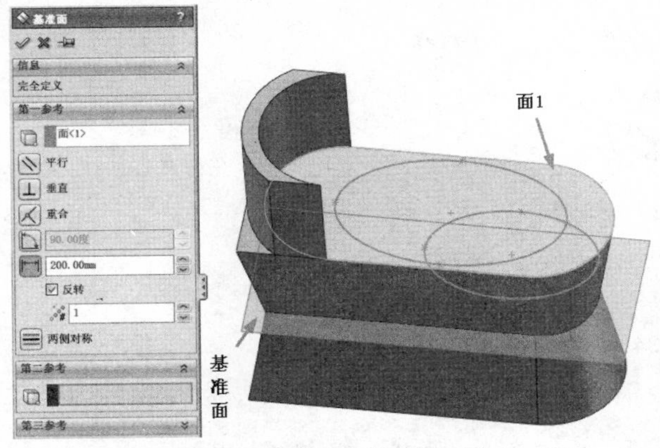

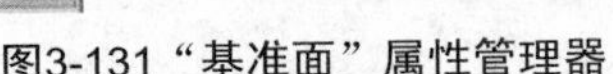

图3-131 “基准面”属性管理器

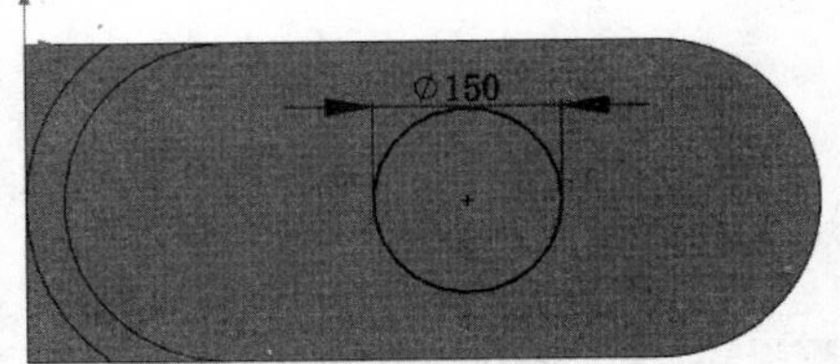

图3-132 轮廓3

（29）单击“特征”工具栏中的“放样切割”按钮，弹出“切除-放样”属性管理器，如图3-133所示，在“轮廓”选项组中选择上几步绘制的轮廓1、轮廓2、轮廓3，单击“确定”按钮，结果如图3-108所示。

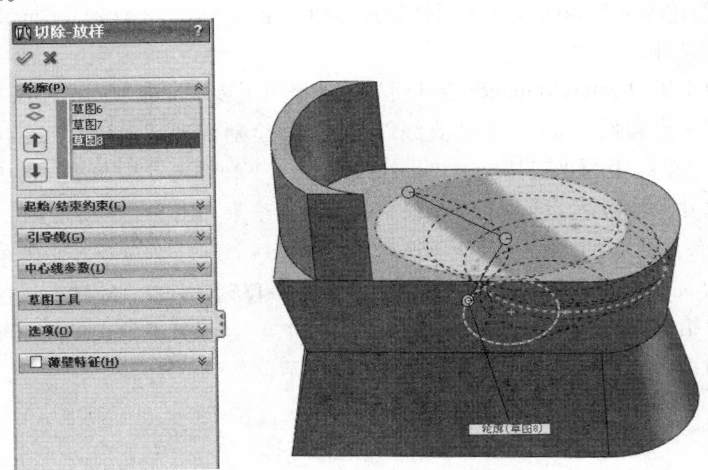

图3-133 “切除-放样”属性管理器

3.7 实战综合实例——十字螺丝刀

学习目的

通过十字螺丝刀这个相对复杂的三维模型的绘制掌握基本特征建模的各种功能。

重点难点

本实例重点是掌握各种基本特征及其灵活应用，难点是扫描特征。

本例绘制十字螺丝刀，如图3-134所示。首先绘制螺丝刀主体轮廓草图，通过旋转创建主体部分，然后绘制草图通过拉伸切除创建细化手柄，最后通过扫描切除创建十字头部。

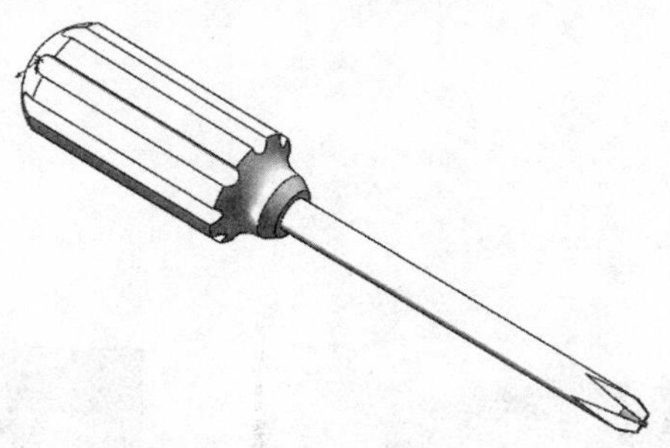

图3-134 十字螺丝刀

操作步骤

1．绘制螺丝刀主体

Step 01 选择菜单栏中的“文件”→“新建”命令，或者单击“标准”工具栏中的“新建”按钮，在弹出的“新建 SolidWorks 文件”属性管理器中先单击“零件”按钮，再单击“确定”按钮，创建一个新的零件文件。

Step 02 在左侧的“FeatureManager 设计树”中选择“上视基准面”作为绘图基准面。单击“草图”工具栏中的“三点圆弧”按钮和“直线”按钮，绘制草图。

Step 03 选择菜单栏中的“工具”→“标注尺寸”→“智能尺寸”命令，或者单击“草图”工具栏中的“智能尺寸”按钮，标注上一步绘制的草图。结果如图 3-135 所示。

Step 04 选择菜单栏中的“插入”→“凸台 / 基体”→“旋转”命令，或者单击“特征”工具栏中的“旋转凸台 / 基体”按钮，此时系统弹出如图 3-136 所示的“旋转”属性管理器。设定旋转的终止条件为“给定深度”，输入旋转角度为“360.00 度”，保持其他选项的系统默认值不变。单击属性管理器中的“确定”按钮。结果如图 3-137 所示。

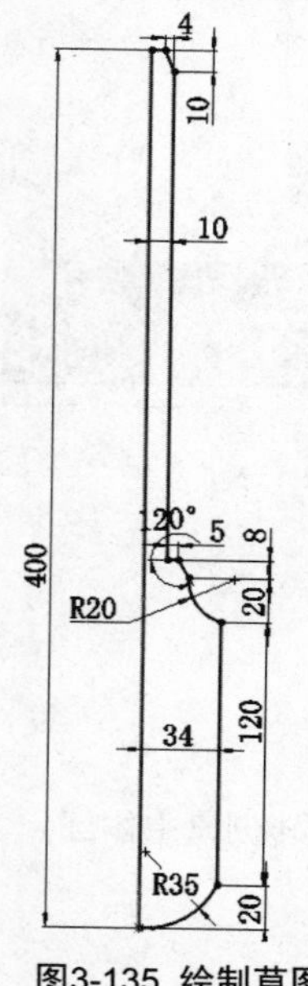

图3-135 绘制草图

图3-136 “旋转”属性管理器

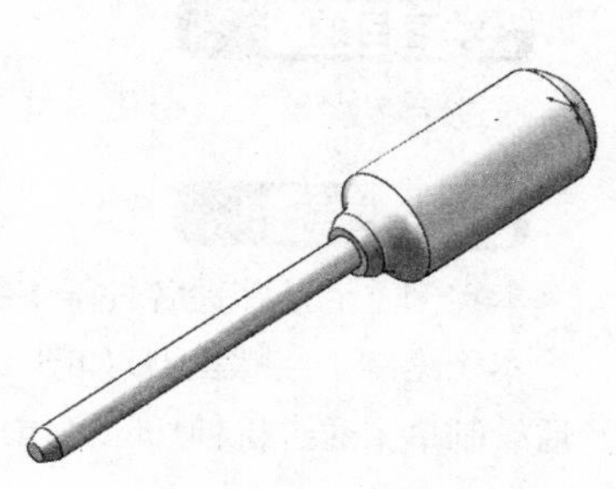

图3-137 旋转实体

2．细化手柄

Step01 在左侧的“FeatureManager 设计树”中选择“前视基准面”作为绘图基准面。单击“草图”工具栏中的“圆”按钮，以原点为圆心绘制一个大圆，并以原点正上方的大圆处为圆心绘制一个小圆。

Step02 选择菜单栏中的“工具”→“标注尺寸”→“智能尺寸”命令，或者单击“草图”工具栏中的“智能尺寸”按钮，标注上一步绘制圆的直径。结果如图 3-138 所示。

Step03 选择菜单栏中的“工具”→“草图绘制工具”→“圆周阵列”命令，或者单击“草图”工具栏中的“圆周草图阵列”按钮，此时系统弹出如图 3-139 所示的“圆周阵列”属性管理器。按照图示进行设置后，单击属性管理器中的“确定”按钮。如图 3-140 所示。

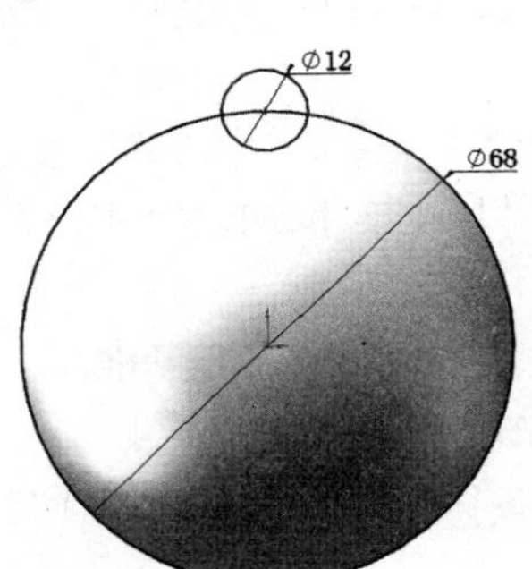

图3-138 标注的草图

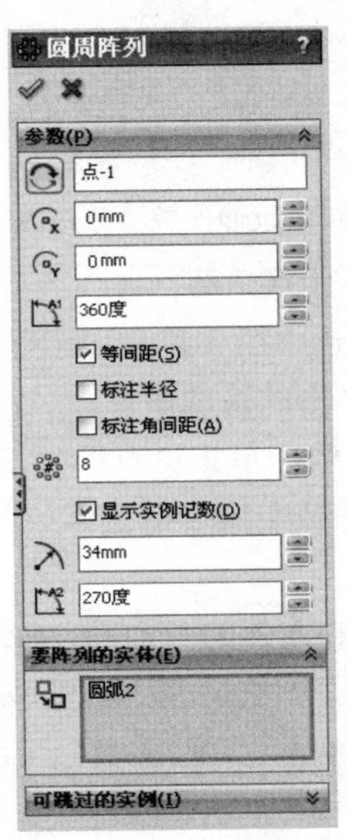

图3-139 “圆周阵列”属性管理器

Step04 选择菜单栏中的“工具”→“草图绘制工具”→“剪裁”命令，或者单击“草图”工具栏中的“剪裁实体”按钮，剪裁图中相应的圆弧处，结果如图 3-141 所示。

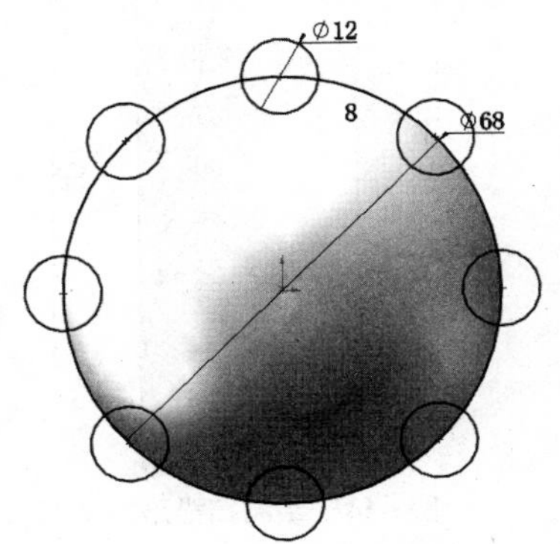

图3-140 阵列后的草图

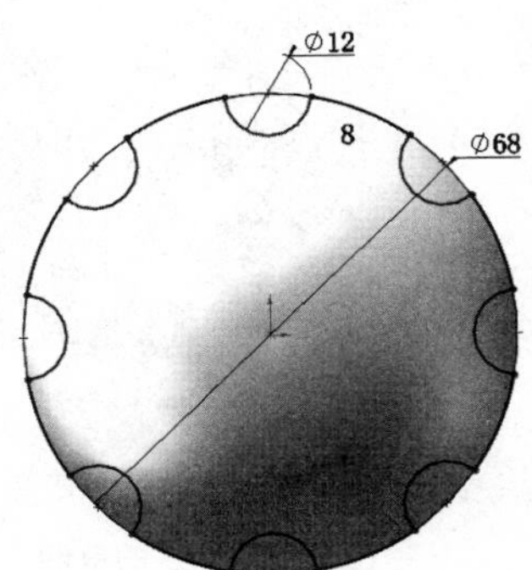

图3-141 剪裁后的草图

Step05 选择菜单栏中的“插入”→“切除”→“拉伸”命令，或者单击“特征”工具栏中的“拉伸切除”按钮，此时系统弹出如图 3-142 所示的“切除 - 拉伸”属性管理器。设置终止条件为“完全贯穿”，勾选“反侧切除”复选框，然后单击“确定”按钮，结果如图 3-143 所示。

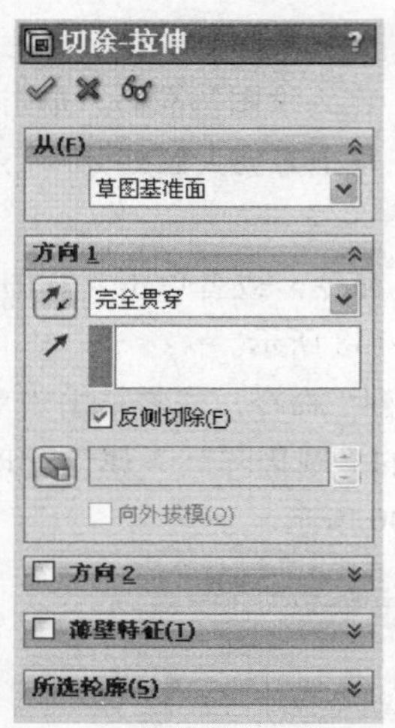

图3-142 “切除-拉伸”属性管理器

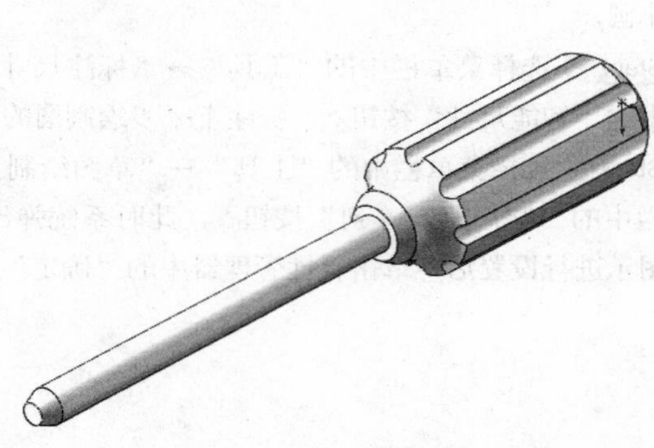

图3-143 切除实体

3. 绘制十字头部

Step 01 选中图 3-143 中前表面，然后单击“标准视图”工具栏中的“正视于”按钮，将该表面作为绘制图形的基准面。

Step 02 依次单击“草图”工具栏中的“转换实体引用”按钮、“中心线”按钮、“直线”按钮和“剪裁实体”按钮，绘制如图 3-144 所示的草图并标注尺寸。单击“退出草图”按钮，退出草图。

Step 03 在左侧的“FeatureManager 设计树”中选择“上视基准面”作为绘图基准面。然后单击“标准视图”工具栏中的“正视于”按钮，将该表面作为绘制图形的基准面。

Step 04 单击“草图”工具栏中的“直线”按钮，绘制如图 3-145 所示的草图并标注尺寸。单击“退出草图”按钮，退出草图。

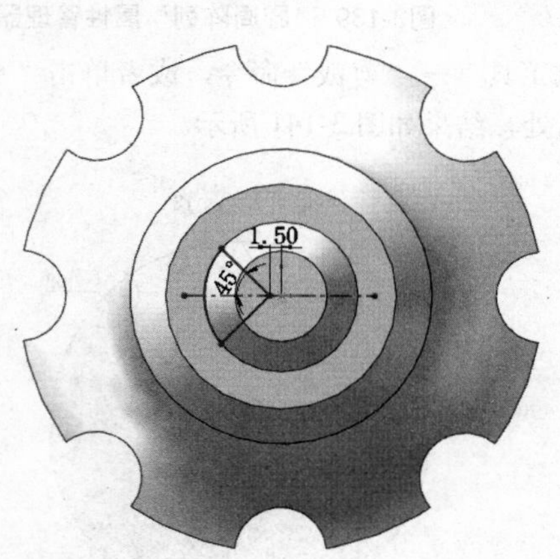

图3-144 标注的草图

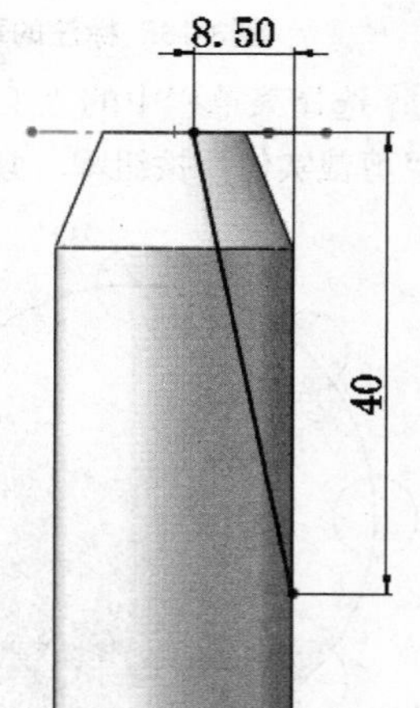

图3-145 绘制扫描路径草图

Step 05 选择菜单栏中的“插入”→“切除”→“扫描”命令，或者单击“特征”工具栏中的“扫描切除”按钮，此时系统弹出如图 3-146 所示的“切除-扫描”属性管理器。在视图中选择扫描轮廓草图为扫描轮廓，选择扫描路径草图为扫描路径，然后单击“确定”按钮。结果如图 3-147 所示。

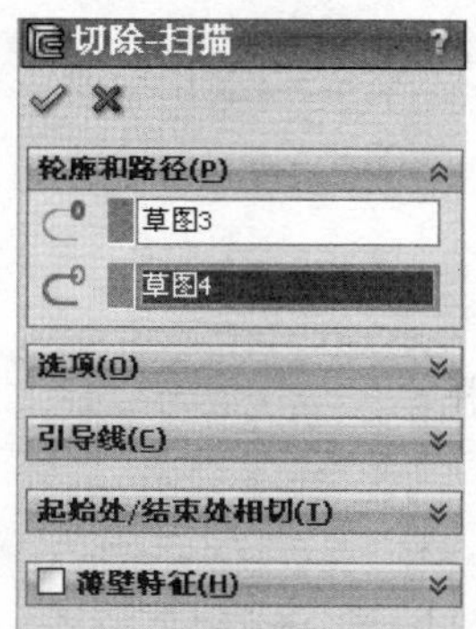

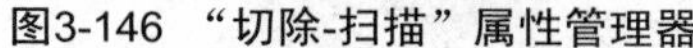

图3-146 “切除-扫描”属性管理器

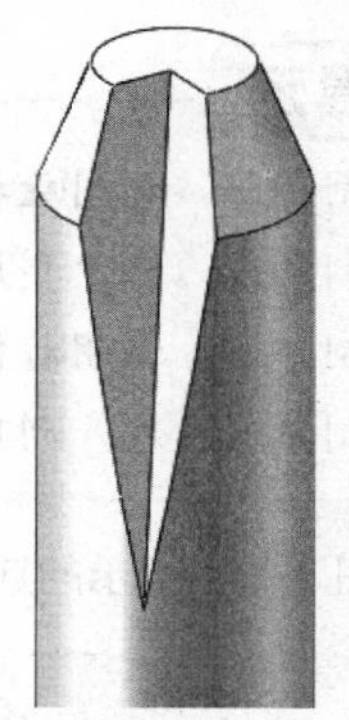

图3-147 创建切除扫描实体

Step 06 重复步骤 01 到 05，创建其他三个切除扫描特征，结果如图 3-134 所示。

案例总结

本例通过一个典型的生活用品造型——十字螺丝刀的绘制过程将本章所学的基础特征绘制相关知识进行了综合应用，包括参考几何体、拉伸特征、旋转特征、扫描特征的灵活应用，为后面的复杂特征的学习进行了充分的基础知识准备。

3.8 思考与上机练习

1. 设置基准面。

操作提示

在 SolidWorks 2012 界面中，利用基准面命令，分别采用 6 种方式创建基准面。

2. 绘制如图 3-148 所示的公章。

图3-148 公章

操作提示

（1）绘制草图，利用旋转特征命令生成中间部分。

（2）绘制草图，再次利用旋转特征命令生成球头。

（3）绘制草图，利用拉伸特征命令生成圆柱体。

（4）绘制草图文字，利用拉伸特征命令生成公章字样。

3．绘制如图 3-149 所示的连杆基体。

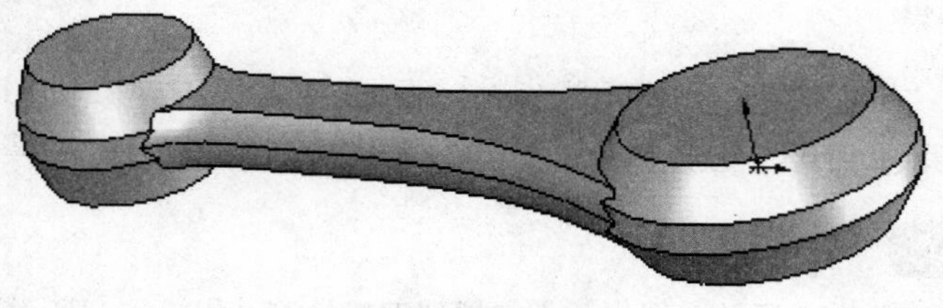

图3-149 连杆基体

操作提示

（1）绘制草图，分别利用放样特征生成基体的两端。

（2）绘制草图，利用放样特征生成连接柄。

第4章 放置特征建模

本章导读

在复杂的建模过程中，前面所学的基本特征命令有时不能完成相应的建模，需要利用一些高级的特征工具来完成模型的绘制或提高绘制的效率和规范性。这些功能使模型创建更精细化，能更广泛地应用于各行业。

4.1 圆角（倒角）特征

使用圆角特征可以在一个零件上生成内圆角或外圆角。圆角特征在零件设计中起着重要作用。大多数情况下，如果能在零件特征上加入圆角，则有助于造型上的变化，或是产生平滑的效果。如图 4-1 所示，SolidWorks 提供了专用“特征”工具栏，显示特征编辑命令。

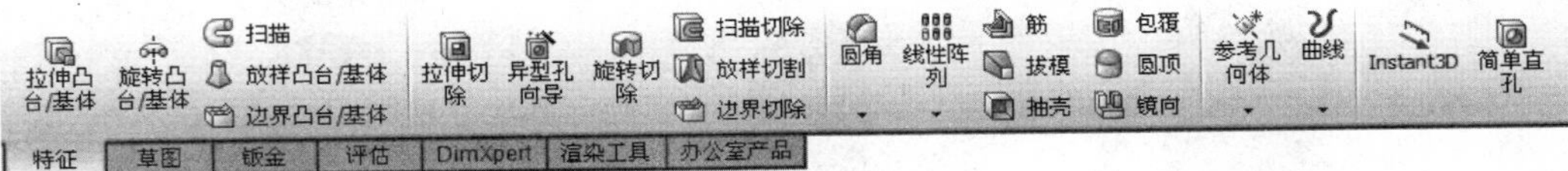

图4-1 “特征”专用工具栏

4.1.1 创建圆角特征

执行方式

单击“特征”→“圆角”按钮或选择“插入”菜单→“特征”→“圆角”命令。

执行上述命令后，打开“圆角”属性管理器，如图 4-2 所示。

图4-2 “圆角”属性管理器

选项说明

（1）在“圆角类型”选项组中，选择所需圆角类型。SolidWorks 2012 可以为一个面上的所有边线、多个面、多个边线或边线环创建圆角特征。在 SolidWorks 2012 中有以下几种圆角特征。

- 等半径圆角：可以对所选边线以相同的圆角半径进行倒圆角操作。
- 多半径圆角：可以为每条边线选择不同的圆角半径值。
- 圆形角圆角：通过控制角部边线之间的过渡，消除或平滑两条边线汇合处的尖锐接合点。
- 逆转圆角：可以在混合曲面之间沿着零件边线进入圆角，生成平滑过渡。
- 变半径圆角：可以为边线的每个顶点指定不同的圆角半径。
- 混合面圆角：通过它可以将不相邻的面混合起来。

如图 4-3 所示展示了几种圆角特征效果。

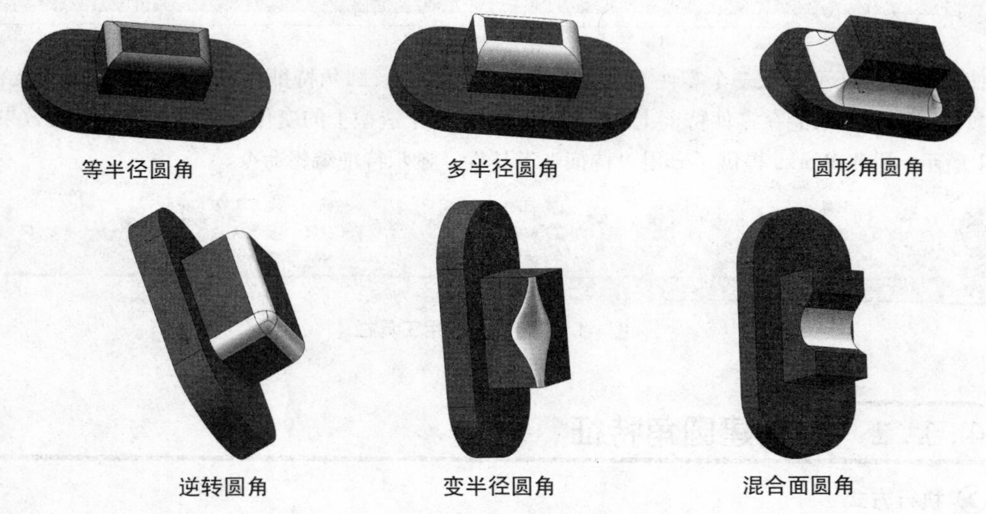

图4-3 圆角特征效果

（2）在“圆角项目”选项组的“半径”文本框中设置圆角的半径。

（3）单击“边线、面、特征和环”按钮右侧的列表框，然后在右侧的图形区中选择要进行圆角处理的模型边线、面或环。

（4）如果勾选“切线延伸”复选框，则圆角将延伸到与所选面或边线相切的所有面，切线延伸效果如图 4-4 所示。

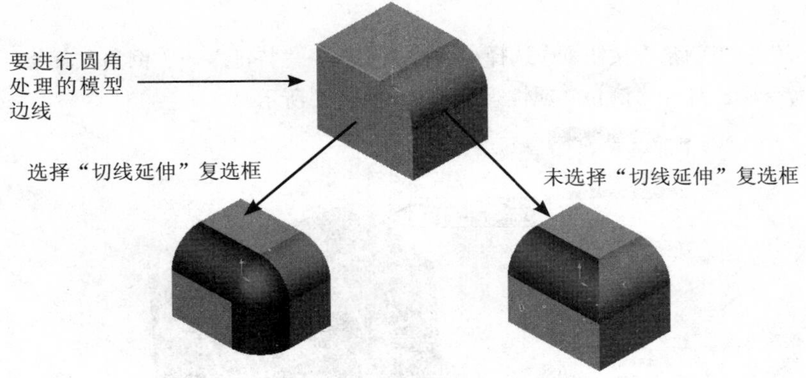

图4-4 切线延伸效果

（5）在“圆角选项”选项组的“扩展方式”组中选择一种扩展方式。

- 默认：系统根据几何条件（进行圆角处理的边线凸起和相邻边线等）默认选择“保持边线”或“保持曲面”选项。
- 保持边线：系统将保持邻近的直线形边线的完整性，但圆角曲面断裂成分离的曲面。在许多情况下，圆角的顶部边线中会有沉陷，如图 4-5（a）所示。
- 保持曲面：使用相邻曲面来剪裁圆角。因此圆角边线是连续且光滑的，但是相邻边线会受到影响，如图 4-5（b）所示。

（6）圆角属性设置完毕，单击“确定”按钮✓，生成等半径圆角特征。

（a）保持边线　　（b）保持曲面

图4-5 保持边线与曲面

4.1.2 创建倒角特征

在零件设计过程中，通常对锐利的零件边角进行倒角处理，以防止伤人和避免应力集中，便于搬运、装配等。此外，有些倒角特征也是机械加工过程中不可缺少的工艺。与圆角特征类似，倒角特征是对边或角进行倒角。如图 4-6 所示是应用倒角特征后的零件实例。

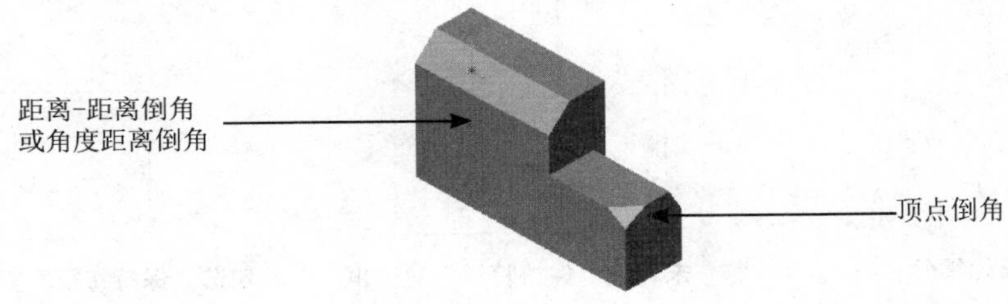

图4-6 倒角特征零件实例

执行方式

单击“特征”→“倒角”按钮或选择“插入”菜单→“特征”→“倒角”命令。

执行上述命令后，打开“倒角”属性管理器。如图 4-7 所示。

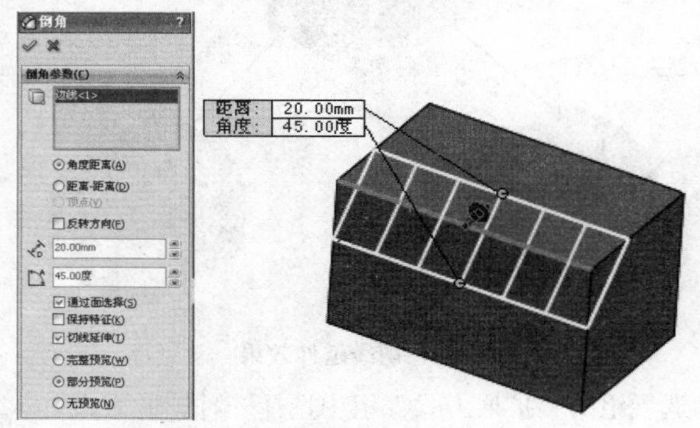

图4-7 设置倒角参数

选项说明

(1) 在“倒角”属性管理器中选择倒角类型。

- 角度距离：在所选边线上指定距离和倒角角度来生成倒角特征，如图 4-8 (a) 所示。
- 距离 - 距离：在所选边线的两侧分别指定两个距离值来生成倒角特征，如图 4-8 (b) 所示。
- 顶点：在与顶点相交的 3 个边线上分别指定距顶点的距离来生成倒角特征，如图 4-8 (c) 所示。

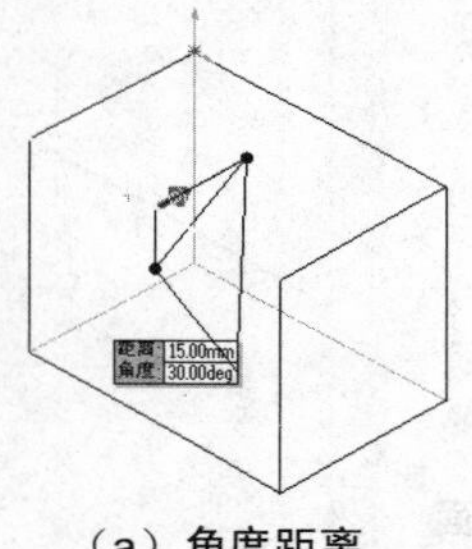

(a) 角度距离

(b) 距离-距离

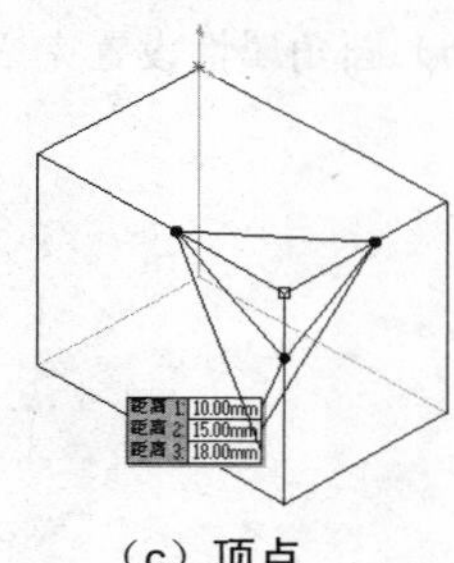

(c) 顶点

图4-8 倒角类型

(2) 单击“边线、面、特征和环”按钮右侧的列表框，然后在图形区选择边线、面或顶点，设置倒角参数，如图 4-7 所示。

(3) 在对应的文本框中指定距离或角度值。

(4) 如果勾选“保持特征”复选框，则当应用倒角特征时，会保持零件的其他特征，如图 4-9 所示。

(5) 倒角参数设置完毕，单击“确定”按钮，生成倒角特征。

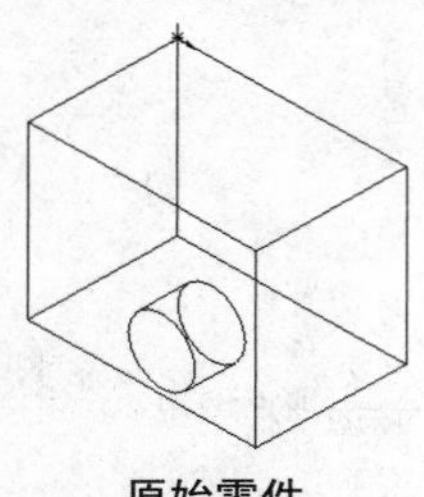

原始零件

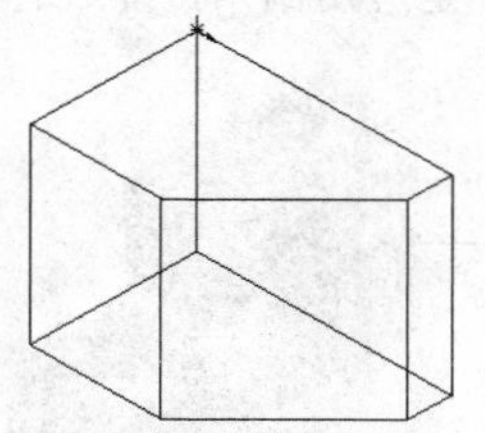

未勾选“保持特征”复选框

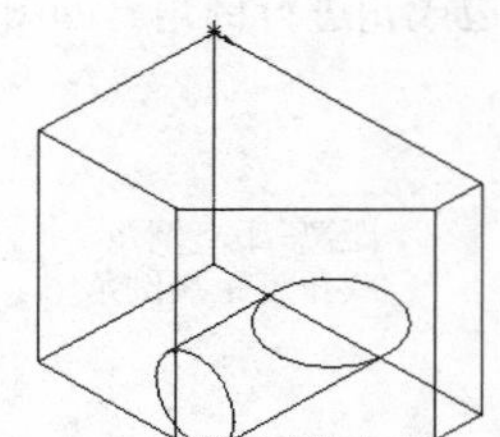

勾选“保持特征”复选框

图4-9 倒角特征

4.1.3 实例——支架

本实例绘制的支架如图 4-10 所示。利用拉伸实体命令拉伸支架底座，再利用切除拉伸命令完成实体，最后对实体进行倒圆角操作。

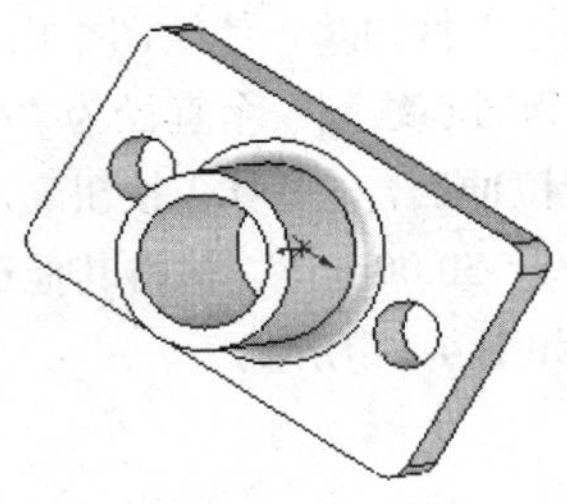

图4-10 支架

操作步骤

（1）单击“标准”工具栏中的“新建”按钮，在打开的“新建 SolidWorks 文件”属性管理器中，选择“零件”按钮，单击“确定”按钮。

（2）在设计树中选择上视基准面，单击“草图”工具栏中的“草图绘制”按钮，新建一张草图。

（3）单击“标准视图”工具栏中的“正视于”按钮，使绘图平面转为正视方向。

（4）单击“草图”工具栏中的“中心线”按钮，绘制一条通过原点的水平中心线。单击“草图”工具栏中的“边角矩形”按钮，绘制一个矩形，如图 4-11 所示。

（5）单击“草图”工具栏中的“圆”按钮，在中心线上绘制两个较小的圆，如图 4-12 所示。

（6）单击“草图”工具栏中的“添加几何关系”按钮，选择草图中的两个圆，单击“相等”按钮，为两个圆添加“相等”几何关系。如图 4-13 所示。

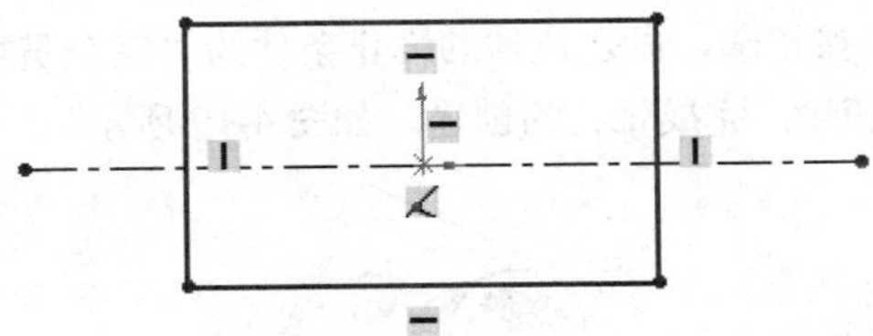

图4-11 绘制矩形

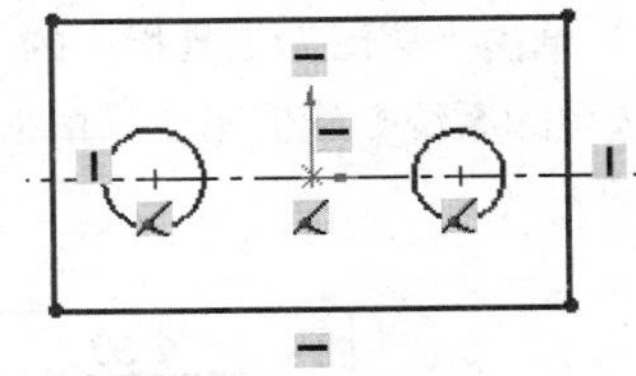

图4-12 底板草图

（7）单击“草图”工具栏中的“智能尺寸”按钮，为草图标注尺寸如图 4-14 所示。

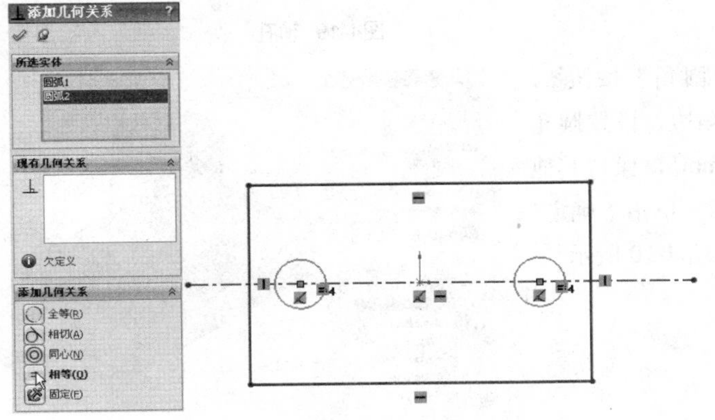

图4-13 添加几何关系

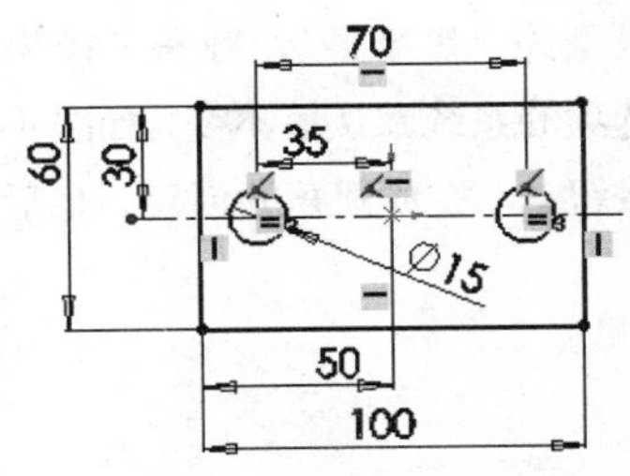

图4-14 标注尺寸

（8）单击“特征”工具栏中的“拉伸凸台/基体”按钮，设定拉伸的终止条件为“给定深度”。在“深度”列表框中设置拉伸深度为“20.00mm”，保持其他选项的系统默认值不变，如图4-15所示。单击“确定”按钮，完成底板的创建。

（9）选择上面完成的底板上表面，单击“草图”工具栏中的“草图绘制”按钮，新建一张草图。单击“标准视图”工具栏中的“正视于”按钮，使绘图平面转为正视方向。单击“草图”工具栏中的“圆”按钮，以系统坐标原点为圆心绘制一个直径为“40.00mm”的圆如图4-16所示。

（10）单击“特征”工具栏中的“拉伸凸台/基体”按钮，设定拉伸的终止条件为“给定深度”。在“深度”列表框中设置拉伸深度为“50.00mm”，保持其他选项的系统默认值不变，单击“确定”按钮，完成轴筒的创建。绘制结果如图4-17所示。

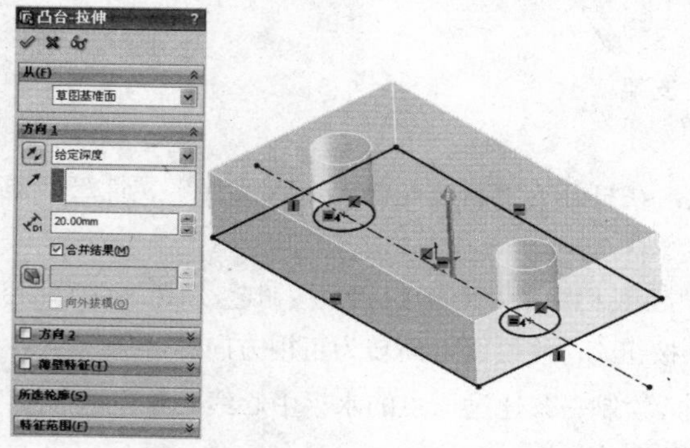

图4-15 设置拉伸参数

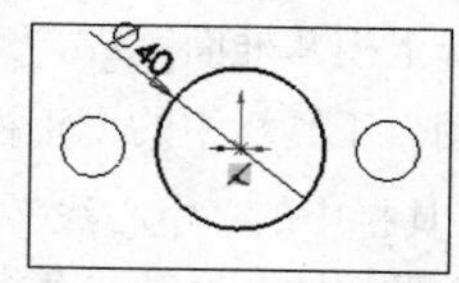

图4-16 轴筒草图

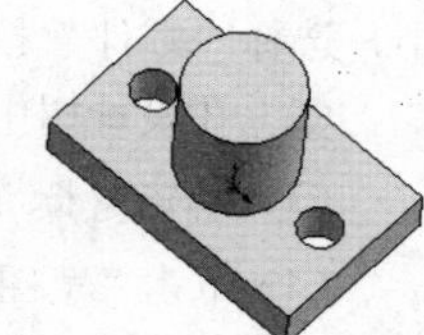

图4-17 轴筒

（11）选择上面完成的底板下表面，单击“草图”工具栏中的“草图绘制”按钮，新建一张草图。单击“标准视图”工具栏中的“正视于”按钮，使绘图平面转为正视方向。单击“草图”工具栏中的“圆”按钮，以系统坐标原点为圆心绘制一个直径为“30.00mm”的圆如图4-18所示。

（12）单击“草图”工具栏中的“拉伸切除”按钮，设定拉伸的终止条件为“完全贯穿”，保持其他选项的系统默认值不变，单击“确定”按钮，完成轴孔的创建。如图4-19所示。

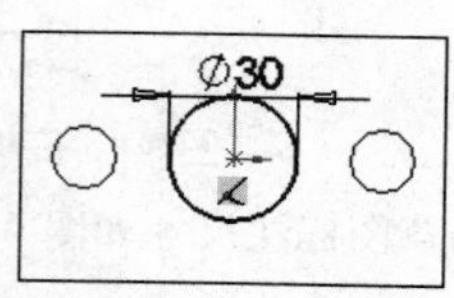

图4-18 轴孔草图

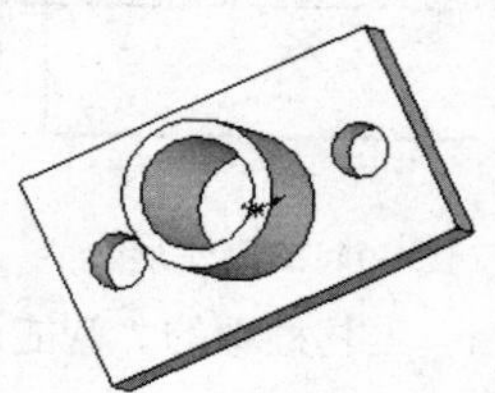

图4-19 轴孔

（13）单击“草图”工具栏中的“圆角”按钮，选择轴筒与底板的交线和底板的四个角边，设置圆角类型为“等半径”，圆角半径为“5.00mm”，保持其他选项的系统默认值不变，如图4-20所示。单击“确定”按钮，完成圆角的创建。最后效果如图4-10所示。

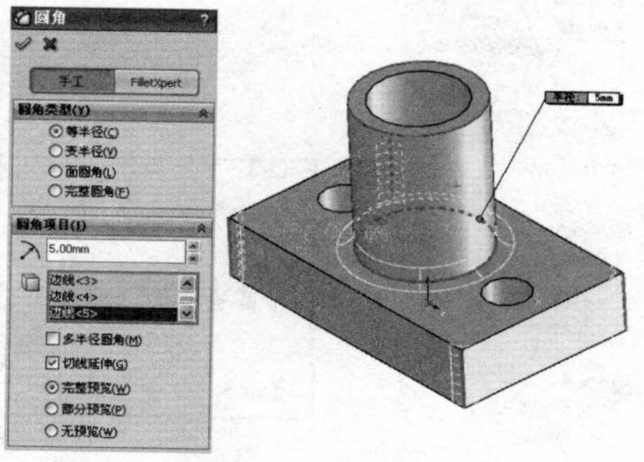

图4-20 设置圆角参数

4.2　拔模特征

拔模是零件模型上常见的特征，是以指定的角度斜削模型中所选的面。经常应用于铸造零件，由于拔模角度的存在可以使型腔零件更容易脱出模具。SolidWorks 提供了丰富的拔模功能。用户既可以在现有的零件上插入拔模特征，也可以在拉伸特征的同时进行拔模。本节主要介绍在现有的零件上插入拔模特征的方法。

下面对与拔模特征有关的术语进行说明。

- 拔模面：选取的零件表面，此面将生成拔模斜度。
- 中性面：在拔模的过程中大小不变的固定面，用于指定拔模角的旋转轴。如果中性面与拔模面相交，则相交处即为旋转轴。
- 拔模方向：用于确定拔模角度的方向。

如图 4-21 所示是一个拔模特征的应用实例。

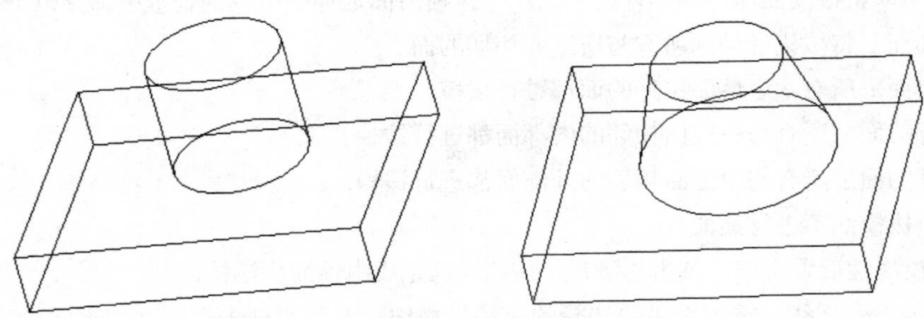

图4-21　拔模特征实例

4.2.1　创建拔模特征

要在现有的零件上插入拔模特征，从而以特定角度斜削所选的面，可以使用中性面拔模、分型线拔模和阶梯拔模 3 种方式。

执行方式

单击“特征”→“拔模”按钮或选择“插入”菜单→“特征”→“拔模”命令。

执行上述命令后，打开“拔模”属性管理器。

选项说明

（1）在“拔模类型”选项组中，选择“中性面”选项。

（2）在“拔模角度”选项组的“角度”文本框中设定拔模角度。

（3）单击“中性面”选项组中的列表框，然后在图形区中选择面或基准面作为中性面，如图 4-22 所示。

（4）图形区中的控标会显示拔模的方向，如果要向相反的方向生成拔模，单击“反向”按钮。

（5）单击“拔模面”按钮右侧的列表框，然后在图形区中选择拔模面。

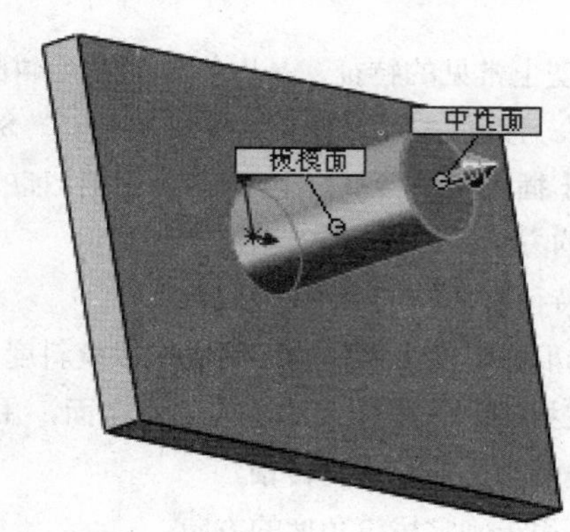

图4-22 选择中性面

（6）如果要将拔模面延伸到额外的面，从“拔模沿面延伸”下拉列表框中选择以下选项。

- 沿切面：将拔模延伸到所有与所选面相切的面。
- 所有面：所有从中性面拉伸的面都进行拔模。
- 内部的面：所有与中性面相邻的内部面都进行拔模。
- 外部的面：所有与中性面相邻的外部面都进行拔模。
- 无：拔模面不进行延伸。

（7）拔模属性设置完毕，单击“确定”按钮，完成中性面拔模特征。

（8）单击“分型线”选项组“要选择的边线”按钮右侧的列表框，在图形区中选择分型线，如图 4-23（a）所示。

（9）如果要为分型线的每一线段指定不同的拔模方向，单击“分型线”选项组“要选择的边线”按钮右侧列表框中的边线名称，然后单击“其他面”按钮。结果如图 4-23（b）所示。

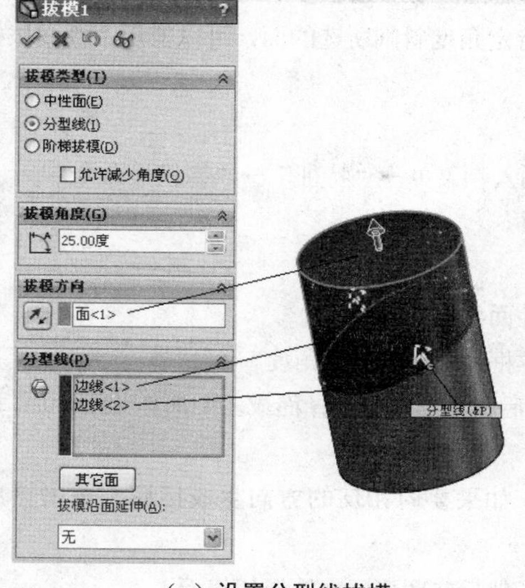

（a）设置分型线拔模

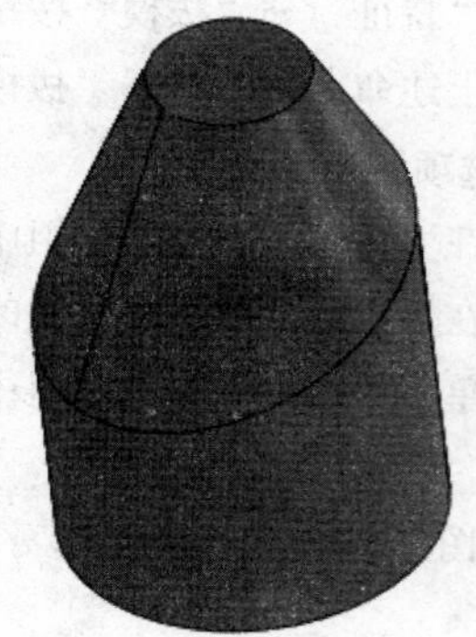

（b）分型线拔模效果

图4-23 分型线拔模

技巧荟萃

除了中性面拔模和分型线拔模以外，SolidWorks 还提供了阶梯拔模。阶梯拔模为分型线拔模的变体，它的分型线可以不在同一平面内，如图 4-24 所示。

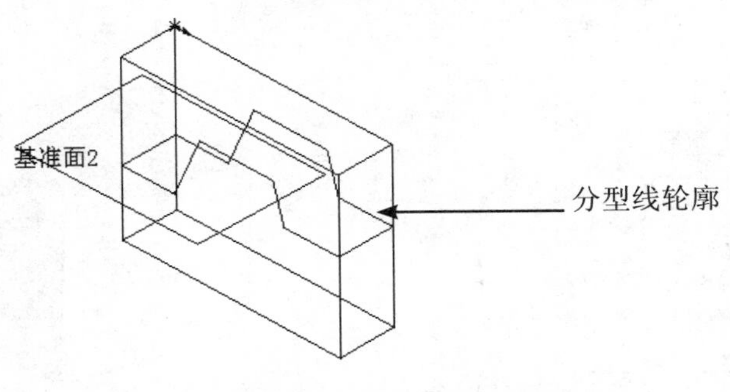

图4-24　阶梯拔模中的分型线轮廓

4.2.2　实例——充电器

本实例绘制充电器的主要方法是反复利用拉伸和拔模功能形成各个实体单元，最后进行圆角处理。绘制的模型如图 4-25 所示。

操作步骤

（1）单击“标准”工具栏中的“新建”按钮，在弹出的“新建 SolidWorks 文件”对话框中选择“零件”按钮，然后单击“确定”按钮，创建一个新的零件文件。

（2）在左侧的“FeatureManager 设计树”中选择“前视基准面”作为绘制图形的基准面。单击“草图”工具栏中的“边角矩形”按钮，绘制草图轮廓，标注并修改尺寸，结果如图 4-26 所示。

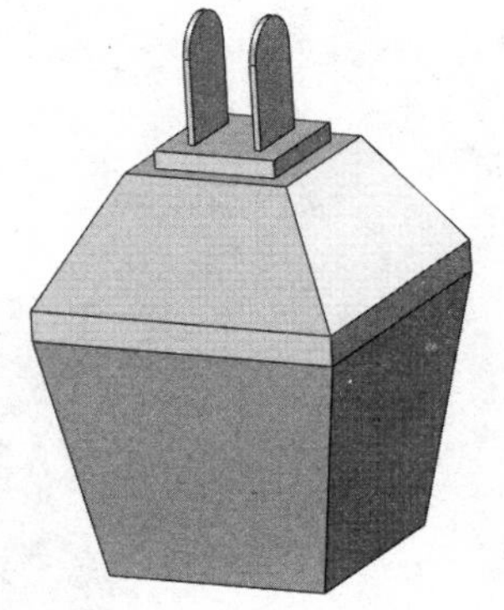

图4-25　充电器

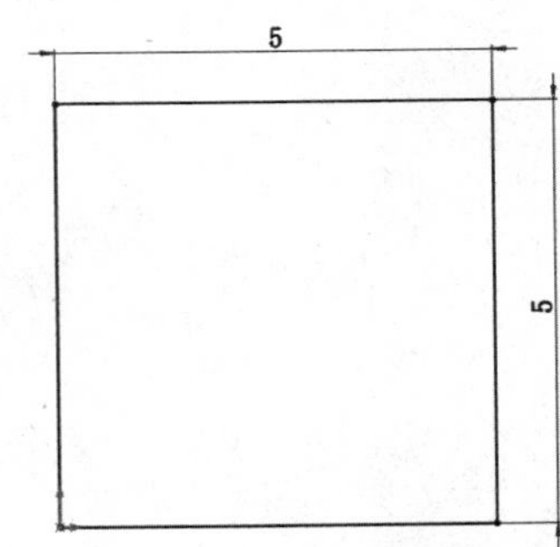

图4-26　绘制草图

（3）单击“特征”工具栏中的“拉伸凸台 / 基体”按钮，此时系统弹出如图 4-27 所示的“凸台 - 拉伸”属性管理器。选择上步绘制的草图为拉伸截面，设置终止条件为“给定深度”，输入拉伸距离为“4.00mm”，然后单击属性管理器中的“确定”按钮，结果如图 4-28 所示。

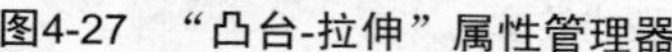

图4-27 “凸台-拉伸”属性管理器

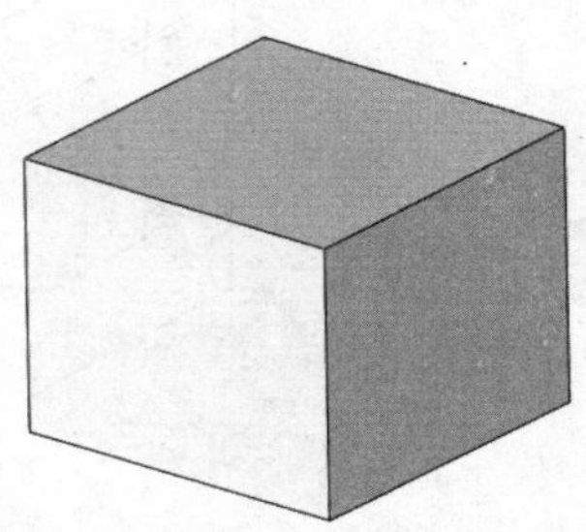

图4-28 拉伸后的图形

（4）单击“特征”工具栏中的“基准面”按钮，此时系统弹出如图4-29所示的“基准面”属性管理器。选择上步拉伸体上表面为参考，输入偏移距离为“0.50mm”，然后单击属性管理器中的“确定”按钮，结果如图4-30所示。

（5）在左侧的“FeatureManager设计树”中选择“基准面1”作为绘制图形的基准面。单击“草图”工具栏中的“转换实体引用”按钮，将拉伸体的外表面边线转换为图素。

（6）单击“特征”工具栏中的“拉伸凸台/基体”按钮，此时系统弹出“凸台-拉伸”属性管理器。选择上步绘制的草图为拉伸截面，设置终止条件为“给定深度”，输入拉伸距离为“2.00mm”，然后单击属性管理器中的“确定”按钮，结果如图4-31所示。

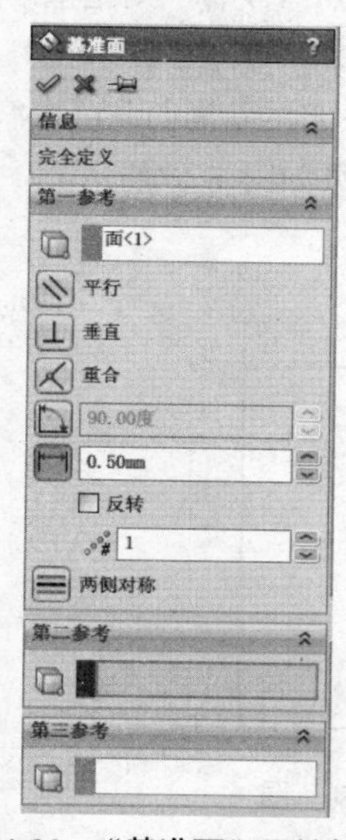

图4-29 “基准面”属性管理器

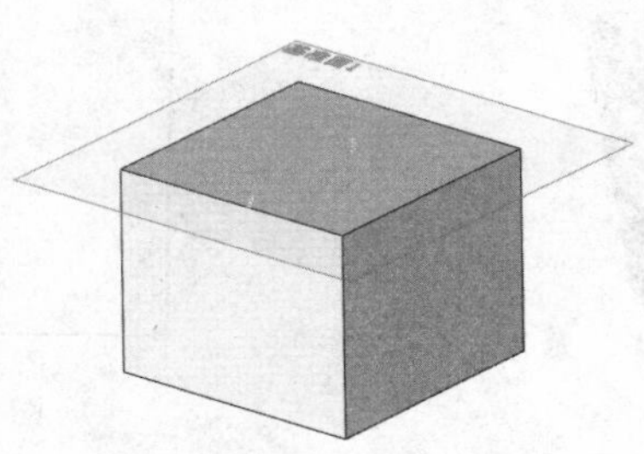

图4-30 创建参考面

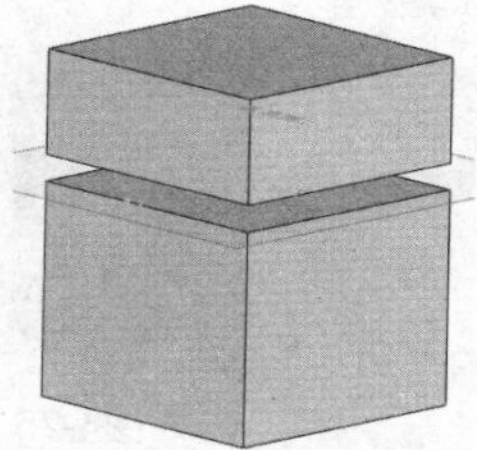

图4-31 拉伸后的图形

（7）单击“特征”工具栏中的“拔模”按钮，此时系统弹出“拔模”属性管理器，如图4-32所示。选择拉伸体1的上表面为中性面，选择拉伸体1的四个面为拔模面，输入拔模角度为“10.00度”，然后单击属性管理器中的“确定”按钮，结果如图4-33所示。

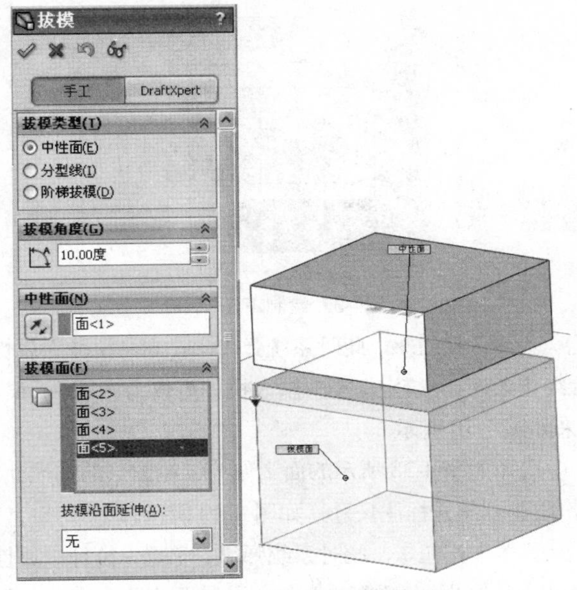

图4-32 “拔模”属性管理器

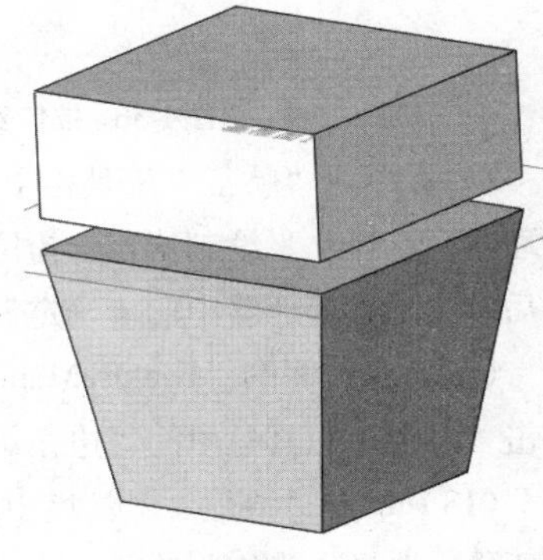

图4-33 拔模处理

（8）单击“特征”工具栏中的“拔模”按钮，此时系统弹出“拔模”属性管理器，如图 4-34 所示。选择拉伸体 2 的上表面为中性面，选择拉伸体 2 的四个面为拔模面，输入拔模角度为“30.00 度”，然后单击属性管理器中的“确定”按钮，结果如图 4-35 所示。

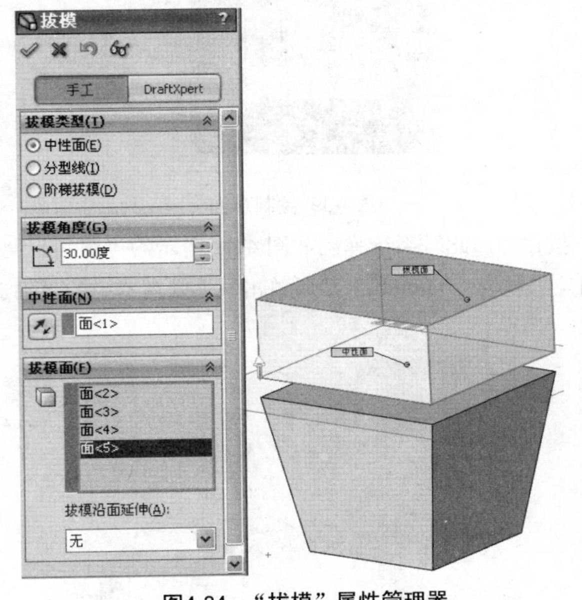

图4-34 “拔模”属性管理器

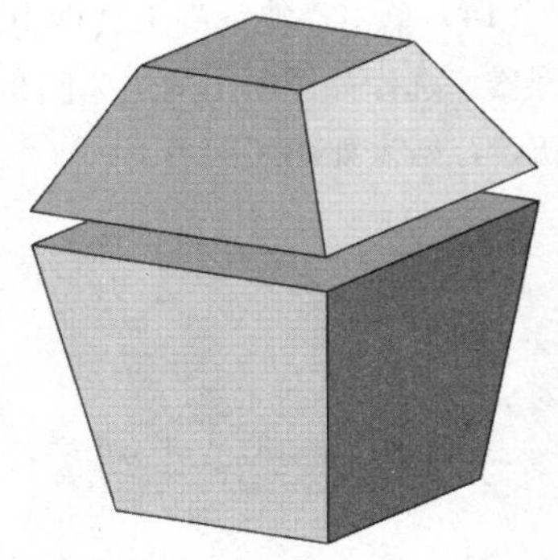

图4-35 拔模处理

（9）单击“特征”工具栏中的“拉伸凸台 / 基体”按钮，此时系统弹出“凸台 - 拉伸”属性管理器。选择拉伸体 2 的草图，设置终止条件为“成形到下一面”，然后单击属性管理器中的“确定”按钮，结果如图 4-36 所示。

（10）在左侧的“FeatureManager 设计树”中选择如图 4-36 所示的面 1 作为绘制图形的基准面。单击“草图”工具栏中的“边角矩形”按钮，绘制草图并标注尺寸，如图 4-37 所示。

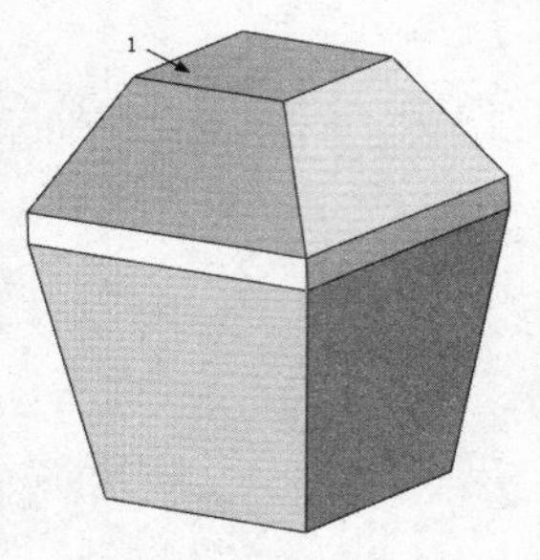

图4-36 拉伸实体

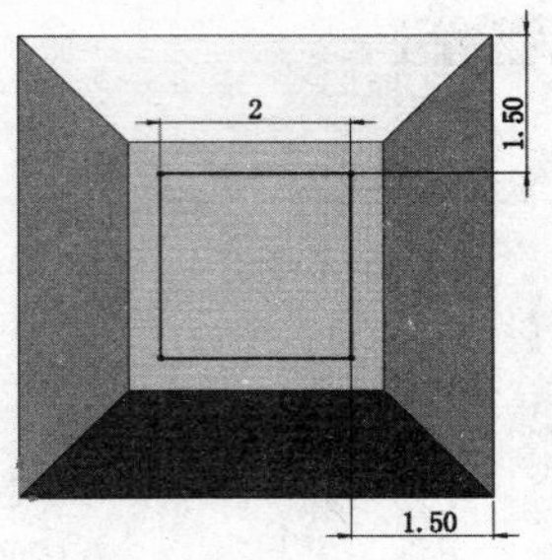

图4-37 绘制草图

（11）单击“特征”工具栏中的“拉伸凸台 / 基体”按钮，此时系统弹出“凸台 - 拉伸”属性管理器。选择上步绘制的草图为拉伸截面，设置终止条件为“给定深度”，输入拉伸距离为“0.300mm”，然后单击属性管理器中的“确定”按钮，结果如图 4-38 所示。

（12）在左侧的“FeatureManager 设计树”中选择如图 4-38 所示的面 2 作为绘制图形的基准面。单击“草图”工具栏中的“边角矩形”按钮，绘制草图并标注尺寸，如图 4-39 所示。

（13）单击“特征”工具栏中的“拉伸凸台 / 基体”按钮，此时系统弹出“凸台 - 拉伸”属性管理器。选择上步绘制的草图为拉伸截面，设置终止条件为“给定深度”，输入拉伸距离为“2.00mm”，然后单击属性管理器中的“确定”按钮，结果如图 4-40 所示。

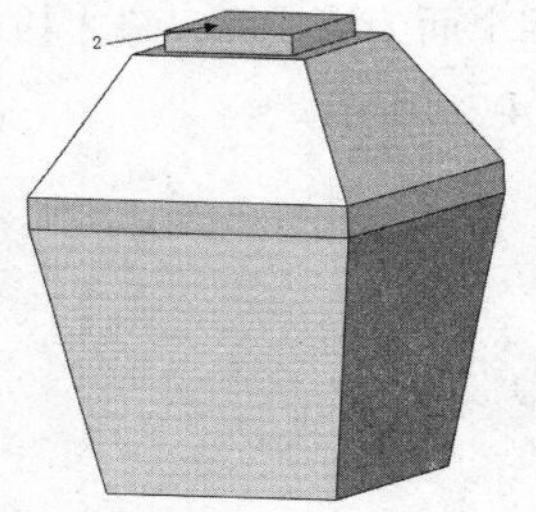

图4-38 拉伸实体

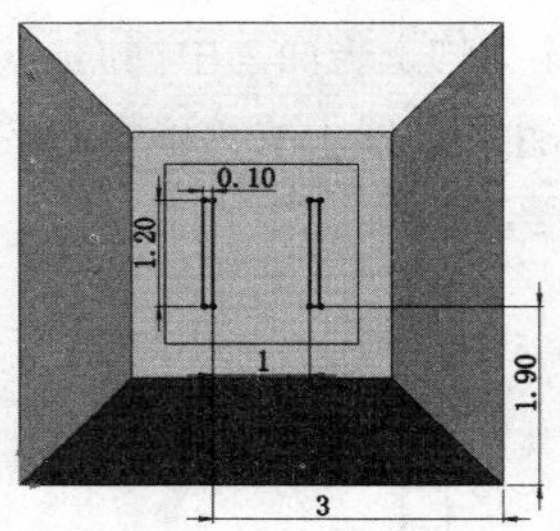

图4-39 绘制草图

（14）单击“特征”工具栏中的“圆角”按钮，此时系统弹出如图 4-41 所示的“圆角”属性管理器。选择如图所示的边为圆角边，输入圆角半径为“0.60mm”，然后单击属性管理器中的“确定”按钮，结果如图 4-41 所示。

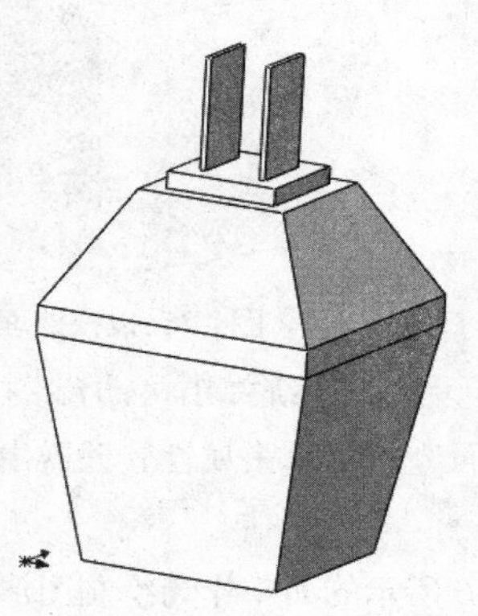

图4-40 拉伸实体

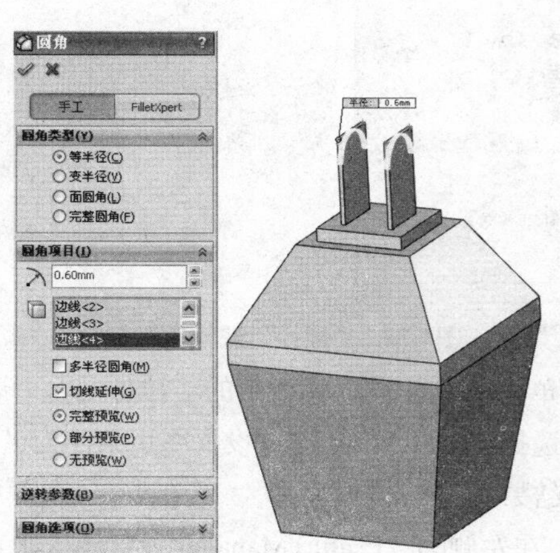

图4-41 “圆角”属性管理器和圆角边

4.3　抽壳特征

抽壳特征是零件建模中的重要特征，它能使一些复杂工作变得简单化。当在零件的一个面上抽壳时，系统会掏空零件的内部，使所选择的面敞开，在剩余的面上生成薄壁特征。如果没有选择模型上的任何面，而直接对实体零件进行抽壳操作，则会生成一个闭合、掏空的模型。通常，抽壳时各个表面的厚度相等，也可以对某些表面的厚度进行单独指定，这样抽壳特征完成之后，各个零件表面的厚度就不相等了。

如图 4-42 所示是对零件创建抽壳特征后建模的实例。

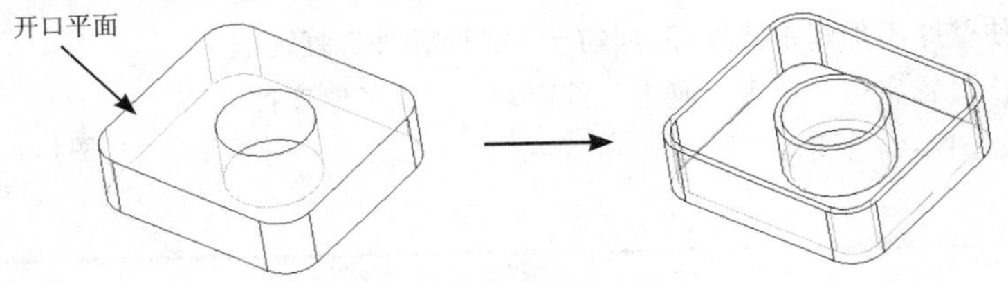

图4-42　抽壳特征实例

4.3.1　创建抽壳特征

执行方式

单击“特征”→“抽壳”按钮或选择“插入”菜单→“特征”→“抽壳”命令。

执行上述命令后，打开“抽壳”属性管理器，如图 4-43 所示。

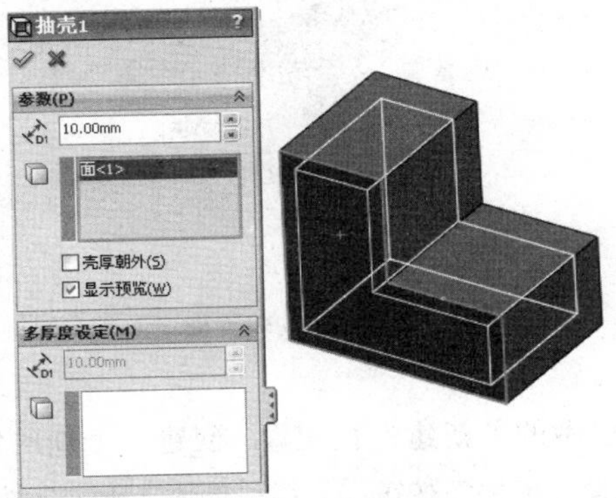

图4-43　选择要移除的面

选项说明

1．等厚度抽壳特征

（1）在“参数”选项组的“厚度”文本框中指定抽壳的厚度。

（2）单击“要移除的面”按钮右侧的列表框，然后从右侧的图形区中选择一个或多个开口面作为要移除的面。此时在列表框中显示所选的开口面，如图 4-43 所示。

（3）如果勾选了“壳厚朝外”复选框，则会增加零件外部尺寸，从而生成抽壳。

（4）抽壳属性设置完毕，单击“确定”按钮，生成等厚度抽壳特征。

技巧荟萃

如果在（3）中没有选择开口面，则系统会生成一个闭合、掏空的模型。

2．具有多厚度面的抽壳特征

（1）单击“多厚度设定”选项组“多厚度面”按钮右侧的列表框，激活多厚度设定。

（2）在图形区中选择开口面，这些面会在该列表框中显示出来。

（3）在列表框中选择开口面，然后在“多厚度设定”选项组的“厚度”文本框中输入对应的壁厚。

（4）重复上述步骤（3），直到为所有选择的开口面指定了厚度。

（5）如果要使壁厚添加到零件外部，则勾选“壳厚朝外”复选框。

（6）抽壳属性设置完毕，单击“确定”按钮，生成多厚度抽壳特征，其剖视图如图 4-44 所示。

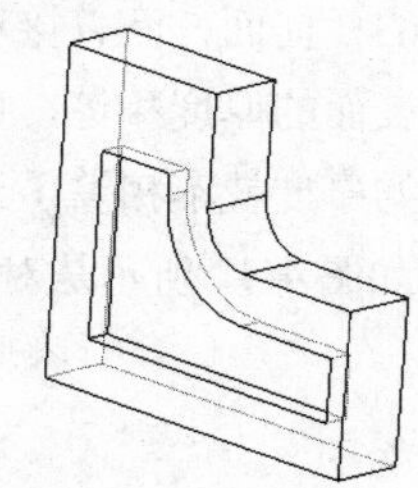

图4-44 多厚度抽壳（剖视图）

技巧荟萃

如果想在零件上添加圆角特征，应当在生成抽壳之前对零件进行圆角处理。

4.3.2 实例——移动轮支架

本实例绘制的移动轮支架如图 4-45 所示，首先拉伸实体轮廓，再利用抽壳命令完成实体框架操作，然后多次拉伸切除局部实体，最后进行倒圆角操作对实体进行最后完善。

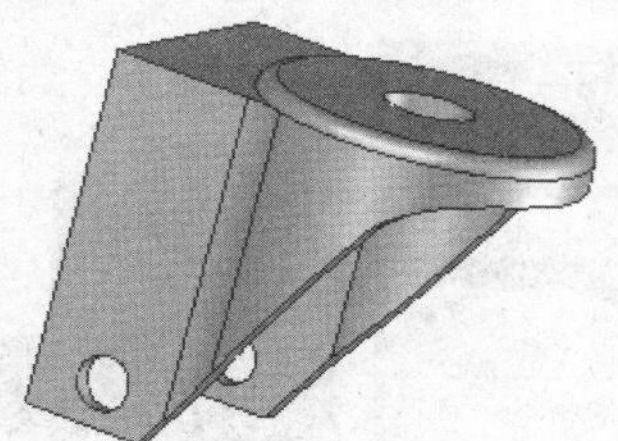

图4-45 移动轮支架

操作步骤

（1）单击“标准”工具栏中的“新建”按钮，创建一个新的零件文件。在弹出的“新建 SolidWorks 文件”对话框中选择“零件”按钮，然后单击“确定”按钮，创建一个新的零件文件。

（2）在左侧的“FeatureManager 设计树”中选择“前视基准面”作为绘制图形的基准面。单击“草图”工具栏中的“圆”按钮，以原点为圆心绘制一个直径为“58”的圆；单击“草图”工具栏中的“直线”按钮，在相应的位置绘制 3 条直线。

（3）单击“草图”工具栏中的“智能尺寸”按钮，标注上一步绘制草图的尺寸。结果如图 4-46 所示。

（4）单击“草图”工具栏中的“裁剪实体”按钮，裁减直线之间的圆弧。结果如图 4-47 所示。

（5）单击“特征”工具栏中的“拉伸凸台 / 基体”按钮，此时系统弹出“拉伸”属性管理器。在“深度”一栏中输入值“65.00mm”，然后单击属性管理器中的“确定”按钮。

（6）单击“视图定向”工具栏中的“等轴测”按钮，将视图以等轴测方向显示。结果如图 4-48 所示。

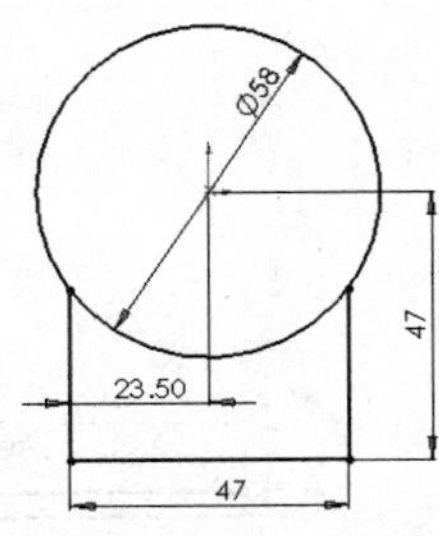

图4-46 标注的草图

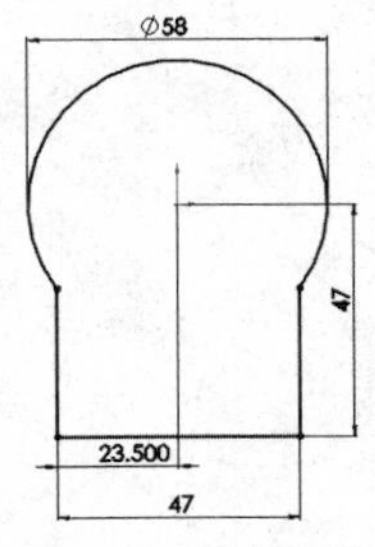

图4-47 裁减的草图

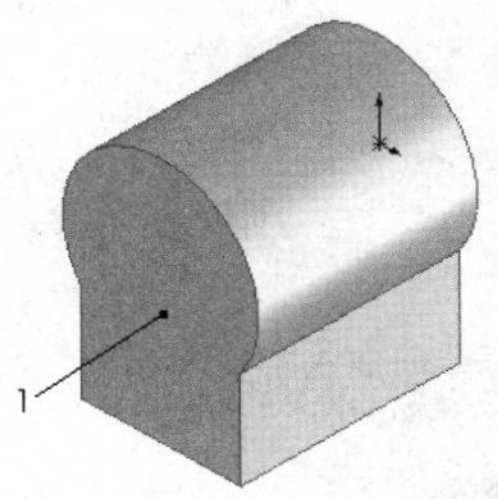

图4-48 拉伸后的图形

（7）单击“特征”工具栏中的“抽壳”按钮，此时系统弹出如图 4-49 所示的“抽壳”属性管理器。在“深度”一栏中输入值“3.50mm”。单击属性管理器中的“确定”按钮，结果如图 4-50 所示。

（8）在左侧的“FeatureManager 设计树”中选择“右视基准面”，然后单击“视图定向”工具栏“正视于”按钮，将该基准面作为绘制图形的基准面。

（9）单击“草图”工具栏中的“直线”按钮，绘制 3 条直线；单击“草图”工具栏中的“3 点圆弧”按钮，绘制一个圆弧。

（10）单击“草图”工具栏中的“智能尺寸”按钮，标注上一步绘制的草图的尺寸。结果如图 4-51 所示。

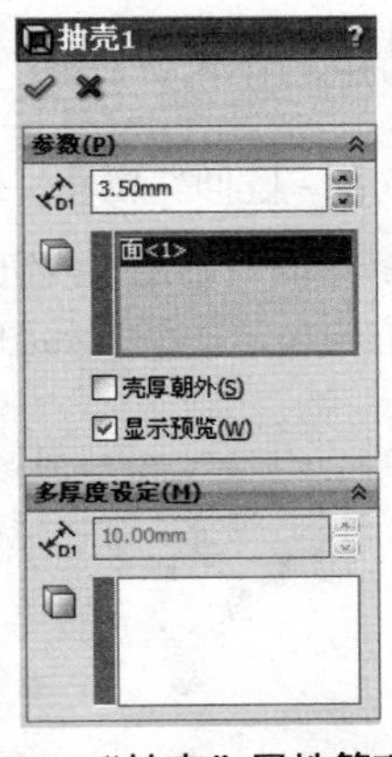

图4-49 “抽壳”属性管理器

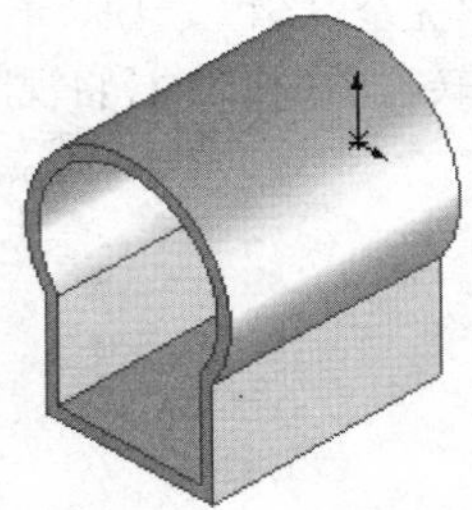
图4-50 抽壳后的图形

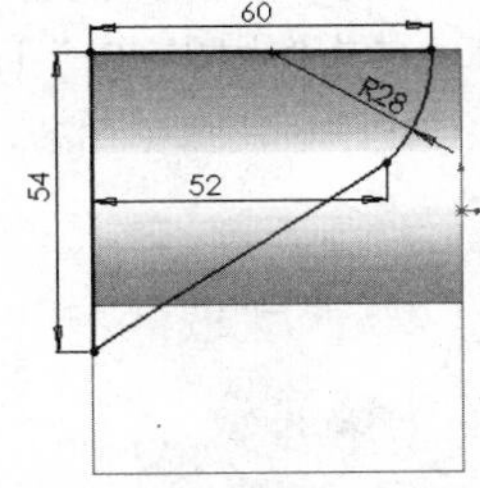

图4-51 标注的草图

（11）单击“特征”工具栏中的“拉伸切除”按钮，此时系统弹出“切除 - 拉伸”属性管理器。在方向 1 和方向 2 的“终止条件”一栏的下拉菜单中，选择“完全贯穿”选项。单击属性管理器中的“确定”按钮。

（12）单击“视图定向”工具栏中的“等轴测”按钮，将视图以等轴测方向显示。结果如图 4-52 所示。

（13）单击“特征”工具栏上的“圆角”按钮，此时系统弹出“圆角”属性管理器。在“半径”一栏中输入值“15.00mm”，然后选择图 4-52 中的边线 1 以及左侧对应的边线。单击属性管理器中的“确定”按钮，结果如图 4-53 所示。

（14）选择图 4-53 中的表面 1，然后单击“视图定向”工具栏中的“正视于”按钮，将该表面作为绘制图形的基准面。

（15）单击“草图”工具栏中的“边角矩形”按钮，绘制一个矩形。

（16）单击“草图”工具栏中的“智能尺寸”按钮，标注上一步绘制草图的尺寸。结果如图 4-54 所示。

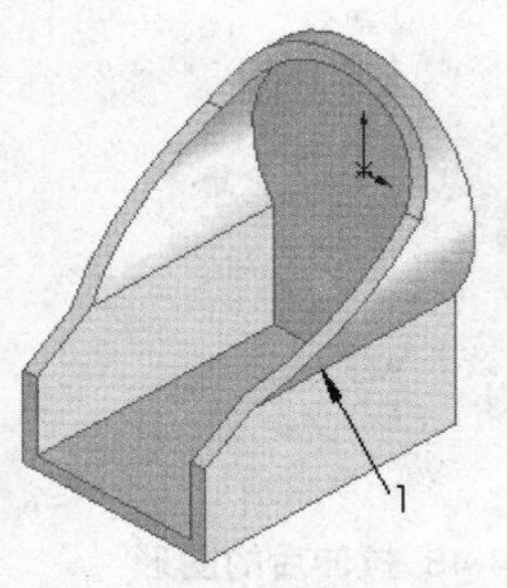

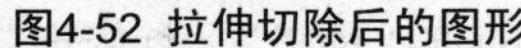
图4-52 拉伸切除后的图形

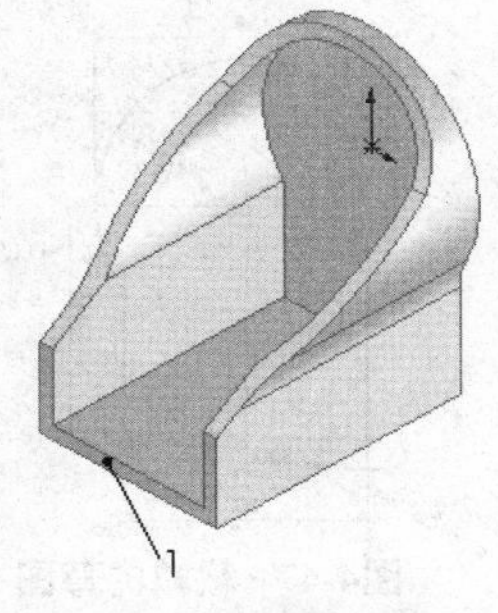

图4-53 拉伸切除后的图形

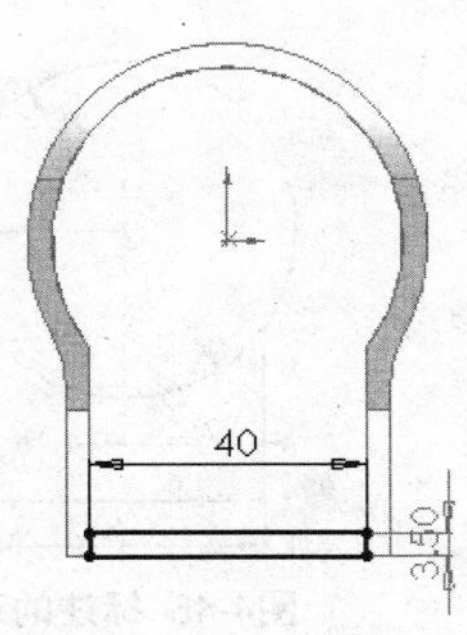

图4-54 标注的草图

（17）单击“特征”工具栏中的“拉伸切除”按钮，此时系统弹出“切除 - 拉伸”属性管理器。在“深度”一栏中输入值“61.50mm”，然后单击属性管理器中的“确定”按钮。

（18）单击“视图定向”工具栏中的“等轴测”按钮，将视图以等轴测方向显示。结果如图 4-55 所示。

（19）选择图 4-52 中的表面 1，然后单击“视图定向”工具栏中的“正视于”按钮，将该表面作为绘制图形的基准面。

（20）单击“草图”工具栏中的“圆”按钮，在上一步设置的基准面上绘制一个圆。

（21）单击“草图”工具栏中的“智能尺寸”按钮，标注上一步绘制圆的直径及其定位尺寸。结果如图 4-56 所示。

（22）单击“特征”工具栏中的“拉伸切除”按钮，此时系统弹出“切除 - 拉伸”属性管理器。在“终止条件”一栏的下拉菜单中，选择“完全贯穿”选项。单击属性管理器中的“确定”按钮。

（23）单击“视图定向”工具栏中的“旋转视图”按钮，将视图以合适的方向显示。结果如图 4-57 所示。

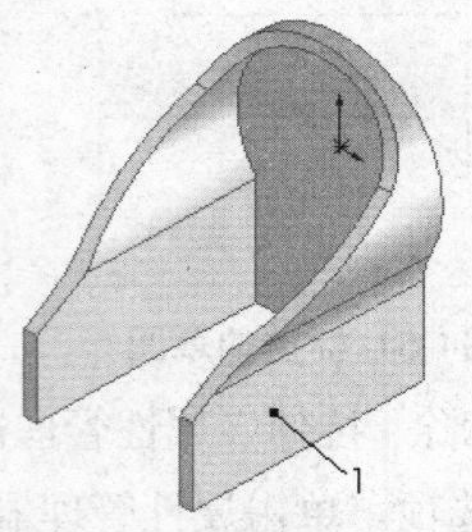

图4-55 拉伸切除后的图形

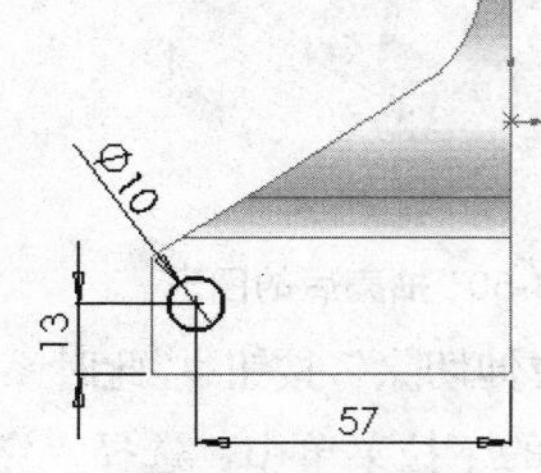

图4-56 标注的草图

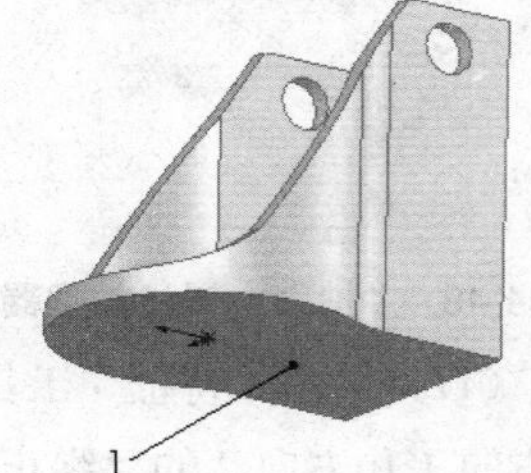

图4-57 拉伸切除后的图形

（24）单击图 4-57 中的表面 1，然后单击“视图定向”工具栏中的“正视于”按钮，将该表面作为绘制图形的基准面。

（25）单击“草图”工具栏中的“圆”按钮，在上一步设置的基准面上绘制一个直径为“65”的圆。

（26）单击“特征”工具栏中的“拉伸凸台 / 基体”按钮，此时系统弹出“拉伸”属性管理器。在“深度”一栏中输入值“3.00mm”，然后单击属性管理器中的“确定”按钮。

（27）单击“视图定向”工具栏中的“旋转视图”按钮，将视图以合适的方向显示。结果如图 4-58 所示。

（28）单击“特征”工具栏上的“圆角”按钮，此时系统弹出“圆角”属性管理器。在“半径”一栏中输入值“3.00mm”，然后选择图 4-58 中的边线 1。单击属性管理器中的“确定”按钮，结果如图 4-59 所示。

（29）设置基准面。单击图 4-59 中的表面 1，然后单击“视图定向”工具栏中的“正视于”按钮，将该表面作为绘制图形的基准面。

（30）单击“草图”工具栏中的“圆”按钮，在上一步设置的基准面上绘制一个直径为“16”的圆。

（31）单击“特征”工具栏中的“拉伸切除”按钮，此时系统弹出“切除-拉伸”属性管理器。在“终止条件”一栏的下拉菜单中，选择“完全贯穿”选项。单击属性管理器中的“确定”按钮。

（32）单击“视图定向”工具栏中的“等轴测”按钮，将视图以等轴测方向显示。结果如图 4-60 所示。

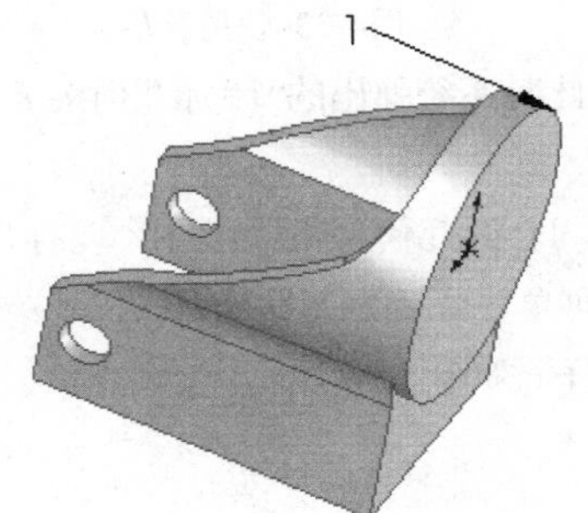

图4-58 拉伸后的图形

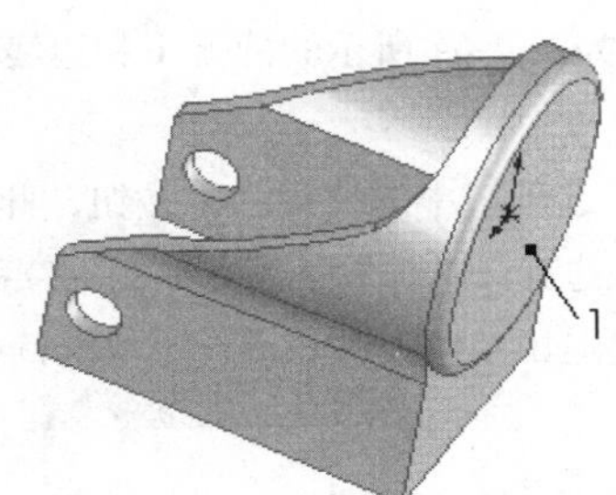

图4-59 圆角后的图形

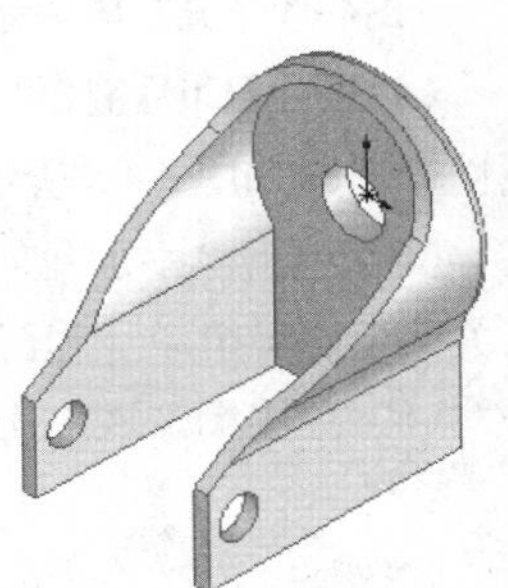

图4-60 拉伸切除后的图形

4.4 孔特征

钻孔特征是指在已有的零件上生成各种类型的孔特征。SolidWorks 提供了两大类孔特征：简单直孔和异型孔。下面结合实例介绍不同钻孔特征的操作方法。

4.4.1 创建简单直孔

简单直孔是指在确定的平面上，设置孔的直径和深度。孔深度的“终止条件”类型与拉伸切除的“终止条件”类型基本相同。

执行方式

单击“特征”→“简单直孔”按钮或选择“插入”菜单→“特征”→“简单直孔”命令。

执行上述命令后，打开“孔”属性管理器。

选项说明

（1）设置属性管理器。在“终止条件”下拉列表框中选择“完全贯穿”选项，在“孔直径”文本框中输入“30.00mm”，“孔”属性管理器设置如图 4-61 所示。

（2）单击“孔”属性管理器中的“确定”按钮，钻孔后的实体如图 4-62 所示。

（3）在“FeatureManager 设计树”中，右击上一步中添加的孔特征选项，此时系统弹出的快捷菜单如图 4-63 所示，单击其中的“编辑草图”按钮，编辑草图如图 4-64 所示。

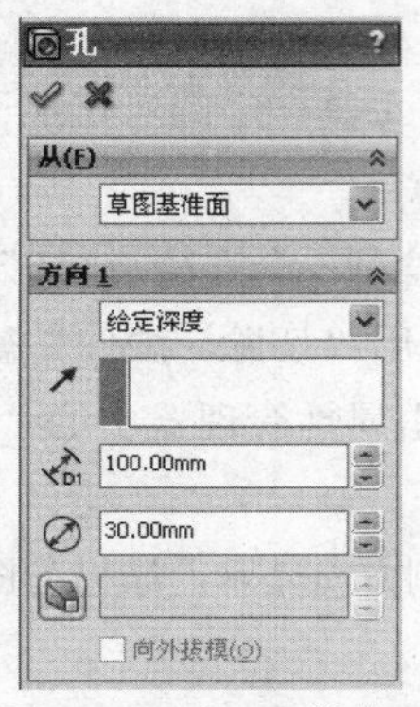

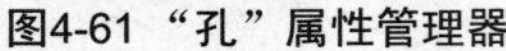

图4-61 “孔”属性管理器

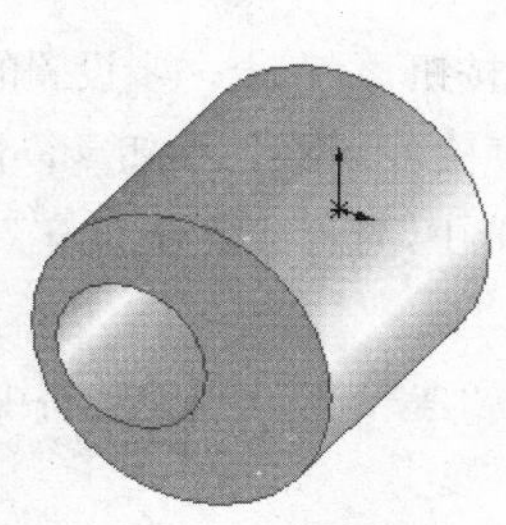

图4-62 实体钻孔

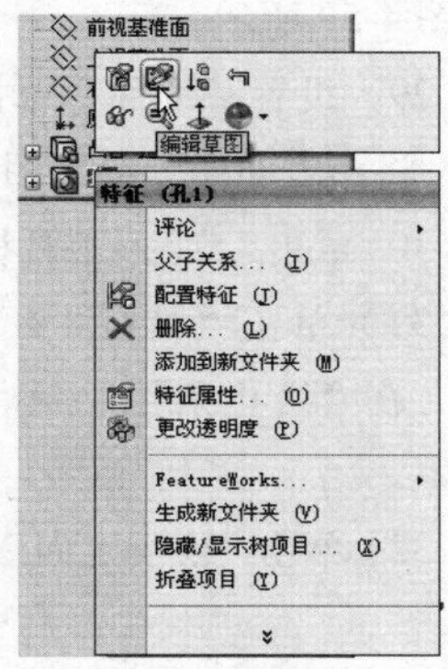

图4-63 快捷菜单

（4）按住【Ctrl】键，单击选择如图 4-64 所示的圆弧 1 和边线弧 2，此时系统弹出的“添加几何关系”属性管理器如图 4-65 所示。

（5）单击“添加几何关系”选项组中的“同心”按钮，此时“同心”几何关系显示在“现有几何关系”选项组中。为圆弧 1 和边线弧 2 添加“同心”几何关系，再单击“确定”按钮。

（6）单击图形区右上角的“退出草绘”按钮，创建的简单孔特征如图 4-66 所示。

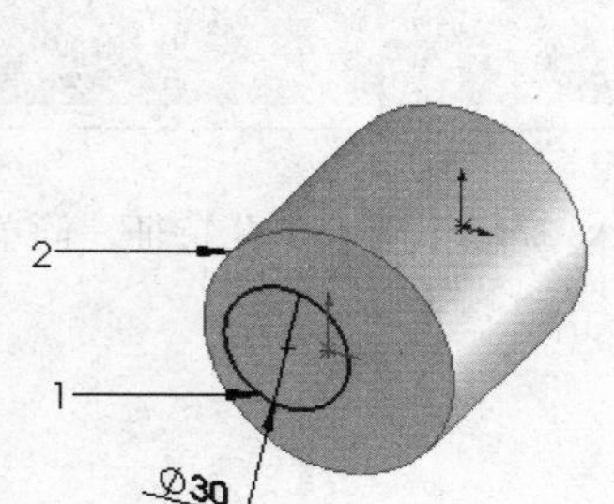

图4-64 编辑草图

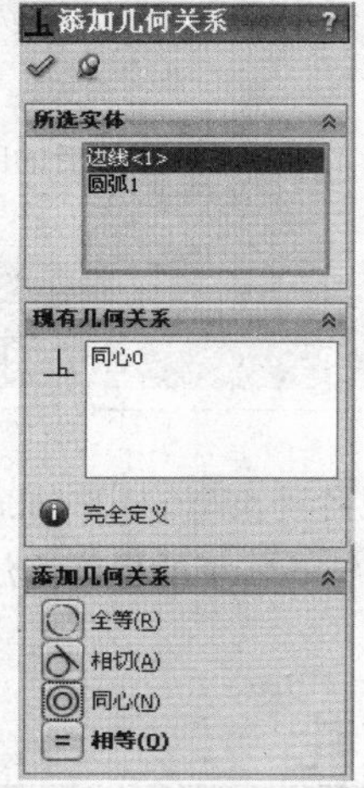

图4-65 “添加几何关系”属性管理器

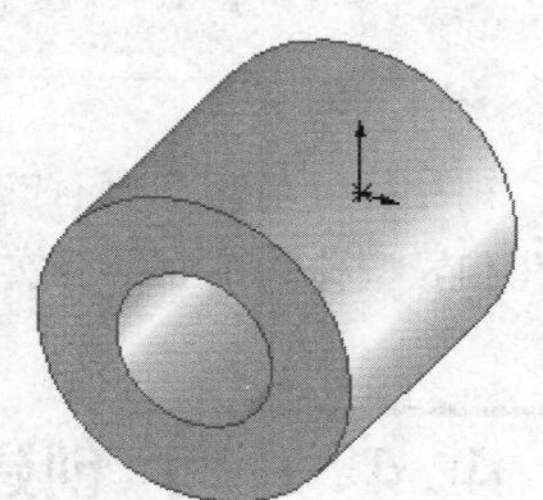

图4-66 创建的简单孔特征

技巧荟萃

在确定简单孔的位置时，可以通过标注尺寸的方式来确定，对于特殊的图形可以通过添加几何关系来确定。

4.4.2 创建异型孔

异型孔即具有复杂轮廓的孔，主要包括柱孔、锥孔、孔、螺纹孔、管螺纹孔和旧制孔 6 种。异型孔的类型选择和位置设定都是在“孔规格”属性管理器中完成的。

执行方式

单击“特征”→“异型孔向导”按钮或选择“插入”菜单→“特征”→“异型孔向导”命令。

执行上述命令后，打开“孔规格”属性管理器。

选项说明

（1）在“孔类型”选项组按照图 4-67 进行设置，然后单击“位置”选项卡，再单击“3D 草图”按钮，在如图 4-67 所示的表面上添加 4 个点。

（2）在草图 2 上单击右键选择“编辑草图”命令，标注添加 4 个点的定位尺寸，如图 4-68 所示。单击“孔规格”属性管理器中的“确定”按钮，添加的孔如图 4-69 所示。

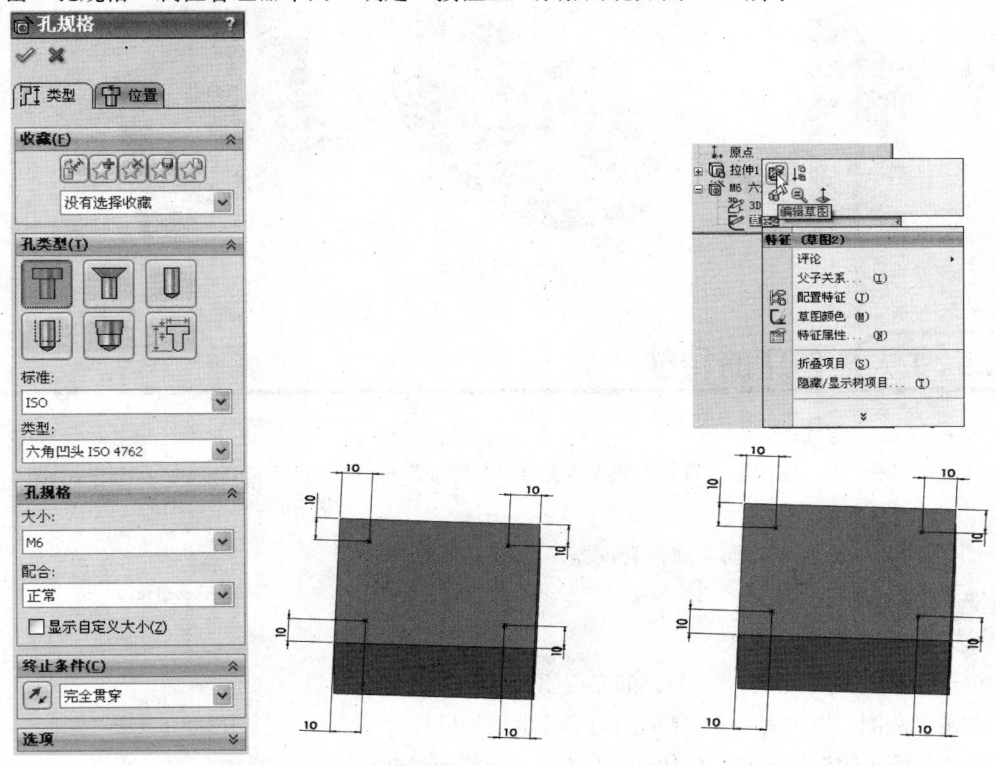

图4-67 “孔规格”属性管理器　　图4-68 标注孔位置

（3）选择菜单栏“视图”→“修改”→旋转视图，将视图以合适的方向显示，旋转视图后的图形如图 4-70 所示。

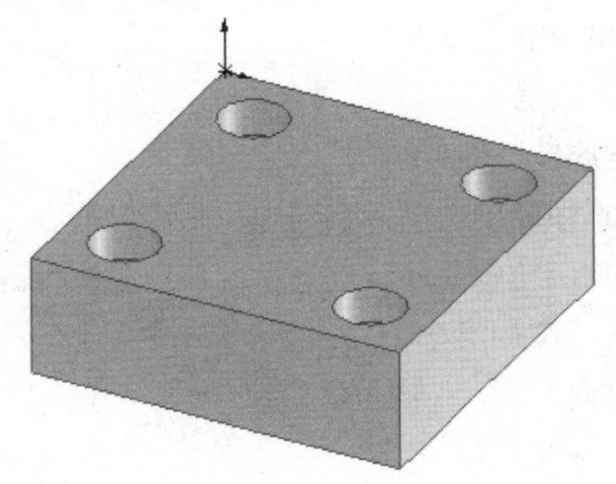

图4-69 添加孔

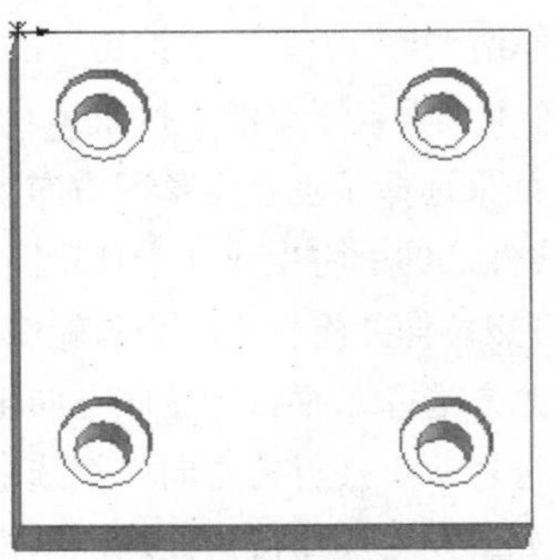

图4-70 旋转视图后的图形

4.5 筋特征

筋是零件上增加强度的部分，它是一种从开环或闭环草图轮廓生成的特殊拉伸实体，它在草图轮廓与现有零件之间添加指定方向和厚度的材料。

在 SolidWorks 2012 中，筋实际上是由开环的草图轮廓生成的特殊类型的拉伸特征。如图 4-71 所示展示了筋特征的几种效果。

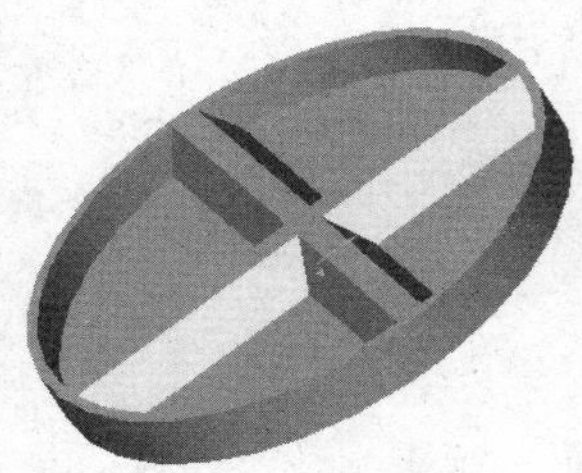
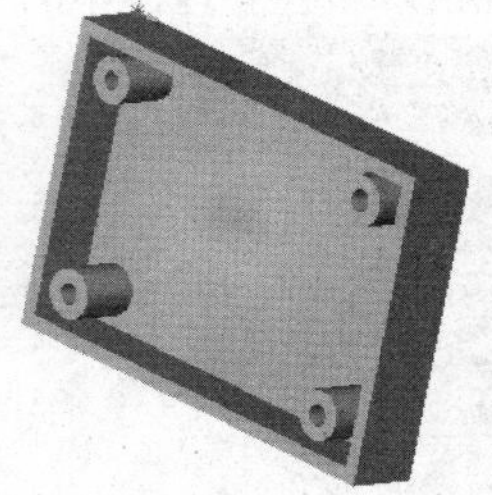

图4-71 筋特征效果

4.5.1 创建筋特征

执行方式

单击“特征”→“筋”按钮或选择“插入”菜单→“特征”→“筋”命令。

执行上述命令后，打开“筋”属性管理器，如图 4-72 所示。

图4-72 “筋”属性管理器

选项说明

（1）选择一种厚度生成方式。

- 单击“第一边”按钮，在草图的左边添加材料从而生成筋。
- 单击“两侧”按钮，在草图的两边均等地添加材料生成筋。
- 单击“第二边”按钮，在草图的右边添加材料生成筋。

（2）在“筋厚度”微调框中指定筋的厚度。

（3）对于在平行基准面上生成的开环草图，可以选择拉伸方向。

- 单击“平行于草图”按钮，平行于草图方向生成筋。
- 单击“垂直于草图”按钮，垂直于草图方向生成筋。

（4）如果选择了垂直于草图方向生成筋，还需要选择拉伸类型。

- 线性拉伸：将生成一个与草图方向垂直而延伸草图轮廓的筋，直到它们与边界汇合。
- 自然拉伸：将生成一个与轮廓方向相同而延伸草图轮廓的筋，直到它们与边界汇合。

（5）如果选择了平行于草图方向生成筋，则只有线性拉伸类型。

（6）选择“反转材料方向”复选框可以改变拉伸方向。

（7）如果要对筋作拔模处理，单击“拔模开 / 关”按钮。

（8）可以输入拔模角度，生成有一定拔模角度的筋。

4.5.2　实例——导流盖

本例创建的导流盖如图 4-73 所示。本例首先绘制开环草图，旋转成薄壁模型，接着绘制筋特征，重复操作绘制其余筋，完成零件建模，最终生成导流盖模型。

图4-73　导流盖

操作步骤

1．生成薄壁旋转特征

（1）单击菜单栏中的“文件”→“新建”命令，或单击“标准”工具栏中的“新建”按钮，在弹出的“新建 SolidWorks 文件”对话框中，单击“零件”按钮，然后单击“确定”按钮，新建一个零件文件。

（2）在“FeatureManager 设计树”中选择“前视基准面”作为草图绘制基准面，单击“草图”工具栏中的“草图绘制”按钮，新建一张草图。

（3）单击“草图”工具栏中的“中心线”按钮，过原点绘制一条竖直中心线。

（4）依次单击“草图”工具栏中的“直线”按钮和“切线弧”按钮，绘制旋转草图轮廓，如图 4-74 所示。

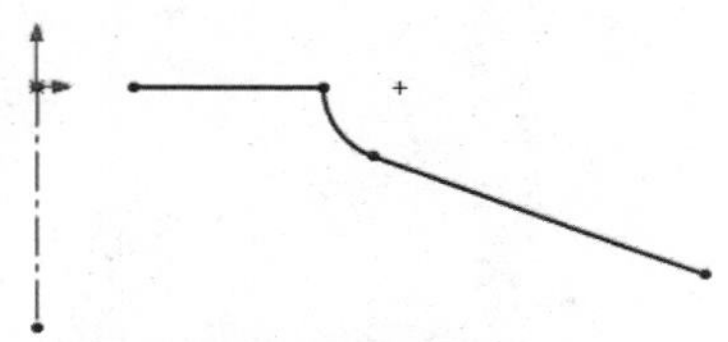

图4-74　旋转草图轮廓

（5）单击“尺寸 / 几何关系”工具栏中的“智能尺寸”按钮，为草图标注尺寸，如图 4-75 所示。

（6）单击“特征”工具栏中的“旋转凸台 / 基体”按钮，在弹出的询问对话框中单击“否”按钮，如图 4-76 所示。

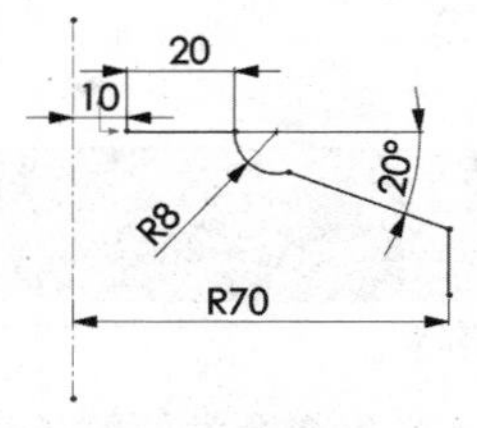

图4-75　标注尺寸

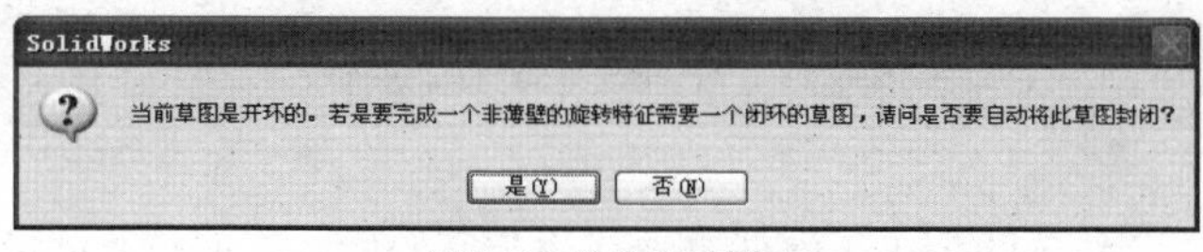

图4-76　询问对话框

（7）在“旋转”属性管理器中设置旋转类型为“单向”，并在“角度”文本框中输入“360.00 度”，单击“薄壁特征”面板中的“反向”按钮，使薄壁向内部拉伸，在“厚度”文本框中输入“2.00mm”，如图 4-77 所示。单击“确定”按钮，生成薄壁旋转特征。

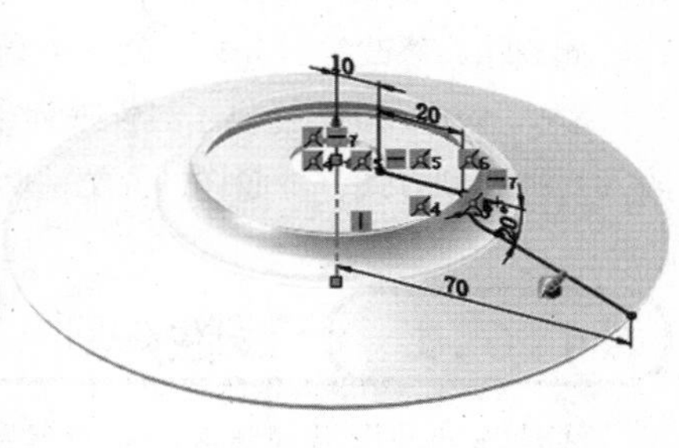

图4-77　生成薄壁旋转特征

2. 创建筋特征

（1）在“FeatureManager 设计树”中选择“右视基准面”作为草图绘制基准面，单击“草图”工具栏中的“草图绘制”按钮，新建一张草图。单击“标准视图”工具栏中的“正视于”按钮，正视于右视图。

（2）单击“草图”工具栏中的“直线”按钮，将光标移到台阶的边缘，当光标变为形状时，表示指针正位于边缘上，移动光标以生成从台阶边缘到零件边缘的折线。

（3）单击“尺寸 / 几何关系”工具栏中的“智能尺寸”按钮，为草图标注尺寸，如图 4-78 所示。

（4）单击“标准视图”工具栏中的“等轴测”按钮，用等轴测视图观看图形。

（5）单击“特征”工具栏中的“筋”按钮，或选择菜单栏中的“插入”→“特征”→“筋”命令，弹出“筋”属性管理器；单击“两侧”按钮，设置厚度生成方式为两边均等添加材料，在“筋厚度”文本框中输入“3.00mm”，单击“平行于草图”按钮，设定筋的拉伸方向为平行于草图，如图 4-79 所示，单击“确定”按钮，生成筋特征。

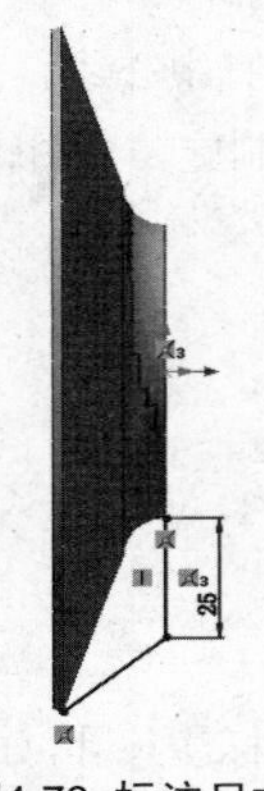
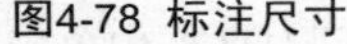

图4-78 标注尺寸

图4-79 创建筋特征

（6）重复步骤（4）、(5）的操作，创建其余 3 个筋特征。同时也可利用圆周阵列命令阵列筋特征。最终结果如图 4-73 所示。

4.6 阵列特征

特征阵列用于将任意特征作为原始样本特征，通过指定阵列尺寸产生多个类似的子样本特征。特征阵列完成后，原始样本特征和子样本特征成为一个整体，可将它们作为一个特征进行相关的操作，如删除、修改等。如果修改了原始样本特征，则阵列中的所有子样本特征也随之更改。

SolidWorks 2012 提供了线性阵列、圆周阵列、草图阵列、曲线驱动阵列、表格驱动阵列和填充阵列 6 种阵列方式。下面详细介绍前两种常用的阵列方式。

4.6.1 线性阵列

线性阵列是指沿一条或两条直线路径生成多个子样本特征。如图 4-80 所示列举了线性阵列的零件模型。

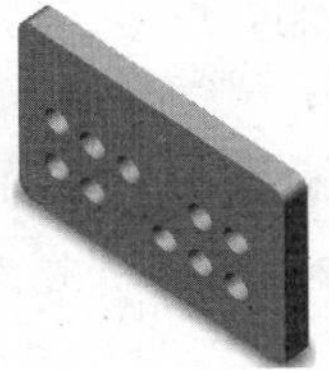

图4-80 线性阵列模型

执行方式

单击“特征”→“线性阵列”按钮或选择“插入”菜单→“特征”→“线性阵列”命令。

执行上述命令后，打开“线性阵列”属性管理器。

选项说明

（1）在“方向 1”选项组中选择第一个列表框，然后在图形区中选择模型的一条边线或尺寸线指出阵列的第一个方向。所选边线或尺寸线的名称出现在该列表框中。

（2）如果图形区中表示阵列方向的箭头不正确，则单击“反向”按钮，可以反转阵列方向。

（3）在“方向 1”选项组的“间距”文本框中指定阵列特征之间的距离。

（4）在“方向 1”选项组的“实例数”文本框中指定该方向下阵列的特征数（包括原始样本特征）。此时在图形区中可以预览阵列效果，如图 4-81 所示。

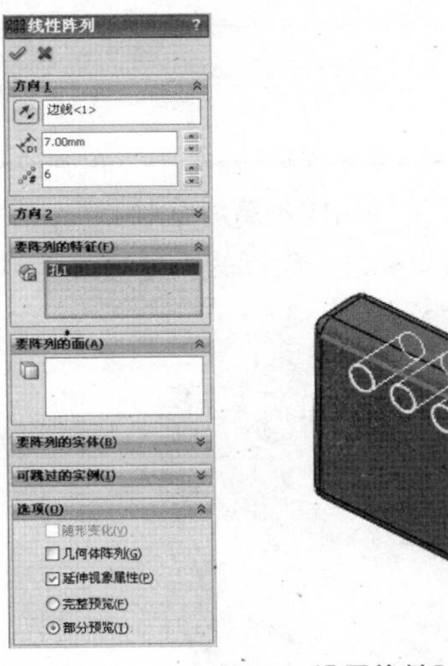

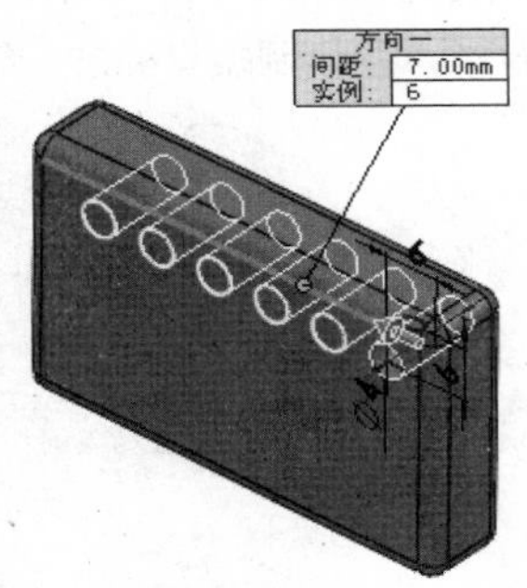

图4-81 设置线性阵列

（5）如果要在另一个方向上同时生成线性阵列，则仿照上述步骤，对“方向 2”选项组进行设置。

（6）在“方向 2”选项组中有一个“只阵列源”复选框。如果勾选该复选框，则在方向 2 中只复制原始样本特征，而不复制“方向 1”中生成的其他子样本特征，如图 4-82 所示。

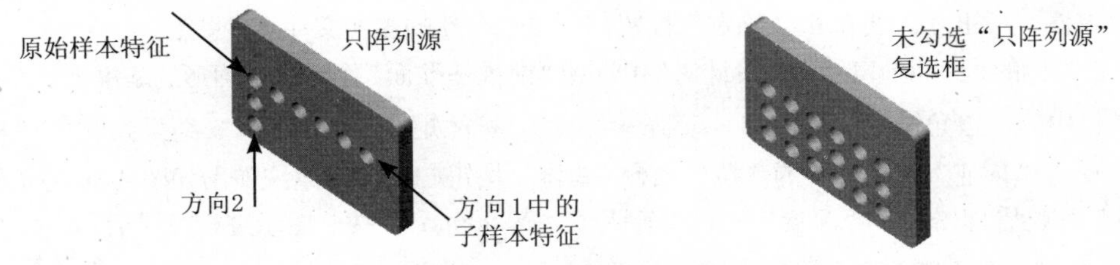

图4-82 只阵列源与阵列所有特征的效果对比

（7）在阵列中如果要跳过某个阵列子样本特征，则在“可跳过的实例”选项组中单击“要跳过的单元”按钮右侧的列表框，并在图形区中选择想要跳过的某个阵列特征，这些特征将显示在该列表框中。如图 4-83 所示显示了可跳过的实例效果。

（8）线性阵列属性设置完毕，单击“确定”按钮，生成线性阵列。

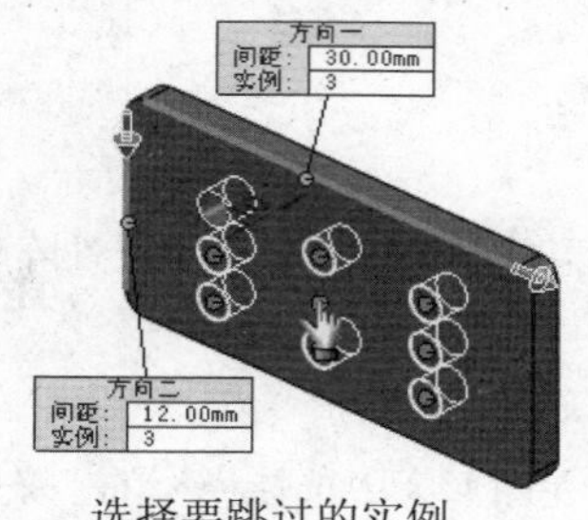

选择要跳过的实例

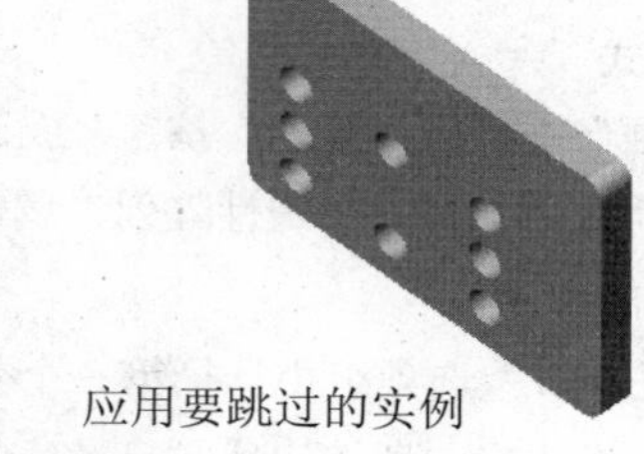

应用要跳过的实例

图4-83 阵列时应用可跳过实例

技巧荟萃

当使用特型特征来生成线性阵列时，所有阵列的特征都必须在相同的面上。

如果要选择多个原始样本特征，在选择特征时，需按住【Ctrl】键。

4.6.2 实例——芯片

本实例首先绘制芯片的主体轮廓草图并拉伸实体，然后绘制芯片的管脚。以轮廓的表面为基准面，在其上绘制文字草图并拉伸，并绘制端口标志。绘制的模型如图 4-84 所示。

图4-84 芯片

操作步骤

（1）单击“标准”工具栏中的“新建”按钮，在弹出的“新建 SolidWorks 文件”对话框中先单击“零件”按钮，再单击“确定”按钮，创建一个新的零件文件。

（2）在左侧的“FeatureManager 设计树”中选择“前视基准面”作为绘制图形的基准面。单击“草图”工具栏中的“边角矩形”按钮，绘制一个矩形，标注矩形各边的尺寸。结果如图 4-85 所示。

（3）单击“特征”工具栏中的“拉伸凸台 / 基体”按钮，此时系统弹出如图 4-86 所示的“凸台 - 拉伸”属性管理器。在“深度”一栏中输入值“20.00mm”。按照图示进行设置后，单击“确定”按钮，结果如图 4-87 所示。

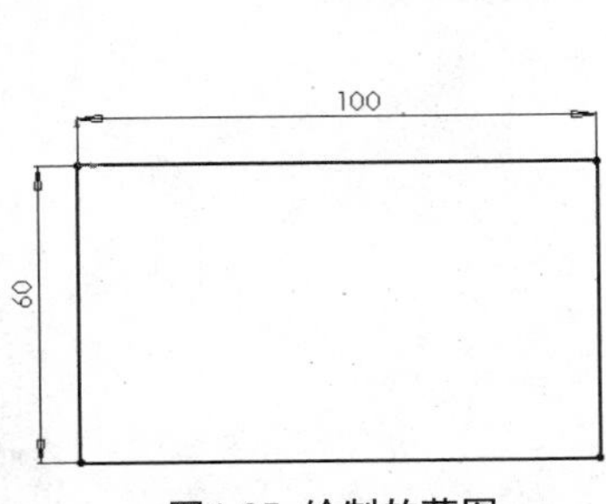

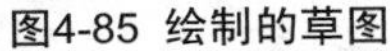
图4-85 绘制的草图

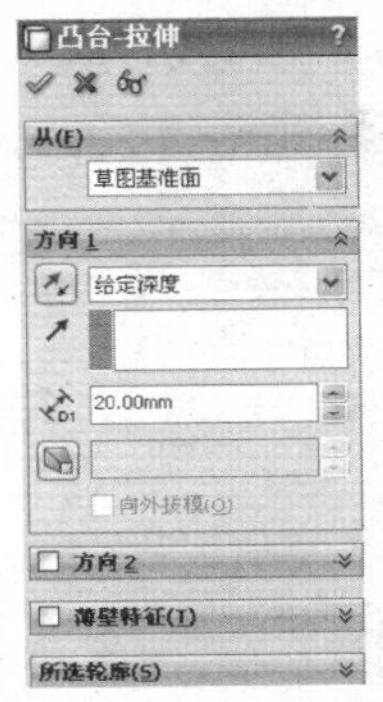

图4-86 “凸台-拉伸”属性管理器

（4）单击图4-87中的表面1，单击“草图”工具栏中的“草图绘制”按钮，进入草图绘制状态。然后单击“标准视图”工具栏中的“正视于”按钮，将该表面作为绘图的基准面。依次单击“草图”工具栏中的“边角矩形”按钮和“智能尺寸”按钮，绘制草图并标注尺寸结果如图4-88所示。

（5）单击“特征”工具栏中的“拉伸凸台／基体”按钮，此时系统弹出“凸台-拉伸”属性管理器。在“深度”一栏中输入值“10.00mm”，然后单击属性管理器中的“确定”按钮。结果如图4-89所示。

（6）单击图4-89中的表面1，然后单击“标准视图”工具栏中的“正视于”按钮，将该表面作为绘图的基准面。单击“草图”工具栏中的“草图绘制”按钮，进入草图绘制环境。单击“草图”工具栏中的“边角矩形”按钮，绘制一个矩形，矩形的一个边在基准面的上边线上。如图4-90所示。

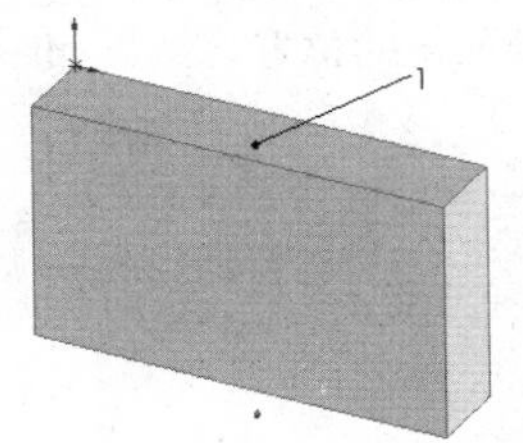

图4-87 拉伸后的图形

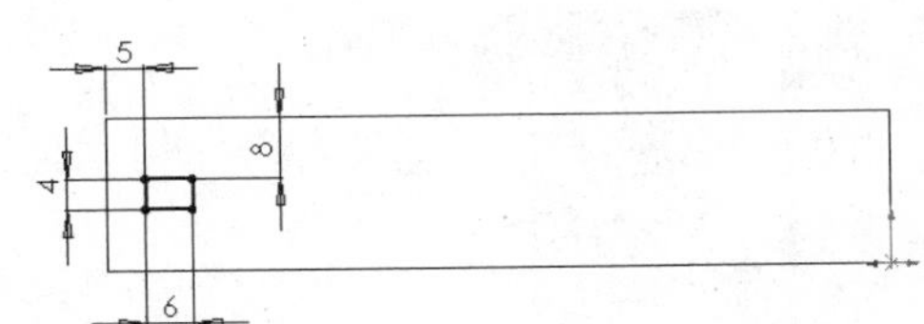

图4-88 绘制的草图

（7）单击“特征”工具栏中的“拉伸凸台／基体”按钮，此时系统弹出“凸台-拉伸”属性管理器。在“深度”一栏中输入值“30.00mm”，单击“确定”按钮。结果如图4-91所示。

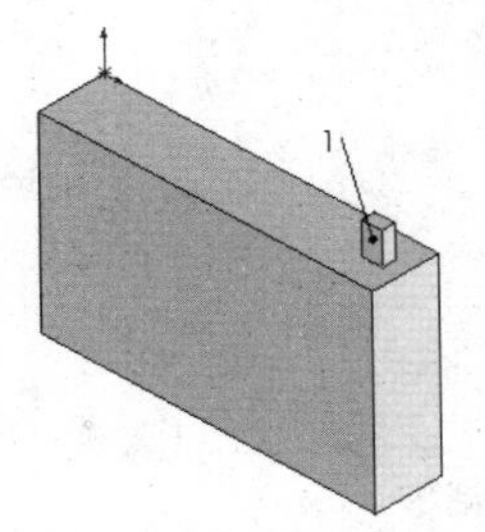

图4-89 拉伸后的图形

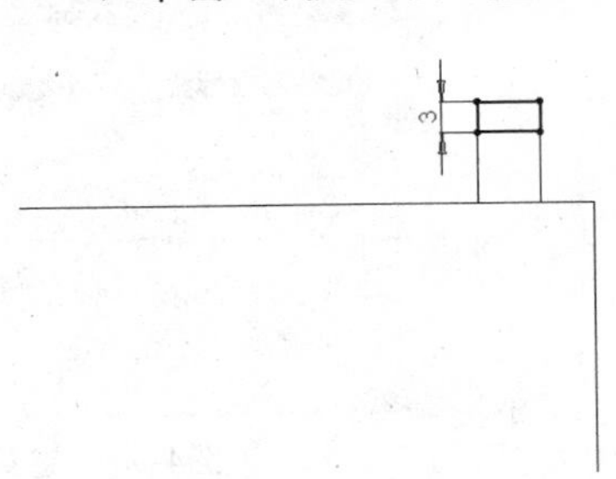

图4-90 绘制的草图

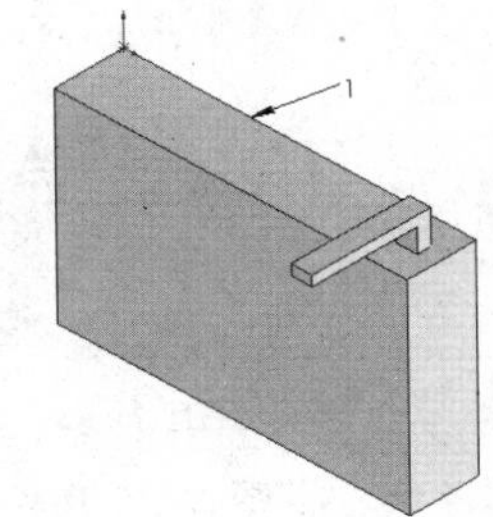

图4-91 拉伸后的图形

（8）单击“特征”工具栏中的“线性阵列”按钮，此时系统弹出如图4-92所示“线性阵列”属性管理器。在“边线”一栏中，选择图4-91中的边线1；在“间距”一栏中输入值“12.00mm”；在“实例数”一栏中输入值“8”；在“要阵列的特征”一栏中选择图4-91中绘制的芯片管脚。单击“确定”按钮，结果如图4-93所示。

（9）绘制另一侧脚线。重复步骤（2）~（8），结果如图 4-94 所示。

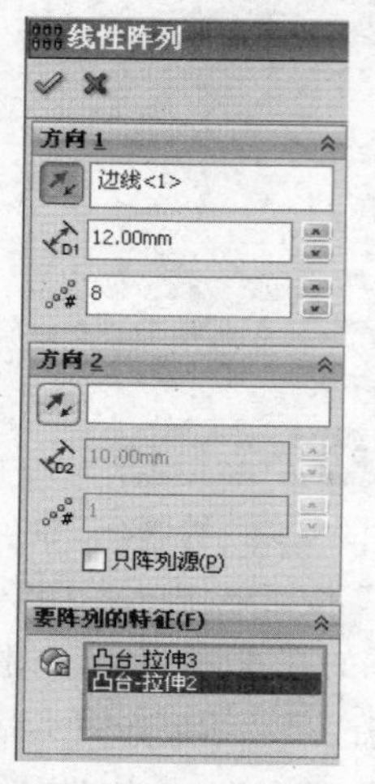

图4-92 “线性阵列”属性管理器

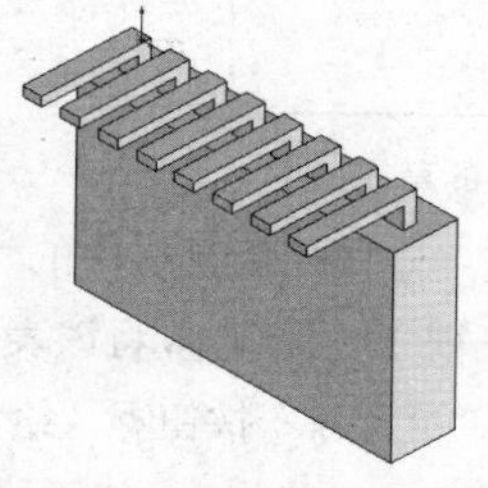

图4-93 阵列后的图形

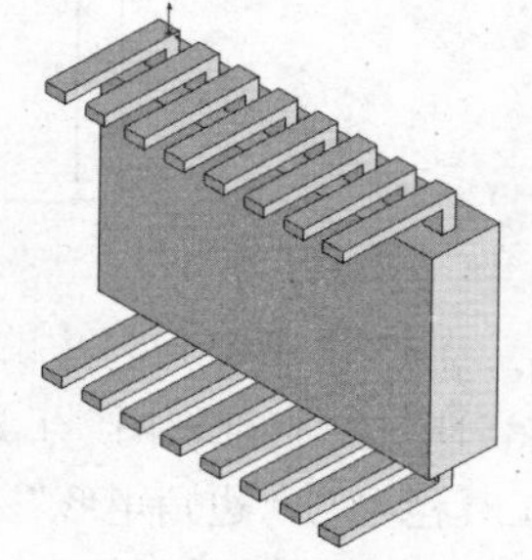

图4-94 绘制脚线

（10）选择图 4-94 所示的后表面，单击“标准视图”工具栏中的“正视于”按钮，将该表面作为绘图的基准面。单击“草图”工具栏中的“草图绘制”按钮，进入草图绘制环境。单击“草图”工具栏中的“文字”按钮，此时系统弹出如图 4-95 所示的“草图文字”属性管理器。在“文字”一栏输入文字“ATMEL”。单击属性管理器下面的“字体”按钮，此时系统弹出如图 4-96 所示的“选择字体”对话框，设置文字的大小及属性，单击“草图文字”属性管理器中的“确定”按钮。重复此命令，添加草图文字“AT89C51”，调整文字在基准面上的位置。结果如图 4-97 所示。

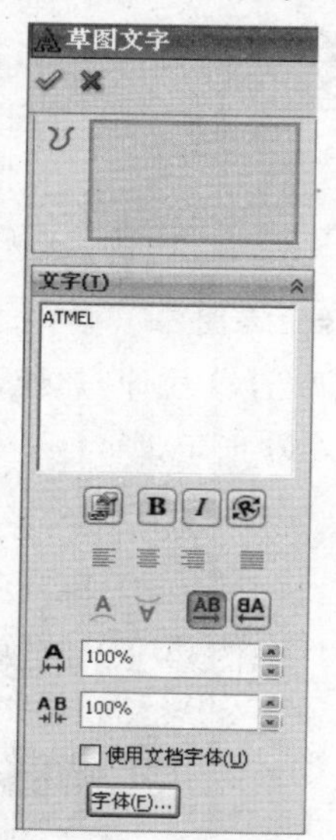

图4-95 “草图文字”属性管理器

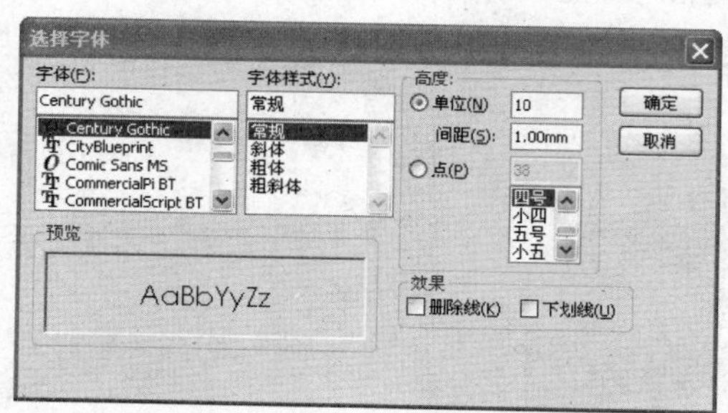

图4-96 “选择字体”对话框

（11）单击“特征”工具栏中的“拉伸凸台 / 基体”按钮，此时系统弹出“凸台 - 拉伸”属性管理器。在“深度”一栏中输入“2.00mm”，然后单击“确定”按钮。结果如图 4-98 所示。

（12）选择图 4-98 所示的表面 1，然后单击“标准视图”工具栏中的“正视于”按钮，将该表面作为绘图的基准面。单击“草图”工具栏中的“草图绘制”按钮，进入草图绘制环境。单击“草图”工具栏中的“圆”按钮，绘制一个圆心在基准面右边线上的圆并标注尺寸。如图 4-99 所示。

（13）单击“特征”工具栏中的“拉伸切除”按钮，此时系统弹出“切除 - 拉伸”属性管理器。在“深度”一栏中输入值“3.00 mm”，并调整拉伸切除的方向，然后单击“确定”按钮，结果如图 4-84 所示。

图4-97　绘制的草图

图4-98　拉伸后的图形

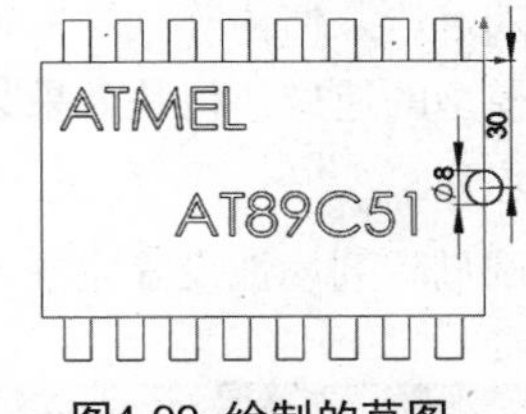

图4-99　绘制的草图

4.6.3　圆周阵列

圆周阵列是指绕一个轴心以圆周路径生成多个子样本特征。如图 4-100 所示为采用了圆周阵列的零件模型。在创建圆周阵列特征之前，首先要选择一个中心轴，这个轴可以是基准轴或者临时轴。每一个圆柱和圆锥面都有一条轴线，称之为临时轴。临时轴是由模型中的圆柱和圆锥隐含生成的，在图形区中一般不可见。在生成圆周阵列时需要使用临时轴，单击菜单栏中的“视图”→“临时轴”命令就可以显示临时轴了。此时该菜单旁边出现标记“ √”，表示临时轴可见。此外，还可以生成基准轴作为中心轴。

执行方式

单击“特征”→“圆周阵列”按钮或选择“插入”菜单→“特征”→“圆周阵列”命令。

执行上述命令后，打开“圆周阵列”属性管理器，如图 4-100 所示。

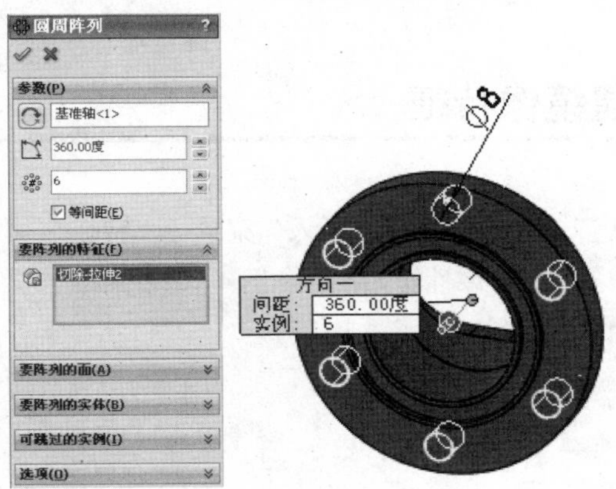

图4-100　圆周阵列

选项说明

（1）在“要阵列的特征”选项组中高亮显示所选择的特征。如果要选择多个原始样本特征，需按住【Ctrl】键进行选择。此时，在图形区生成一个中心轴，作为圆周阵列的圆心位置。

在“参数”选项组中，单击第一个列表框，然后在图形区中选择中心轴，则所选中心轴的名称显示在该列表框中。

（2）如果图形区中阵列的方向不正确，则单击“反向”按钮，可以翻转阵列方向。

（3）在“参数”选项组的“角度”文本框中指定阵列特征之间的角度。

（4）在“参数”选项组的“实例数”文本框中指定阵列的特征数（包括原始样本特征）。此时在图形区中可以预览阵列效果。

（5）勾选“等间距”复选框，则总角度将默认为“360.00 度”，所有的阵列特征会等角度均匀分布。

（6）勾选“几何体阵列”复选框，则只复制原始样本特征而不对它进行求解，这样可以加速生成及重建模型的速度。但是如果某些特征的面与零件的其余部分合并在一起，则不能为这些特征生成几何体阵列。

（7）圆周阵列属性设置完毕，单击“确定”按钮，生成圆周阵列。

4.7 镜像特征

如果零件结构是对称的，用户可以只创建零件模型的一半，然后使用镜像特征的方法生成整个零件。如果修改了原始特征，则镜像的特征也随之更改。如图 4-101 所示为运用镜像特征生成的零件模型。

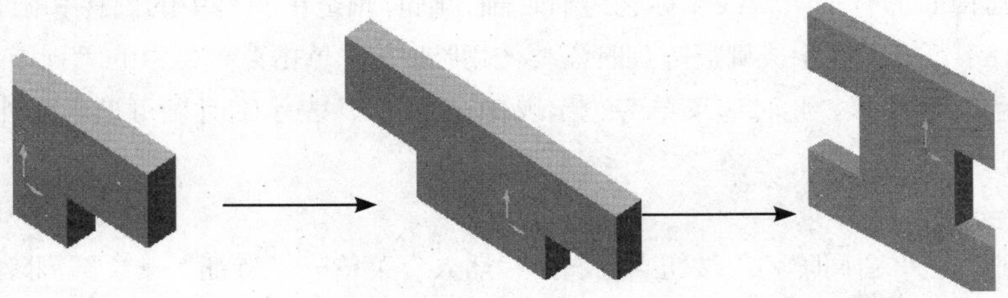

图4-101 镜像特征生成零件

4.7.1 创建镜像特征

执行方式

单击“特征”→“镜像[注]”按钮或选择“插入”菜单→“特征”→“镜像”命令。

执行上述命令后，打开“镜像”属性管理器。如图 4-102 所示。

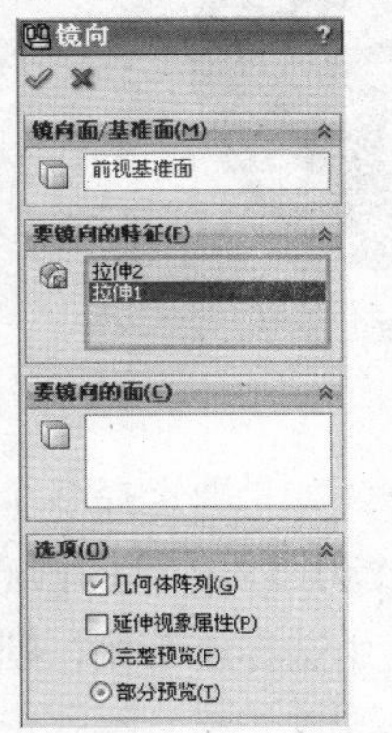

图4-102 “镜像”属性管理器

图4-103 镜像特征

注：镜像，软件中为“镜向”。

选项说明

（1）在“镜像面 / 基准面”选项组中，单击选择如图 4-103 所示的前视基准面；在“要镜像的特征”选项组中，选择拉伸特征 1 和拉伸特征 2,“镜像”属性管理器设置如图 4-104 所示。单击“确定”按钮✓，创建的镜像特征如图 4-105 所示。

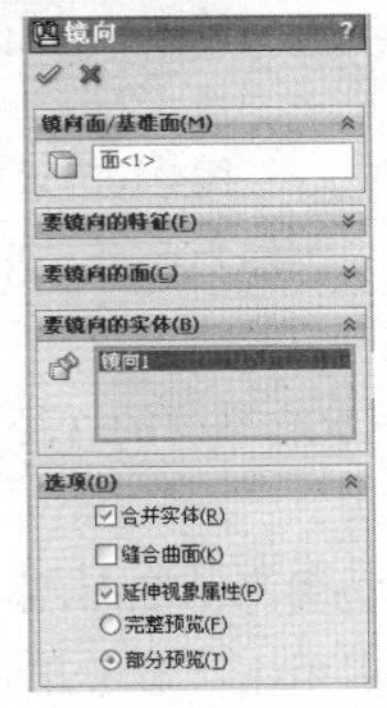

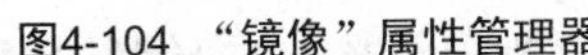

图4-104　“镜像”属性管理器

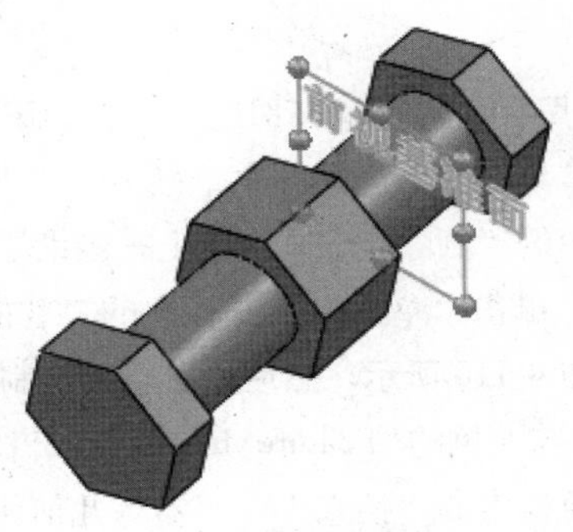

图4-105　镜像实体

（2）镜像特征是指以某一平面或者基准面作为参考面，对称复制一个或者多个特征或模型实体。

4.7.2　实例——台灯灯泡

本实例绘制台灯灯泡，如图 4-106 所示。首先绘制灯泡底座的外形草图，拉伸为实体轮廓，然后绘制灯管草图，扫描为实体，最后绘制灯尾。

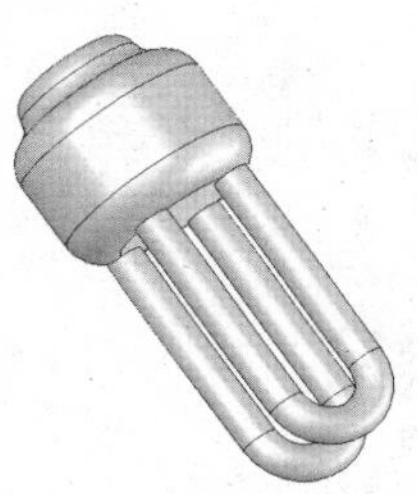

图4-106　台灯灯泡

操作步骤

（1）单击“标准”工具栏中的“新建”按钮，在弹出的“新建 SolidWorks 文件”对话框中先单击“零件”按钮，再单击“确定”按钮，创建一个新的零件文件。

（2）在左侧的“FeatureMannger 设计树”中选择“前视基准面”作为绘制图形的基准面。单击“草图”工具栏中的“圆”按钮，绘制一个圆心在原点的圆。

（3）选择菜单栏中的“工具”→“标注尺寸”→“智能尺寸”命令，或者单击“草图”工具栏中的“智能尺寸”按钮，标注圆的直径，结果如图 4-107 所示。

（4）选择菜单栏中的“插入”→“凸台 / 基体”→“拉伸”命令，或者单击“特征”工具栏中的“拉伸凸台 / 基体”按钮，此时系统弹出“拉伸”对话框。在“深度”一栏中输入值“40.00mm”，然后单击对话框中的“确定”按钮✓。结果如图 4-108 所示。

（5）单击图 4-108 中的外表面，然后单击“标准视图”工具栏中的“正视于”按钮，将该表面作为绘制图形的基准面。结果如图 4-109 所示。

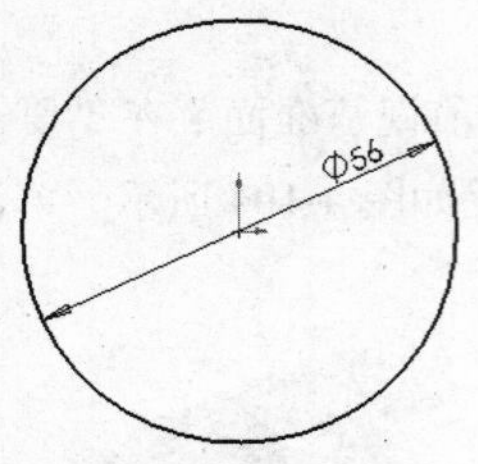

图4-107 绘制的草图

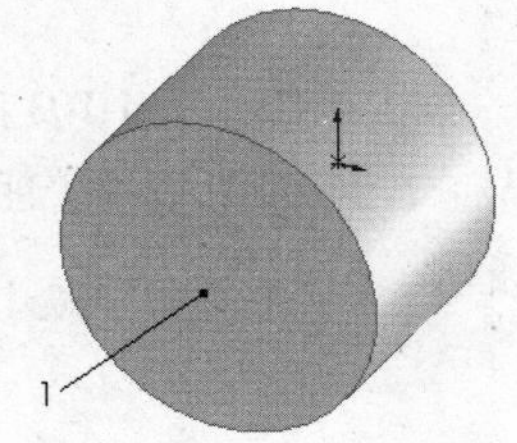

图4-108 拉伸后的图形

图4-109 设置的基准面

（6）绘制草图。选择菜单栏中的“工具”→“草图绘制实体”→“圆”命令，或者单击“草图”工具栏中的“圆”按钮，在上一步设置的基准面上绘制一个圆。

（7）单击“草图”工具栏中的“智能尺寸”按钮，标注上一步绘制圆的直径及其定位尺寸，结果如图 4-110 所示。然后退出草图绘制。

（8）在左侧的“FeatureManager 设计树”中选择“右视基准面”作为参考基准面，添加新的基准面。选择菜单栏中的“插入”→“参考几何体”→“基准面”命令，或者单击“参考几何体”工具栏中“基准面”按钮，此时系统弹出如图 4-111 所示的“基准面”属性管理器。在“等距距离”一栏中输入值“13.00mm”，并调整设置基准面的方向。按照图示进行设置后，单击属性管理器中的“确定”按钮，结果如图 4-112 所示。

（9）在左侧的“FeatureManager 设计树”中选择上一步添加的基准面，然后单击“标准视图”工具栏中的“正视于”按钮，将该基准面作为绘制图形的基准面。结果如图 4-113 所示。

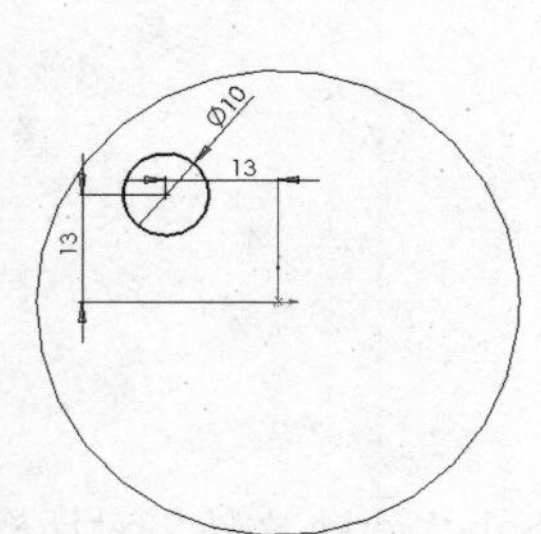

图4-110 标注的图形

图4-111 “基准面”属性管理器

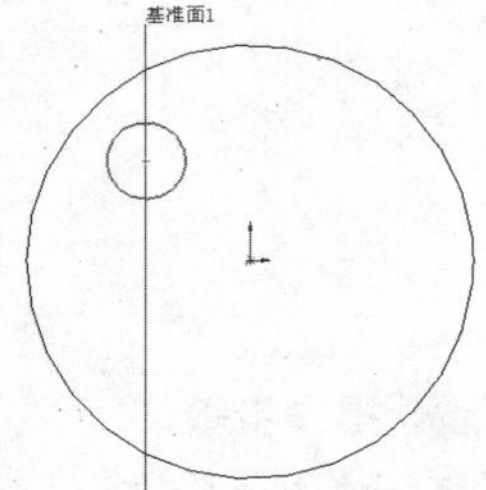

图4-112 添加的基准面

（10）单击“草图”工具栏中的“直线”按钮，绘制起点在图 4-112 中小圆的圆心的直线，单击“草图”工具栏中的“中心线”按钮，绘制一条通过原点的水平中心线。结果如图 4-114 所示。

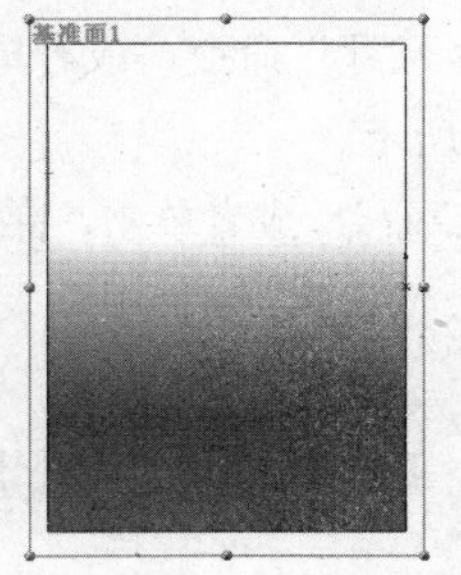

图4-113 设置的基准面

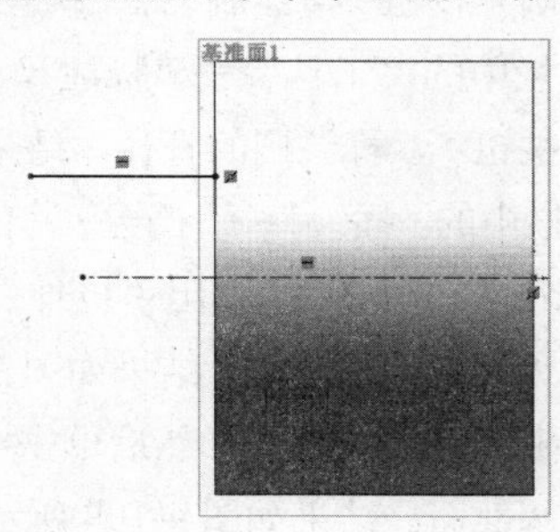

图4-114 绘制的草图

（11）选择菜单栏中的“工具”→“草图绘制工具”→“镜像”命令，或者单击“草图”工具栏中的“镜像实体”按钮，此时系统弹出“镜像”对话框。在“要镜像的实体”一栏中，依次选择步骤（10）绘制的直线；在“镜像点”一栏中选择步骤（10）中绘制的水平中心线。单击对话框中的“确定”按钮，结果如图 4-115 所示。

（12）单击“草图”工具栏中的“切线弧”按钮，绘制一个端点为两条直线端点的圆弧。结果如图 4-116 所示。

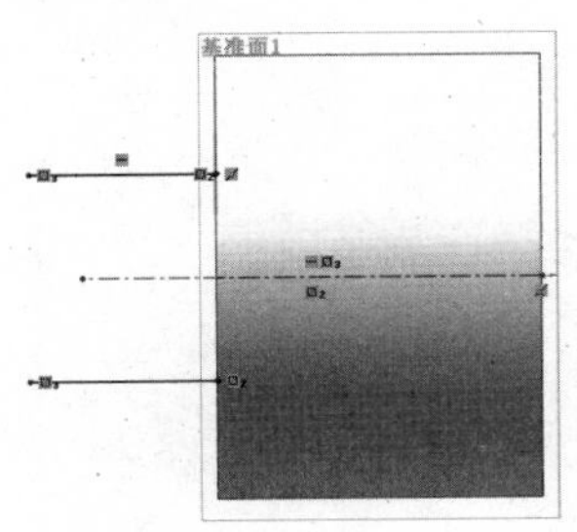

图4-115 镜像后的图形

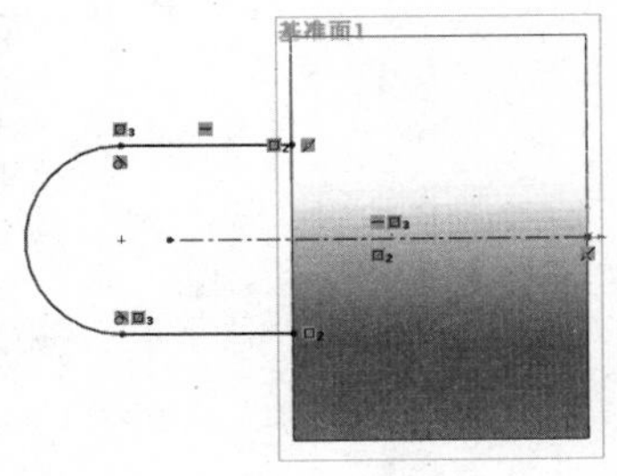

图4-116 绘制的草图

（13）单击“草图”工具栏中的“智能尺寸”按钮，标注图 4-116 中的尺寸，结果如图 4-117 所示。然后退出草图绘制。

（14）单击“标准视图”工具栏中的“等轴测”按钮，将视图以等轴测方向显示。结果如图 4-118 所示。

（15）选择菜单栏中的“插入”→“凸台 / 基体”→“扫描”命令，此时系统弹出如图 4-119 所示的“扫描”属性管理器。在“轮廓”一栏中，选择图 4-118 中的圆 1；在“路径”一栏中，选择图 4-118 中的草图 2。单击属性管理器中的“确定”按钮。

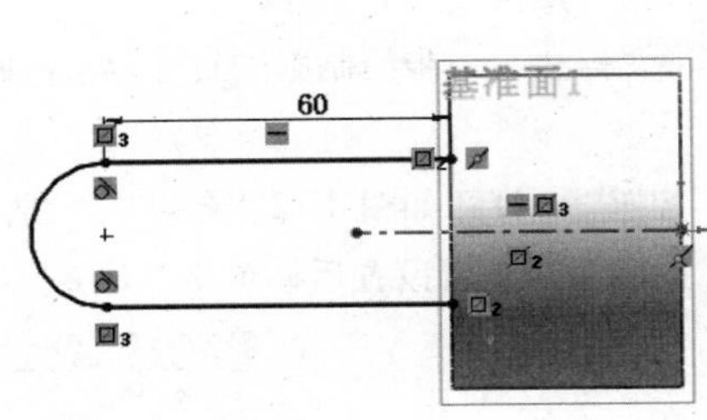

图4-117 标注的草图

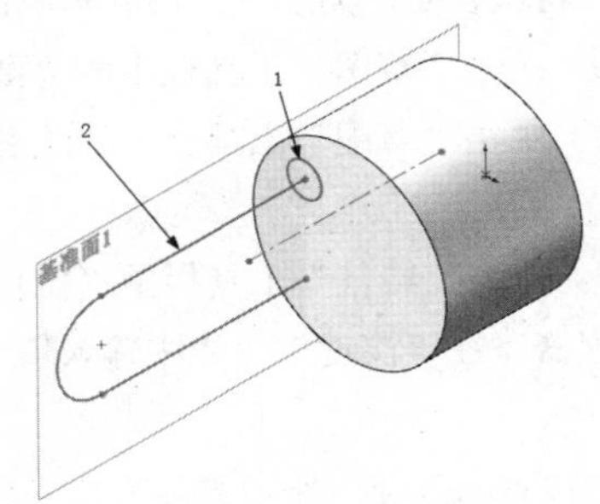

图4-118 等轴测视图

（16）单击菜单栏中的“视图”→“基准面”命令，视图中就不会显示基准面。结果如图 4-120 所示。

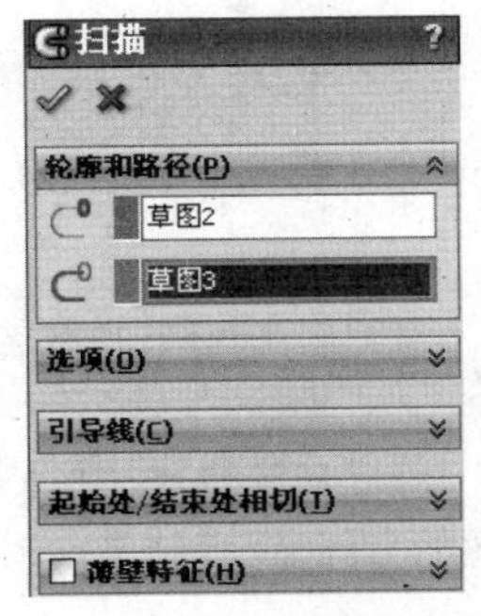

图4-119 “扫描”属性管理器

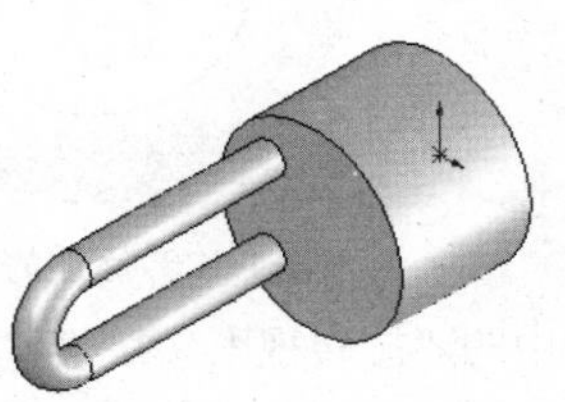

图4-120 扫描后的图形

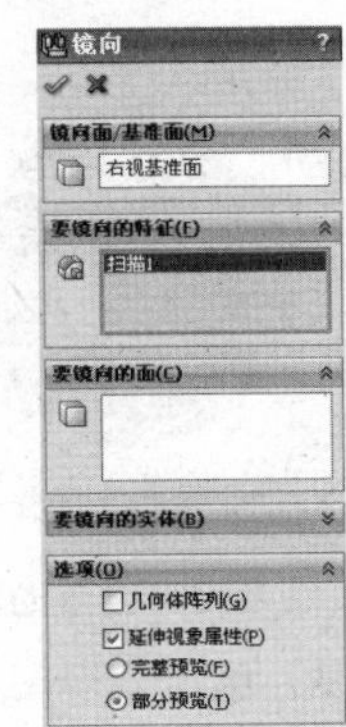

图4-121 “镜像”属性管理器

（17）单击“特征”工具栏中的“镜像”按钮，此时系统弹出如图 4-121 所示的“镜像”属性管理器。在“镜像面 / 基准面”一栏中，选择“右视基准面”；在“要镜像的特征”一栏中，选择扫描的实体。单击属性管理器中的“确定”按钮，结果如图 4-122 所示。

（18）单击“特征”工具栏中的“圆角”按钮，此时系统弹出如图 4-123 所示的“圆角”属性管理器。在“半径”一栏中输入值“10.00mm”，然后选取图 4-122 中的边线 1 和 2。调整视图方向，将视图以合适的方向显示。结果如图 4-124 所示。

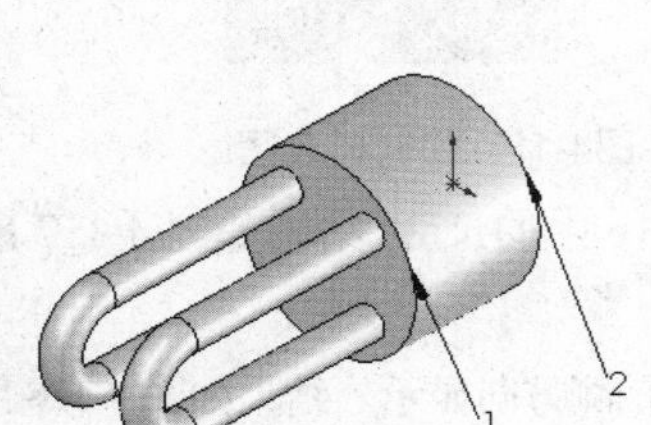

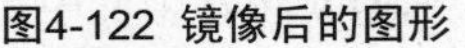

图4-122 镜像后的图形

图4-123 “圆角”属性管理器

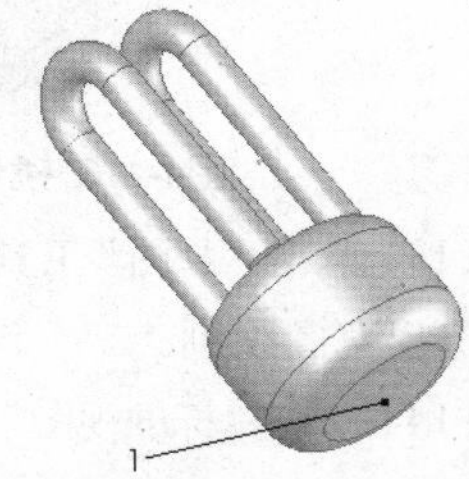

图4-124 圆角后的图形

（19）设置基准面。选择图 4-124 所示的表面 1，然后单击“标准视图”工具栏中的“正视于”按钮，将该表面作为绘制图形的基准面。结果如图 4-125 所示。

（20）单击“草图”工具栏中的“圆”按钮，以原点为圆心绘制一个圆。

（21）单击“草图”工具栏中的“智能尺寸”按钮，标注上一步绘制圆的直径，结果如图 4-126 所示。

（22）单击“特征”工具栏中“拉伸凸台 / 基体”按钮，打开如图 4-127 所示的“凸台 - 拉伸”属性管理器。在“深度”一栏中输入值“10.00mm”。按照图示进行设置后，单击“确定”按钮。

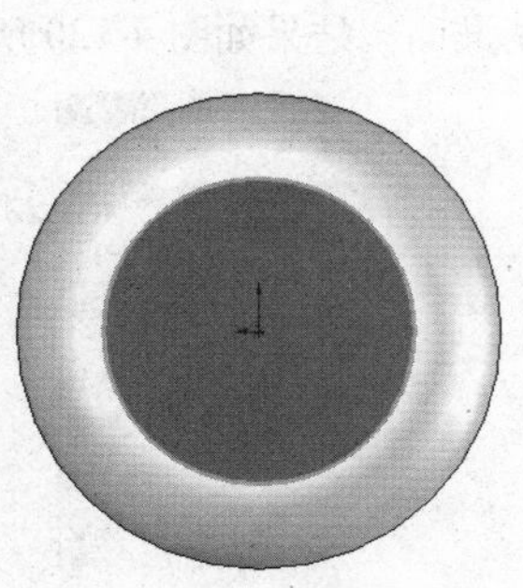

图4-125 设置的基准面

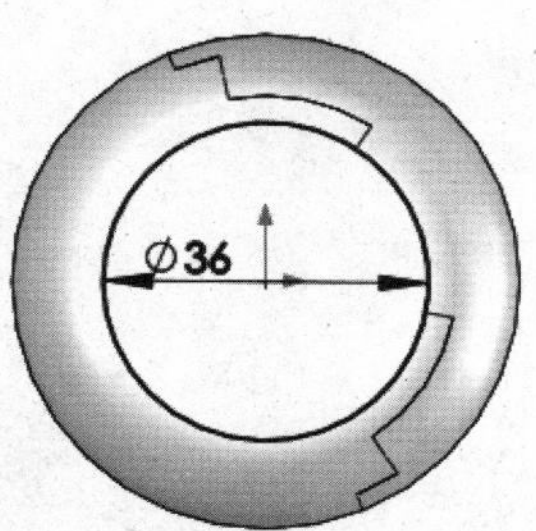

图4-126 标注的草图

图4-127 “凸台-拉伸”属性管理器

（23）单击“视图”工具栏中的“旋转视图”按钮，将视图以合适的方向显示，结果如图 4-128 所示。

（24）单击“特征”工具栏中的“圆角”按钮，此时系统弹出如图 4-129 所示的“圆角”属性管理器。在“半径”一栏中输入值“6.00mm”，然后选取图 4-128 中的边线 1 和 2。按照图示进行设置后，单击“确定”按钮。结果如图 4-106 所示。

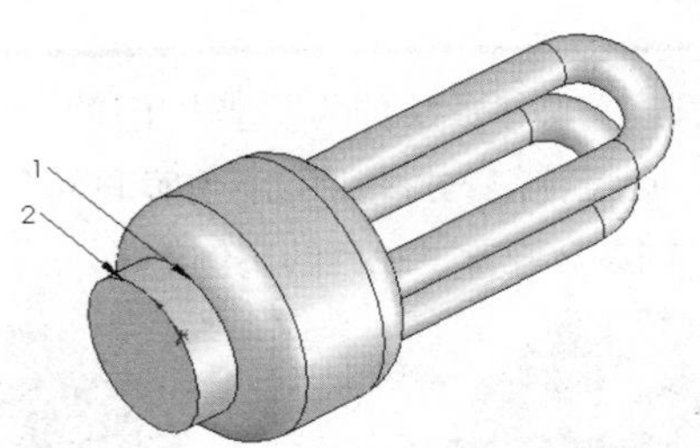

图4-128 拉伸后的图形

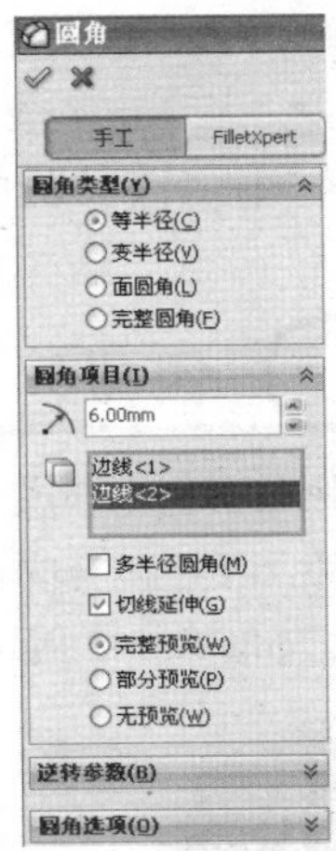

图4-129“圆角”属性管理器

4.8 其他特征

SolidWorks 中还有其他一些特征，下面简要介绍。

4.8.1 圆顶特征

在同一模型上同时添加一个或多个圆顶到所选平面或非平面上。示意图如图 4-130 所示。

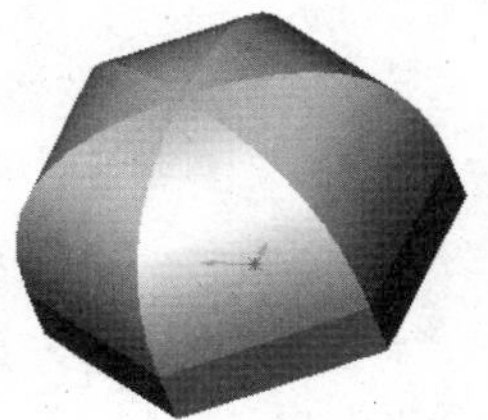
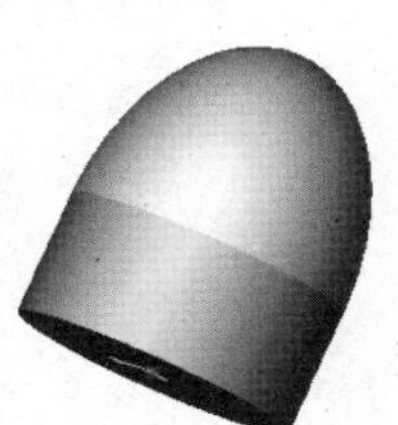
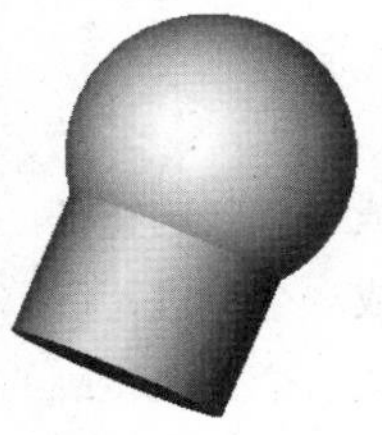
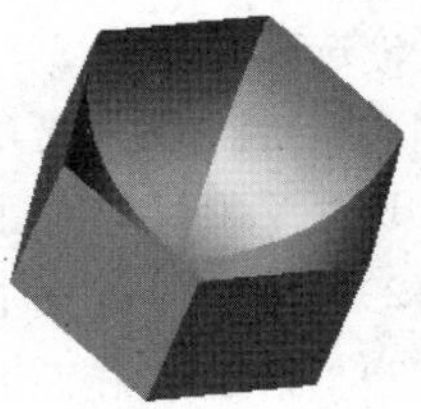

图4-130 圆顶示意图

执行方式

单击“特征”工具栏→“圆顶”按钮或选择“插入”菜单栏→“特征”→“圆顶”命令。

执行上述命令后，打开“圆顶”属性管理器，如图 4-131 所示。

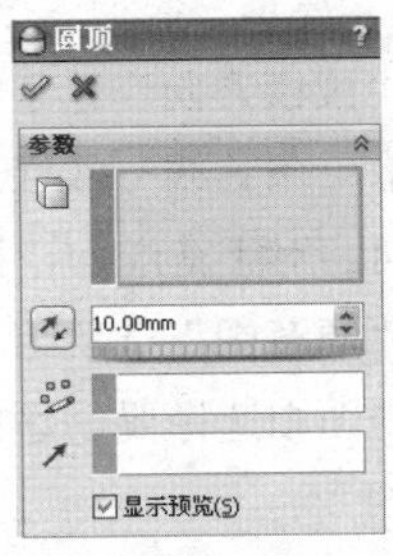

图4-131 “圆顶”属性管理器

选项说明

（1）“到圆顶的面”：选择一个或多个平面或非平面。

（2）“距离”：设定圆顶扩展的距离值。单击“反向”按钮，生成一个凹陷的圆顶。

（3）“约束点或草图”：通过选择一个包含有点的草图来约束草图的形状以控制圆顶。

（4）“方向”：从图形区域中选择一个方向向量以垂直于面以外的方向拉伸圆顶。也可使用线性边线或由两个草图点所生成的向量作为方向向量。

4.8.2 包覆

该特征将草图包裹到平面或非平面。可从圆柱、圆锥或拉伸的模型中生成一个平面。也可选择一个平面轮廓来添加多个闭合的样条曲线草图。包覆特征支持轮廓选择和草图再用。可以将包覆特征投影至多个面。如图 4-132 所示，显示的是不同参数设置下包覆的实例效果。

浮雕

蚀雕

刻划

图4-132 包覆特征效果

执行方式

单击“特征”工具栏→“包覆”按钮或选择“插入”菜单栏→“特征”→“包覆”命令。

执行上述命令后，打开“包覆”属性管理器，如图 4-133 所示。

图4-133 “包覆”属性管理器

选项说明

1.“包覆参数”选项组

（1）“浮雕”：在面上生成一个突起特征。

（2）“蚀雕”：在面上生成一个缩进特征。

（3）“刻划”：在面上生成一个草图轮廓的压印。

（4）“包覆草图的面”：选择一个非平面的面。

（5）“厚度”：输入厚度值。勾选“反向”复选框，更改方向。

2.“拔模方向”选项组

选取一条直线、线性边线或基准面来设定拔模方向。对于直线或线性边线，拔模方向是选定实体的方向。对于基准面，拔模方向与基准面正交。

3.“源草图”选项组

在视图中选择要创建包覆的草图。

4.8.3 弯曲

弯曲特征是以直观的方式对复杂的模型进行变形，示意图如图 4-134 所示。

执行方式

选择“插入”菜单栏→“特征”→“弯曲”命令。

执行上述命令后，打开“弯曲”属性管理器，如图 4-135 所示。

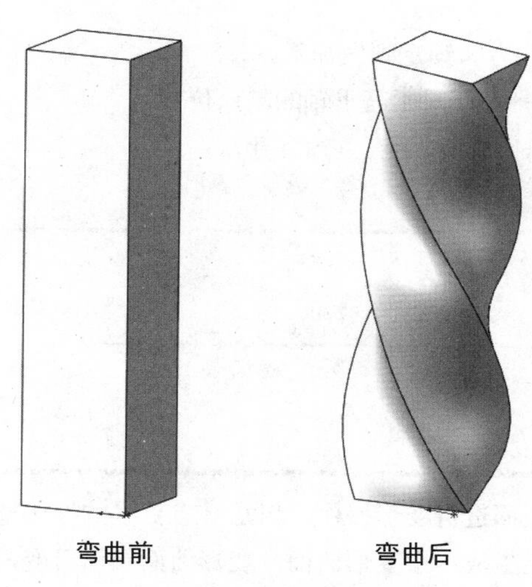

图4-134 弯曲实体

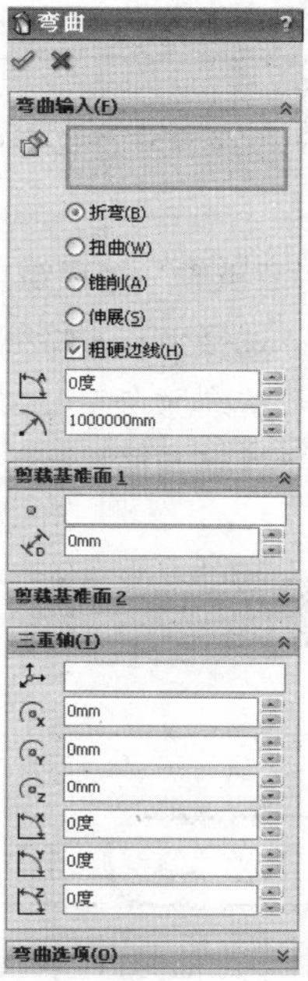

图4-135 “弯曲”属性管理器

选项说明

1．“弯曲输入”选项组

（1）“弯曲的实体”：在视图中选择要弯曲的实体。

（2）“折弯”：绕三重轴的红色 X 轴（折弯轴）折弯一个或多个实体。定位三重轴和剪裁基准面，控制折弯的角度、位置和界限。

（3）“扭曲”：扭曲实体和曲面实体。定位三重轴和剪裁基准面，控制扭曲的角度、位置和界限。绕三重轴的蓝色 Z 轴扭曲。

技巧荟萃

弯曲特征使用边界框计算零件的界限。剪裁基准面一开始便位于实体界限，垂直于三重轴的蓝色 Z 轴。

（4）“锥削”：锥削实体和曲面实体。定位三重轴和剪裁基准面，控制锥削的角度、位置和界限。按照三重轴的蓝色 Z 轴的方向进行锥削。

（5）“伸展”：伸展实体和曲面实体。指定一定距离或拖动剪裁基准面的边线。按照三重轴的蓝色 Z 轴的方向进行伸展。

（6）“粗硬边线”：生成如圆锥面、圆柱面以及平面等分析曲面，通常会形成剪裁基准面与实体相交的分割面。取消此选项的勾选，则结果将基于样条曲线，因此曲面和平面会显得更光滑，而原有面保持不变。

2. “剪裁基准面”选项组

（1）“参考实体”：将剪裁基准面的原点锁定到模型上的所选点。

（2）“裁剪距离”：沿三重轴的剪裁基准面轴（蓝色 Z 轴）从实体的外部界限移动剪裁基准面。

技巧荟萃

弯曲特征仅影响剪裁基准面之间的区域。

3. “三重轴”选项组

（1）“选择坐标系特征”：将三重轴的位置和方向锁定到坐标系。

（2）“旋转原点”：沿指定轴移动三重轴（相对于三重轴的默认位置）。

（3）“旋转角度”：绕指定轴旋转三重轴（相对于三重轴自身）。

技巧荟萃

弯曲特征的中心在三重轴的中心附近。

4.8.4 自由形特征

自由形特征与圆顶特征类似，也是针对模型表面进行变形操作，但是具有更多的控制选项。自由形特征通过展开、约束或拉紧所选曲面在模型上生成一个变形曲面。变形曲面灵活可变，很像一层膜。可以使用“自由形”属性管理器中“控制”标签上的滑块将之展开、约束或拉紧。

执行方式

选择“插入”菜单栏→“特征”→“自由形”命令。

打开素材文件“素材\第 4 章\ 4.8.4.SLDPRT”，打开的文件实体如图 4-136 所示。执行上述命令后，打开“自由形”属性管理器，如图 4-137 所示。

选项说明

（1）在“面设置”一栏中，选择图 4-136 中的表面 1，按照图 4-137 所示进行设置。

（2）单击属性管理器中的“确定”按钮，结果如图 4-138 所示。

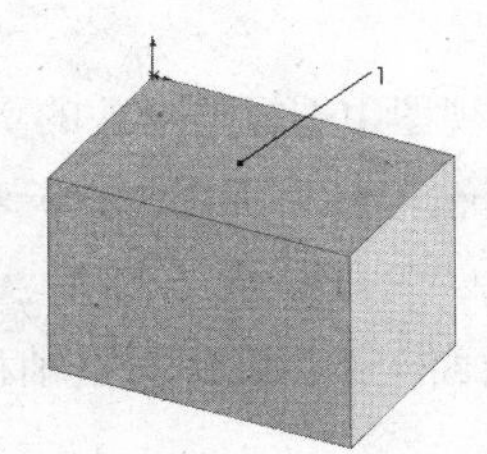

图4-136 打开的文件实体

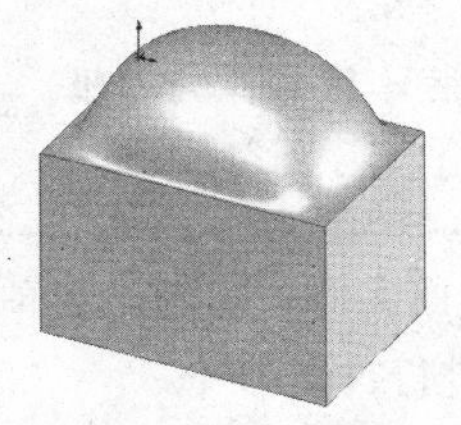

图4-138 自由形的图形

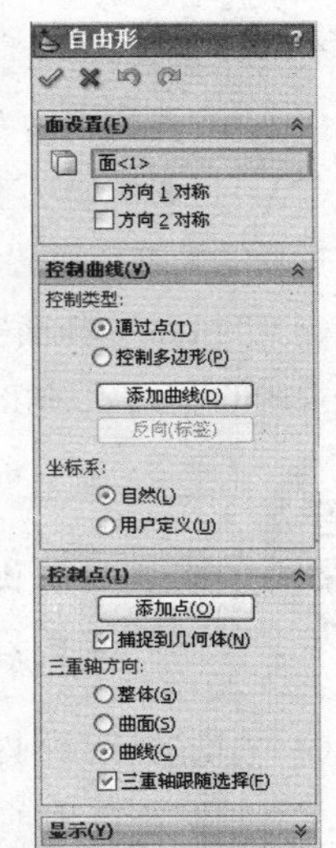

图4-137 “自由形”属性管理器

4.8.5 比例缩放

比例缩放是指相对于零件或者曲面模型的重心或模型原点来进行缩放。比例缩放仅缩放模型几何体，常在数据输出、型腔等中使用。它不会缩放尺寸、草图或参考几何体。对于多实体零件，可以缩放其中一个或多个模型的比例。

执行方式

选择“插入”菜单栏→“特征”→“缩放比例”命令或单击“特征”工具栏→“缩放比例”按钮。

打开素材文件“素材\第4章\4.8.5.SLDPRT”，打开的文件实体如图4-139所示。执行上述命令后，打开“缩放比例”属性管理器，如图4-140所示。

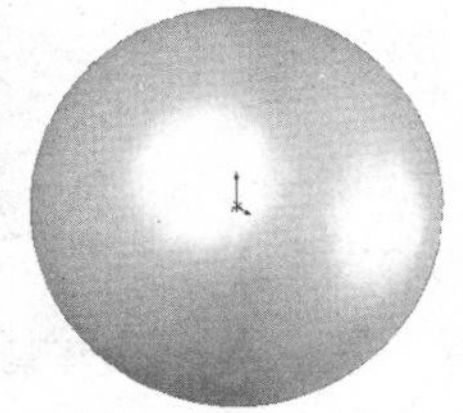

图4-139 打开的文件实体

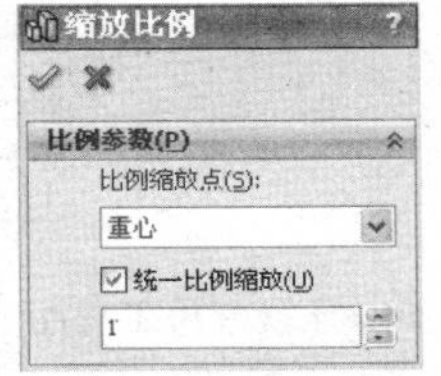

图4-140 “缩放比例”属性管理器

选项说明

（1）取消“统一比例缩放”选项的勾选，并为X比例因子、Y比例因子及Z比例因子单独设定比例因子数值，如图4-141所示。

（2）单击“缩放比例”属性管理器中的“确定”按钮，结果如图4-142所示。

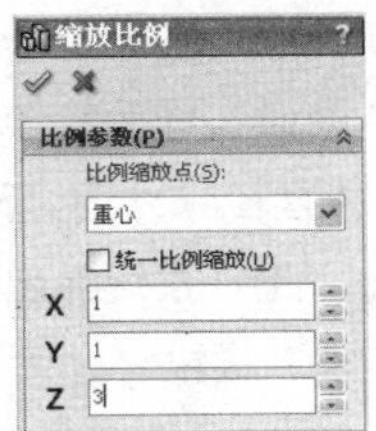

图4-141 设置的比例因子

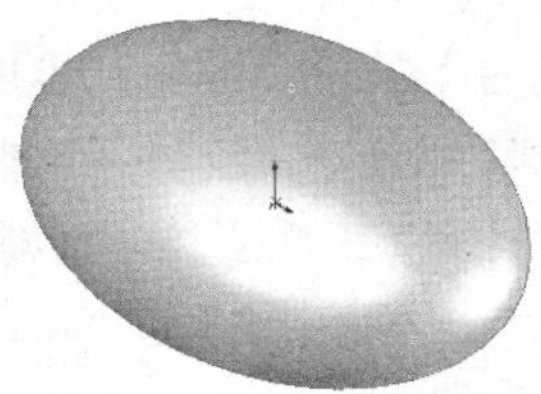

图4-142 缩放比例的图形

比例缩放分为统一比例缩放和非等比例缩放，统一比例缩放即等比例缩放，该缩放比较简单，不再赘述。

4.9 实战综合实例——压紧螺母

学习目的

通过压紧螺母这个常见的螺纹零件的绘制，掌握放置特征建模的各种功能。

重点难点

本实例重点是掌握各种放置特征并灵活应用，难点是螺纹结构的绘制。

压紧螺母在机械中不仅起到压紧的作用，往往还用于微调等其他用途。还广泛应用于密封件上。图4-143为压紧螺母的二维工程图。

压紧螺母兼具有螺母类零件的特点，也具有它自己的特点，一般螺纹孔不是完全贯穿的。首先绘制压紧螺母的轮廓实体，然后利用异型孔向导绘制螺纹孔，绘制内部退刀槽，最后利用圆周阵列绘制 4 个安装孔，绘制通孔、倒角等操作。如图 4-144 所示。

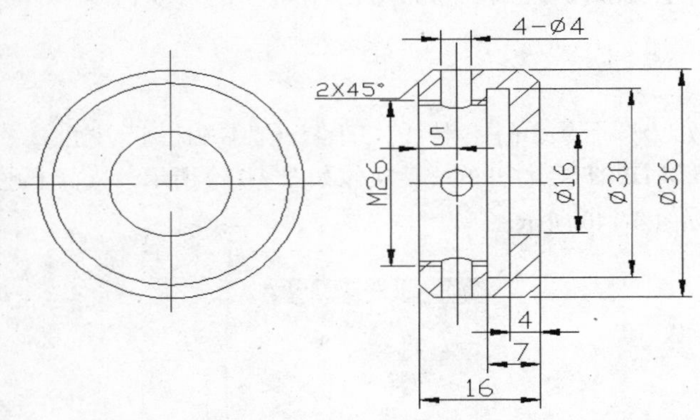

图4-143 压紧螺母工程图

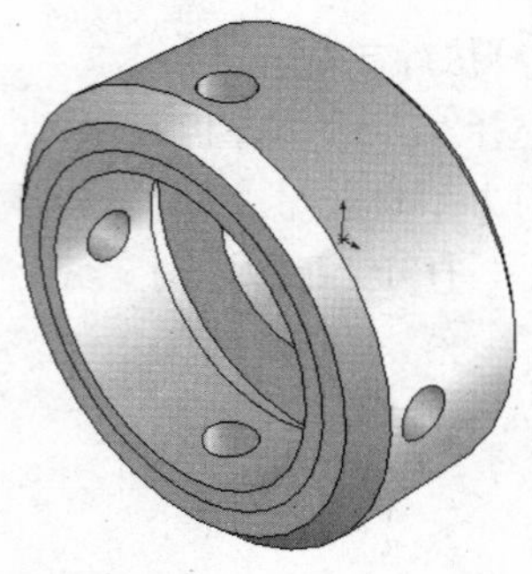

图4-144 压紧螺母零件的建模过程

操作步骤

1. 创建圆柱形基体

Step 01 单击“标准”工具栏中的“新建”按钮，在弹出的“新建 SolidWorks 文件”对话框中选择“零件”按钮，然后单击“确定”按钮，创建一个新的零件文件。

Step 02 在左侧的“FeatureMannger 设计树”中选择“前视基准面”作为绘图基准面，单击“草图”工具栏中的“圆”按钮，绘制一个圆，圆心在原点，标注其直径尺寸为“35”。

Step 03 单击“特征”工具栏中的“拉伸凸台 / 基体”按钮，此时系统弹出“凸台 - 拉伸”属性管理器，在“深度”一栏中输入值“16.00mm”，然后单击“确定”按钮。结果如图 4-145 所示。

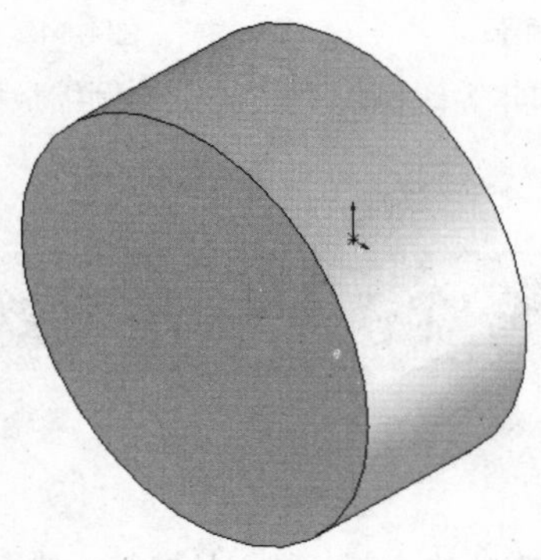

图4-145 拉伸生成实体

2. 利用异型孔向导生成螺纹孔

Step 01 单击“特征”工具栏中的“异型孔向导”按钮，弹出“孔规格”属性管理器，如图 4-146 所示。选择“螺纹孔”，其他设置如图 4-146 所示。

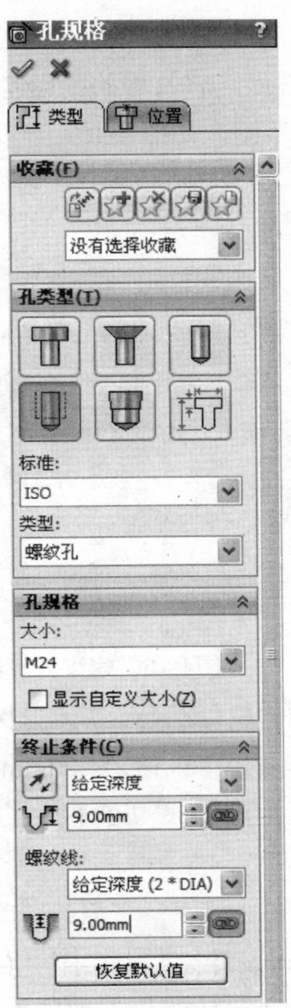

图4-146 “孔规格”属性管理器

Step02 单击“位置”选项，属性管理器如图4-147所示。单击“3D草图”按钮，这时光标变为，此时“草图”工具栏中的“点”按钮处于被选中状态，单击拉伸实体左端面任意位置，再单击“草图”工具栏中的“点”按钮，取消其被选中状态。结果如图4-148所示。

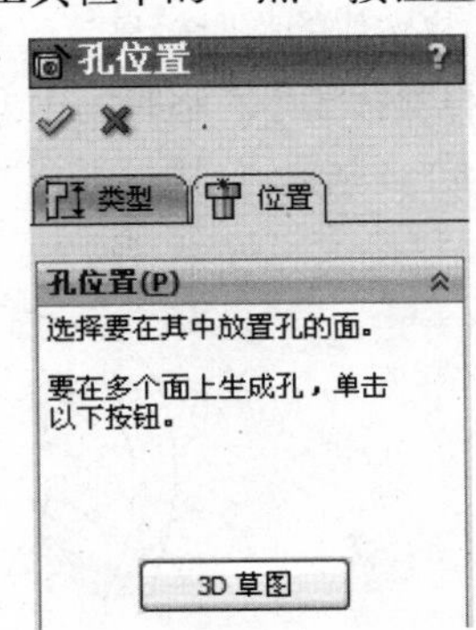

图4-147 “孔位置”属性管理器

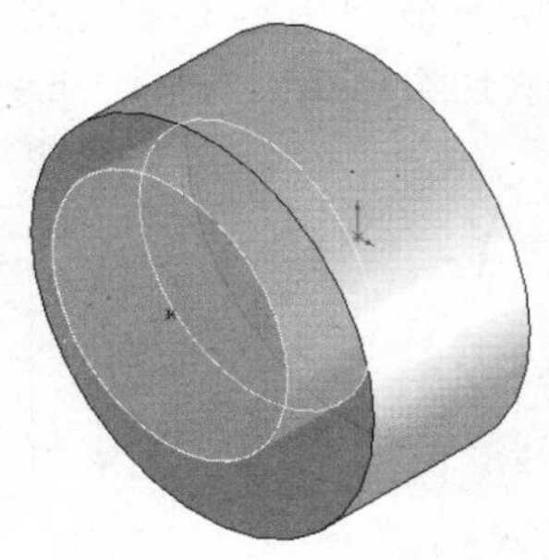

图4-148 放置螺纹孔

Step03 单击“草图”工具栏中的“添加几何关系”按钮，单击选择图4-149中绘制的螺纹孔的中心点和实体端面的边线，在“添加几何关系”属性管理器中单击“同心”，定位螺纹孔的位置在拉伸实体的中心。然后单击“确定”按钮。

由于螺纹孔是盲孔，在底部存在一个圆锥孔，如图4-150所示。在后面设计过程中会将圆锥孔消除掉。

3. 创建螺纹孔底面

Step01 单击拉伸实体的另一个端面，将其作为绘图基准面。单击“草图”工具栏中的“转换实体引用”按钮，将其边线转换为草图，如图 4-151 所示。

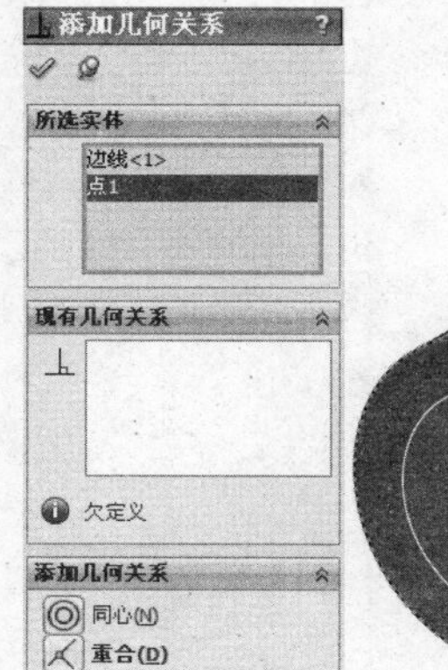

图4-149 添加螺纹孔几何关系

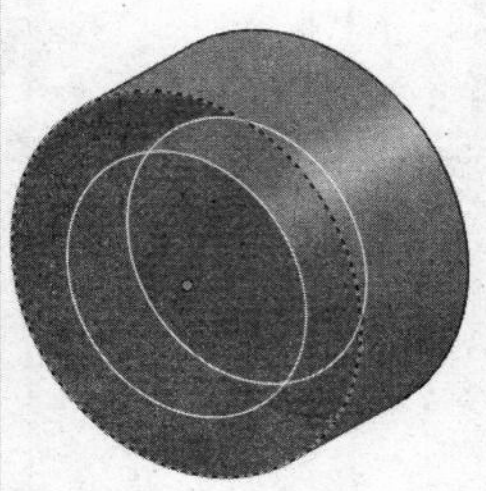

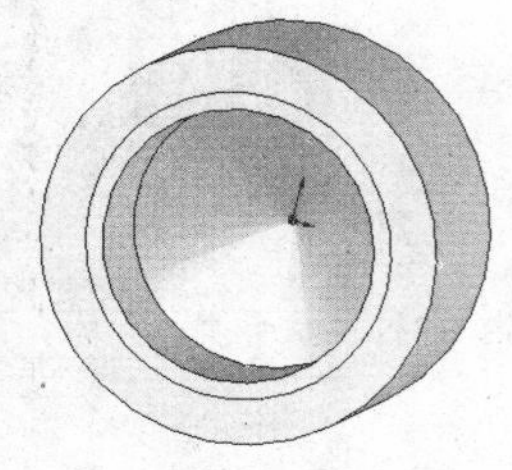

图4-150 螺纹孔底部的圆锥孔

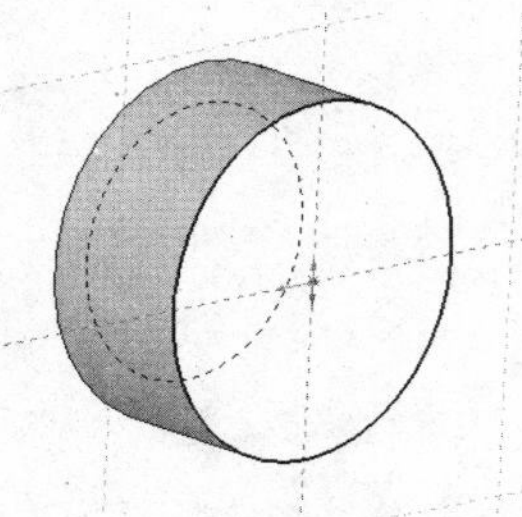

图4-151 实体转换为草图

Step02 单击“特征”工具栏中的“拉伸凸台 / 基体”按钮，在“凸台 - 拉伸”属性管理器中单击“反向”按钮，在“深度”一栏中输入值“4.00mm”，然后单击“确定”按钮。

为了清晰看到实体内部轮廓，单击“视图”工具栏中的“隐藏线可见”按钮，可以显示实体所有边线，如图 4-152 所示。

4. 旋转生成退刀槽

Step01 在左侧的“FeatureMannger 设计树”中选择“右视基准面”作为绘图基准面。

Step02 单击“草图”工具栏中的“边角矩形”按钮，绘制一个矩形，如图 4-153 所示。拉伸矩形的长度将圆锥面覆盖。

Step03 单击“尺寸 / 几何关系”工具栏中的“添加几何关系”按钮，分别添加图 4-153 中的矩形边线与实体内部边线“共线”几何关系，如图 4-153 所示。

Step04 选择菜单栏中的“视图” → “临时轴”命令，将实体的临时轴显示出来。

Step05 单击“特征”工具栏中的“旋转切除”按钮，选择实体的中心临时轴作为旋转轴，利用“矩形”草图进行旋转切除。单击“确定”按钮，结果如图 4-154 所示。

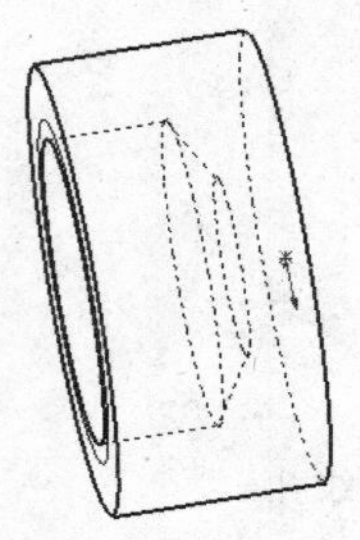

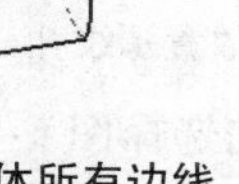

图4-152 显示实体所有边线

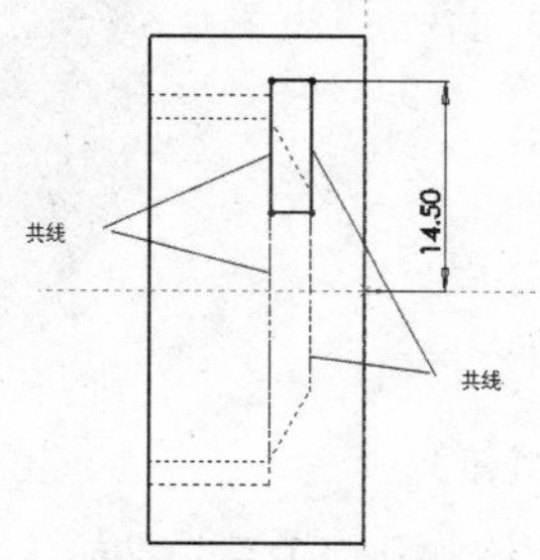

图4-153 绘制矩形

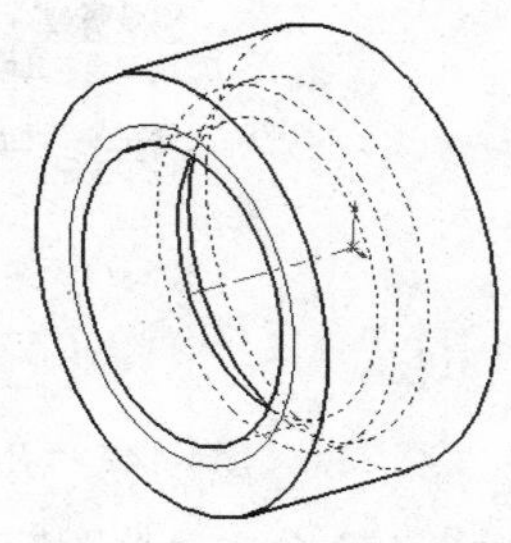

图4-154 旋转切除

Step06 单击“视图”工具栏中的“带边线上色”按钮，将实体上色。如图 4-155 所示。

5. 打孔

Step01 在左侧的“FeatureMannger 设计树”中再次选择“右视基准面”作为绘图基准面。

Step02 单击“草图”工具栏中的“圆”按钮⊙，绘制一个圆，如图 4-156 所示。

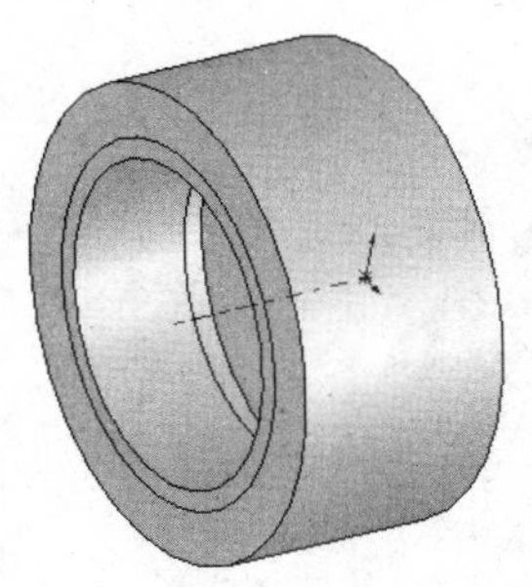

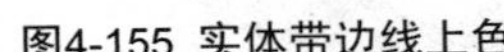

图4-155 实体带边线上色

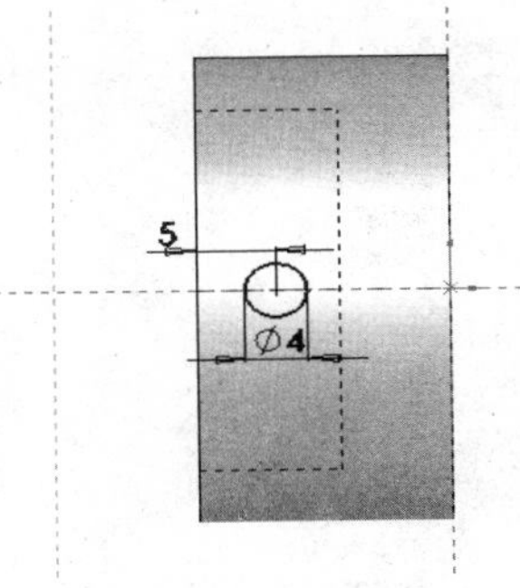

图4-156 绘制圆草图

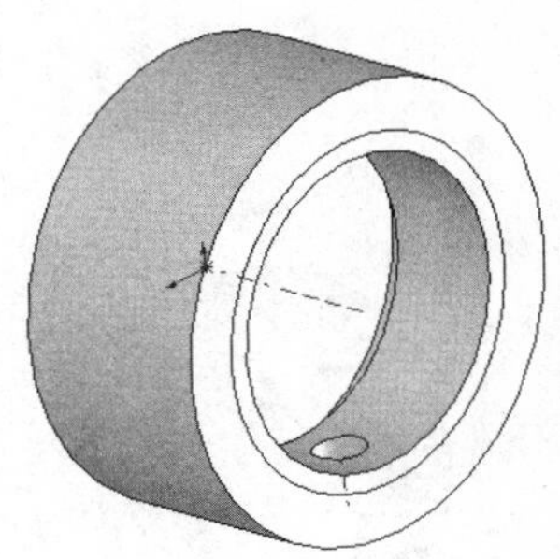

图4-157 拉伸切除实体

Step03 单击“特征”工具栏中的“拉伸切除”按钮，在弹出“切除 - 拉伸”属性管理器中“终止条件”一栏中选择“完全贯通”，然后单击“确定”按钮。结果如图 4-157 所示。

6. 阵列孔特征

单击“特征”工具栏中的“圆周阵列”按钮。在“圆周阵列”属性管理器中选择“阵列轴”栏，然后选择零件实体的压紧螺母实体中心的临时轴，在“实例数”栏中输入值“4”，选择“等间距”复选框，选择“要阵列的特征”栏，然后选择图 4-157 中的拉伸切除实体，进行圆周阵列，如图 4-158 所示，然后单击“确定”按钮。

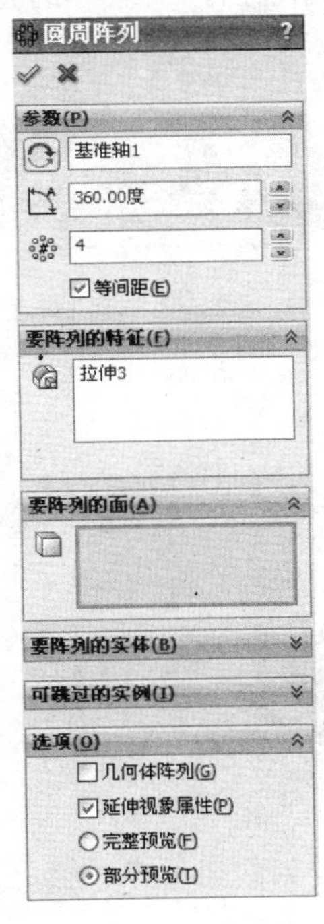

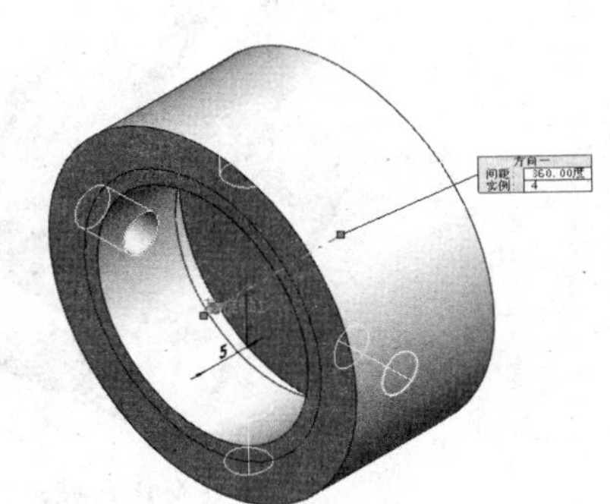

图4-158 圆周阵列

7. 绘制通孔、倒角

Step01 在压紧螺母底面绘制一个圆，直径为“16”，进行拉伸切除操作，结果如图 4-159 所示。

Step02 单击“特征”工具栏“倒角”按钮，依次对两条边线进行倒角操作，如图 4-160 所示。然后单击“确定”按钮。

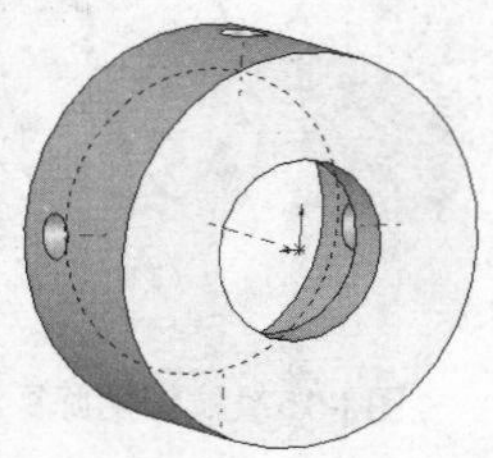
图4-159 绘制中间通孔

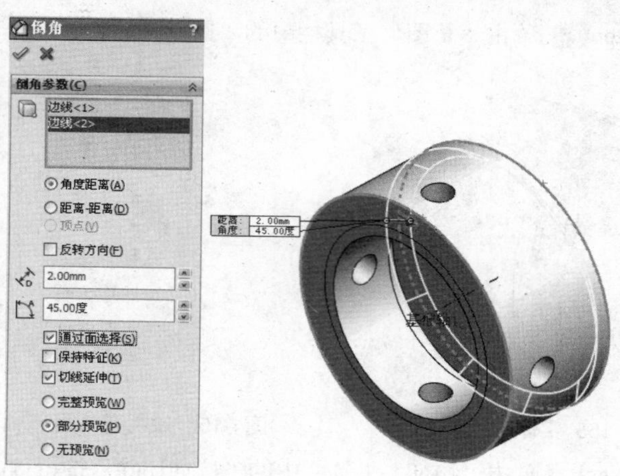

图4-160 倒角

Step03 选择菜单栏中的“视图”→“临时轴”命令，将实体的临时轴隐藏。

Step04 单击“标准”工具栏中的“保存”按钮，将零件文件保存，文件名为“压紧螺母”。结果如图 4-144 所示。

案例总结

本例通过一个典型的螺纹零件造型——压紧螺母的绘制过程将本章所学的放置特征相关知识进行了综合应用，包括孔特征、阵列特征、倒角特征的灵活应用。

4.10 思考与上机练习

1. 绘制如图 4-161 所示的锁紧件。

图4-161 锁紧件

操作提示

（1）绘制截面草图并拉伸实体。

（2）利用拉伸切除功能绘制四个底座孔。

（3）利用孔特征绘制两个锁紧孔。

2．绘制如图 4-162 所示的三通管。

图4-162 三通管

操作提示

（1）绘制截面草图并拉伸出主管道实体。

（2）绘制截面草图并拉伸出支管道实体。

（3）绘制截面草图并拉伸出接头薄壁特征实体。

（4）创建圆角。

3．绘制如图 4-163 所示的显示器壳体。

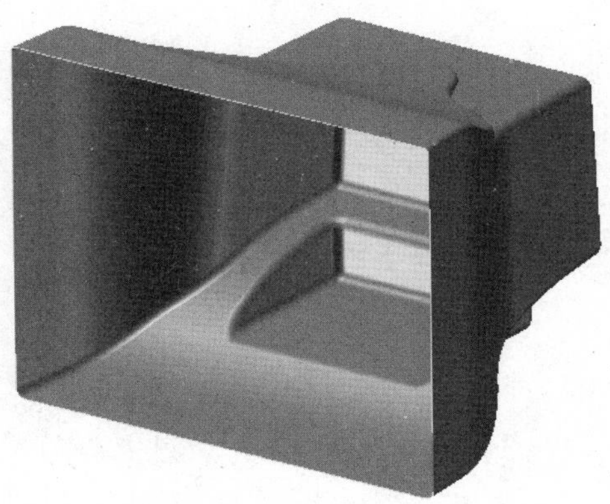

图4-163 显示器壳体

操作提示

（1）绘制截面草图并拉伸出基本外形。

（2）对后面突起外形进行拔模处理。

（3）绘制截面草图并拉伸切除实体。

（4）绘制截面草图并拉伸凸台。

（5）创建圆角。

（6）抽壳处理。

4．绘制如图 4-164 所示的阀门。

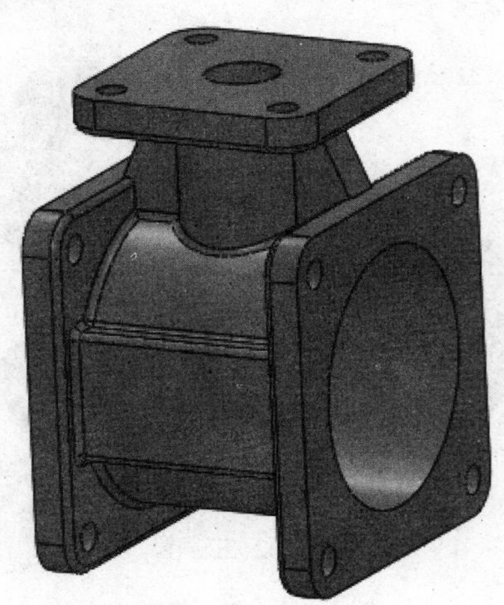

图4-164 阀门

操作提示

（1）绘制截面草图并拉伸出基本外形。

（2）绘制截面草图并拉伸切除出主管形状。

（3）相同方法绘制支管。

（4）创建筋特征。

（5）镜像筋特征。

（6）创建各个孔。

（7）圆角处理。

第5章 曲面绘制

本章导读

曲面是一种可用来生成实体特征的几何体，它用来描述相连的零厚度几何体，本章将介绍曲面创建和编辑的相关功能以及相应的实例。

5.1 创建曲面

一个零件中可以有多个曲面实体。SolidWorks 提供了专门的“曲面”工具栏，如图 5-1 所示。利用该工具栏中的图标按钮既可以生成曲面，也可以对曲面进行编辑。

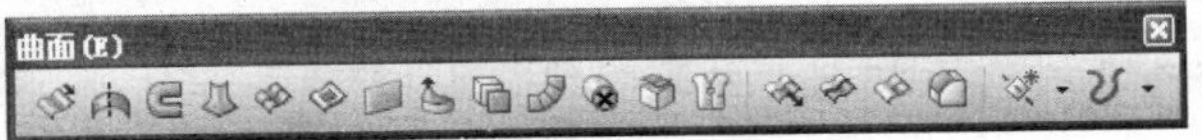

图5-1 “曲面”工具栏

SolidWorks 提供多种方式来创建曲面，主要有以下几种。

- 由草图或基准面上的一组闭环边线插入一个平面。
- 由草图拉伸、旋转、扫描或者放样生成曲面。
- 由现有面或者曲面生成等距曲面。
- 从其他程序(如 CATIA、ACIS、Pro/ENGINEER、Unigraphics、SolidEdge、Autodesk Inverntor 等)输入曲面文件。
- 由多个曲面组合成新的曲面。

5.1.1 拉伸曲面

拉伸曲面是指将一条曲线拉伸为曲面。拉伸曲面可以从以下几种情况开始拉伸，即从草图所在的基准面拉伸、从指定的曲面 / 面 / 基准面开始拉伸、从草图的顶点开始拉伸以及从与当前草图基准面等距的基准面上开始拉伸等。

执行方式

单击“曲面”→“拉伸曲面”按钮或选择“插入”菜单→“曲面”→“拉伸曲面”命令。

绘制一个样条曲线，如图 5-2 所示。执行上述命令，打开“曲面 - 拉伸”属性管理器。

选项说明

（1）按照如图 5-3 所示进行选项设置，注意设置曲面拉伸的方向，然后单击“确定”按钮，完成曲面拉伸。得到的拉伸曲面如图 5-4 所示。

（2）在“曲面 - 拉伸”属性管理器中，“方向 1”选项组的“终止条件”下拉列表框用来设置拉伸的终止条件，其各选项的意义如下。

- 给定深度：从草图的基准面拉伸特征到指定距离处形成拉伸曲面。
- 成形到一顶点：从草图基准面拉伸特征到模型的一个顶点所在的平面，这个平面平行于草图基准面且穿越指定的顶点。
- 成形到一面：从草图基准面拉伸特征到指定的面或者基准面。
- 到离指定面指定的距离：从草图基准面拉伸特征到离指定面的指定距离处生成拉伸曲面。
- 成形到实体：从草图基准面拉伸特征到指定实体处。
- 两侧对称：以指定的距离拉伸曲面，并且拉伸的曲面关于草图基准面对称。

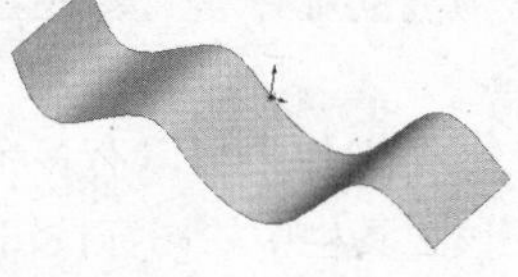

图5-2 绘制样条曲线　　图5-3 “曲面-拉伸”属性管理器　　图5-4 拉伸曲面

5.1.2 旋转曲面

旋转曲面是指将交叉或者不交叉的草图，用所选轮廓指针生成旋转曲面。旋转曲面主要由 3 部分组成，即旋转轴、旋转类型和旋转角度。

执行方式

单击“曲面”→“旋转曲面”按钮或选择“插入”菜单→“曲面”→“旋转曲面”命令。

执行上述命令，打开“曲面 - 旋转”属性管理器，如图 5-5 所示。

选项说明

（1）绘制一个样条曲线，按照如图 5-5 所示进行选项设置，注意设置曲面拉伸的方向，然后单击“确定”按钮，完成曲面旋转。得到的旋转曲面如图 5-6 所示。

技巧荟萃

生成旋转曲面时，绘制的样条曲线可以和中心线交叉，但是不能穿越。

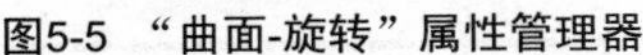
图5-5　“曲面-旋转”属性管理器

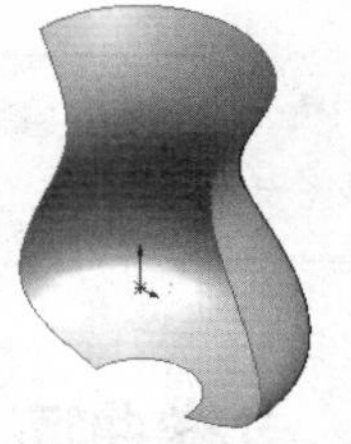
图5-6　旋转曲面后

（2）在“曲面 - 旋转”属性管理器中，“旋转参数”选项组的“旋转类型”下拉列表框用来设置旋转的终止条件，其各选项的意义如下。

- 单向：草图沿一个方向旋转生成旋转曲面。如果要改变旋转的方向，单击“旋转类型”下拉列表框左侧的“反向”按钮即可。
- 两侧对称：草图以所在平面为中面分别向两个方向旋转，并且关于中面对称。
- 双向：草图以所在平面为中面分别向两个方向旋转指定的角度。这两个角度可以分别指定。

5.1.3　扫描曲面

扫描曲面是指通过轮廓和路径的方式生成曲面，与扫描特征类似，也可以通过引导线扫描曲面。

执行方式

单击“曲面”→“扫描曲面”按钮或选择“插入”菜单→“曲面”→“扫描曲面”命令。

绘制两条样条曲线，分别作为扫描曲面的轮廓和路径，如图 5-7 和图 5-8 所示。执行上述命令，打开“曲面 - 扫描”属性管理器，如图 5-9 所示。

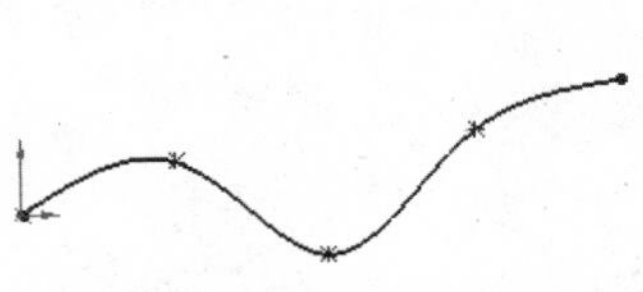
图5-7　绘制样条曲线1

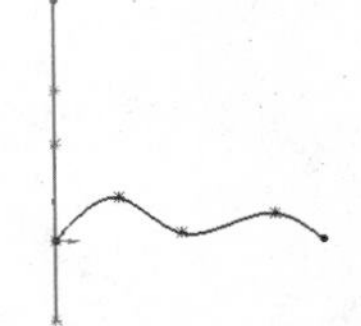
图5-8　绘制样条曲线2

选项说明

（1）在“轮廓”列表框中，单击样条曲线 1；在“路径”列表框中，单击样条曲线 2，单击“确定”按钮，完成曲面扫描。

（2）单击“标准视图”工具栏中的“等轴测”按钮，将视图以等轴测方向显示，创建的扫描曲面如图 5-10 所示。

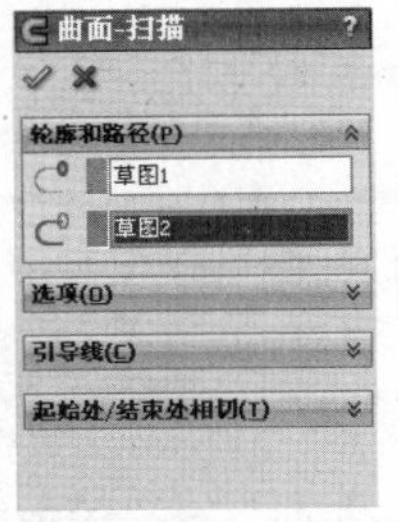

图5-9　“曲面-扫描”属性管理器

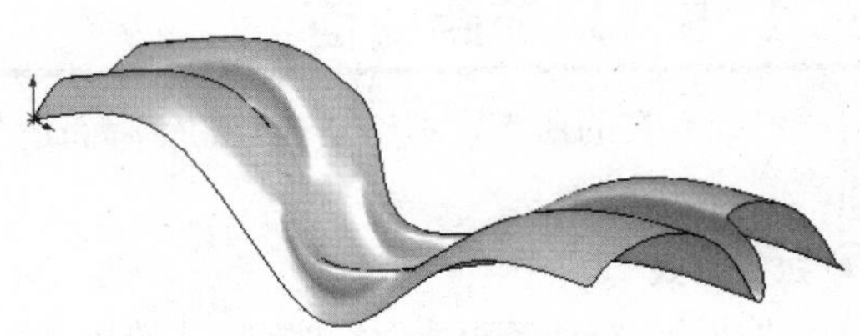
图5-10　扫描曲面

在使用引导线扫描曲面时，引导线必须贯穿轮廓草图，通常需要在引导线和轮廓草图之间建立重合和穿透的几何关系。

5.1.4 放样曲面

放样曲面是指通过曲线之间的平滑过渡而生成曲面的方法。放样曲面主要由放样的轮廓曲线组成，如果有必要可以使用引导线。

执行方式

单击“曲面”→“放样曲面”按钮或选择“插入”菜单→“曲面”→“放样曲面”命令。

执行上述命令，打开“曲面-放样”属性管理器。

选项说明

（1）在“轮廓”选项组中，依次选择如图5-11所示的样条曲线1、样条曲线2和样条曲线3，如图5-12所示。

（2）单击属性管理器中的“确定”按钮，创建的放样曲面如图5-13所示。

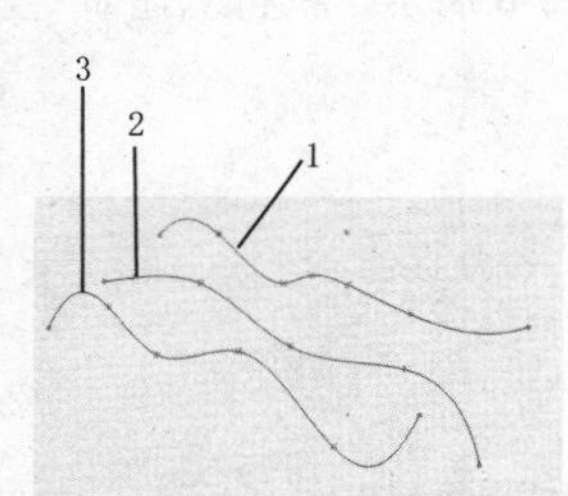

图5-11 样条曲线

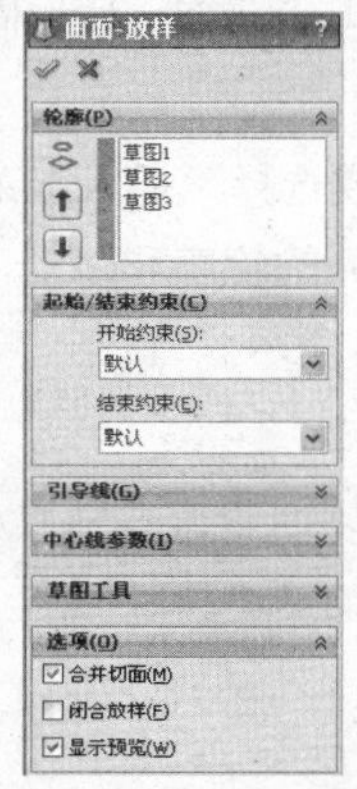

图5-12 “曲面-放样”属性管理器

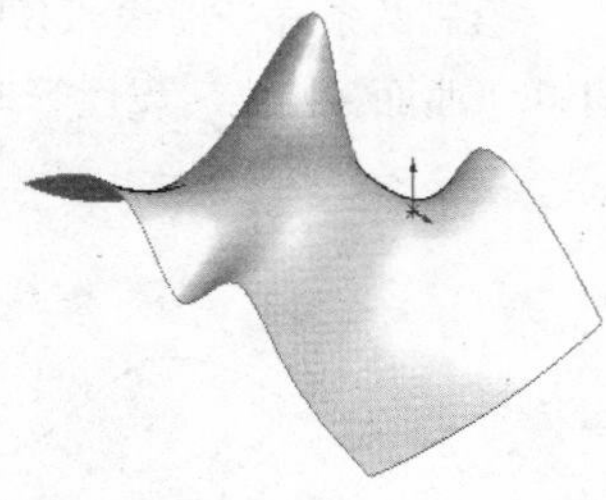

图5-13 放样曲面

（1）创建放样曲面时，轮廓曲线的基准面不一定要平行。

（2）创建放样曲面时，可以应用引导线控制放样曲面的形状。

5.1.5 等距曲面

对于已经存在的曲面（不论是模型的轮廓面还是生成的曲面），都可以像等距曲线一样生成等距曲面。

执行方式

单击“曲面”→“等距曲面”按钮或选择“插入”菜单→“曲面”→“等距曲面”命令。

执行上述命令，打开“等距曲面”属性管理器。

选项说明

（1）在“等距曲面”属性管理器中，单击图标右侧的显示框，然后在右面的图形区域中选择要等距的模型面或生成的曲面。

（2）在“等距参数”栏中的微调框中指定等距面之间的距离。此时会在右面的图形区域中显示等距曲面的效果，如图 5-14 所示。

（3）如果等距面的方向有误，单击“反向”按钮，反转等距方向。

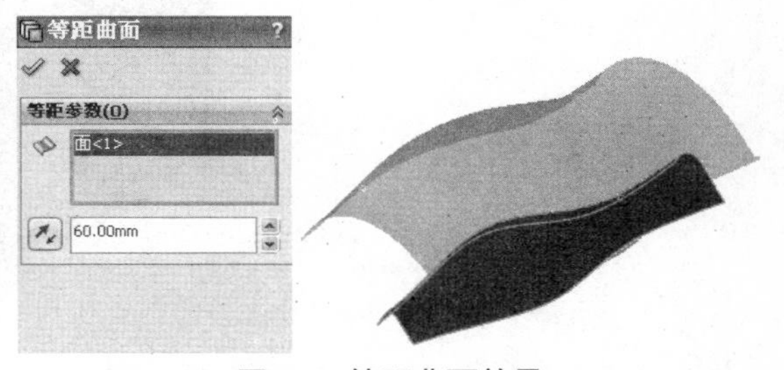

图5-14　等距曲面效果

5.1.6　延展曲面

用户可以通过延展分割线、边线，并平行于所选基准面来生成曲面，如图 5-15 所示。延伸曲面在拆模时最常用。当零件进行模塑，产生公母模之前，必须先生成模块与分模面，延展曲面就用来生成分模面。

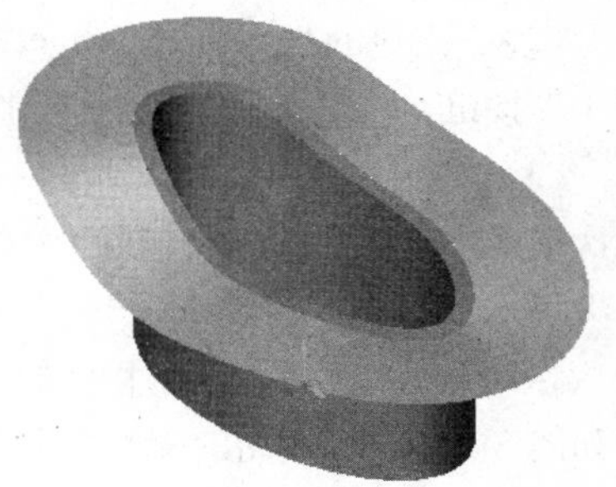

图5-15 延展曲面效果

执行方式

单击“曲面”→“延展曲面”按钮或选择“插入”菜单→“曲面”→“延展曲面”命令。

执行上述命令，打开“延展曲面”属性管理器。

选项说明

（1）单击“延展曲面”按钮右侧的显示框，然后在右面的图形区域中选择要延展的边线。

（2）单击“延展参数”栏中的第一个显示框，然后在图形区域中选择模型面作为延展曲面方向，如图 5-16 所示。延展方向将平行于模型面。

（3）注意图形区域中的箭头方向（指示延展方向），如有错误，单击“反向”按钮。

（4）在图标右侧的微调框中指定曲面的宽度。

（5）如果希望曲面继续沿零件的切面延伸，请选中“沿切面延伸”复选框。

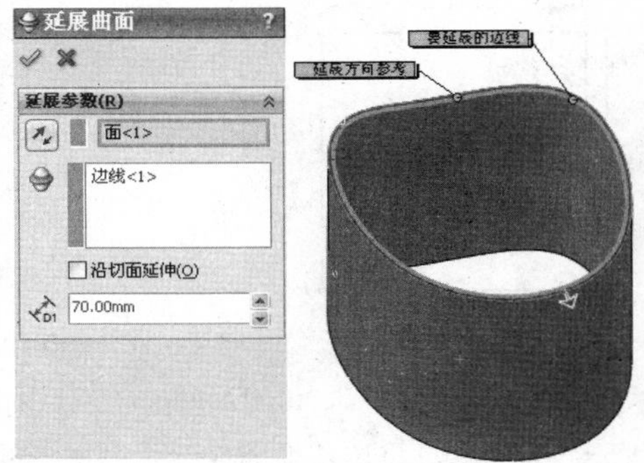

图5-16　延展曲面

5.1.7　实例——窗棂

本实例绘制的窗棂如图 5-17 所示。由窗框和扇片部分组成。绘制该模型的命令主要有拉伸曲面和镜像命令等。

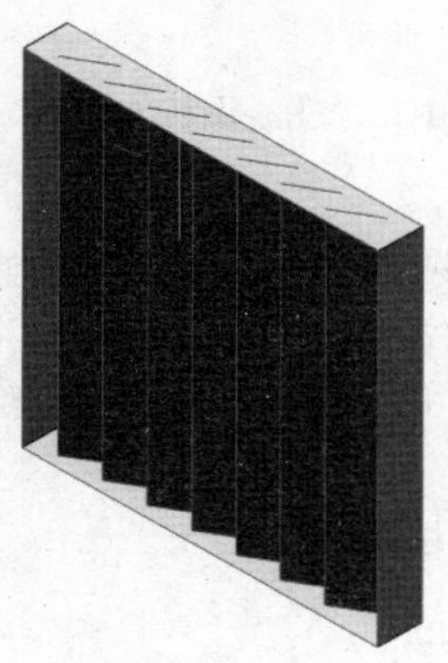

图5-17 窗棂

操作步骤

（1）单击“标准”工具栏中的“新建”按钮，在弹出的“新建 SolidWorks 文件”对话框中选择“零件”按钮，然后单击“确定”按钮，创建一个新的零件文件。

（2）在左侧的“FeatureManager 设计树”中选择“上视基准面”，然后单击“视图”工具栏中的“正视于”按钮，将该基准面作为绘制图形的基准面。

（3）单击“草图”工具栏中的“草图绘制”按钮，进入草图绘制界面。选择右视图插入草绘平面，依次单击“草图”工具栏中的“中心矩形”按钮和“智能尺寸”按钮，绘制并标注矩形，如图 5-18 所示。

（4）单击“曲面”工具栏中的“拉伸曲面”按钮，弹出“曲面 - 拉伸”属性管理器，参数设置如图 5-19 所示，单击“确定”按钮，结果如图 5-20 所示。

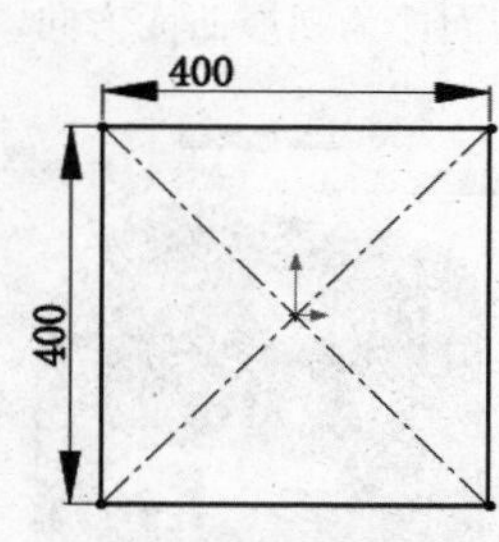

图5-18 绘制矩形

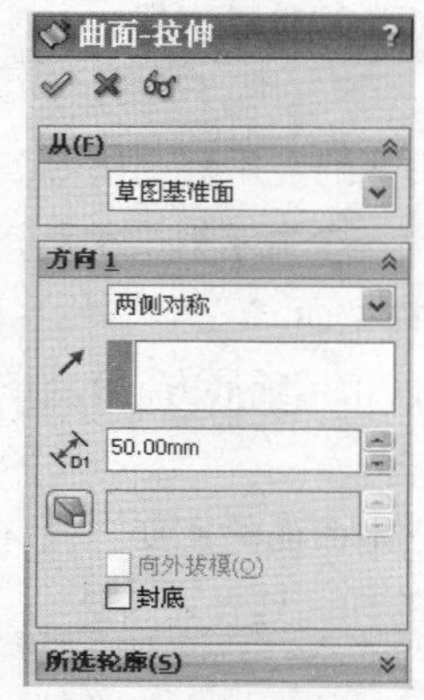

图5-19 “曲面-拉伸”属性管理器

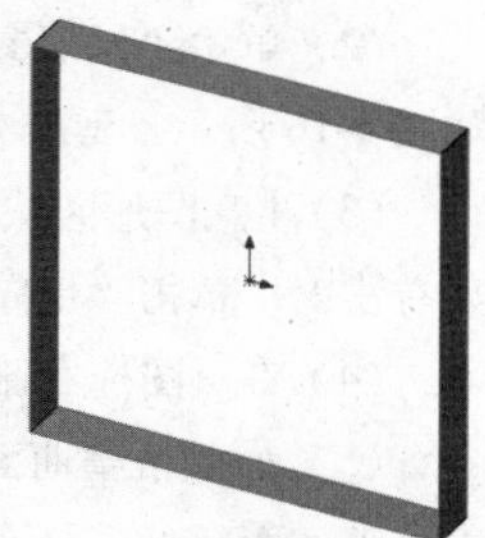

图5-20 拉伸曲面

（5）在左侧的“FeatureManager 设计树”中选择“前视基准面”，然后单击“视图”工具栏中的“正视于”按钮，将该基准面作为绘制图形的基准面。单击“草图”工具栏中的“草图绘制”按钮，进入草图绘制环境。

（6）依次单击“草图”工具栏中的“直线”按钮和“智能尺寸”按钮，绘制并标注直线，结果如图 5-21 所示。

（7）单击“参考几何体”工具栏中的“基准面”按钮，弹出“基准面”属性管理器，参数设置如图 5-22 所示，设置基准面 1。

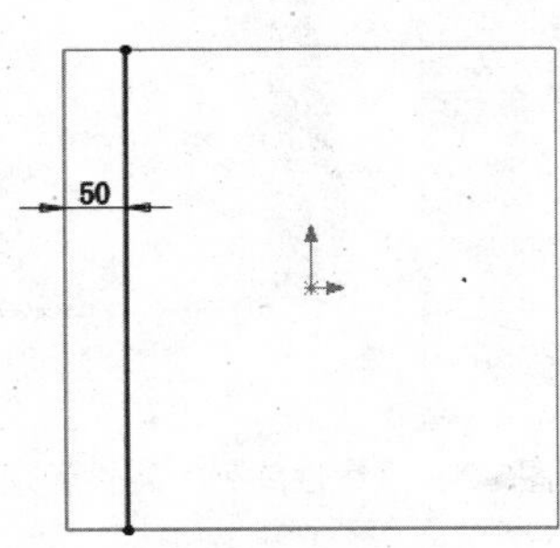

图5-21 绘制直线

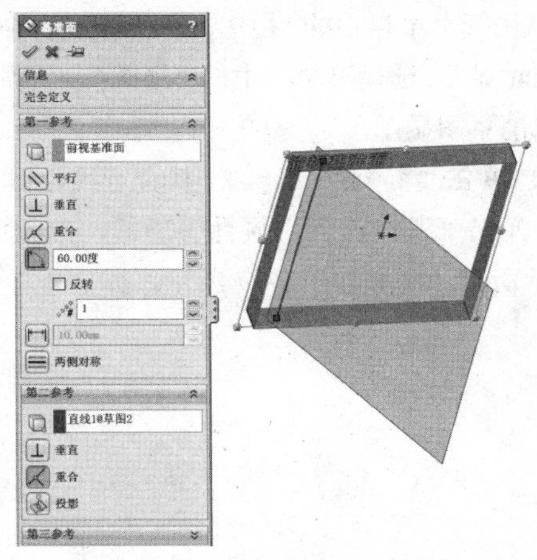

图5-22 “基准面”属性管理器

（8）在左侧的“FeatureManager 设计树”中选择上步绘制的基准面 1，然后单击“视图”工具栏中的“正视于”按钮，将该基准面作为绘制图形的基准面。单击“草图”工具栏中的“草图绘制”按钮，进入草图绘制环境。

（9）单击“草图”工具栏中的“转换实体引用”按钮，弹出“转换实体引用”属性管理器，选择边线，如图 5-23 所示。单击“确定”按钮，退出对话框。单击“退出草绘”按钮，完成草图绘制。

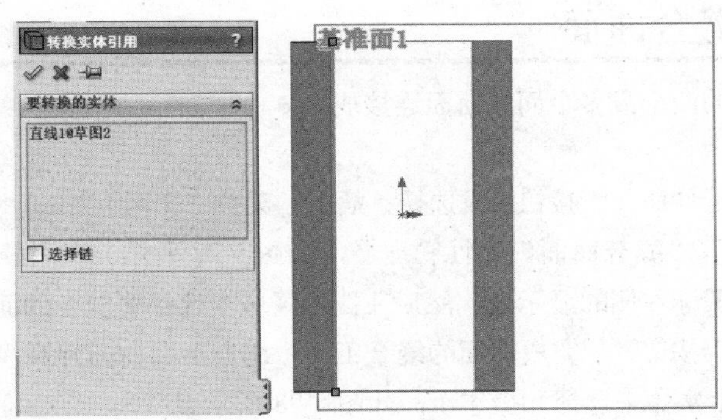

图5-23 “转换实体引用”属性管理器

（10）单击“曲面”工具栏中的“拉伸曲面”按钮，弹出“曲面 - 拉伸”属性管理器，参数设置如图 5-24 所示，单击“确定”按钮，结果如图 5-25 所示。

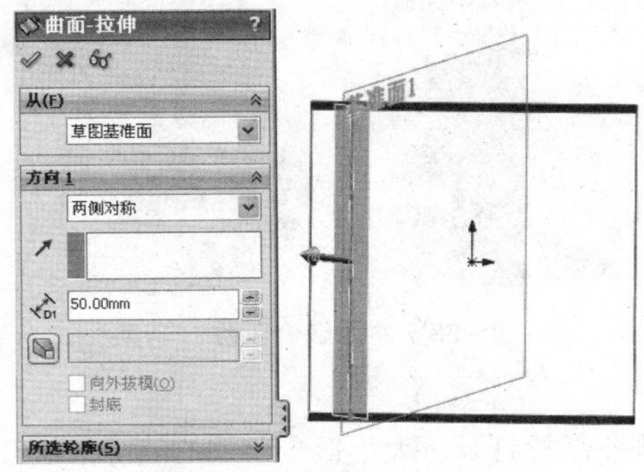

图5-24 “曲面-拉伸”属性管理器

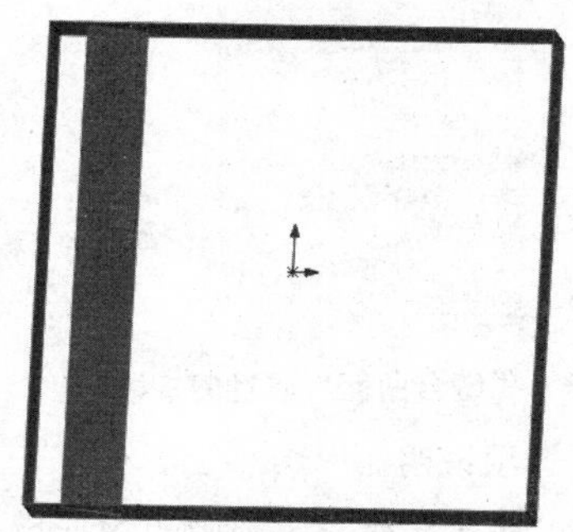

图5-25 拉伸结果

（11）选择菜单栏中的“视图”→“基准轴”命令，取消基准轴显示；选择菜单栏中的“视图”→“草图”命令，取消草图显示。

（12）单击“特征”工具栏中的“线性阵列”按钮，弹出“线性阵列”属性管理器，参数设置如图5-26所示，结果如图5-17所示。

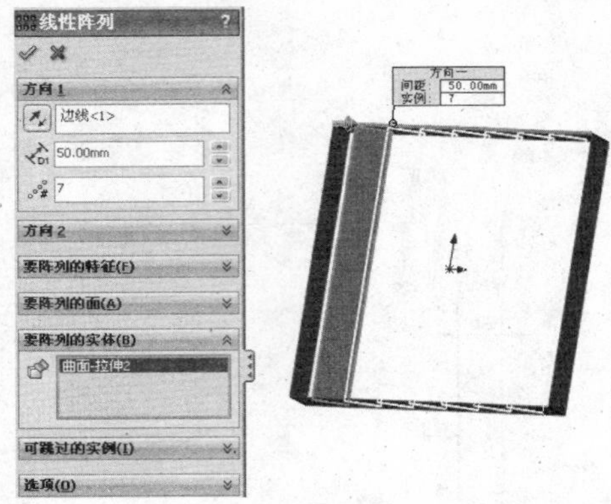

图5-26 “线性阵列”属性管理器

5.2 编辑曲面

除了上节讲述的基本曲面绘制功能外，SolidWorks还提供了一些曲面编辑功能来帮助完成复杂曲面的绘制。

5.2.1 缝合曲面

缝合曲面是将相连的两个或多个面和曲面连接成一体。

执行方式

单击“曲面”→“延伸曲面”按钮或选择“插入”菜单→“曲面”→“缝合曲面”命令。

执行上述命令，打开“缝合曲面”属性管理器，如图5-27所示。在“缝合曲面”属性管理器中单击“选择”栏中图标右侧的显示框，然后在图形区域中选择要缝合的面，所选项目列举在该显示框中。单击“确定”按钮，完成曲面的缝合工作，缝合后的曲面外观没有任何变化，但是多个曲面已经可以作为一个实体来选择和操作了，如图5-28所示。

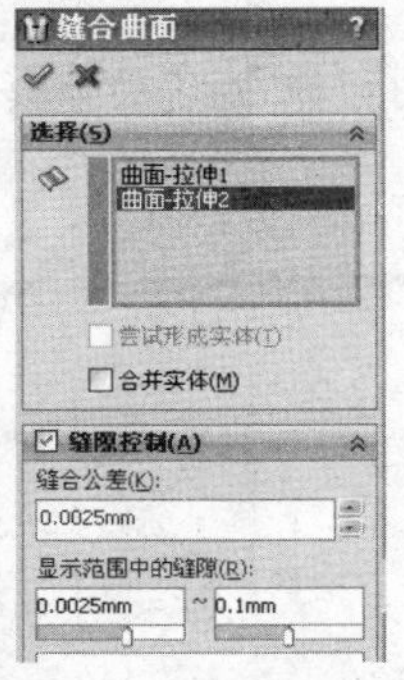

图5-27 “缝合曲面”属性管理器

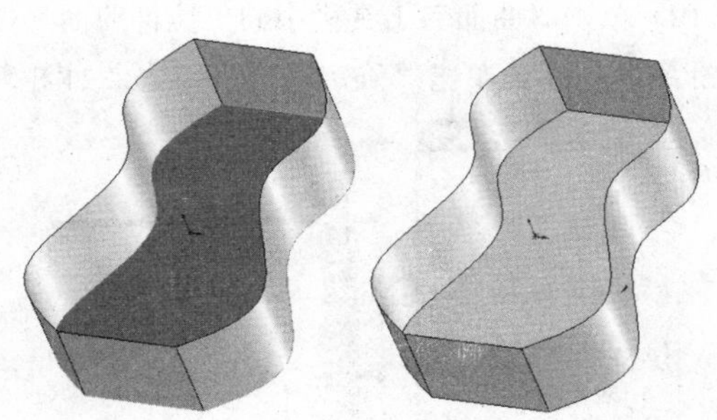

图5-28 曲面缝合工作

选项说明

（1）“缝合公差”：控制哪些缝隙缝合在一起，哪些保持打开。大小低于公差的缝隙会缝合。

（2）“显示范围中的缝隙”：只显示范围中的缝隙。拖动滑杆可以更改缝隙范围。

（1）曲面的边线必须相邻并且不重叠。

（2）要缝合的曲面不必处于同一基准面上。

（3）可以选择整个曲面实体或选择一个或多个相邻曲面实体。

（4）缝合曲面不吸收用于生成它们的曲面。

（5）空间曲面经过剪裁、拉伸和圆角等操作后，可以自动缝合，而不需要进行缝合曲面操作。

5.2.2 延伸曲面

延伸曲面是指将现有曲面的边缘，沿着切线方向，以直线或者随曲面的弧度方向产生附加的延伸曲面。

延伸曲面的延伸类型有两种：一种是同一曲面类型，是指沿曲面的几何体延伸曲面；另一种是线性类型，是指沿边线相切于原有曲面来延伸曲面。如图 5-29 所示的是使用同一曲面类型生成的延伸曲面，如图 5-30 所示的是使用线性类型生成的延伸曲面。

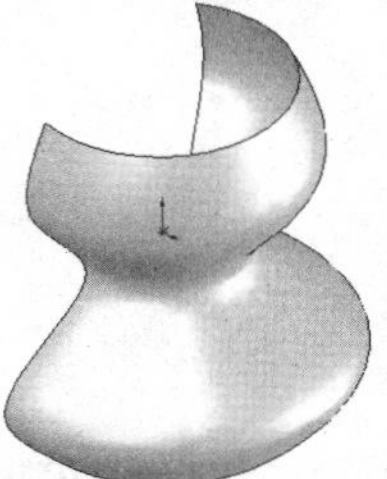

图5-29 同一曲面类型生成的延伸曲面

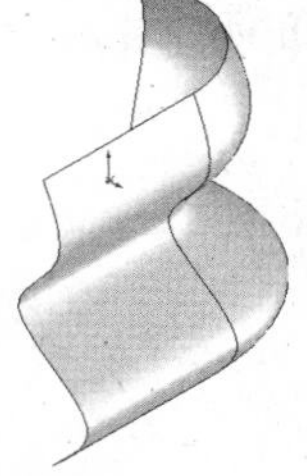

图5-30 线性类型生成的延伸曲面

执行方式

单击“曲面”→“延伸曲面”按钮或选择“插入”菜单→“曲面”→“延伸曲面”命令。

执行上述命令，打开“延伸曲面”属性管理器，如图 5-31 所示。

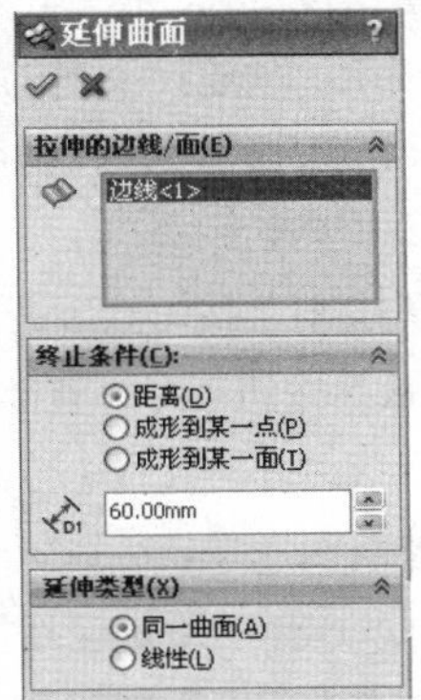

图5-31 “延伸曲面”属性管理器

选项说明

（1）单击“所选面 / 边线”列表框，选择如图 5-32 所示的边线 1；选中“距离”单选钮，在“距离”文本框中输入“60.00mm”；在“延伸类型”选项中，选中“同一曲面”单选钮，如图 5-31 所示。

（2）单击“确定”按钮，生成的延伸曲面如图 5-33 所示。

在“曲面 - 延伸”属性管理器的“终止条件”选项中，各单选钮的意义如下。

- 距离：按照在“距离”文本框中指定的数值延伸曲面。
- 成形到某一面：将曲面延伸到“曲面 / 面”列表框中选择的曲面或者面。
- 成形到某一点：将曲面延伸到“顶点”列表框中选择的顶点或者点。

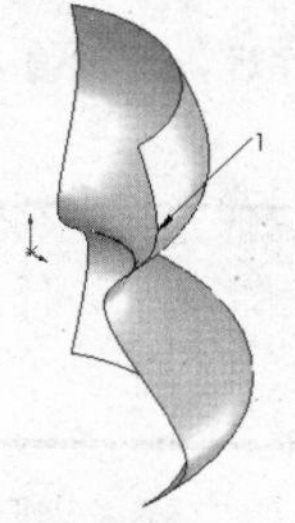

图5-32 实体模型

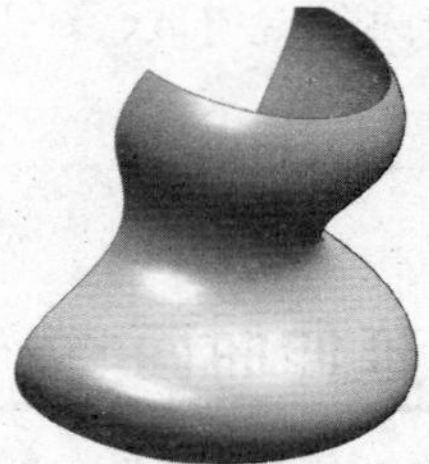

图5-33 延伸曲面

5.2.3 实例——塑料盒盖

本实例绘制的塑料盒盖如图 5-34 所示。由盒盖和盖顶部分组成。绘制该模型的命令主要有拉伸曲面、延展曲面和圆角曲面等。

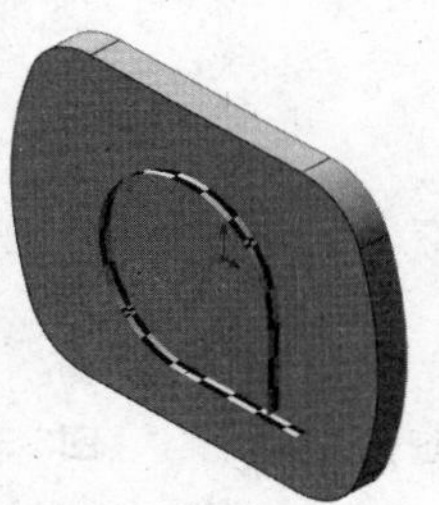

图5-34 塑料盒盖

操作步骤

（1）单击“标准”工具栏中的“新建”按钮，在弹出的“新建 SolidWorks 文件”对话框中选择“零件”按钮，然后单击“确定”按钮，创建一个新的零件文件。

（2）在左侧的“FeatureManager 设计树”中选择“前视基准面”，然后单击“视图”工具栏中的“正视于”按钮，将该基准面作为绘制图形的基准面。

（3）单击“草图”工具栏中的“草图绘制”按钮，进入草图绘制界面。依次单击“草图”工具栏中的“中心矩形”按钮、“三点圆弧”按钮和“智能尺寸”按钮，绘制并标注图形，如图 5-35 所示。

（4）单击“曲面”工具栏中的“拉伸曲面”按钮，此时系统弹出如图 5-36 所示的“曲面 - 拉伸”属性管理器，在“终止条件”一栏中，选择“给定深度”，在“深度”一栏中输入“10.00mm”，选中“封底”复选框，单击属性管理器中的“确定”按钮，完成曲面拉伸，结果如图 5-37 所示。

（5）单击“特征”工具栏中的“圆角”按钮，弹出“圆角”属性管理器，选择圆角边，如图 5-38 所示。设置圆角半径为“11.00mm”，单击属性管理器中的“确定”按钮，完成圆角操作，结果如图 5-39 所示。

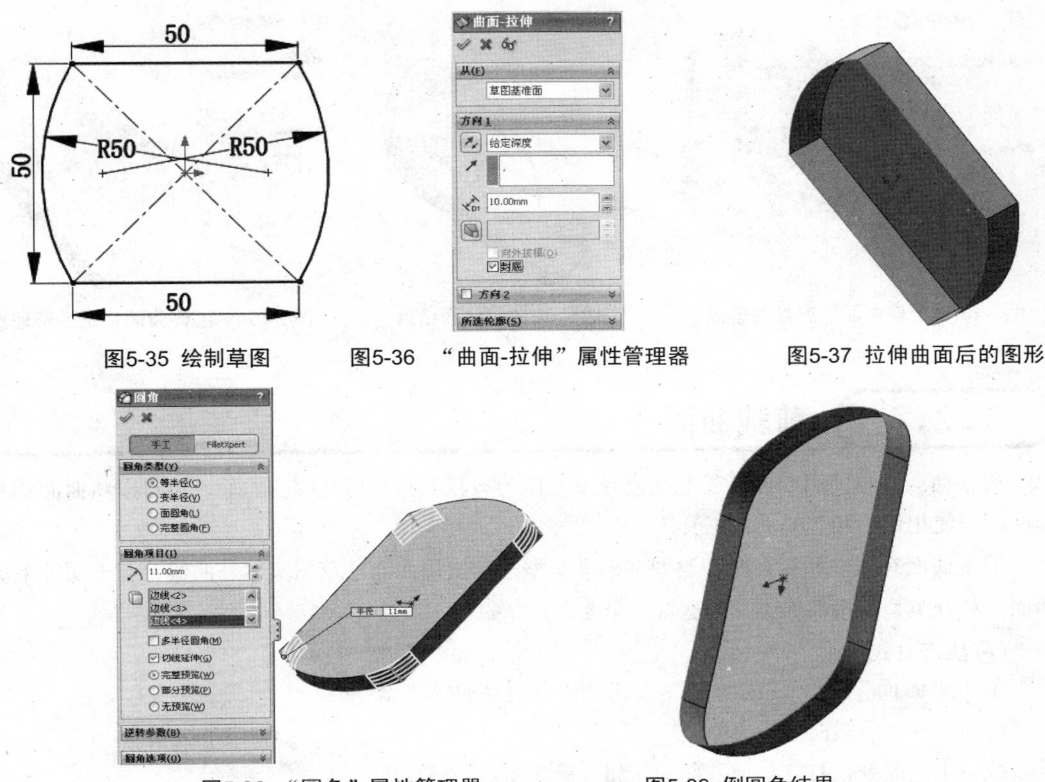

图5-35 绘制草图　　图5-36 “曲面-拉伸”属性管理器　　图5-37 拉伸曲面后的图形

图5-38 “圆角”属性管理器　　图5-39 倒圆角结果

（6）在左侧的“FeatureManager 设计树”中选择“上视基准面”，然后单击“标准视图”工具栏中的“正视于”按钮，将该基准面作为绘制图形的基准面，单击“草图”工具栏中的“草图绘制”按钮，进入草图绘制界面。

（7）单击“草图”工具栏中的“中心线”按钮和“直线”按钮，绘制如图 5-40 所示的草图并标注尺寸。

（8）单击“曲面”工具栏中的“旋转曲面”按钮，此时系统弹出如图 5-41 所示的“曲面-旋转”属性管理器，在“旋转轴”选项组中选择草图中的中心线作为旋转轴，输入旋转角度为“270.00度”，单击属性管理器中的“确定”按钮，完成曲面旋转，结果如图 5-42 所示。

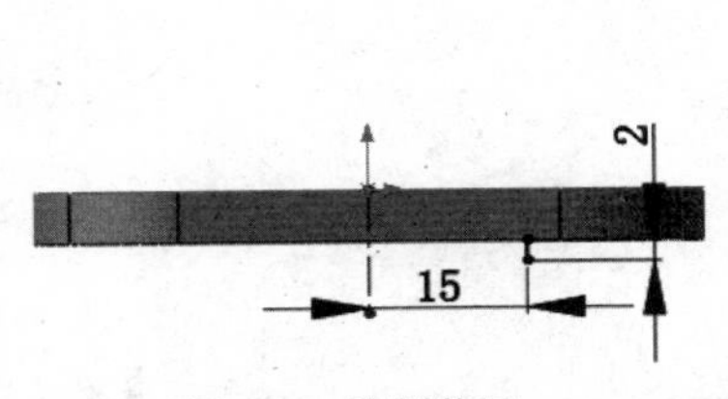

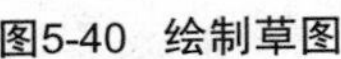

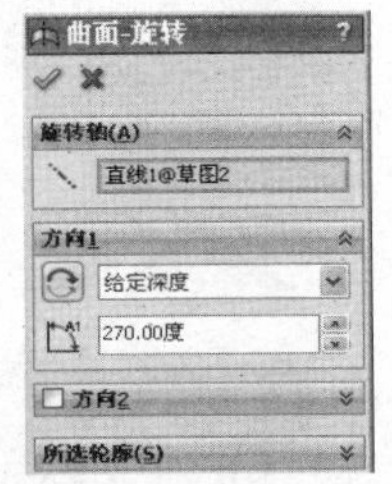

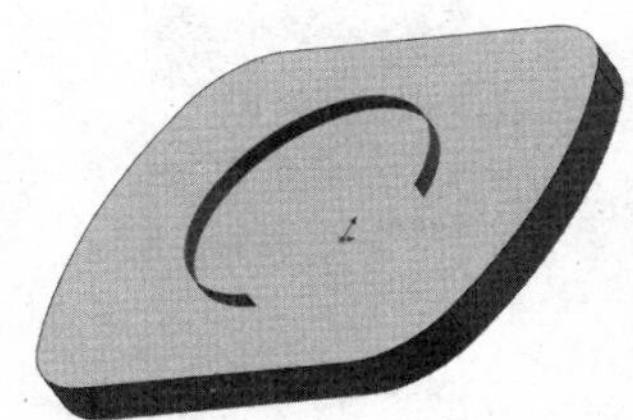

图5-40 绘制草图　　图5-41 “曲面-旋转”属性管理器　　图5-42 旋转曲面后的图形

（9）单击“曲面”工具栏中的“延伸曲面”按钮，弹出“延伸曲面”属性管理器，参数设置如图 5-43 所示，结果如图 5-44 所示。

（10）单击“曲面”工具栏中的“延伸曲面”按钮，弹出“延伸曲面”属性管理器，参数设置如图 5-45 所示，结果如图 5-34 所示。

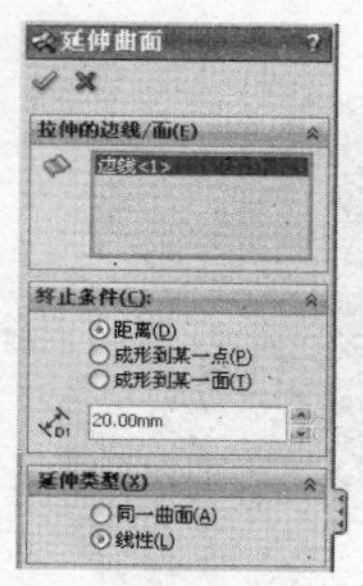

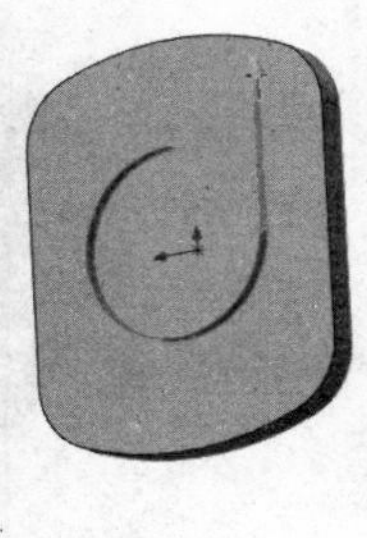

图5-43 “延伸曲面”属性管理器

图5-44 延伸曲面结果

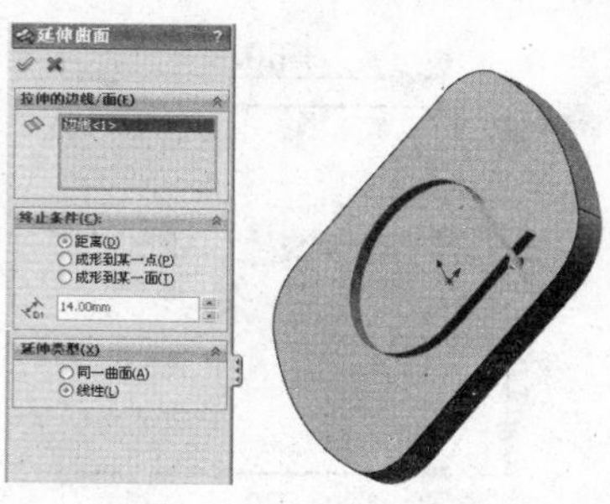

图5-45 “延伸曲面”属性管理器

5.2.4 剪裁曲面

剪裁曲面是指使用曲面、基准面或者草图作为剪裁工具来剪裁相交曲面，也可以将曲面和其他曲面联合使用作为相互的剪裁工具。

剪裁曲面有标准和相互两种类型；标准类型是指使用曲面、草图实体、曲线、基准面等来剪裁曲面；相互类型是指曲面本身来剪裁多个曲面。

执行方式

单击“曲面”→“剪裁曲面”按钮或选择“插入”菜单→“曲面”→“剪裁曲面”命令。

执行上述命令，打开“剪裁曲面”属性管理器。

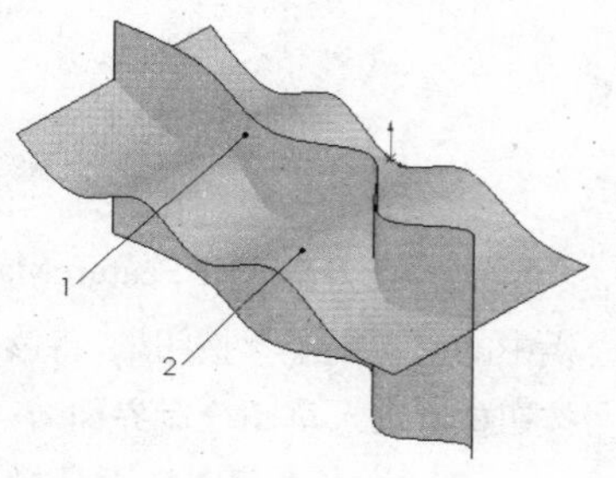

图5-46 实体模型

选项说明

(1) 在“剪裁类型”选项组中，选中“标准”单选钮；单击“剪裁工具”列表框，选择如图5-46所示的曲面1；选中“保留选择”单选钮，并在“保留的部分”列表框中，选择如图5-46所示的曲面2所标注处，其他设置如图5-47所示。

(2) 单击“确定”按钮，生成剪裁曲面。保留选择的剪裁图形如图5-48所示。

(3) 如果在“剪裁曲面”属性管理器中选中“移除选择”单选钮，并在“要移除的部分”列表框中，单击选择如图5-46所示的曲面2所标注处，则会移除曲面1前面的曲面2部分，移除选择的剪裁图形如图5-49所示。

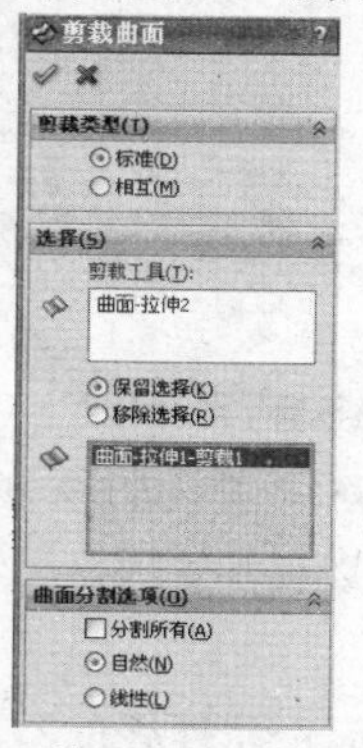

图5-47 “剪裁曲面”属性管理器

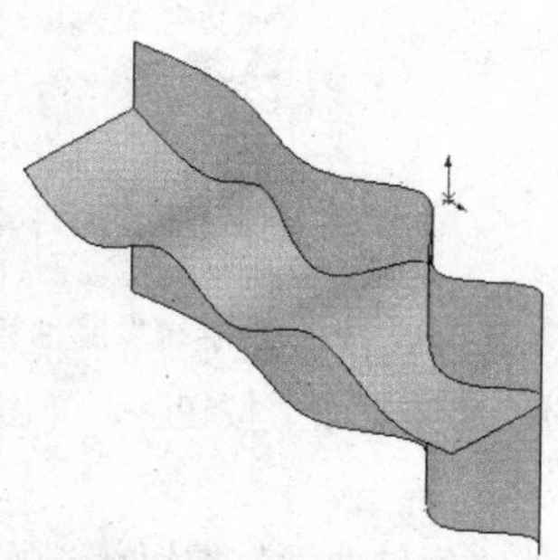

图5-48 保留选择的剪裁图形

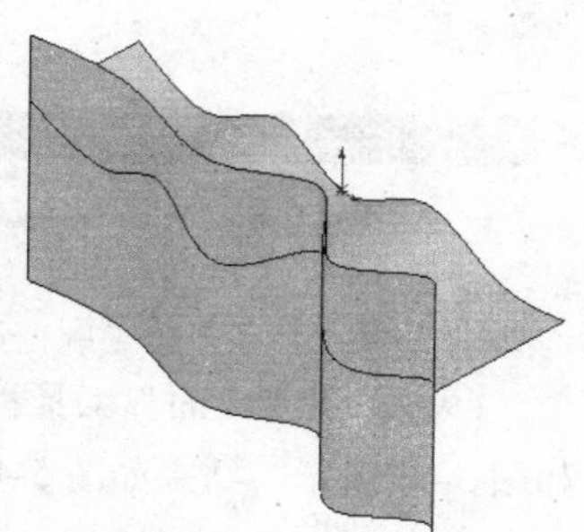

图5-49 移除选择的剪裁图形

5.2.5 填充曲面

填充曲面是指在现有模型边线、草图或者曲线定义的边界内构成带任何边数的曲面修补。

执行方式

单击“曲面”→“填充曲面”按钮或选择“插入”菜单→“曲面”→“填充曲面”命令。

执行上述命令，打开“填充曲面”属性管理器，如图5-50所示。

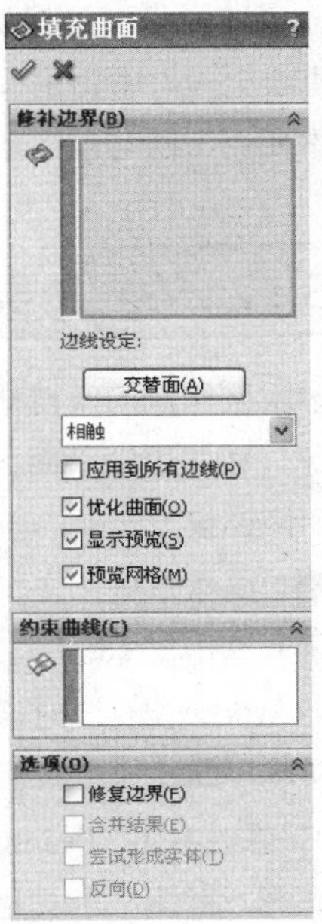

图5-50 “填充曲面”属性管理器

选项说明

1. “修补边界”选项组

(1)“修补边界”：选择要修补边界的边线。

(2)“交替面”：可为修补的曲率控制反转边界面。只在实体模型上生成修补时使用。

(3)“曲率控制”：控制生成的修补曲面外形。

- 相触：在所选边界内生成曲面。
- 相切：在所选边界内生成曲面，但保持修补边线的相切。
- 曲率：在与相邻曲面交界的边界边线上生成与所选曲面的曲率相配套的曲面。

(4)“应用到所有边线”：选中此复选框，将相同的曲率控制应用到所有边线。如果在将接触以及相切应用到不同边线后选择此选项，将应用当前选择到所有边线。

(5)“优化曲面”：与放样的曲面相类似的简化曲面修补。优化曲面修补的潜在优势包括重建时间加快以及与模型中的其他特征一起使用时稳定性增强。

(6)“预览网格”：在修补上显示网格线以帮助用户直观地查看曲率。

2. “选项”选项组

(1)“修复边界”：通过自动建造遗失部分或裁剪过大部分来构造有效边界。

(2)“合并结果”：当所有边界都属于同一实体时，可以使用曲面填充来修补实体。如果至少有一个边线是开环薄边时，选中“合并结果”复选框，那么曲面填充会用边线所属的曲面缝合。如果所有边界实体都是开环边线，那么可以选择生成实体。

(3)“尝试形成实体”：如果所有边界实体都是开环曲面边线，那么形成实体是有可能的。默认情况下，不勾选“尝试形成实体”复选框。

(4)“反向”：当用填充曲面修补实体时，如果填充曲面显示的方向不符合需要，勾选“反向”复选框更改方向。

技巧荟萃

使用边线进行曲面填充时，所选择的边线必须是封闭的曲线。如果勾选属性管理器中的“合并结果”选项，则填充的曲面将和边线的曲面组成一个实体，否则填充的曲面为一个独立的曲面。

5.2.6 其他曲面编辑功能

除了上面讲述的曲面绘制和编辑功能外，还有几个曲面编辑功能：移动/旋转/复制（“插入”菜单→“曲面”→“移动/复制”命令）、删除曲面（“曲面”→“删除面”按钮或“插入”菜单→“曲面”→“删除面”命令）以及曲面切除（“插入”菜单→“切除”→“使用曲面”命令）等功能，其基本使用方法与前面所讲曲面绘制和编辑功能类似，这里不再赘述。

5.2.7 实例——塑料盒身

本实例绘制的塑料盒身如图5-51所示。首先利用拉伸曲面拉伸盒身、延伸边沿平面，再利用剪裁曲面修剪边沿，最后利用圆角命令修饰模型。

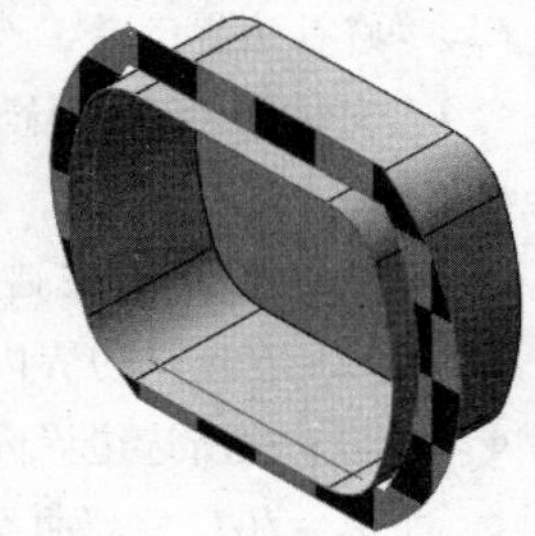

图5-51 塑料盒身

操作步骤

（1）单击“标准”工具栏中的“新建”按钮，在弹出的“新建SolidWorks文件”对话框中选择“零件”按钮，然后单击“确定”按钮，创建一个新的零件文件。

（2）在左侧的“FeatureManager设计树”中选择“前视基准面”，然后单击“视图”工具栏中的“正视于”按钮，将该基准面作为绘制图形的基准面。

（3）单击“草图”工具栏中的“草图绘制”按钮，进入草图绘制界面。单击“草图”工具栏中的“中心矩形”按钮、“三点圆弧”按钮和“智能尺寸”按钮，绘制并标注图形，如图5-52所示。

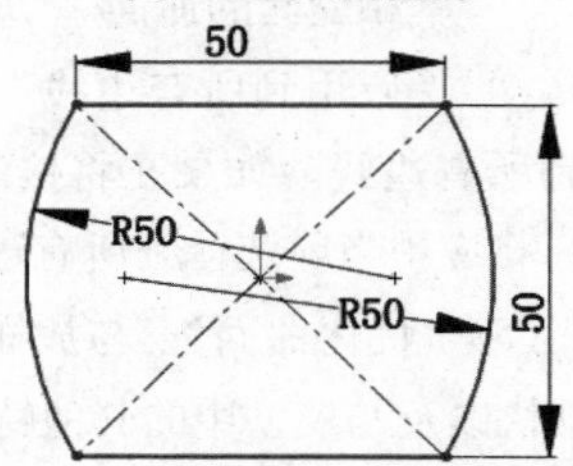

图5-52 绘制草图

（4）单击“曲面”工具栏中的“拉伸曲面”按钮，此时系统弹出如图5-53所示的“曲面-拉伸”属性管理器，在“终止条件”一栏中，选择“给定深度”，在“深度”一栏中输入“5.00mm”，勾选“封底”复选框，单击属性管理器中的“确定”按钮，完成曲面拉伸，结果如图5-54所示。

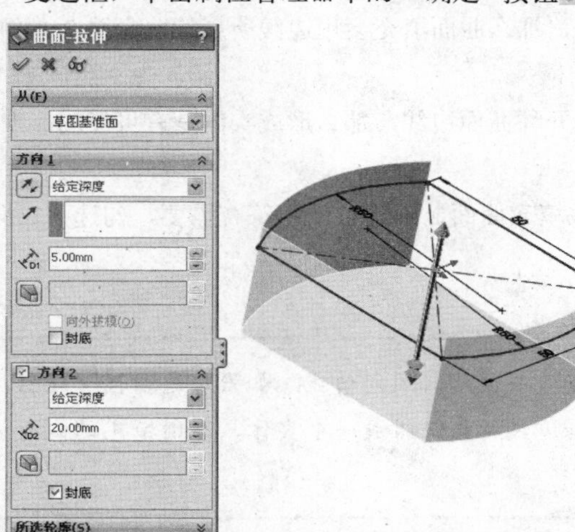

图5-53 “曲面-拉伸”属性管理器

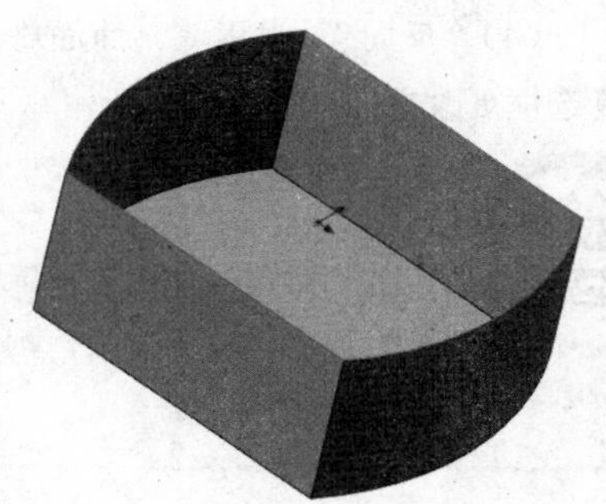

图5-54 拉伸曲面后的图形

（5）在左侧的“FeatureManager 设计树”中选择“右视基准面”，然后单击“标准视图”工具栏中的“正视于”按钮，将该基准面作为绘制图形的基准面，单击“草图”工具栏中的“草图绘制”按钮，进入草图绘制界面。

（6）单击“草图”工具栏中的“直线”按钮，绘制如图 5-55 所示的草图并标注尺寸。

（7）单击“曲面”工具栏中的“拉伸曲面”按钮，此时系统弹出如图 5-56 所示的“曲面 - 拉伸”属性管理器，在“终止条件”一栏中，选择“两侧对称”，在“深度”一栏中输入“100.00mm”，单击属性管理器中的“确定”按钮，完成曲面拉伸，结果如图 5-57 所示。

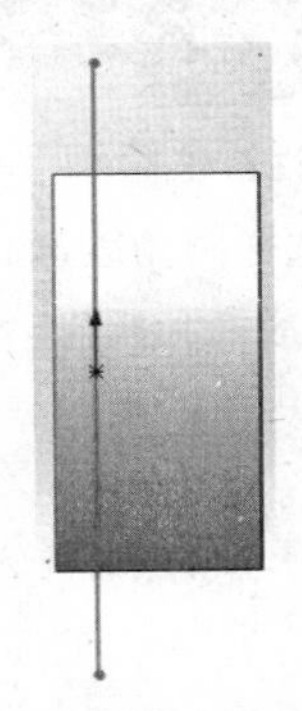

图5-55　绘制草图

图5-56　“曲面-拉伸”属性管理器

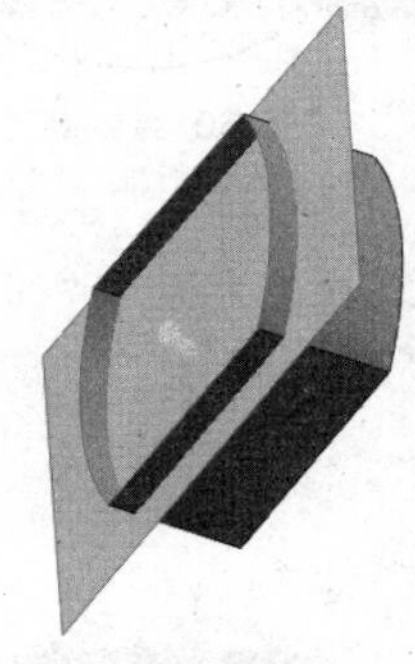

图5-57　拉伸曲面后的图形

（8）选中“曲面”工具栏中的“剪裁曲面”按钮，弹出“剪裁曲面”属性管理器，在“剪裁类型”选项组中选中“标准”单选钮，在“选择”选项组的“剪裁工具”选项下的基准面中，选中“保留选择”单选钮，在选项组中选择保留曲面，如图 5-58 所示，单击属性管理器中的“确定”按钮，完成曲面剪裁，结果如图 5-59 所示。

（9）在左侧的“FeatureManager 设计树”中选择图 5-59 中的面 1，然后单击“标准视图”工具栏中的“正视于”按钮，将该基准面作为绘制图形的基准面，单击“草图”工具栏中的“草图绘制”按钮，进入草图绘制界面。

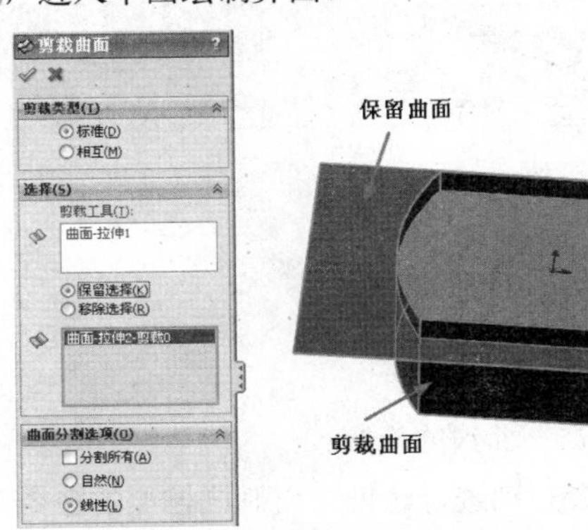

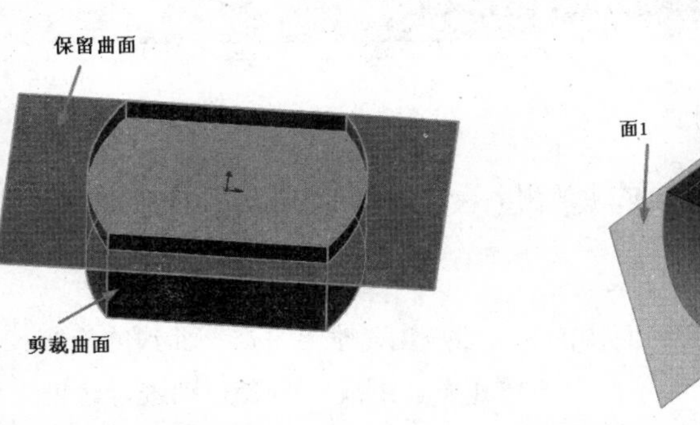

图5-58“剪裁曲面”属性管理器

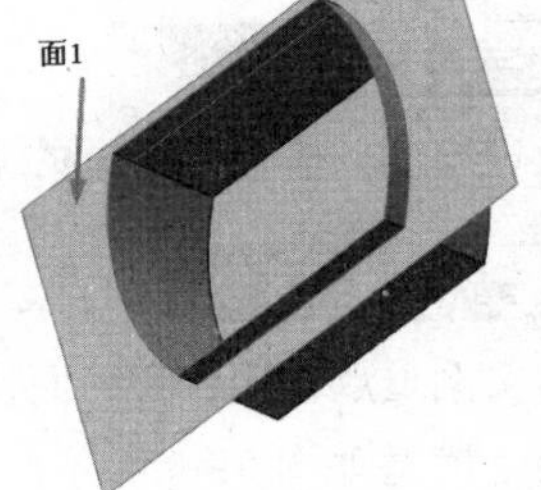

图5-59 曲面裁剪结果

（10）单击“草图”工具栏中的“圆”按钮，绘制如图 5-60 所示的草图并标注尺寸。

（11）单击“曲面”工具栏中的“剪裁曲面”按钮，弹出“剪裁曲面”属性管理器，在“剪裁类型”选项组中选中“标准”单选钮，在“选择”选项组的“剪裁工具”选项下的基准面中，选中“移除选择”单选钮，在选项组中选择保留曲面，如图 5-61 所示，单击属性管理器中的“确定”按钮，完成曲面剪裁，结果如图 5-62 所示。

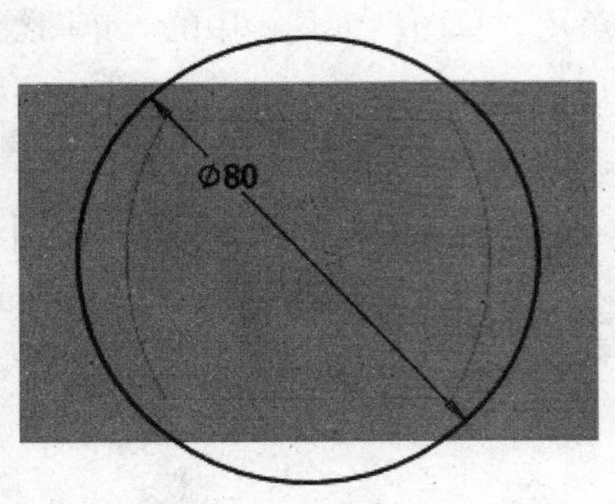

图5-60 绘制草图

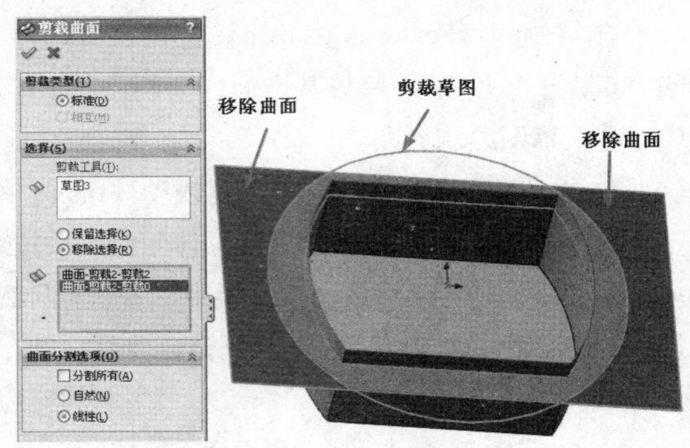

图5-61 “剪裁曲面”属性管理器

(12) 单击“特征”工具栏中的“圆角”按钮，弹出“圆角”属性管理器，选择圆角边，如图 5-63 所示。设置圆角半径为“10.00mm”，单击属性管理器中的“确定”按钮，完成圆角操作，结果如图 5-51 所示。

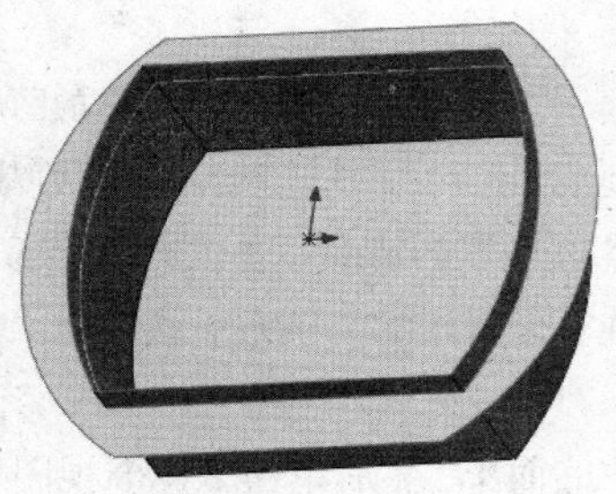

图5-62 剪裁曲面结果

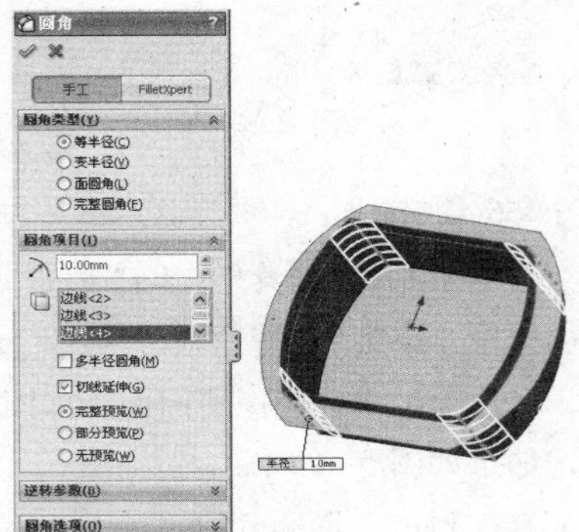

图5-63 “圆角”属性管理器

5.3 实战综合实例——茶壶

学习目的

通过绘制茶壶这个常见的生活用品，掌握曲面建模的各种功能。

重点难点

本实例重点掌握各种曲面特征的灵活应用，难点是造型曲线的绘制。

茶壶模型如图 5-64 所示，由壶身和壶盖组成，两者分别进行建模。绘制该模型的命令主要有旋转曲面、放样曲面、填充曲面等命令。

图5-64 茶壶模型

5.3.1　绘制壶身

操作步骤

单击“标准”工具栏中的“新建”按钮，此时系统弹出“新建 SoildWorks 文件”对话框，在其中选择“零件”按钮，然后单击“确定”按钮，创建一个新的零件文件。

1．绘制壶体

Step01 在左侧的“FeatureManager 设计树”中选择“前视基准面”，然后单击“标准视图”工具栏中的“正视于”按钮，将该基准面作为绘制图形的基准面。

Step02 单击“草图”工具栏中的“中心线”按钮，绘制一条通过原点的竖直中心线；依次单击“草图”工具栏中的“样条曲线”按钮和“直线”按钮，绘制如图 5-65 所示的草图并标注尺寸。

Step03 选择菜单栏中的“插入”→“曲面”→“旋转曲面”命令，或者单击“曲面”工具栏中的“旋转曲面”按钮，此时系统弹出如图 5-66 所示的“曲面 - 旋转”属性管理器。在“旋转轴”一栏中，选择如图 5-65 所示中的竖直中心线，其他参考图 5-66 所示。单击属性管理器中的“确定”按钮，完成曲面旋转。

Step04 单击“标准视图”工具栏中的“等轴测”按钮，将视图以等轴测方向显示。结果如图 5-67 所示。

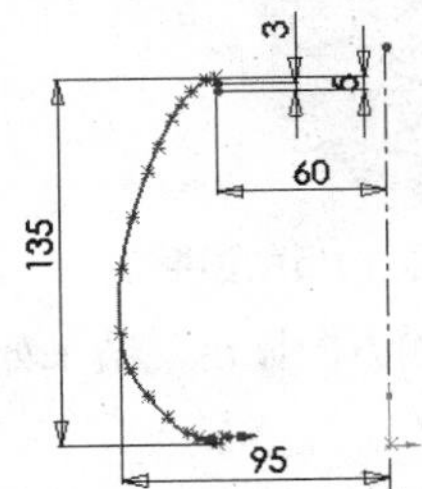

图5-65 绘制的草图

图5-66 “曲面-旋转” 属性管理器

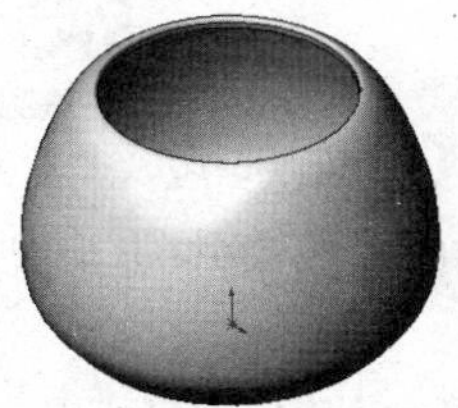

图5-67 旋转曲面后的图形

2．绘制壶嘴

Step01 在左侧的“FeatureManager 设计树”中选择“前视基准面”，然后单击“标准视图”工具栏中的“正视于”按钮，将该基准面作为绘制图形的基准面。

Step02 依次单击“草图”工具栏中的“样条曲线”按钮和“直线”按钮，绘制如图 5-68 所示的草图并标注尺寸。注意在绘制过程中将某些线段作为构造线，然后退出草图绘制状态。

Step03 单击“草图”工具栏中的“样条曲线”按钮，绘制如图 5-69 所示的草图并标注尺寸。然后退出草图绘制状态。

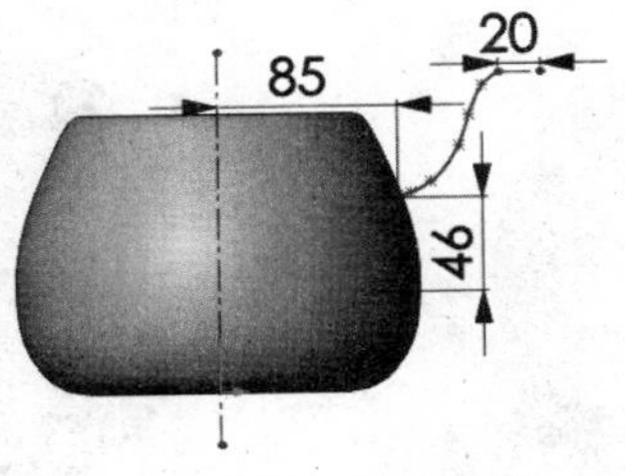

图5-68 绘制第一条引导线

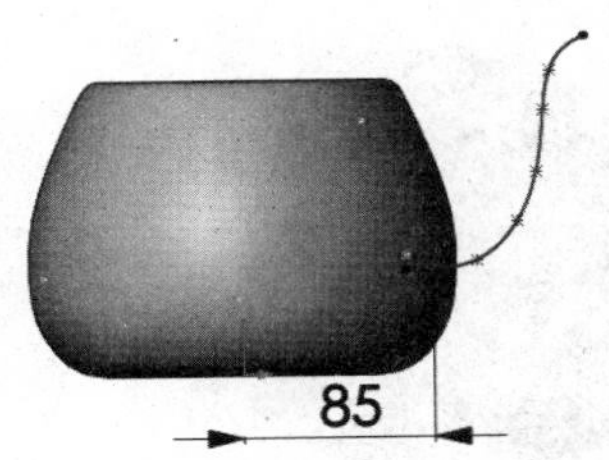

图5-69 绘制第二条引导线

Step 04 选择菜单栏中的“插入”→“参考几何体”→“基准面”命令，或者单击“参考几何体”工具栏中的“基准面”按钮，此时系统弹出如图5-70所示的“基准面”属性管理器。在“参考实体”一栏中，选择“FeatureManager设计树”中的“右视基准面”和图5-68中长为“46”的直线的一个端点。单击属性管理器中的“确定”按钮，添加一个基准面。

Step 05 单击“标准视图”工具栏中的“等轴测”按钮，将视图以等轴测方向显示。结果如图5-71所示。

Step 06 在左侧的“FeatureManager设计树”中选择“基准面1”，然后单击“标准视图”工具栏中的“正视于”按钮，将该基准面作为绘制图形的基准面。

Step 07 单击“草图”工具栏中的“圆”按钮，以图5-68中长为“46”的直线的中点为圆心，以长为直径绘制一个圆，然后退出草图绘制状态。

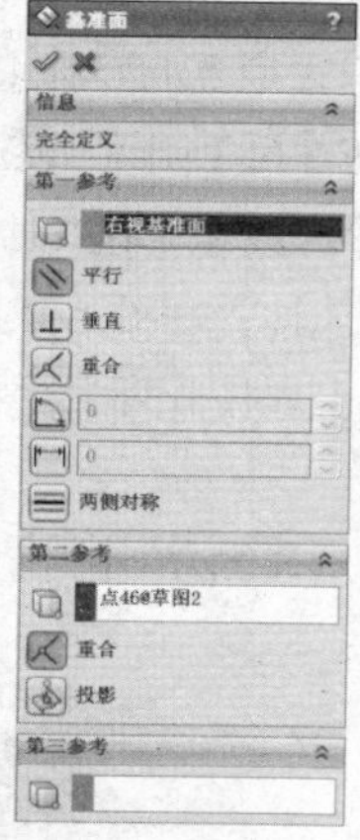

图5-70 “基准面”属性管理器

图5-71 设置视图方向后的图形

Step 08 单击“标准视图”工具栏中的“等轴测”按钮，将视图以等轴测方向显示。结果如图5-72所示。

Step 09 选择菜单栏中的“插入”→“参考几何体”→“基准面”命令，或者单击“参考几何体”工具栏中的“基准面”按钮，此时系统弹出“基准面”属性管理器。在“参考实体”一栏中，选择“FeatureManager设计树”中的“上视基准面”和图5-68中长为“20”的直线的一个端点。单击属性管理器中的“确定”按钮，添加一个基准面。结果如图5-73所示。

Step 10 在左侧的“FeatureManager设计树”中选择“基准面2”，然后单击“标准视图”工具栏中的“正视于”按钮，将该基准面作为绘制图形的基准面。

Step 11 单击“草图”工具栏中的“圆”按钮，以图5-68中长为“20”的直线的中点为圆心，以长为直径绘制一个圆，然后退出草图绘制状态。

Step 12 单击“标准视图”工具栏中的“等轴测”按钮，将视图以等轴测方向显示。结果如图5-74所示。

图5-72 设置视图方向后的图形

图5-73 添加基准面后的图形

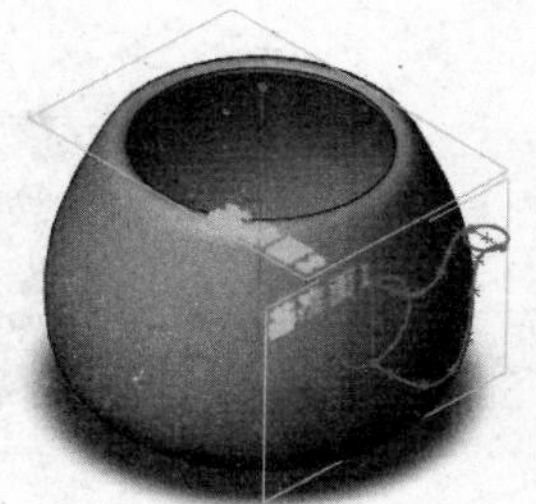
图5-74 设置视图方向后的图形

Step 13 选择菜单栏中的"插入"→"曲面"→"放样曲面"命令，或者单击"曲面"工具栏中的"放样曲面"按钮，此时系统弹出如图 5-75 所示的"曲面 - 放样"属性管理器。在属性管理器的"轮廓"一栏中，依次选择步骤 02 和步骤 03 绘制的草图；在"引导线"一栏中，选择步骤 06 和步骤 10 绘制的草图。单击属性管理器中的"确定"按钮，生成放样曲面，结果如图 5-76 所示。

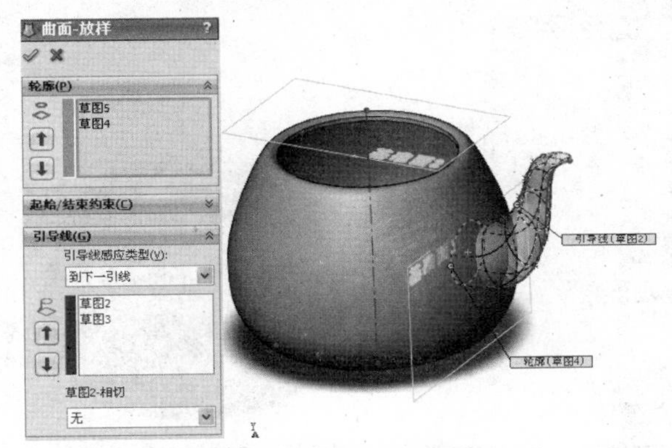

图5-75 "曲面-放样"属性管理器

图5-76 放样曲面后的图形

3．绘制壶把手

Step 01 选择菜单栏中的"插入"→"参考几何体"→"基准面"命令，或者单击"参考几何体"工具栏中的"基准面"按钮，此时系统弹出如图 5-77"基准面"属性管理器。在"参考实体"一栏中，选择"FeatureManager 设计树"中的"右视基准面"；在"距离"一栏中输入值"70.00mm"，并注意添加基准面的方向。单击属性管理器中的"确定"按钮，添加一个基准面。结果如图 5-78 所示。

Step 02 在左侧的"FeatureManager 设计树"中选择"基准面 3"，然后单击"标准视图"工具栏中的"正视于"按钮，将该基准面作为绘制图形的基准面。

Step 03 单击"草图"工具栏中的"椭圆"按钮，绘制如图 5-79 所示的草图并标注尺寸，然后退出草图绘制状态。

Step 04 在左侧的"FeatureManager 设计树"中选择"基准面 3"，然后单击"标准视图"工具栏中的"正视于"按钮，将该基准面作为绘制图形的基准面。

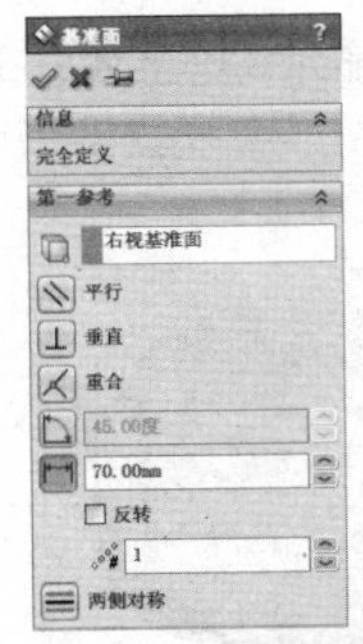

图5-77 "基准面"属性管理器

图5-78 添加基准面后的图形

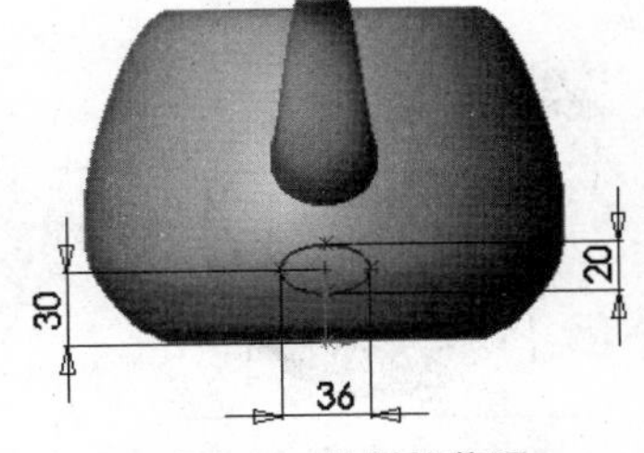

图5-79 绘制的草图

Step 05 单击"草图"工具栏中的"椭圆"按钮，绘制如图 5-80 所示的草图并标注尺寸，然后退出草图绘制状态。

Step 06 选择菜单栏中的"插入"→"参考几何体"→"基准面"命令，或者单击"参考几何体"工具栏中的"基准面"按钮，此时系统弹出如图 5-81 所示的"基准面"属性管理器。在"参考实体"

一栏中，选择“FeatureManager 设计树”中的“上视基准面”；在“距离”一栏中输入值“70.00mm”，并注意添加基准面的方向。单击属性管理器中的“确定”按钮，添加一个基准面。

Step 07 单击“标准视图”工具栏中的“等轴测”按钮，将视图以等轴测方向显示。结果如图 5-82 所示。

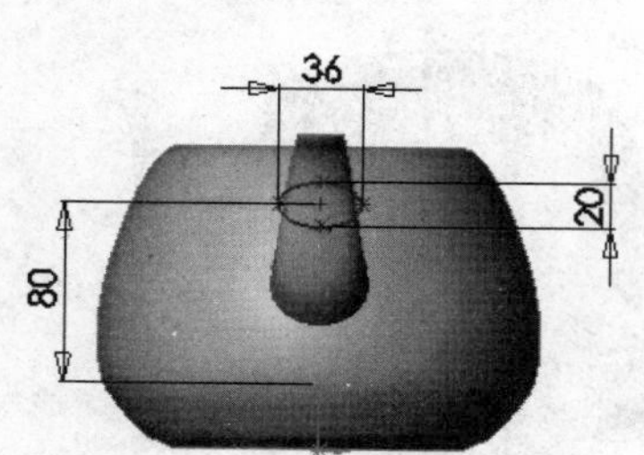

图5-80 绘制的草图

图5-81 “基准面”属性管理器

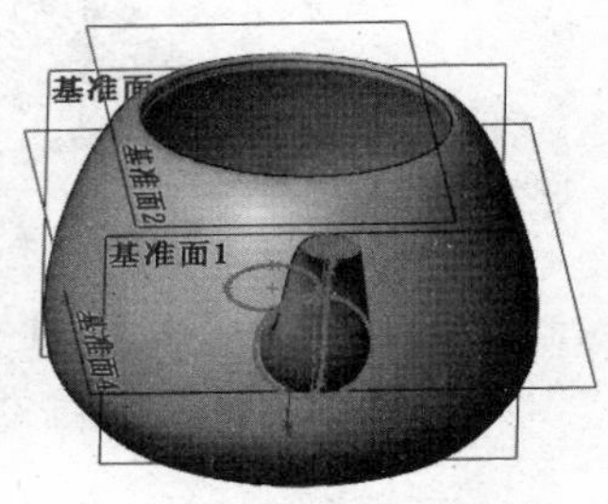

图5-82 设置视图方向后的图形

Step 08 在左侧的“FeatureManager 设计树”中选择“基准面 4”，然后单击“标准视图”工具栏中的“正视于”按钮，将该基准面作为绘制图形的基准面。

Step 09 单击“草图”工具栏中的“椭圆”按钮，绘制如图 5-83 所示的草图并标注尺寸，然后退出草图绘制状态。

Step 10 在左侧的“FeatureManager 设计树”中选择“前视基准面”，然后单击“标准视图”工具栏中的“正视于”按钮，将该基准面作为绘制图形的基准面。

Step 11 单击“草图”工具栏中的“样条曲线”按钮，绘制如图 5-84 所示的草图，然后退出草图绘制状态。

绘制样条曲线时，样条曲线的起点和终点分别位于椭圆草图的圆心，并且中间点也通过另一个椭圆草图的圆心。

Step 12 单击“标准视图”工具栏中的“等轴测”按钮，将视图以等轴测方向显示。结果如图 5-85 所示。

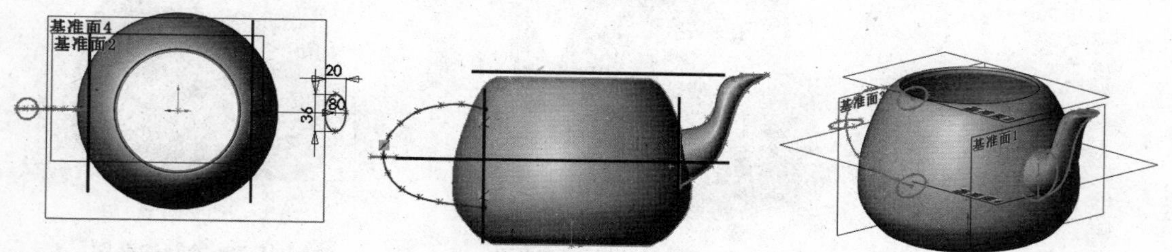

图5-83 绘制的草图　　图5-84 绘制的草图　　图5-85 设置视图方向后的图形

Step 13 选择菜单栏中的“插入”→“曲面”→“扫描曲面”命令，或者单击“曲面”工具栏中的“扫描曲面”按钮，此时系统弹出如图 5-86 所示的“曲面 - 扫描”属性管理器。在“轮廓”一栏中，选择步骤 03、步骤 05 和步骤 09 中绘制的任意一个草图；在“路径”一栏中，选择步骤 11 绘制的草图。

单击属性管理器中的“确定”按钮✓，完成曲面扫描。结果如图 5-87 所示。

Step 14 选择菜单栏中的“视图”→“基准面”和“草图”命令，取消视图中基准面和草图的显示。结果如图 5-88 所示。

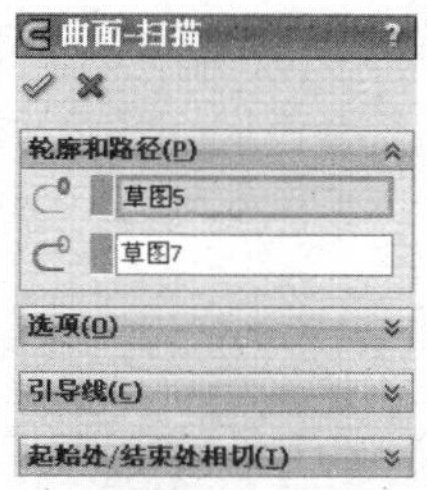

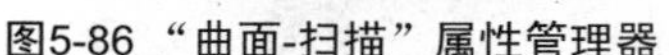
图5-86 “曲面-扫描”属性管理器

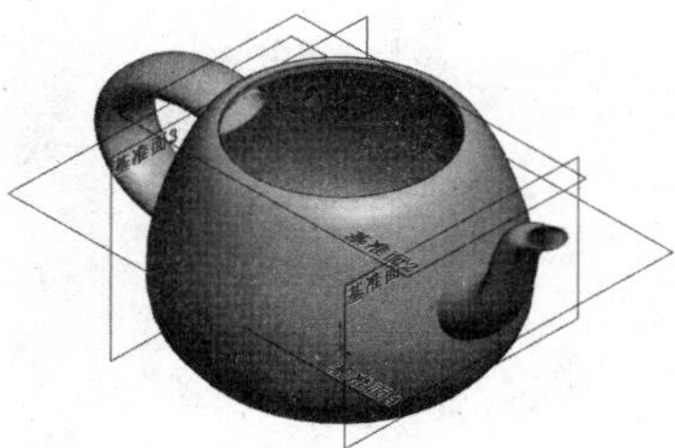
图5-87 扫描曲面后的图形

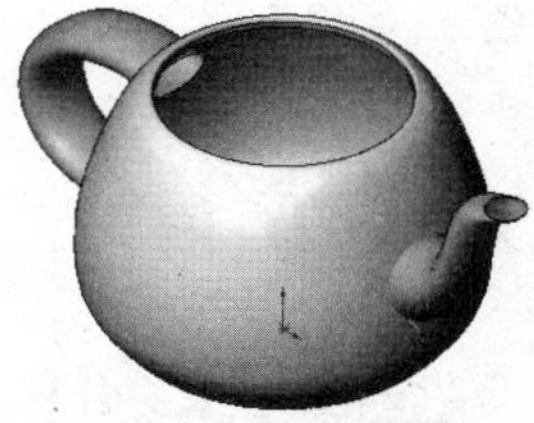
图5-88 设置视图显示后的图形

用户可以再绘制通过3个椭圆草图的引导线，使用放样曲面命令，生成壶把手，这样可以使把手更加细腻。

4．编辑壶身

Step 01 单击“视图”工具栏中的“旋转视图”按钮，将视图以合适的方向显示。结果如图 5-89 所示。

Step 02 选择菜单栏中的“插入”→“曲面”→“剪裁曲面”命令，或者单击“曲面”工具栏中的“剪裁曲面”按钮，此时系统弹出如图 5-90 所示的“剪裁曲面”属性管理器。在“剪裁类型”一栏中，选择“相互”选项；在“曲面”一栏中，选择“FeatureManager 设计树”中的“曲面 - 扫描 1”、“曲面 - 旋转 1”和“曲面 - 放样 1”；选中“保留选择”，然后在“要保留的部分”一栏中，选择视图中壶身外侧的壶体、壶嘴和壶把手。单击属性管理器中的“确定”按钮✓，将壶身内部多余部分剪裁。结果如图 5-91 所示。

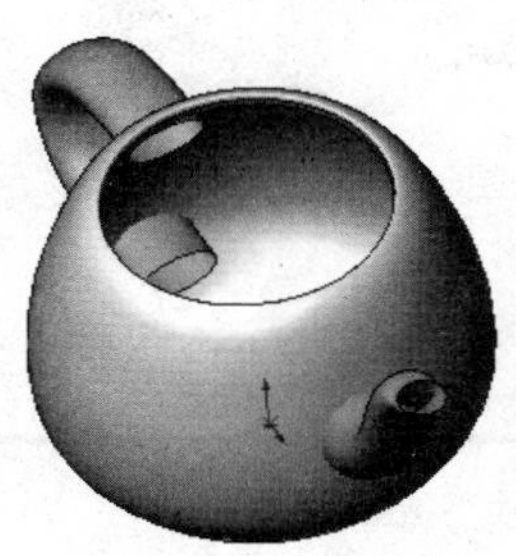
图5-89 设置视图方向

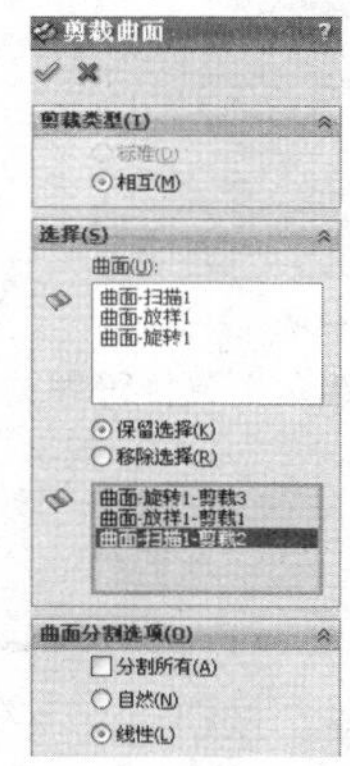

图5-90 “剪裁曲面”属性管理器

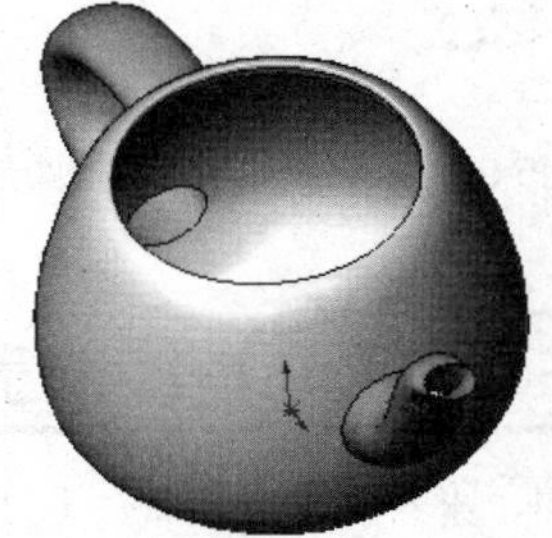
图5-91 剪裁曲面

Step 03 单击“视图”工具栏中的“旋转视图”按钮，将视图以合适的方向显示。结果如图 5-92 所示。

Step 04 选择菜单栏中的“插入”→“曲面”→“填充曲面”命令，或者单击“曲面”工具栏中的“填充曲面”按钮，此时系统弹出如图 5-93 所示的“填充曲面”属性管理器。在“修补边界”一栏中，选择图 5-92 中的边线 1。单击属性管理器中的“确定”按钮✓，填充壶底曲面。结果如图 5-94 所示。

Step 05 单击“视图”工具栏中的“旋转视图”按钮，将视图以合适的方向显示。结果如图 5-95 所示。

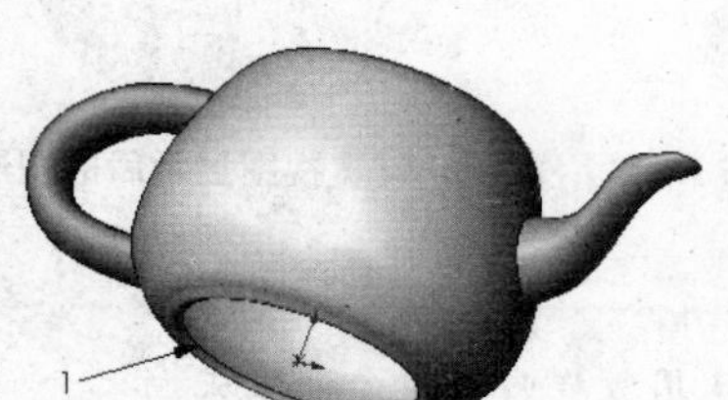

图5-92 设置视图方向后的图形

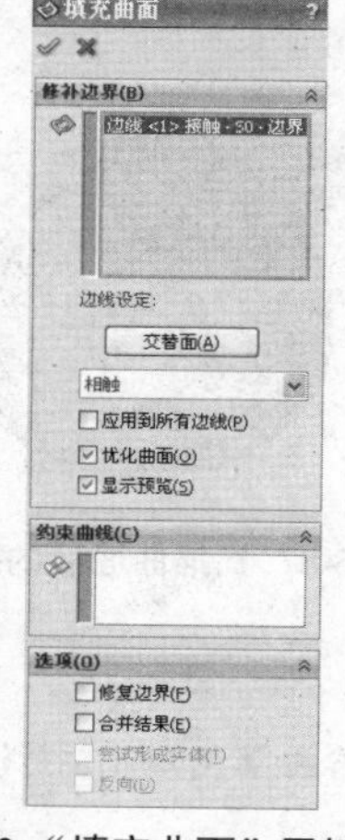

图5-93 “填充曲面”属性管理器

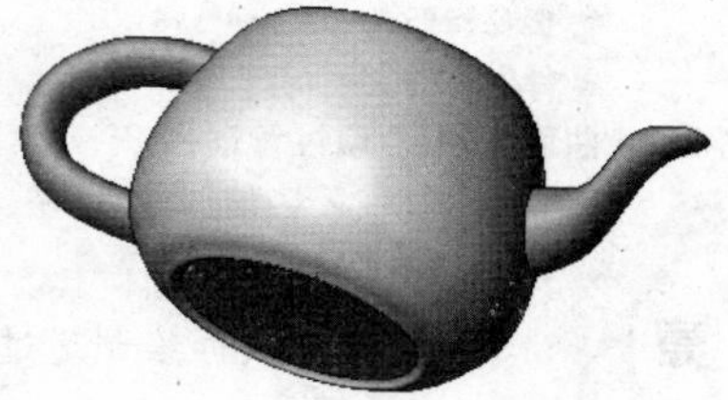

图5-94 填充曲面后的图形

Step 06 选择菜单栏中的“插入”→“曲面”→“圆角”命令，或者单击“曲面”工具栏中的“圆角”按钮，此时系统弹出如图 5-96 所示的“圆角”属性管理器。在“圆角类型”一栏中，选择“等半径”选项；在“边、线、面、特征和环”一栏中，选择图 5-95 中的边线 1、边线 2 和边线 3；在“半径”一栏中输入值“10.00mm”。单击属性管理器中的“确定”按钮，完成圆角处理。结果如图 5-97 所示。

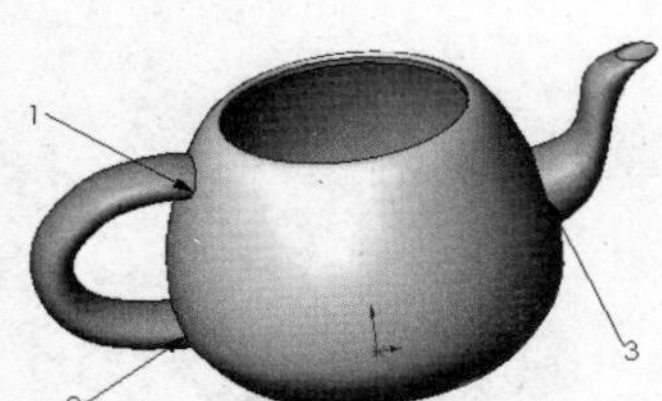

图5-95 设置视图方向后的图形

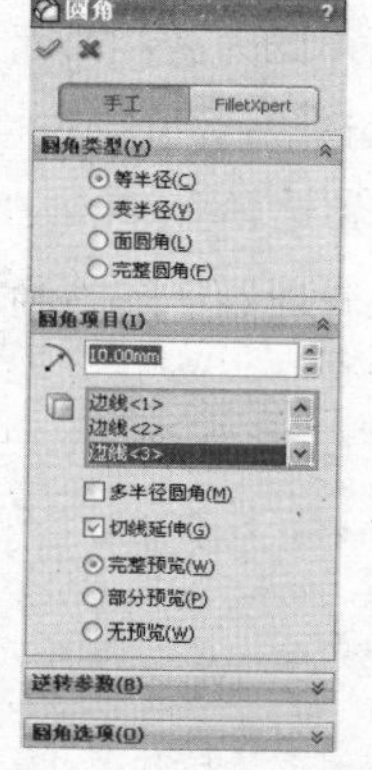

图5-96 “圆角”属性管理器

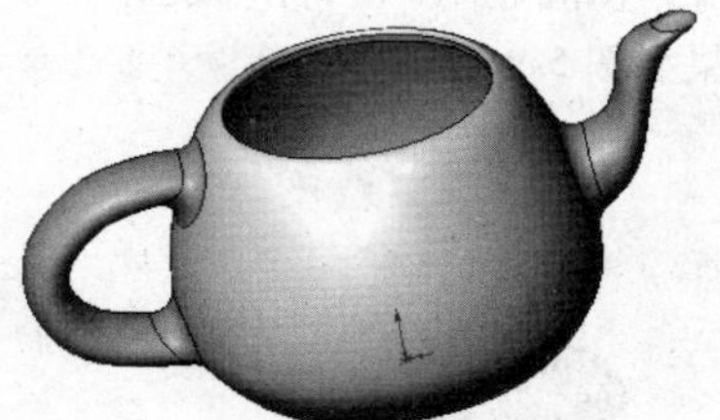

图5-97 倒圆角后的图形

5.3.2 绘制壶盖

Step 01 单击“标准”工具栏中的“新建”按钮，系统弹出“新建 SoildWorks 文件”对话框，在其中选择“零件”按钮，然后单击“确定”按钮，创建一个新的零件文件。

Step 02 在左侧的“FeatureManager 设计树”中选择“前视基准面”，然后单击“标准视图”工具栏中的“正视于”按钮，将该基准面作为绘制图形的基准面。

Step 03 单击“草图”工具栏中的“中心线”按钮，绘制一条通过原点的竖直中心线；依次单击“草图”工具栏中的“样条曲线”按钮、“直线”按钮和“绘制圆角”按钮，绘制如图 5-98 所示的草图并标注尺寸。

Step 04 选择菜单栏中的“插入”→“曲面”→“旋转曲面”命令，或者单击“曲面”工具栏中的“旋转曲面”按钮，此时系统弹出如图 5-99 所示的“曲面 - 旋转”属性管理器。在“旋转轴”一栏中，选择图 5-98 中的竖直中心线，其他设置参考图 5-99 所示。单击属性管理器中的“确定”按钮，完成曲面旋转。

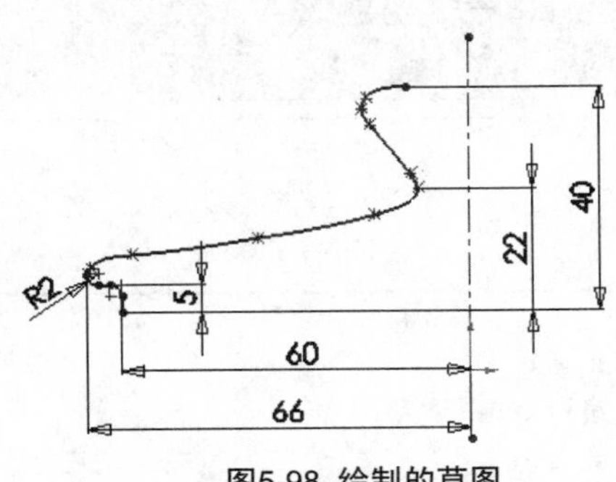

图5-98 绘制的草图

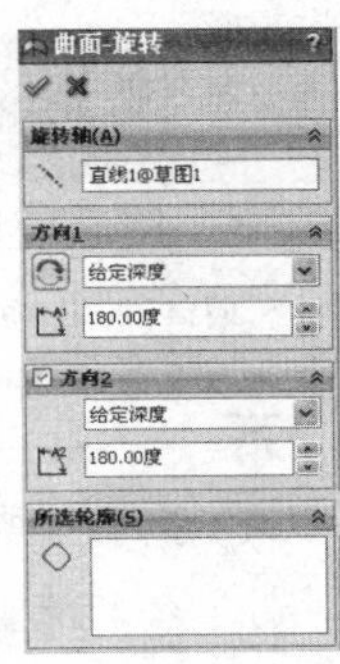

图5-99 “曲面-旋转”属性管理器

Step 05 单击“标准视图”工具栏中的“等轴测”按钮，将视图以等轴测方向显示。结果如图 5-100 所示。

Step 06 选择菜单栏中的“插入”→“曲面”→“填充曲面”命令，或者单击“曲面”工具栏中的“填充曲面”按钮，此时系统弹出如图 5-101 所示的“填充曲面”属性管理器。在“修补边界”一栏中，选择图 5-100 中的边线 1，其他设置如图 5-101 所示。单击属性管理器中的“确定”按钮，填充壶盖曲面。结果如图 5-102 所示。

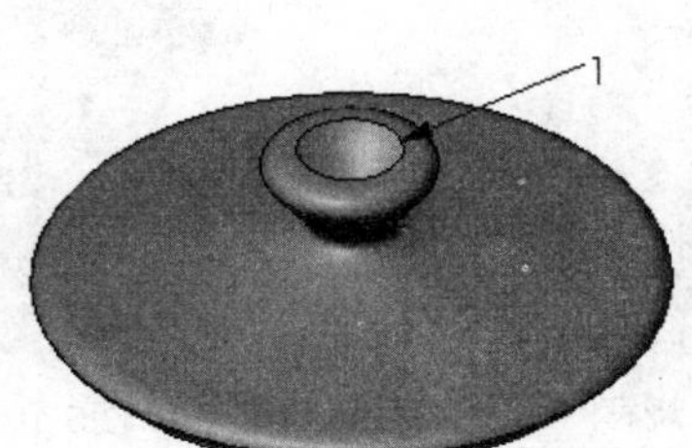

图5-100 设置视图方向后的图形

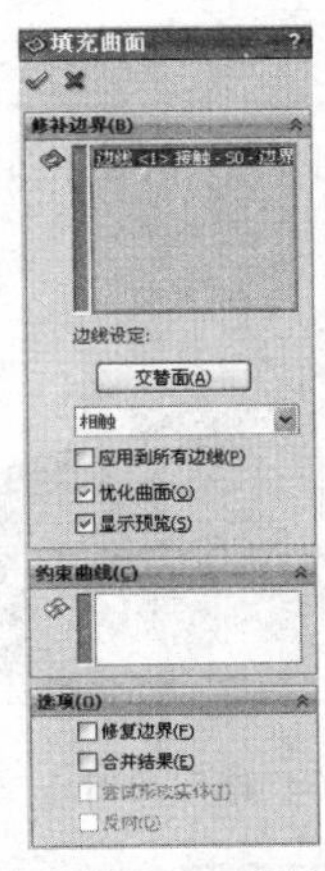

图5-101 “填充曲面”属性管理器

Step 07 单击“视图”工具栏中的“旋转视图”按钮，将视图以合适的方向显示。结果如图 5-103 所示。

图5-102 填充曲面后的图形

图5-103 改变视图方向后的图形

案例总结

本例通过一个典型的生活用品造型——茶壶的绘制过程将本章所学的曲面绘制相关知识进行了综合应用，包括旋转曲面、扫描曲面、放样曲面、裁剪曲面、填充曲面的灵活应用。

5.4 思考与上机练习

1．绘制如图 5-104 所示的电扇单叶。

操作提示

（1）绘制草图并进行曲面放样。

（2）绘制草图并拉身切除生成扇叶。

（3）绘制草图并拉身切除生成扇叶轴。

2．绘制如图 5-105 所示的烧杯。

操作提示

（1）绘制草图并进行曲面旋转生成杯体。

（2）利用曲面旋转和曲面裁剪等命令绘制杯口。

（3）利用放样旋转和缝合曲面等命令绘制杯嘴。

（4）利用等距曲面等命令绘制文字。

3．绘制如图 5-106 所示的花盆。

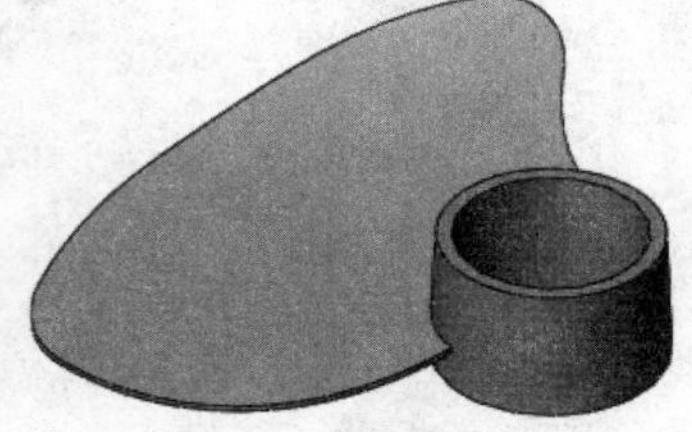

图5-104 电扇单叶

图5-105 烧杯

图5-106 花盆

操作提示

（1）绘制草图并进行曲面旋转生成盆体。

（2）利用延展曲面和缝合曲面等命令绘制盆口。

（3）利用圆角等命令绘制过渡部分。

第6章 装配体绘制

本章导读

要实现对零部件进行装配，必须首先创建一个装配体文件。本节将介绍创建装配体的基本操作，包括新建装配体文件、插入装配零件与删除装配零件。

6.1 装配体基本操作

装配体制作界面与零件的制作界面基本相同，特征管理器中出现一个配合组，在装配体制作界面中出现如图 6-1 所示的“装配体”工具栏，对“装配体”工具栏的操作同前边介绍的工具栏操作相同。

图6-1 “装配体”工具栏

6.1.1 创建装配体文件

执行方式

单击“新建”→“装配体”按钮。

选项说明

（1）单击“标准”工具栏中的“新建”按钮，弹出“新建 SolidWorks 文件”对话框，如图 6-2 所示。

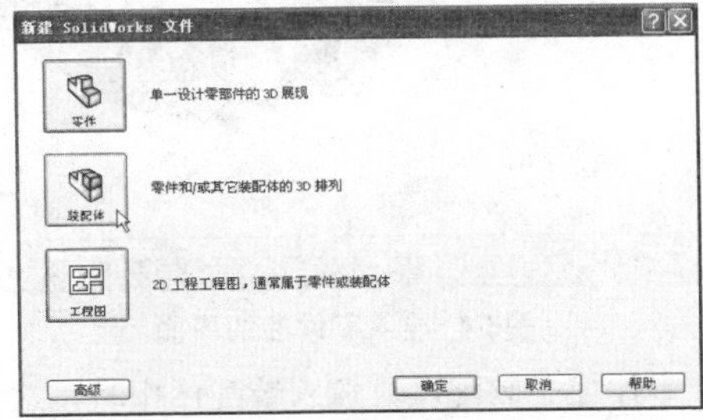

图6-2 “新建SolidWorks文件”对话框

（2）在对话框中选择“装配体”按钮，进入装配体制作界面，如图 6-3 所示。

（3）在“开始装配体”属性管理器中，单击“要插入的零件 / 装配体”选项组中的“浏览”按钮，弹出“打开”对话框。

（4）选择一个零件作为装配体的基准零件，单击“打开”按钮，然后在图形区合适位置单击以放置零件。然后调整视图为“等轴测”，即可得到导入零件后的界面，如图 6-4 所示。

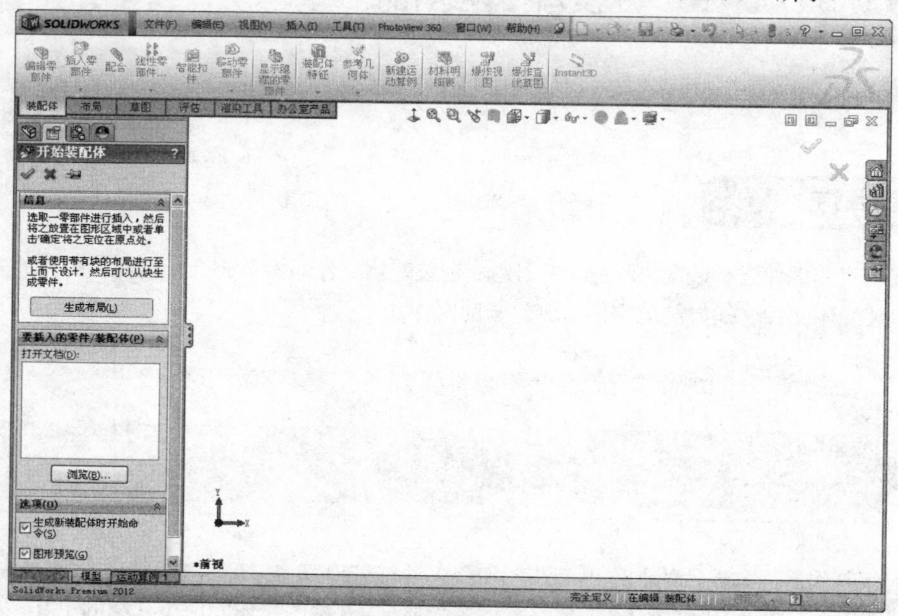

图6-3 装配体制作界面

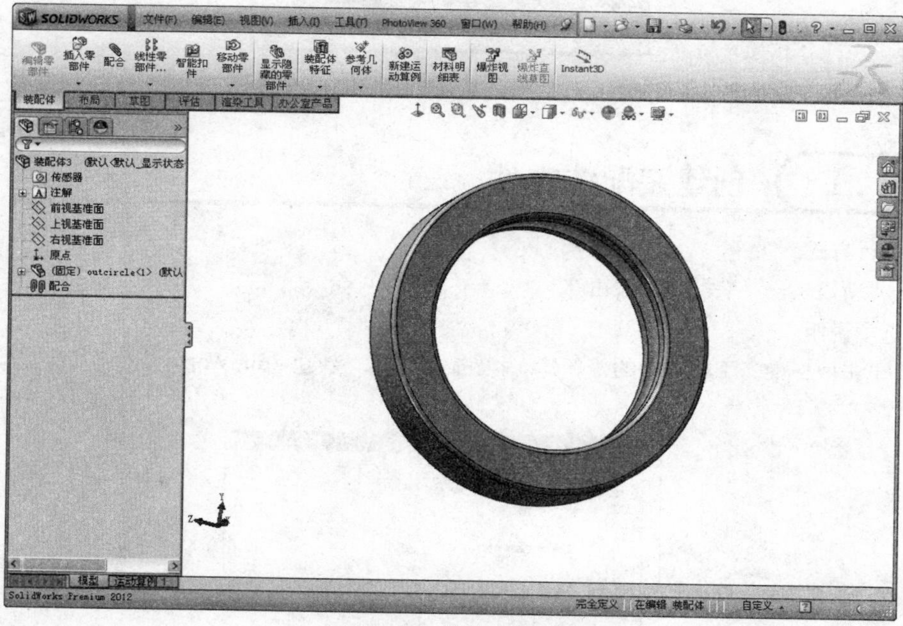

图6-4 导入零件后的界面

（5）将一个零部件（单个零件或子装配体）放入装配体中时，这个零部件文件会与装配体文件链接。此时零部件出现在装配体中，零部件的数据还保存在原零部件文件中。

技巧荟萃

对零部件文件所进行的任何改变都会更新装配体。保存装配体时文件的扩展名为“*.sldasm”，其文件名前的图标也与零件图不同。

6.1.2 插入装配零件

执行方式

单击“装配体”→“插入零部件”按钮。

选项说明

制作装配体需要按照装配的过程，依次插入相关零件，有多种方法可以将零部件添加到一个新的或现有的装配体中。

- 使用插入零部件属性管理器。
- 从任何窗格中的文件探索器中拖动。
- 从一个打开的文件窗口中拖动。
- 从资源管理器中拖动。
- 从 Internet Explorer 中拖动超文本链接。
- 在装配体中拖动以增加现有零部件的实例。
- 从任何窗格的设计库中拖动。
- 使用插入、智能控件来添加螺栓、螺钉、螺母、销钉以及垫圈。

6.1.3 删除装配零件

删除装配零件方法如下。

（1）按【Delete】键，或选择菜单栏中的“编辑”→“删除”命令，或在空白处单击右键，在弹出的快捷菜单中选择“删除”命令，此时会弹出如图 6-5 所示的“确认删除”对话框。

（2）单击“是”按钮以确认删除，此零部件及其所有相关项目（配合、零部件阵列、爆炸步骤等）都会被删除。

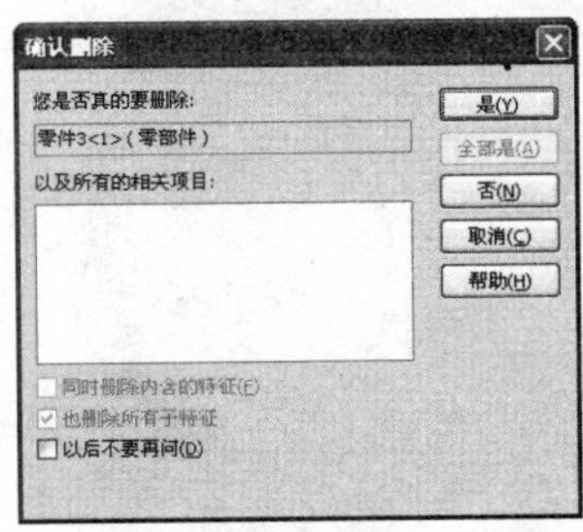

图6-5 “确认删除”对话框

技巧荟萃

（1）第一个插入在装配图中的零件，默认的状态是固定的，即不能移动和旋转的，在“FeatureManager 设计树”中显示为“固定”。如果不是第一个插入零件，则是浮动的，在“FeatureManager 设计树”中显示为（—），固定和浮动显示如图 6-6 所示。

（2）系统默认第一个插入的零件是固定的，也可以将其设置为浮动状态，右击“FeatureManager”设计树中固定的文件，在弹出的快捷菜单中选择“浮动”命令。反之，也可以将其设置为固定状态。

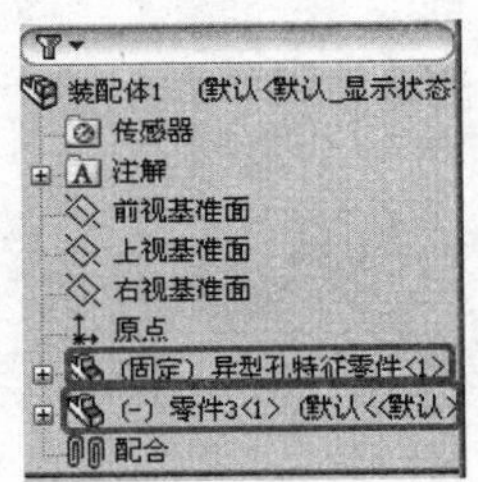

图6-6 固定和浮动显示

6.1.4 实例——插入塑料盒零件

塑料盒装配如图 6-7 所示。在装配图中依次插入零件“塑料盒身”、“塑料盒盖”，在本节中将详细讲解绘制过程。

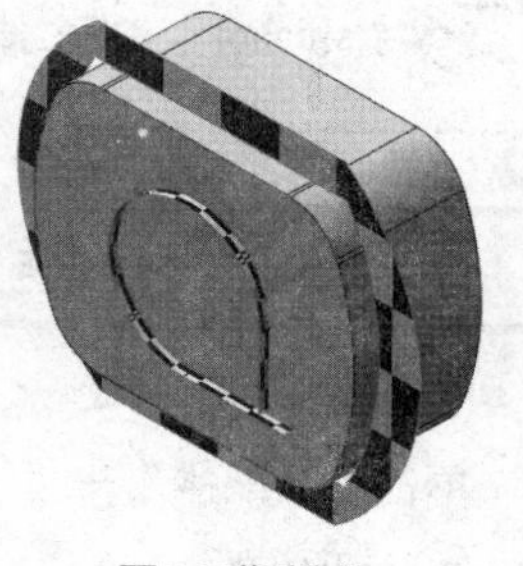

图6-7 塑料盒

操作步骤

1．新建文件

（1）单击“标准”工具栏中的“新建”按钮，弹出“新建 SolidWorks 文件”对话框。

（2）在对话框中选择“装配体”按钮，进入装配体制作界面。

2．导入文件

（1）在打开的“开始装配体”属性管理器中单击“浏览”按钮，在打开的对话框中找到“塑料盒身 .sldprt”文件，单击“打开”按钮导入文件，如图 6-8 所示，单击“确定”按钮，完成零件的放置。

（2）单击“装配体”工具栏中的“插入零部件”选项，在打开的对话框中找到“塑料盒盖 .sldprt”文件，单击“打开”按钮导入文件，如图 6-9 所示，单击“确定”按钮，完成零件的放置，完成后如图 6-10 所示。

图6-8 盒身

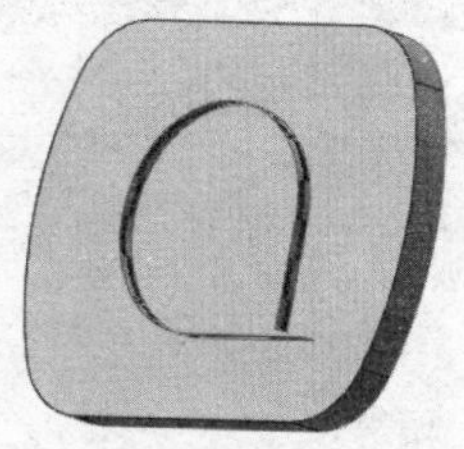

图6-9 盒盖

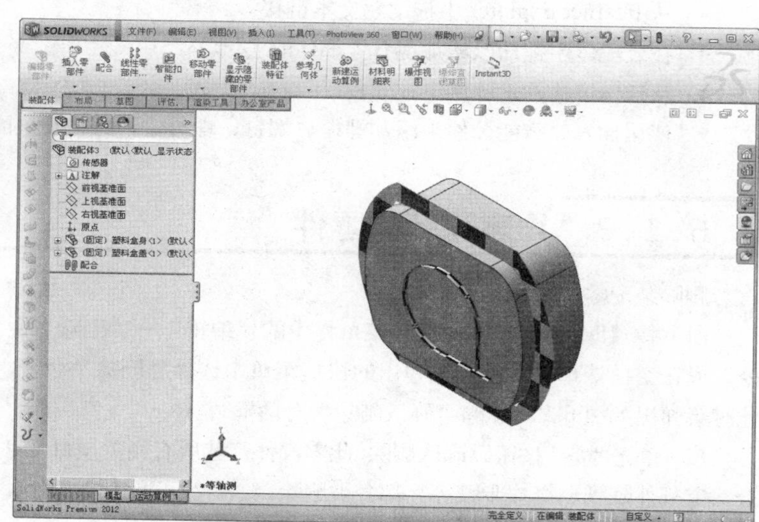

图6-10 导入完成的模型

3．保存装配体

单击“标准”工具栏中的“保存”按钮，弹出“另存为”对话框，在“文件名”列表框中输入装配体名称“塑料盒零件 .sldasm”，单击“确定”按钮，退出对话框，保存文件。

6.2 定位零部件

在零部件放入装配体中后，用户可以移动、旋转零部件或固定它的位置，用这些方法可以大致确定零部件的位置，然后再使用配合关系来精确地定位零部件。

选择需要编辑的零件，单击右键弹出如图 6-11 所示的快捷菜单，其中显示常用零部件定位命令。

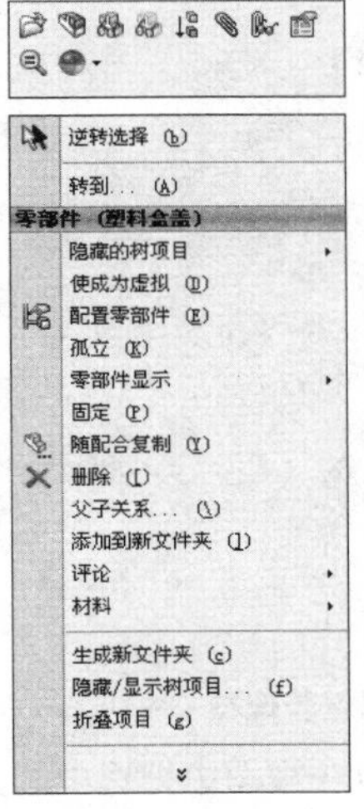

图6-11 快捷菜单

6.2.1 固定零部件

执行方式

在快捷菜单中选择“固定”命令。

选项说明

（1）如果要解除固定关系，只要在“FeatureManager 设计树”或图形区中，右击要固定的零部件，然后在快捷菜单中选择“浮动”命令即可。

（2）当一个零部件被固定之后，在“FeatureManager 设计树”中，该零部件名称的左侧出现文字“固定”，表明该零部件已被固定，它就不能相对于装配体原点移动了。

（3）默认情况下，装配体中的第一个零件是固定的。如果装配体中至少有一个零部件被固定下来，它就可以为其余零部件提供参考，防止其他零部件在添加配合关系时意外移动。

6.2.2 移动零部件

在“FeatureManager 设计树”中，只要前面有“(-)”符号的，该零件即可被移动。

执行方式

单击“装配体”→“移动零部件”按钮。

执行上述命令，打开“移动零部件”属性管理器，如图 6-12 所示。

选项说明

（1）选择需要移动的类型，然后拖动到需要的位置。

（2）单击“确定”按钮，或者按【Esc】键，取消命令操作。

（3）在“移动零部件”属性管理器中，移动零部件的类型有“自由拖动”、“沿装配体 XYZ”、“沿实体”、“由 DeltaXYZ”和“到 XYZ 位置”5 种，如图 6-13 所示，下面分别介绍。

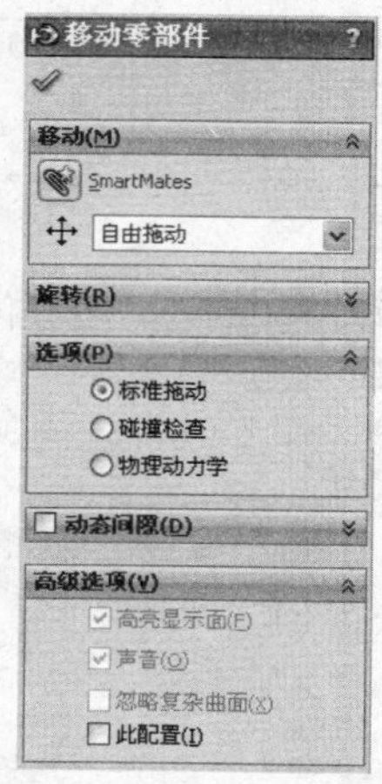

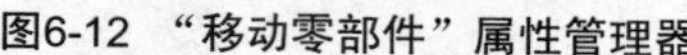
图6-12 “移动零部件”属性管理器

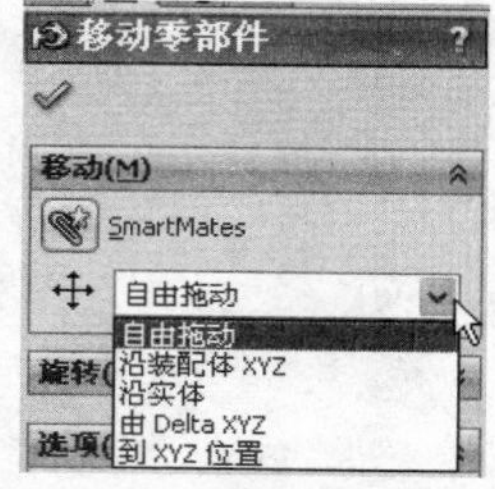

图6-13 移动零部件的类型

- 自由拖动：系统默认选项，可以在视图中把选中的文件拖动到任意位置。
- 沿装配体 XYZ：选择零部件并沿装配体的 X、Y 或 Z 方向拖动。视图中显示的装配体坐标系可以确定移动的方向，在移动前要在欲移动方向的轴附近单击。
- 沿实体：首先选择实体，然后选择零部件并沿该实体拖动。如果选择的实体是一条直线、边线或轴，所移动的零部件具有一个自由度。如果选择的实体是一个基准面或平面，所移动的零部件具有两个自由度。
- 由 Delta XYZ：在属性管理器中键入移动 DeltaXYZ 的范围，如图 6-14 所示，然后单击“应用”按钮，零部件按照指定的数值移动。
- 到 XYZ 位置：选择零部件的一点，在属性管理中中键入 X、Y 或 Z 坐标，如图 6-15 所示，然后单击“应用”按钮，所选零部件的点移动到指定的坐标位置。如果选择的项目不是顶点或点，则零部件的原点会移动到指定的坐标处。

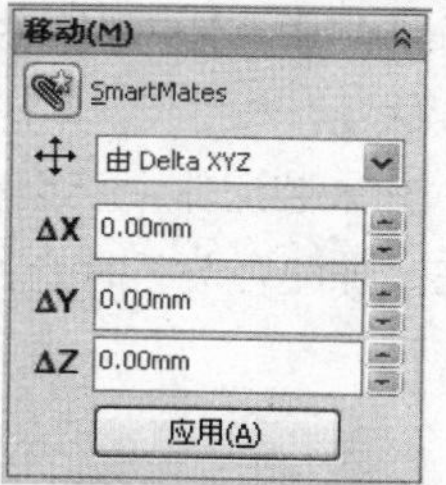

图6-14 “由DeltaXYZ”设置

图6-15 “到XYZ位置”设置

6.2.3 旋转零部件

在“FeatureManager 设计树”中，只要前面有“(-)”符号，该零件即可被旋转。

执行方式

单击“装配体”→“旋转零部件”按钮。

执行上述命令，打开“旋转零部件”属性管理器，如图 6-16 所示。

选项说明

（1）选择需要旋转的类型，然后根据需要确定零部件的旋转角度。

（2）单击“确定”按钮✓，或者按【Esc】键，取消命令操作。

（3）在“旋转零部件”属性管理器中，移动零部件的类型有 3 种，即“自由拖动”、“对于实体”和“由 DeltaXYZ”，如图 6-17 所示，下面分别介绍。

- 自由拖动：选择零部件并沿任何方向旋转拖动。
- 对于实体：选择一条直线、边线或轴，然后围绕所选实体旋转零部件。
- 由 Delta XYZ：在属性管理器中键入旋转 Dalta XYZ 的范围，然后单击“应用”按钮，零部件按照指定的数值进行旋转。

技巧荟萃

（1）不能移动或者旋转一个已经固定或者完全定义的零部件。

（2）只能在配合关系允许的自由度范围内移动和选择该零部件。

图6-16　“旋转零部件”属性管理器

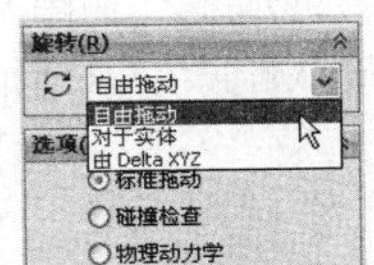

图6-17　旋转零部件的类型

6.2.4　添加配合关系

当在装配体中建立配合关系后，配合关系会在“FeatureManager 设计树”中以图标表示。

使用配合关系，可相对于其他零部件来精确地定位零部件，还可定义零部件如何相对于其他的零部件移动和旋转。只有添加了完整的配合关系，才算完成了装配体模型。

图6-18　“配合”属性管理器

执行方式

单击“装配体”→“配合”按钮。

执行上述命令，打开“配合”属性管理器，如图 6-18 所示。

选项说明

（1）在图形区中的零部件上选择要配合的实体，所选实体会显示在“要配合实体”列表框中。

（2）选择所需的对齐条件。

- “同向对齐”：以所选面的法向或轴向的相同方向来放置零部件。

- “反向对齐”：以所选面的法向或轴向的相反方向来放置零部件。

（3）系统会根据所选的实体，列出有效的配合类型。单击对应的配合类型按钮，选择配合类型。

- “重合“：面与面、面与直线（轴）、直线与直线（轴）、点与面、点与直线之间重合。
- “平行”：面与面、面与直线（轴）、直线与直线（轴）、曲线与曲线之间平行。
- “垂直”：面与面、直线（轴）与面之间垂直。
- “同轴心”：圆柱与圆柱、圆柱与圆锥、圆形与圆弧边线之间具有相同的轴。

（4）图形区中的零部件将根据指定的配合关系移动，如果配合不正确，单击“撤销”按钮，然后根据需要修改选项。

（5）单击“确定”按钮，应用配合。

6.2.5 删除配合关系

如果装配体中的某个配合关系有错误，用户可以随时将它从装配体中删除掉。

执行方式

选择快捷菜单如图 6-19 所示中的“删除”命令。

选项说明

（1）在“FeatureManager 设计树”中，右击想要删除的配合关系。

（2）在弹出的快捷菜单如图 6-19 所示中单击“删除”命令，或按【Delete】键。

（3）弹出“确认删除”对话框，如图 6-20 所示单击“是”按钮，以确认删除。

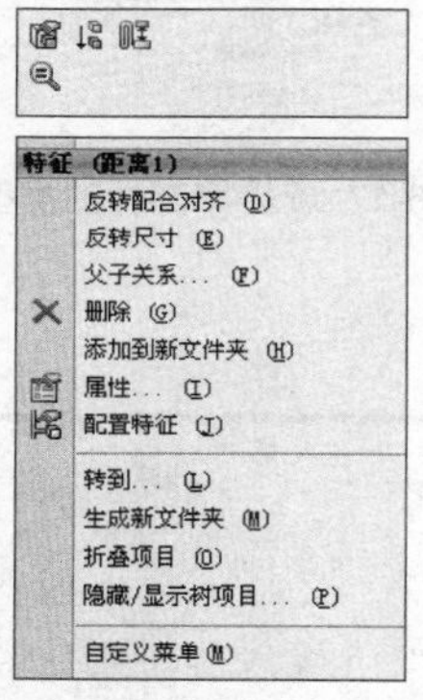

图6-19 快捷菜单图

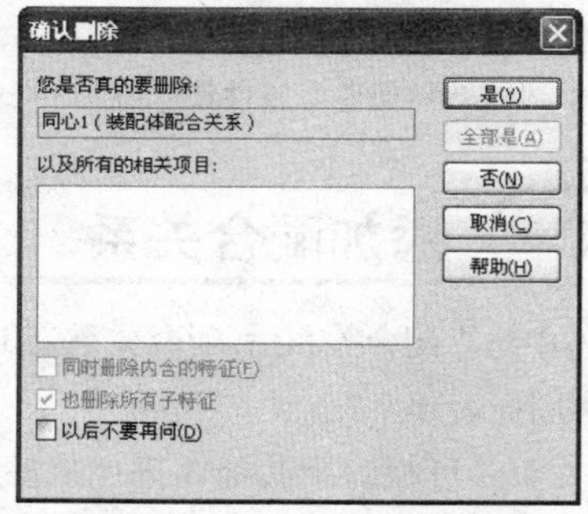

图6-20 “确认删除”对话框

6.2.6 修改配合关系

用户可以像重新定义特征一样，对已经存在的配合关系进行修改。

执行方式

单击快捷菜单中的“编辑特征”按钮。

选项说明

（1）在“FeatureManager 设计树”中，右击要修改的配合关系。

（2）在弹出的快捷菜单中单击“编辑定义”按钮。

（3）在弹出的属性管理器中改变所需选项。

（4）如果要替换配合实体，在“要配合实体”列表框中删除原来实体后，重新选择实体。

（5）单击“确定”按钮，完成配合关系的重新定义。

6.2.7 实例——塑料盒装配

塑料盒装配模型如图6-21所示。在6.1.4节插入塑料盒身和塑料盒盖的基础上利用装配体相关基本操作命令完成装配体绘制。

图6-21 塑料盒装配

操作步骤

（1）单击“标准”工具栏中的“打开”按钮，打开“塑料盒零件.sldasm”文件，如图6-22所示。进入装配体编辑环境。

（2）选择菜单栏中的“文件”→“另存为”命令，弹出“另存为”对话框，在“文件名”列表框中输入文件名称“塑料盒装配体.sldasm”，单击“保存”按钮，退出对话框，完成文件保存。

（3）布局。

- 在左侧的“FeatureManager设计树”中选择“塑料盒盒盖.sldprt”，单击右键弹出快捷菜单，如图6-23所示，选择“浮动”命令，零件由固定变为浮动。
- 单击“装配体”工具栏中的“移动零部件”按钮，弹出“移动零部件”属性管理器，如图6-24所示。在绘图区出现图标，将图标放置到“塑料盒盒盖.sldprt”文件上方，将零件拖动到适当位置，如图6-25所示。

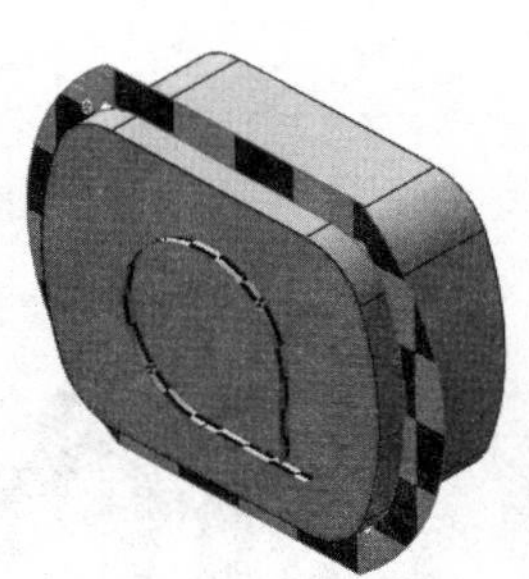

图6-22 装配体模型

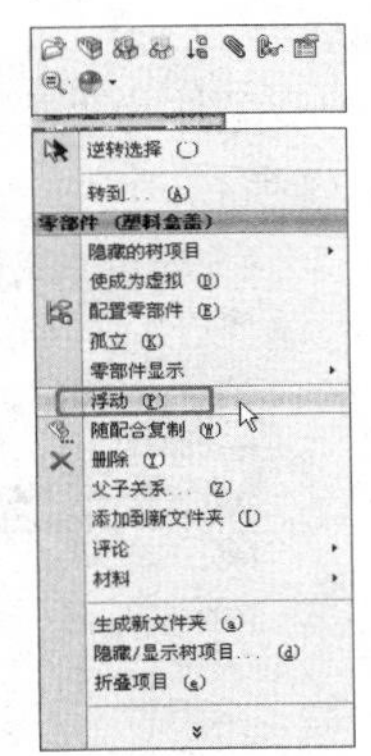

图6-23 快捷菜单

图6-24 “移动零部件”属性管理器

- 单击“装配体”工具栏中的“旋转零部件”按钮，弹出“旋转零部件”属性管理器，如图6-26所示。在绘图区出现图标，将图标放置到“塑料盒盒盖.sldprt”文件上方，将零件旋转到适当角度，如图6-27所示。

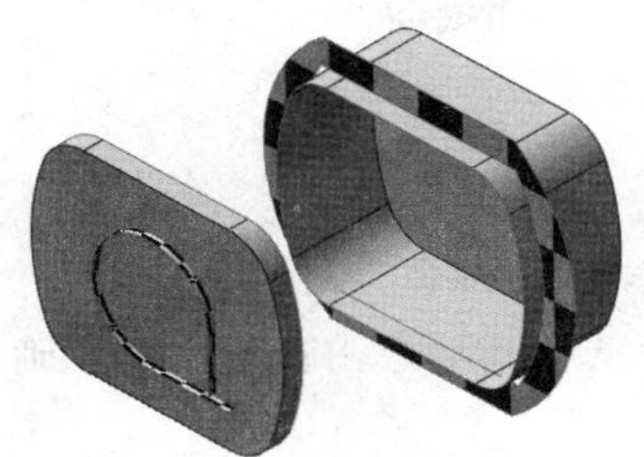

图6-25 移动零部件

图6-26 “旋转零部件”属性管理器

图6-27 旋转零部件

（4）装配。

- 单击“装配体”工具栏中的“配合”按钮，弹出“配合”属性管理器，选取如图 6-29 所示的平面 1 和 2，配合条件为“距离”，输入距离值为“5.00mm”，如图 6-28 所示，单击管理器中的“确定”按钮☑，完成配合结果如图 6-30 所示。

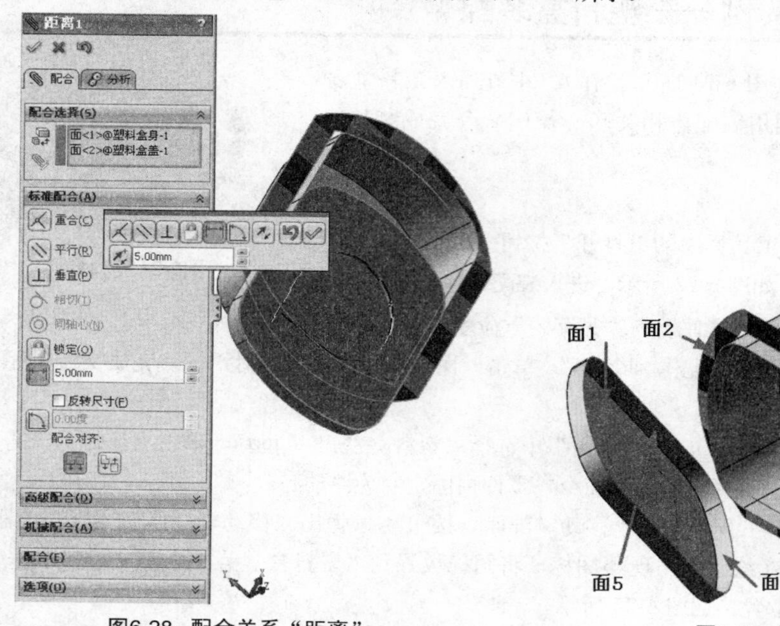

图6-28 配合关系“距离”

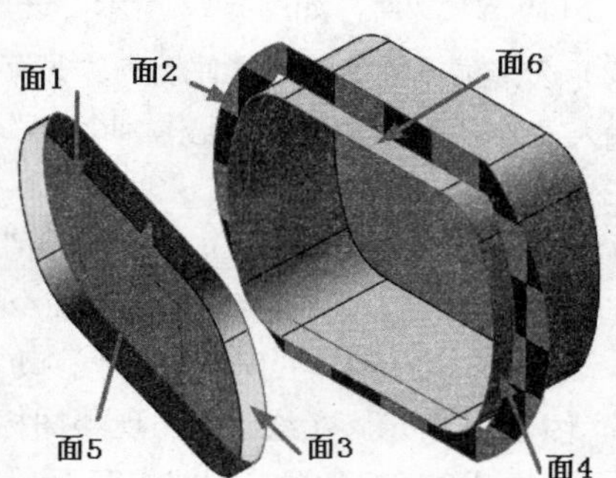

图6-29 配合平面

- 选取如图 6-29 所示的平面 5 和 6，配合条件为“重合”，如图 6-31 所示，单击管理器中的“确定”按钮☑，完成配合结果如图 6-32 所示。

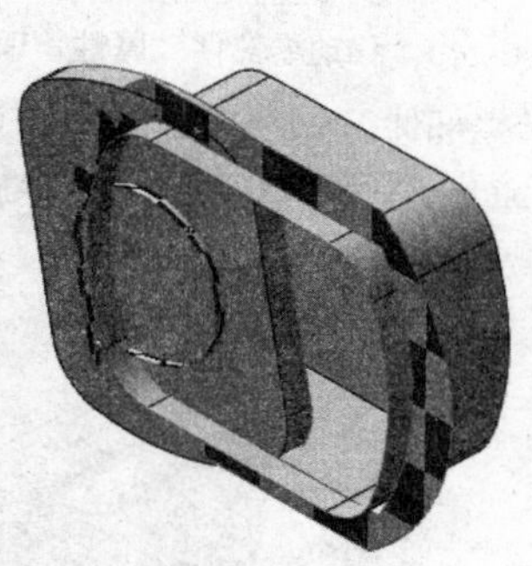

图6-30 配合结果

图6-31 配合关系“重合”

- 选取如图 6-29 所示的平面 3 和 4，配合条件为“同心轴”，如图 6-33 所示。单击管理器中的“确定”按钮☑，完成配合结果如图 6-22 所示。

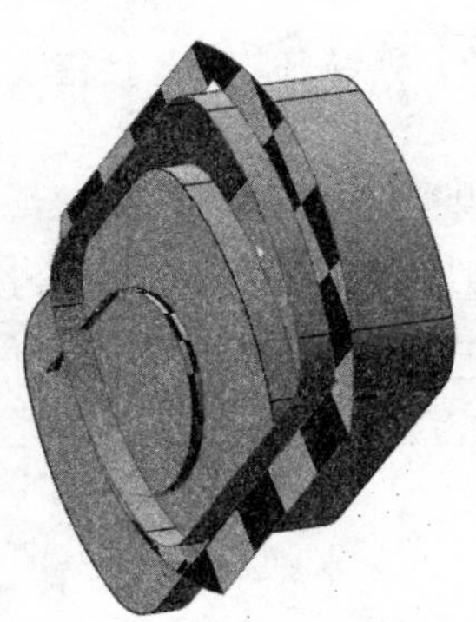

图6-32 配合结果

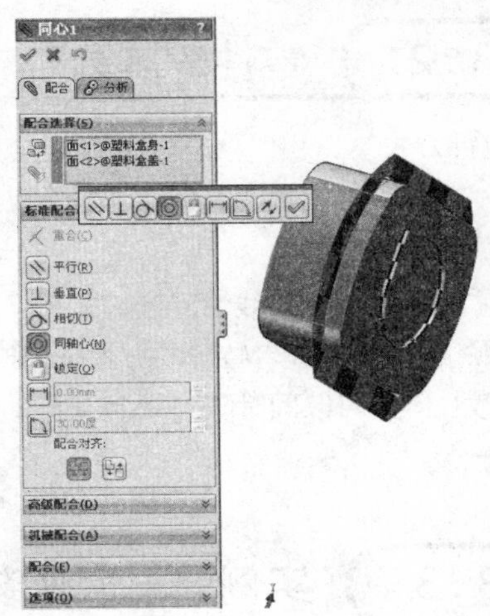

图6-33 配合关系“同轴心”

（5）保存装配体。

单击“标准”工具栏中的“保存”按钮，弹出“另存为”对话框，在“文件名”列表框中输入装配体名称“塑料盒装配 .sldasm”，单击“确定”按钮，退出对话框，保存文件。

6.3　多零件操作

在同一个装配体中可能存在多个相同的零件，在装配时不必重复地插入零件，而是利用复制、阵列或者镜像的方法，快速完成具有规律性的零件的插入和装配。

6.3.1　零件的复制

SolidWorks 可以复制已经在装配体文件中存在的零部件，如图 6-34 所示。

图6-34 实体模型

执行方式

按住【Ctrl】键，拖动零件。

选项说明

（1）按住【Ctrl】键，在“FeatureManager 设计树”中选择需要复制的零部件，然后将其拖动到视图中合适的位置，复制后的装配体如图 6-35 所示，复制后的“FeatureManager 设计树”如图 6-36 所示。

（2）添加相应的配合关系，配合后的装配体如图 6-37 所示。

图6-35 复制后的装配体

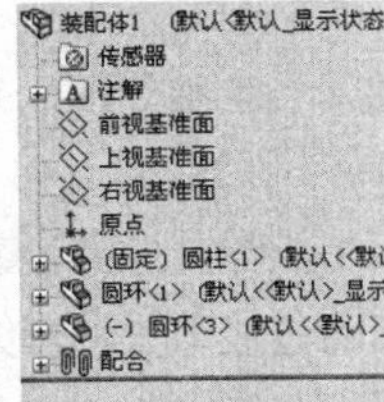

图6-36 复制后的“FeatureManager设计树”

图6-37 配合后装配体

6.3.2 零件的阵列

执行方式

单击“特征”→“线性阵列”按钮或（“圆周阵列”按钮）（“特征阵列”按钮）。

选项说明

（1）零件的阵列分为线性阵列、圆周阵列和特征阵列。如果装配体中具有相同的零件，并且这些零件按照线性、圆周或者特征的方式排列，可以使用线性阵列、圆周阵列和特征阵列命令进行操作。

（2）线性阵列可以同时阵列一个或者多个零部件，并且阵列出来的零件不需要再添加配合关系，即可完成配合。

6.3.3 实例——底座装配体

本例采用零件阵列的方法创建底座装配体模型，如图 6-38 所示。

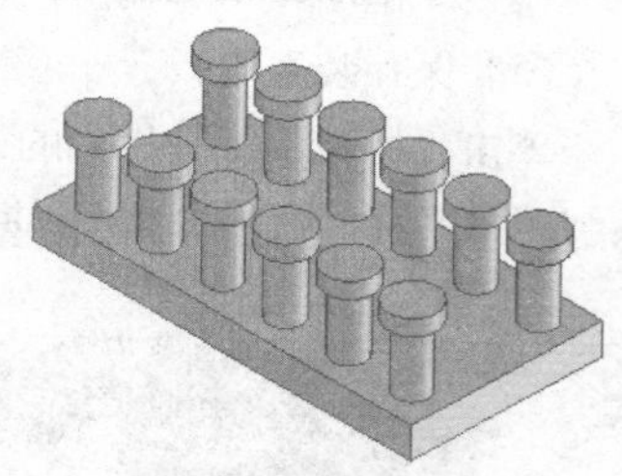

图6-38 底座装配体

操作步骤

(1) 单击“标准”工具栏中的“新建”按钮，创建一个装配体文件。

（2）单击“装配体”工具栏中的“插入零部件”按钮，插入已绘制的名为“底座 .sldprt”的文件，并调节视图中零件的方向，底座零件的尺寸如图 6-39 所示。

（3）单击“装配体”工具栏中的“插入零部件”按钮，插入已绘制的名为“圆柱 .sldprt”的文件，圆柱零件的尺寸如图 6-40 所示。调节视图中各零件的方向，插入零件后的装配体如图 6-41 所示。

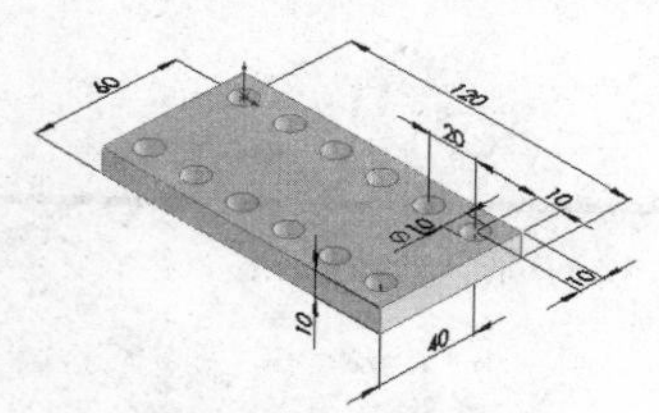

图6-39 底座零件

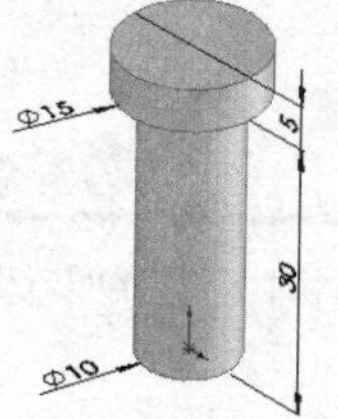

图6-40 圆柱零件

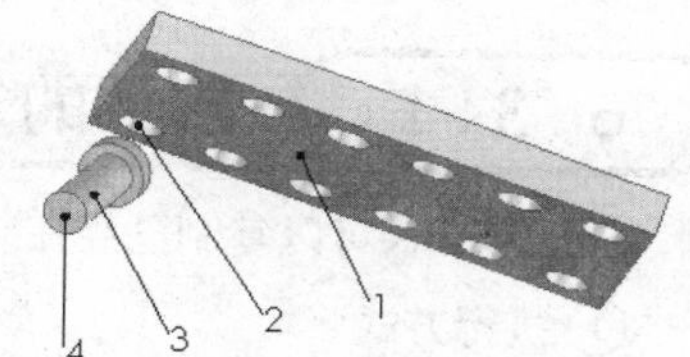

图6-41 插入零件后的装配体

（4）单击“装配体”工具栏中的“配合”按钮，系统弹出“配合”属性管理器。

（5）将如图 6-41 所示的平面 1 和平面 4 添加为“重合”配合关系，将圆柱面 2 和圆柱面 3 添加为“同轴心”配合关系，注意配合的方向。

（6）单击“确定”按钮，配合添加完毕。

（7）单击“标准视图”工具栏中的“等轴测”按钮，将视图以等轴测方向显示。配合后的等轴测视图如图 6-42 所示。

（8）单击“特征”工具栏中的“线性阵列”按钮，系统弹出“线性阵列”属性管理器。

（9）在“要阵列的零部件”选项组中，选择如图 6-41 所示的圆柱；在“方向 1”选项组的“阵列方向”列表框中，选择如图 6-42 所示的边线 1，注意设置阵列的方向；在“方向 2”选项组的“阵列方向”列表框中，选择如图 6-42 所示的边线 2，注意设置阵列的方向，其他设置如图 6-43 所示。

（10）单击“确定”按钮，完成零件的线性阵列。线性阵列后的图形如图 6-38 所示，此时装配体的“FeatureManager 设计树”如图 6-44 所示。

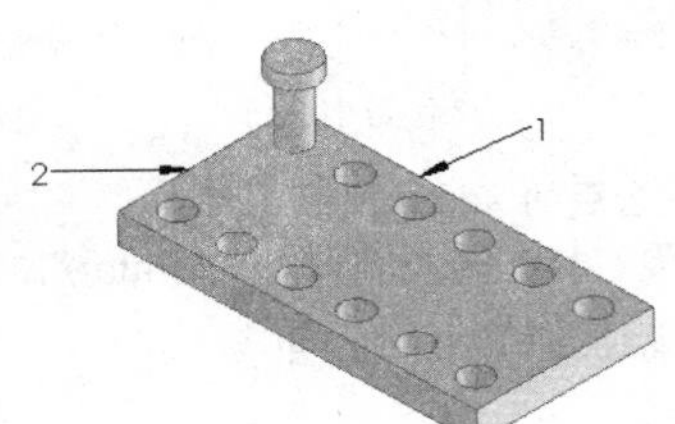

图6-42 配合后的等轴测视图

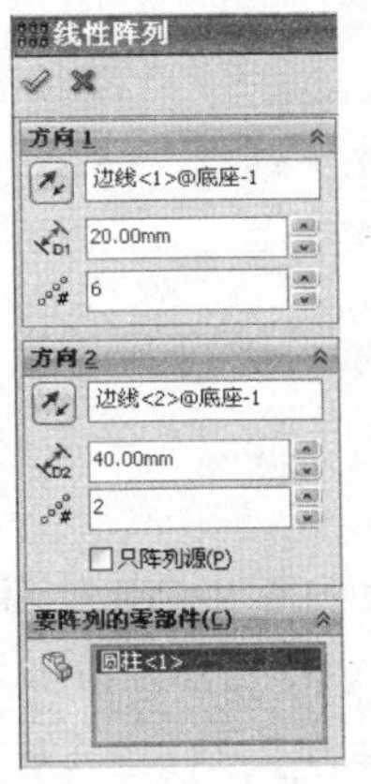

图6-43 “线性阵列”属性管理器

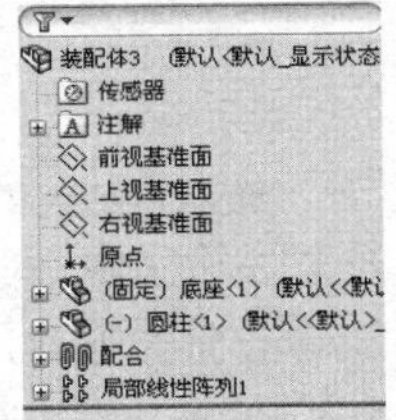

图6-44 FeatureManager设计树

6.3.4 零件的镜像

装配体环境中的镜像操作与零件设计环境中的镜像操作类似。在装配体环境中，有相同且对称的零部件时，可以使用镜像零部件操作来完成。

执行方式

单击“装配体”→“镜像”按钮。

操作步骤

（1）单击“标准”工具栏中的“新建”按钮，创建一个装配体文件。

（2）在弹出的“开始装配体”属性管理器中，插入已绘制的名为“底座.sldprt”的文件，并调节视图中零件的方向，底座平板零件的尺寸如图6-45所示。

（3）单击“装配体”工具栏中的“插入零部件”按钮，插入已绘制的名为“圆柱.sldprt”的文件，圆柱零件的尺寸如图6-46所示。调节视图中各零件的方向，插入零件后的装配体如图6-47所示。

（4）单击“装配体”工具栏中的“配合”按钮，系统弹出“配合”属性管理器。

（5）将如图6-47所示的平面1和平面3添加为“重合”配合关系，将圆柱面2和圆柱面4添加为“同轴心”配合关系，注意配合的方向。

（6）单击“确定”按钮，配合添加完毕。

（7）单击“标准视图”工具栏中的“等轴测”按钮，将视图以等轴测方向显示。配合后的等轴测视图如图6-48所示。

（8）单击“参考几何体”工具栏中的“基准面”按钮，打开“基准面”属性管理器。

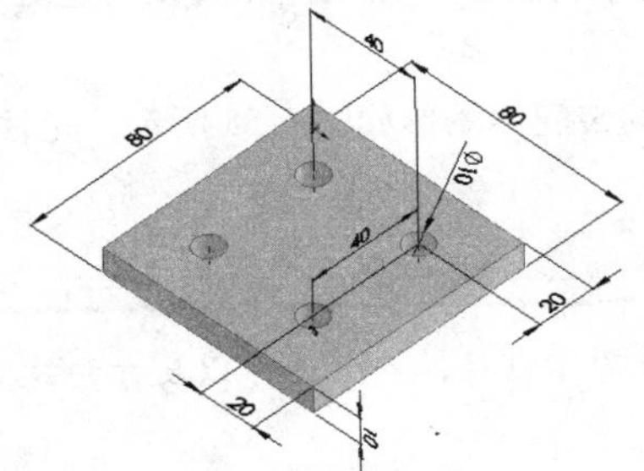

图6-45 底座平板零件尺寸

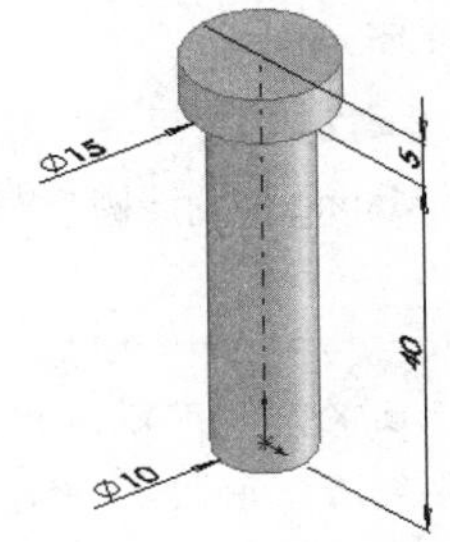

图6-46 圆柱零件尺寸

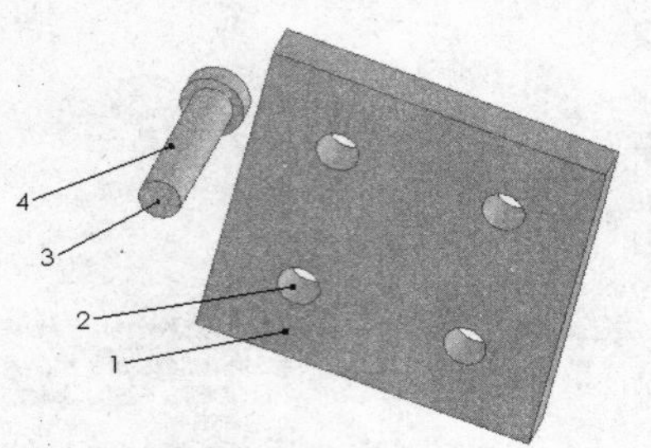

图6-47 插入零件后的装配体

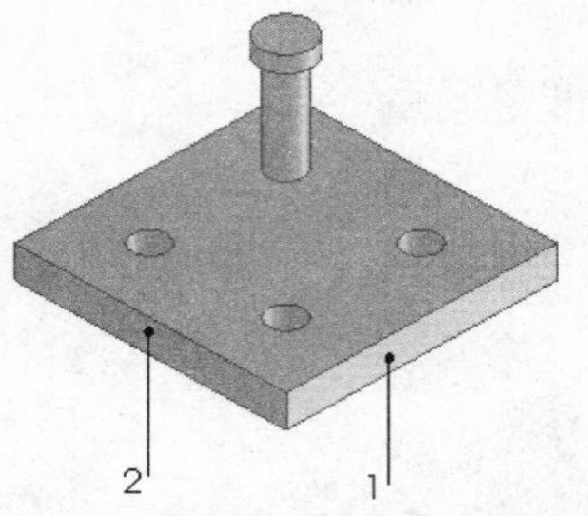

图6-48 配合后的等轴测视图

(9)在“参考实体”列表框中，选择如图 6-48 所示的面 1；在“距离”文本框中输入“40.00mm”，注意添加基准面的方向，其他设置如图 6-49 所示，添加如图 6-50 所示的基准面 1。重复该命令，添加如图 6-50 所示的基准面 2。

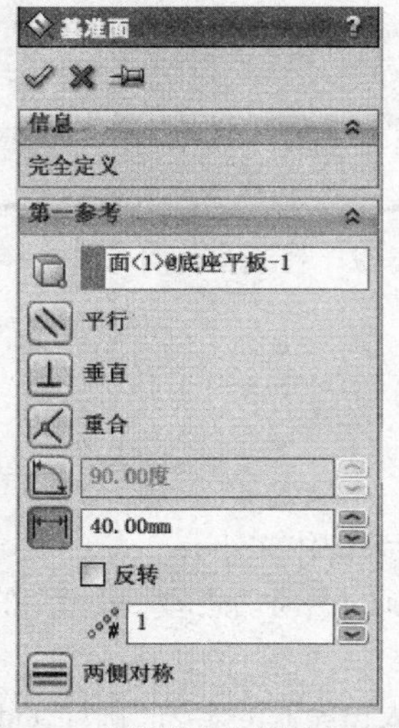

图6-49 “基准面”属性管理器

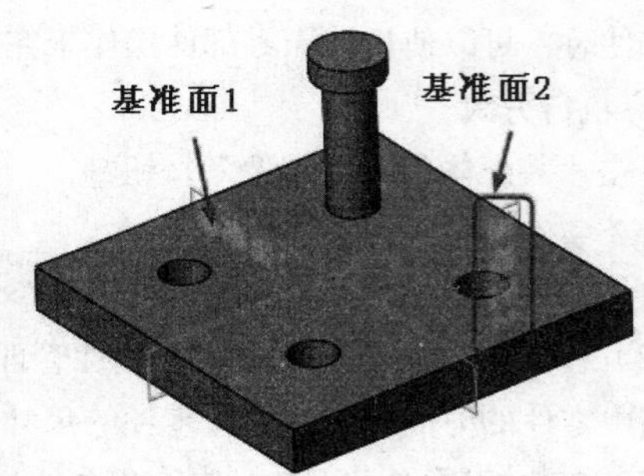

图6-50 添加基准面

(10) 单击“装配体”工具栏中的“镜像零部件”按钮，系统弹出“镜像零部件”属性管理器。

(11)在“镜像基准面”列表框中，选择如图 6-50 所示的基准面 1；在“要镜像的零部件”列表框中，选择如图 6-50 所示的圆柱，如图 6-51 所示。单击“下一步”按钮，“镜像零部件”属性管理器如图 6-52 所示。

(12) 单击“确定”按钮，零件镜像完毕，镜像后的图形如图 6-53 所示。

(13) 单击“装配体”工具栏中的“镜像零部件”按钮，系统弹出“镜像零部件”属性管理器。

(14)在“镜像基准面”列表框中，选择如图 6-53 所示的基准面 2；在“要镜像的零部件”列表框中，选择如图 6-53 所示的两个圆柱，单击“下一步”按钮。选择“圆柱 -1”，然后单击“重新定向零部件”按钮，如图 6-54 所示。

(15) 单击“确定”按钮，零件镜像完毕，镜像后的装配体图形如图 6-55 所示，此时装配体文件的“FeatureManager 设计树”如图 6-56 所示。

技巧荟萃

从上面的案例可以看出，不但可以对称地镜像原零部件，而且还可以反方向镜像零部件，要灵活应用该命令。

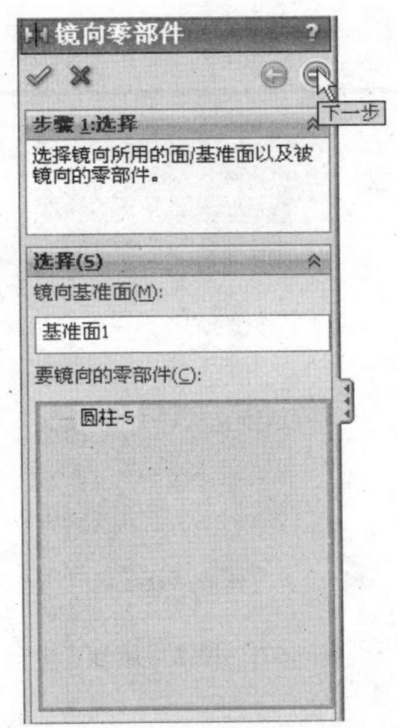

图6-51 “镜像零部件”属性管理器

图6-52 “镜像零部件”属性管理器

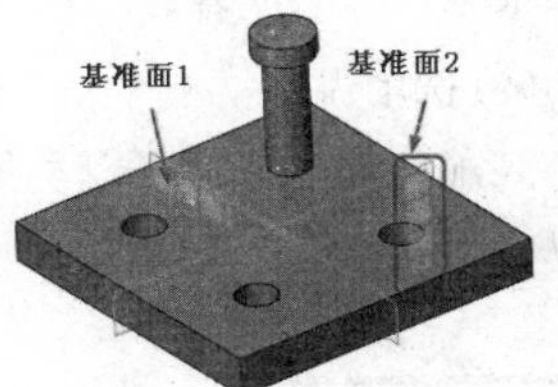

图6-53 镜像零件

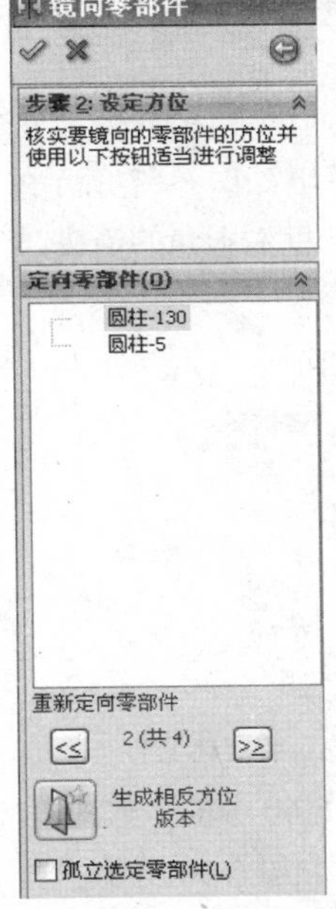

图6-54 “镜像零部件”属性管理器

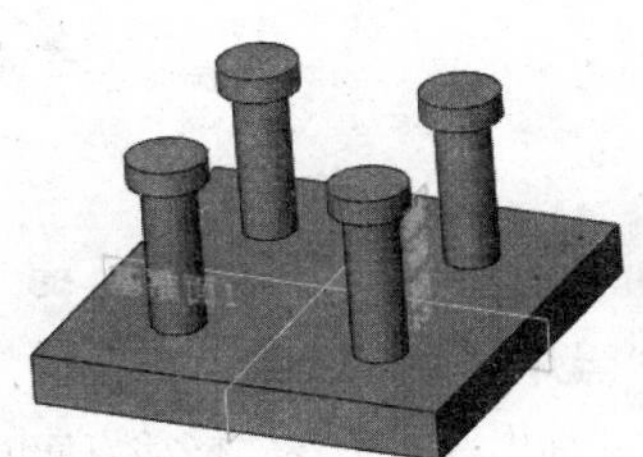

图6-55 镜像后的装配体图形

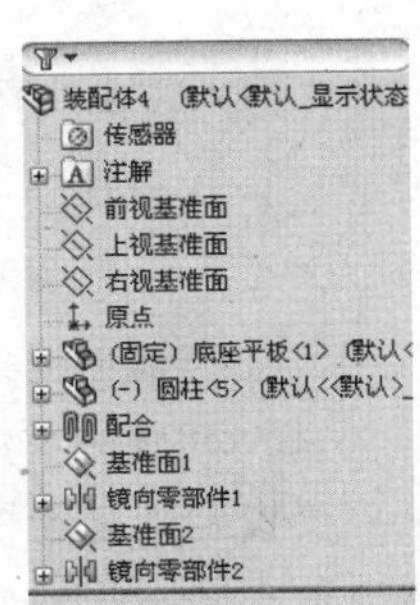

图6-56 FeatureManager设计树

6.4　爆炸视图

在零部件装配体完成后，为了在制造、维修及销售中，直观地分析各个零部件之间的相互关系，我们将装配图按照零部件的配合条件来产生爆炸视图。装配体爆炸以后，用户不可以对装配体添加新的配合关系。

6.4.1 生成爆炸视图

爆炸视图可以很形象地查看装配体中各个零部件的配合关系，常称为系统立体图。爆炸视图通常用于介绍零件的组装流程、仪器的操作手册及产品使用说明书中。

执行方式

选择“插入”菜单→“爆炸视图”命令。

此时系统弹出如图6-57所示的“爆炸”属性管理器。依次选择属性管理器中“操作步骤”、“设定”及“选项”各复选框右上角的箭头，将其展开。

选项说明

装配体爆炸后，可以利用“爆炸”属性管理器进行编辑，也可以添加新的爆炸步骤。

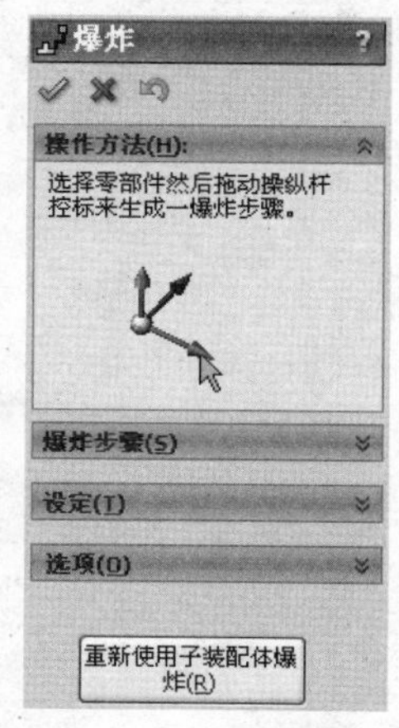

图6-57 “爆炸”属性管理器

6.4.2 实例——移动轮爆炸视图

本例利用“爆炸视图”相关功能绘制“移动轮”装配体的爆炸视图，如图6-58所示。

操作步骤

（1）打开“移动轮”装配体文件，如图6-59所示。

（2）选择菜单栏中的“插入”→“爆炸视图”命令，此时系统弹出如图6-57所示的“爆炸”属性管理器。选择属性管理器中“爆炸步骤”、“设定”及“选项”各复选框右上角的箭头，将其展开。

图6-58 移动轮爆炸视图

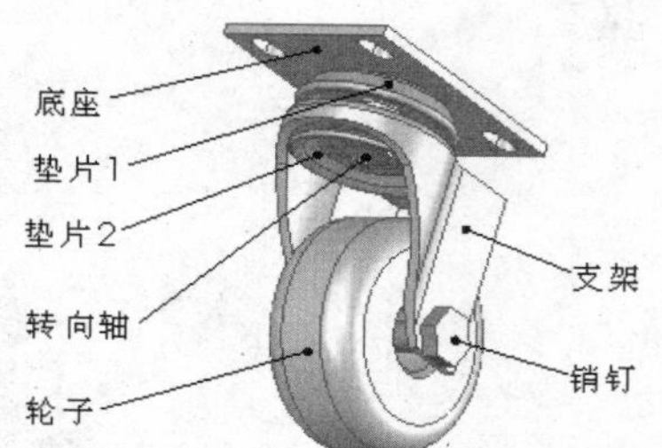

图6-59 “移动轮”装配体文件

（3）在“设定”复选框中的“爆炸步骤零部件”一栏中，单击图6-60中的“底座”零件，此时装配体中被选中的零件被亮显，并且出现一个设置移动方向的坐标，如图6-60所示。

图6-60 选择零件后的装配体

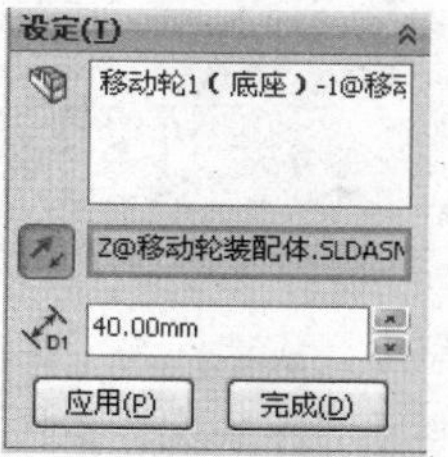

图6-61 “设定”复选框的设置

（4）选择如图 6-60 所示中坐标的某一方向，确定要爆炸的方向，然后在“设定”复选框中的“爆炸距离”一栏中输入爆炸的距离值，如图 6-61 所示。

（5）单击“设定”复选框中的“应用”按钮，观测视图中预览的爆炸效果，单击“爆炸方向”前面的“反向”按钮，可以反方向调整爆炸视图。单击“完成”按钮，第一个零件爆炸完成，结果如图 6-62 所示。并且在“爆炸步骤”复选框中生成“爆炸步骤 1”，如图 6-63 所示。

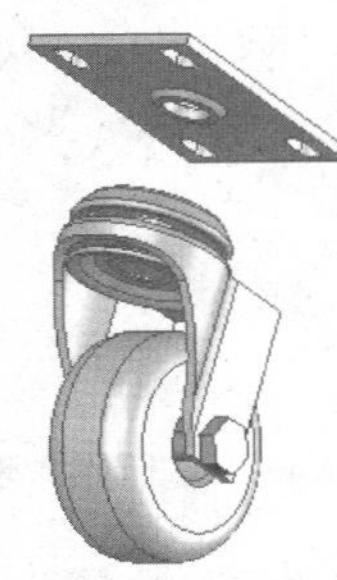
图6-62 第一个爆炸零件视图

图6-63 生成的爆炸步骤

（6）重复步骤（3）～（5），将其他的零部件爆炸，生成的爆炸视图如图 6-64 所示。如图 6-65 所示为该爆炸视图的爆炸步骤。

图6-64 生成的爆炸视图

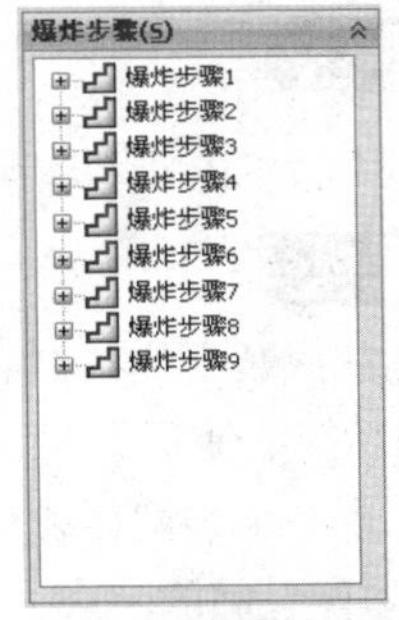

图6-65 生成的爆炸步骤

在生成爆炸视图时，建议对每一个零件在每一个方向上的爆炸设置为一个爆炸步骤。如果一个零件需要在三个方向上爆炸，建议使用三个爆炸步骤，这样可以很方便地修改爆炸视图。

（7）右键单击“爆炸步骤”复选框中的“爆炸步骤 1”，如图 6-66 所示，在弹出的快捷菜单中选择“编辑步骤”选项，此时“爆炸步骤 1”的爆炸设置出现在如图 6-67 所示的“设定”复选框中。

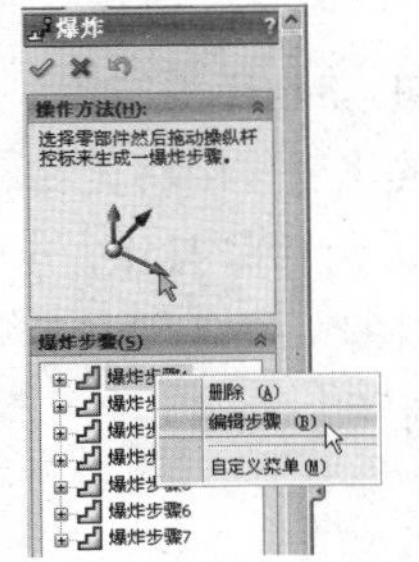

图6-66 “爆炸”属性管理器

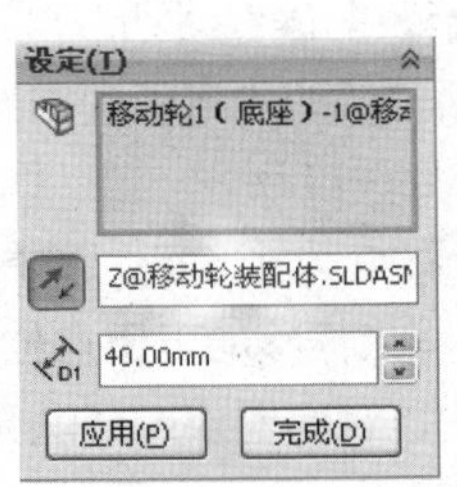

图6-67 “设定”复选框

（8）确认爆炸修改。修改“设定”复选框中的距离参数，或者拖动视图中要爆炸的零部件，然后单击“完成”按钮，即可完成对爆炸视图的修改。

（9）删除爆炸步骤。在“爆炸步骤1”的右键快捷菜单中选择“删除”选项，该爆炸步骤就会被删除，删除后的操作步骤如图6-68所示。零部件恢复爆炸前的配合状态，结果如图6-69所示。

图6-68　删除爆炸步骤后的操作步骤

图6-69　删除爆炸步骤1后的视图

6.5　实战综合实例——管组装配体

学习目的

通过管组装配体这个部件的绘制掌握装配建模的各种功能。

重点难点

本实例重点是掌握装配体绘制各种功能以及其灵活应用，难点是零件的复制和阵列功能的使用。

本实例首先创建一个装配体文件，然后依次插入弯管、接管等的零部件，最后添加零件之间的配合关系。绘制最终模型如图6-70所示。

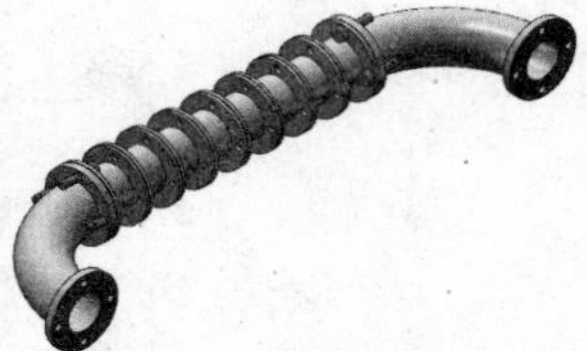

图6-70　管组装配体

操作步骤

1．弯管-胶皮垫圈配合

Step 01 单击“标准”工具栏中的“新建”按钮，在弹出的“新建SolidWorks文件”对话框中，先单击“装配体”按钮，再单击“确定”按钮，创建一个新的装配体文件。系统弹出“开始装配体”属性管理器，如图6-71所示。

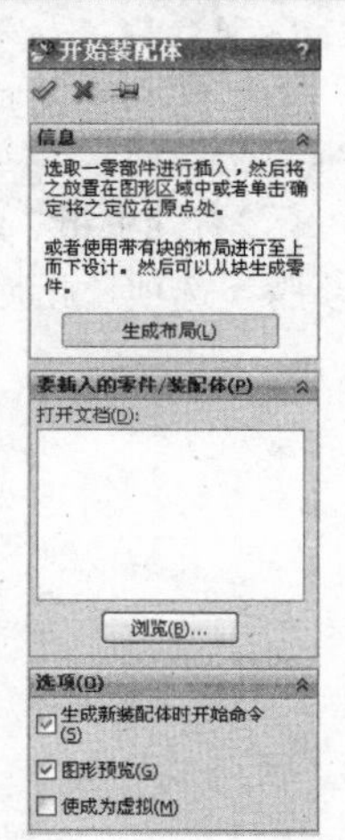

图6-71　“开始装配体”属性管理器

Step 02 单击“开始装配体”属性管理器中的“浏览”按钮，系统弹出“打开”对话框，选择前面创建的“弯管”零件，这时对话框的浏览区中将显示零件的预览结果，如图6-72所示。在“打开”对话框中单击“打开”按钮，系统进入装配界面，光标变为形状，选择菜单栏中的“视图”→“原点”命令，显示坐标原点，将光标移动至原点位置，光标变为形状，如图6-73所示，在目标位置单击，将弯管放入装配界面中。

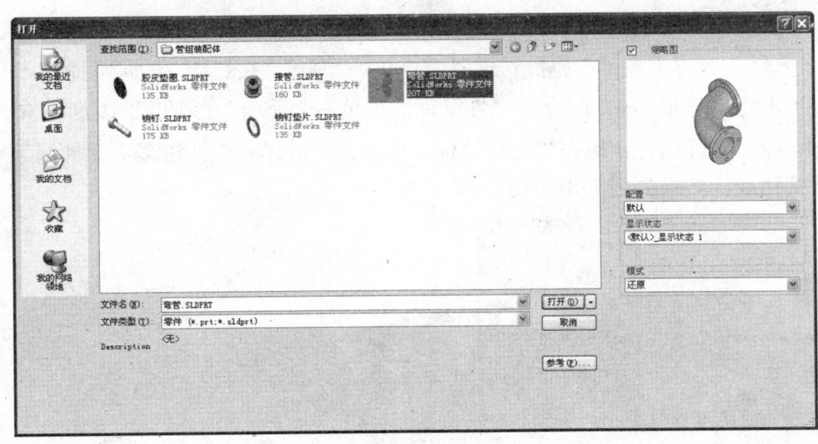

图6-72 打开所选装配零件

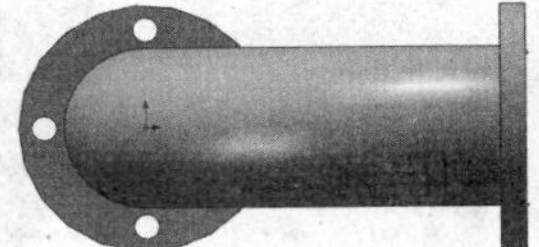

图6-73 定位弯管

Step03 单击“装配体”工具栏中的“插入零部件”按钮，在弹出的“打开”对话框中选择“胶皮垫圈”，将其插入到装配界面中，如图 6-74 所示。

Step04 单击“装配体”工具栏中的“配合”按钮，系统弹出“配合”属性管理器，如图 6-75 所示。选择图 6-74 中的面 1 和面 2 为配合面，在“配合”属性管理器中单击“重合”按钮，添加“重合”关系；选择面 3 和面 4 为配合面，在“配合”属性管理器中单击“同轴心”按钮，添加“同轴心”关系，选择面 5 和面 6，在“配合”属性管理器中单击“同轴心”按钮，添加“同轴心”关系；单击“确定”按钮，结果如图 6-76 所示。

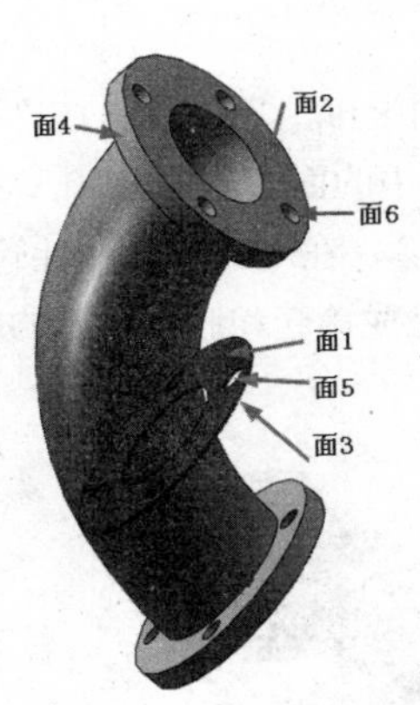

图6-74 插入胶皮垫圈

图6-75 “配合”属性管理器

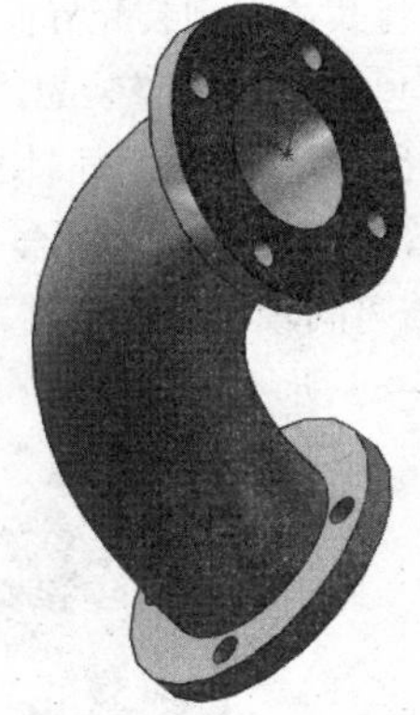

图6-76 配合后的图形

Step05 按住【Ctrl】键，在绘图区选择“胶皮垫圈”，然后将其拖动到视图中合适的位置，复制后的装配体如图 6-77 所示，复制后的“FeatureManager 设计树”如图 6-78 所示。

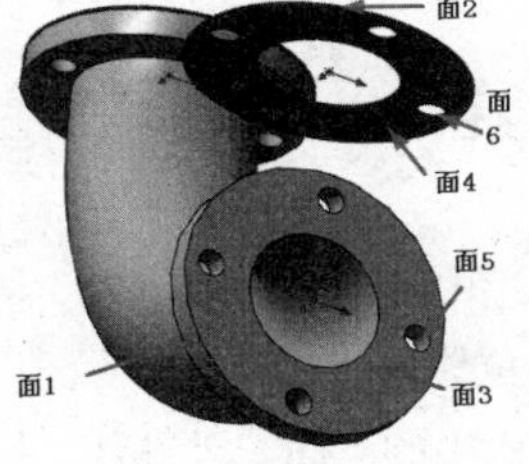

图6-77 复制胶皮垫圈

(固定) 弯管<1> (默认<<默认
(-) 胶皮垫圈<1> (默认<<默
(-) 胶皮垫圈<2> (默认<<默

图6-78 FeatureManager设计树

Step 06 单击“装配体”工具栏中的“配合”按钮，系统弹出“配合”属性管理器，如图 6-75 所示。选择图 6-77 中的面 1 和面 2 为配合面，在“配合”属性管理器中单击“同轴心”按钮，添加“同轴心”关系；如图 6-79 选择面 3 和面 4 为配合面，在“配合”属性管理器中单击“重合”按钮，添加“重合”关系；如图 6-80 所示选择面 5 和面 6，在“配合”属性管理器中单击“同轴心”按钮，添加“同轴心”关系；单击“确定”按钮，结果如图 6-81 所示。

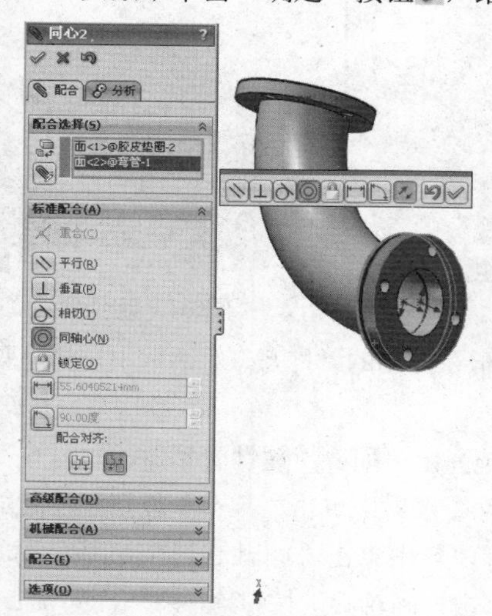

图6-79 添加“同心”关系

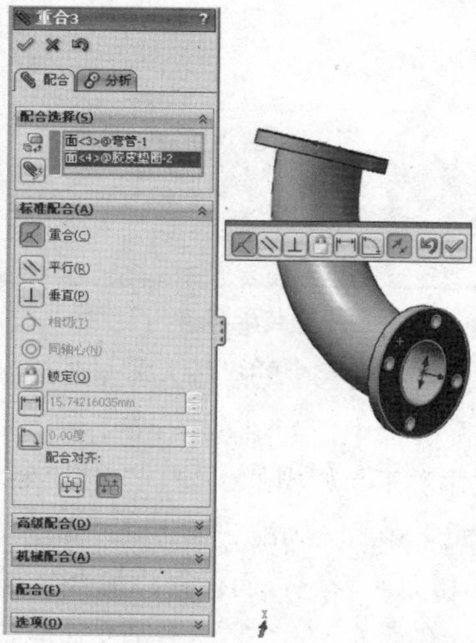

图6-80 添加“重合”关系

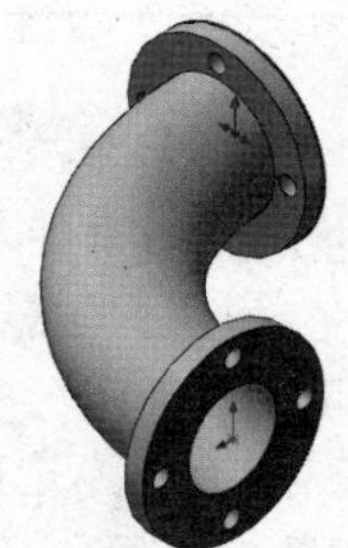

图6-81 装配胶皮垫圈

2．接管 - 胶皮垫圈配合

Step 01 单击“装配体”工具栏中的“插入零部件”按钮，在弹出的“打开”对话框中选择“接管”，将其插入到装配界面中适当位置，如图 6-82 所示。

Step 02 单击“装配体”工具栏中的“配合”按钮，选择图 6-82 中的面 1 和面 2，在“配合”属性管理器中单击“同轴心”按钮，添加“同轴心”关系；选择图 6-82 中的面 3 和面 4，在“配合”属性管理器中单击“重合”按钮，添加“重合”关系；选择面 5 和面 6，在“配合”属性管理器中单击“同轴心”按钮，添加“同轴心”关系；单击“确定”按钮，完成接管和胶皮垫圈的装配，如图 6-83 所示。

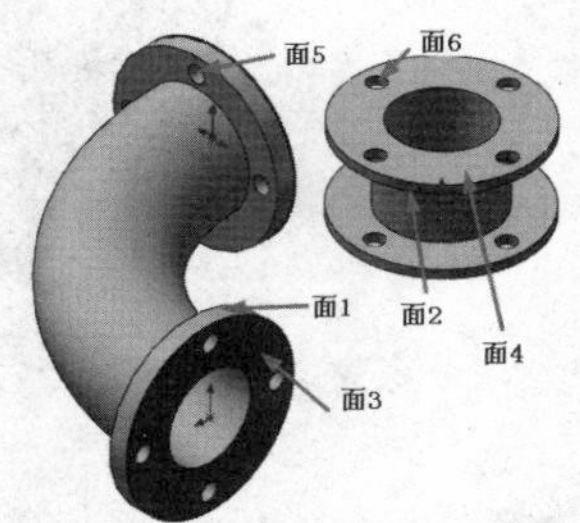

图6-82 插入接管

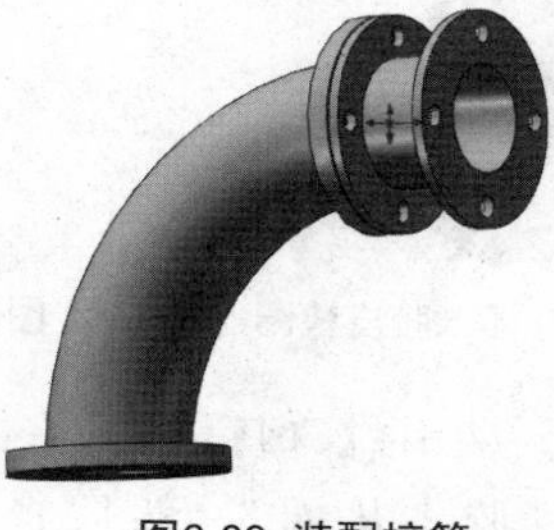

图6-83 装配接管

3．销钉 - 销钉垫片配合

Step 01 单击“装配体”工具栏中的“插入零部件”按钮，在弹出的“打开”对话框中选择“销钉”，将其插入到装配界面中适当位置。

Step 02 单击“装配体”工具栏中的“插入零部件”按钮，在弹出的“打开”对话框中选择“销钉垫片”，将其插入到装配界面中适当位置，如图 6-84 所示。

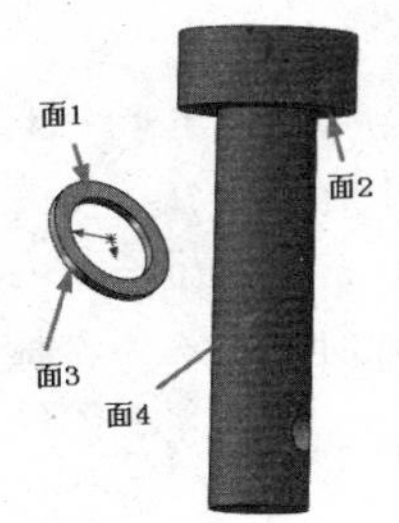

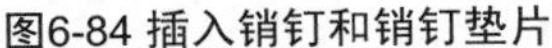

图6-84 插入销钉和销钉垫片

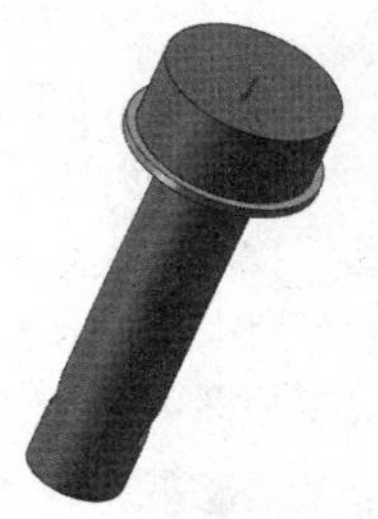

图6-85 销钉和销钉垫片装配

Step 03 单击“装配体”工具栏中的“配合”按钮，选择图 6-84 中的面 1 和面 2，在“配合”属性管理器中单击“重合”按钮，添加“重合”关系；选择调节螺母的上视基准面和弹簧的右视基准面，在“配合”属性管理器中单击“重合”按钮，添加“重合”关系；选择图 6-84 中的面 3 和面 4，在“配合”属性管理器中单击“同轴心”按钮，添加“同轴心”关系；单击“确定”按钮，完成销钉和销钉垫片的装配，如图 6-85 所示。

4．销钉垫片 - 弯管配合

Step 01 选择菜单栏中的“视图”→“原点”命令，显示原点。

Step 02 单击“装配体”工具栏中的“配合”按钮，选择图 6-86 中的面 1 和面 2，在“配合”属性管理器中单击“同轴心”按钮，添加“同轴心”关系；选择图 6-86 中的面 3 和面 4，在“配合”属性管理器中单击“重合”按钮，添加“重合”关系，单击“确定”按钮，结果如图 6-87 所示。

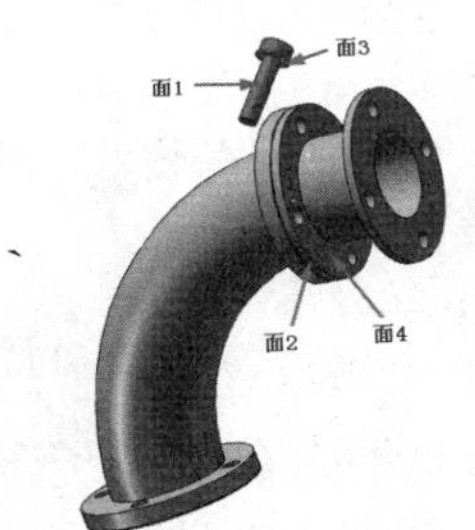

图6-86 选择装配面

图6-87 销钉垫片和接管的配合

5．阵列销钉装配

Step 01 选择菜单栏中的“视图”→“临时轴”命令，显示临时轴。

Step 02 单击“装配体”工具栏中的“圆周零部件阵列”按钮，弹出“圆周阵列”属性管理器，如图 6-88 所示，在“阵列轴”列表框中选择临时轴 1，在“要阵列的零部件”选项组中选择上步完成的销钉装配体，在“实例数”列表框中输入阵列个数为“4”，勾选“等间距”复选框，单击“确定”按钮，结果如图 6-89 所示。

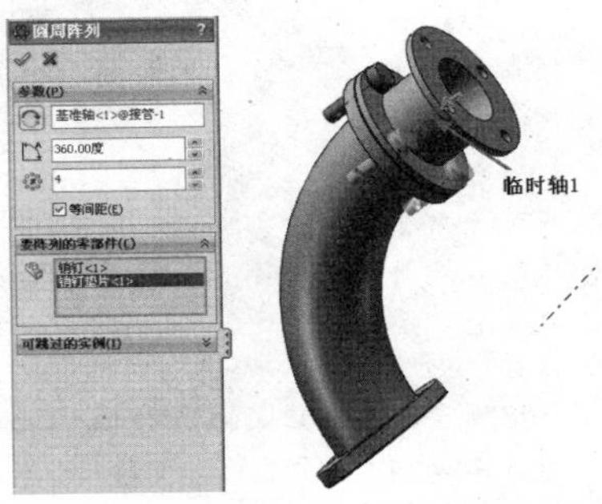

图6-88 “圆周阵列”属性管理器

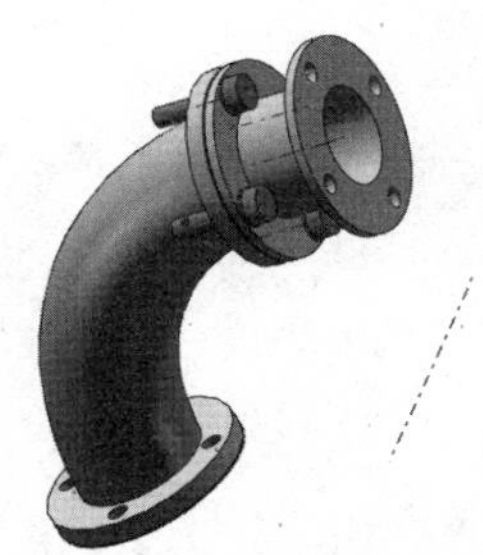

图6-89 阵列后的图形

6. 阵列接管

Step 01 单击“装配体”工具栏中的“线性零部件阵列”按钮，弹出“线性阵列”属性管理器，如图 6-90 所示，在“方向 1”列表框中选择图 6-89 中的“临时轴 1”，在“要阵列的零部件”选项组中选择“接管”和“胶皮垫圈”零件，输入阵列个数为“4”，单击“确定”按钮。

Step 02 取消临时轴显示。选择菜单栏中的“视图”→“临时轴”命令，取消临时轴显示，结果如图 6-91 所示。

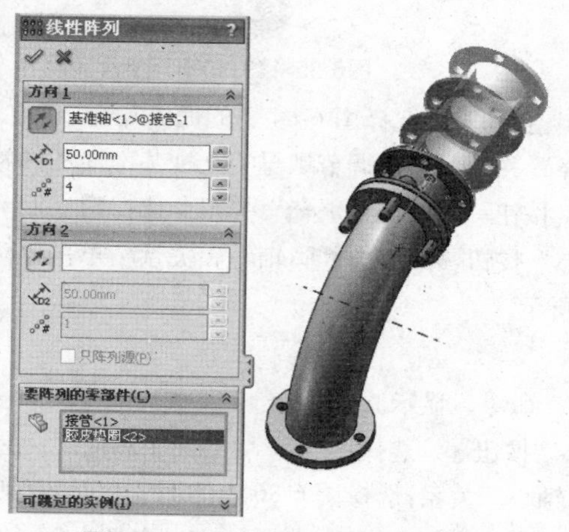

图6-90 “线性阵列”属性管理器

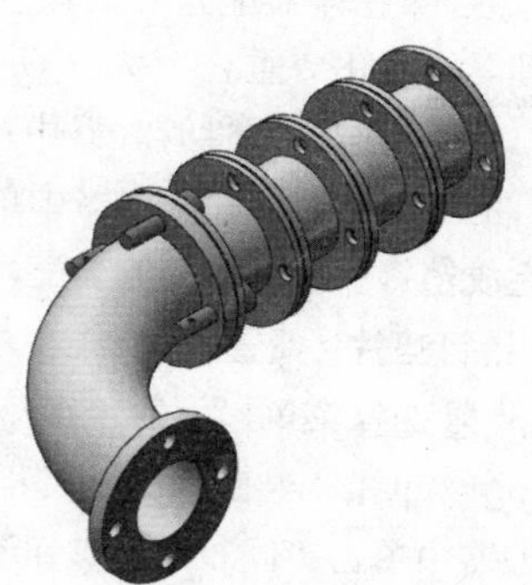

图6-91 配合后的图形

7. 接管 - 胶皮垫圈装配

Step 01 按住【Ctrl】键，在绘图区选择“胶皮垫圈”，然后将其拖动到视图中合适的位置，复制后的装配体如图 6-92 所示。

Step 02 单击“装配体”工具栏中的“配合”按钮，系统弹出“配合”属性管理器。选择图 6-92 中的面 1 和面 2 为配合面，在“配合”属性管理器中单击“同轴心”按钮，添加“同轴心”关系，如图 6-93 所示，单击“确定”按钮。选择面 3 和面 4 为配合面；在“配合”属性管理器中单击“重合”按钮，添加“重合”关系，如图 6-94 所示，单击“确定”按钮，结果如图 6-95 所示。

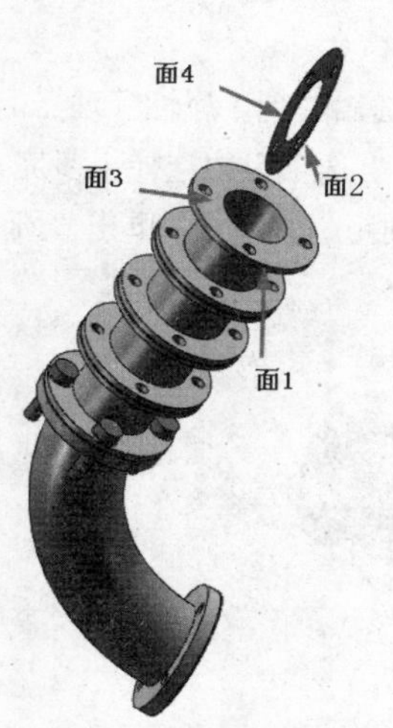

图6-92 复制胶皮垫圈

图6-93 添加“同轴心”关系

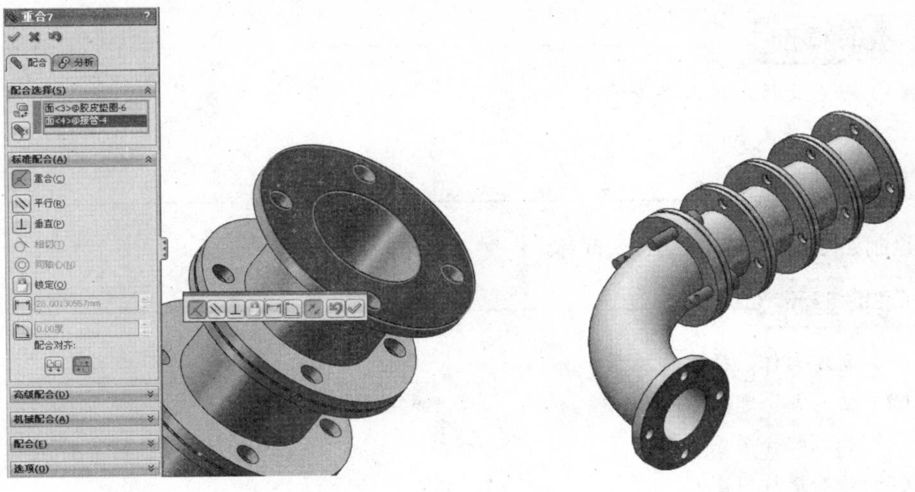

图6-94 添加“重合”关系　　　　图6-95 装配胶皮垫圈

8．单击“装配体”工具栏中的“镜像零部件”按钮，弹出“镜像”属性管理器，在“镜像基准面”选项组中选择图 6-96 中的面 1，在“要镜像的实体”选项组中添加镜像零部件；单击“确定”按钮，结果如图 6-70 所示。

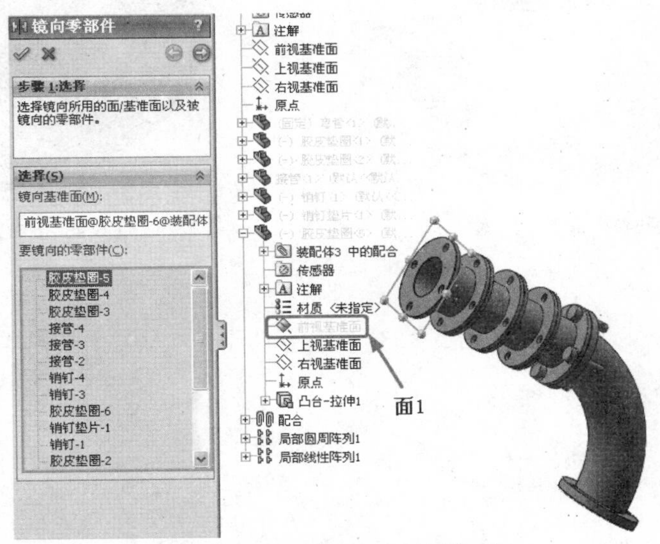

图6-96 “镜像零部件”属性管理器

案例总结

本例通过一个典型的装配体造型——管组装配体的绘制过程引导读者将本章所学的装配体绘制相关知识进行了综合应用，包括创建装配体、定位零部件、多零件操作等功能的灵活应用。

6.6　思考与上机练习

1．绘制如图 6-97 所示的茶壶装配体。

操作提示

（1）新建文件，插入壶身零件。

（2）插入壶盖零件。

（3）加入配合关系。

2．绘制如图 6-98 所示的传动装配体。

操作提示

（1）新建文件，插入基座零件。

（2）插入各个零件。

（3）加入配合关系。

（4）绘制爆炸视图。

图6-97 茶壶装配体

图6-98 传动装配体

第7章 工程图绘制

本章导读

默认情况下，SolidWorks 系统在工程图和零件或装配体三维模型之间提供全相关的功能，全相关意味着无论什么时候修改零件或装配体的三维模型，所有相关的工程视图将自动更新，以反映零件或装配体的形状和尺寸变化；反之，当在一个工程图中修改一个零件或装配体尺寸时，系统也将自动地将相关的其他工程视图及三维零件或装配体中的相应尺寸加以更新。

7.1 工程图的绘制方法

在安装 SolidWorks 软件时，可以设定工程图与三维模型间的单向链接关系，这样当在工程图中对尺寸进行了修改时，三维模型并不更新。如果要改变此选项的话，需要再重新安装一次软件。

此外，SolidWorks 系统提供多种类型的图形文件输出格式。包括最常用的 DWG 和 DXF 格式以及其他几种常用的标准格式。

工程图包含一个或多个由零件或装配体生成的视图。在生成工程图之前，必须先保存与它有关的零件或装配体的三维模型。

下面介绍创建工程图的操作步骤。

操作步骤

（1）单击“标准”工具栏中的“新建”按钮。

（2）在弹出的“新建 SolidWorks 文件”对话框的“模板”选项卡中单击“工程图”按钮，如图 7-1 所示。

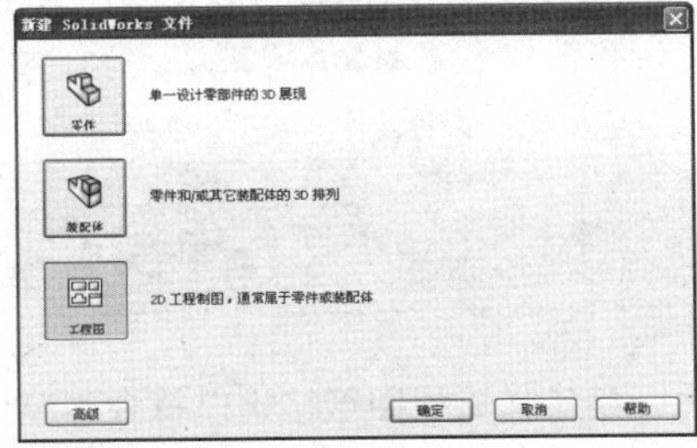

图7-1 “新建SolidWorks文件”对话框

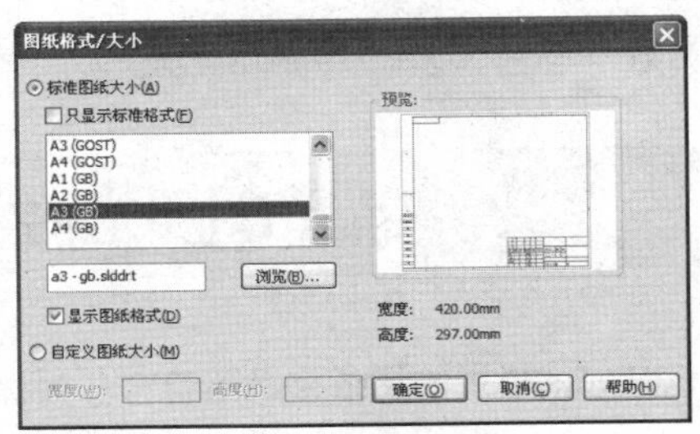

图7-2 “图纸格式/大小”对话框

（3）单击“确定”按钮，关闭该对话框。

（4）在弹出的“图纸格式 / 大小”对话框中，选择图纸格式，如图 7-2 所示。

- 标准图纸大小：在列表框中选择一个标准图纸大小的图纸格式。
- 自定义图纸大小：在“宽度”和“高度”文本框中设置图纸的大小。
- 如果要选择已有的图纸格式，则单击“浏览”按钮导航到所需的图纸格式文件。

（5）在“图纸格式 / 大小”对话框中单击“确定”按钮，进入工程图编辑状态。

工程图窗口中也包括“FeatureManager 设计树”，它与零件和装配体窗口中的“FeatureManager 设计树”相似，包括项目层次关系的清单。每张图纸有一个按钮，每张图纸下有图纸格式和每个视图的按钮。项目按钮旁边的符号 ⊞ 表示它包含相关的项目，单击它将展开所有的项目并显示其内容。工程图窗口如图 7-3 所示。

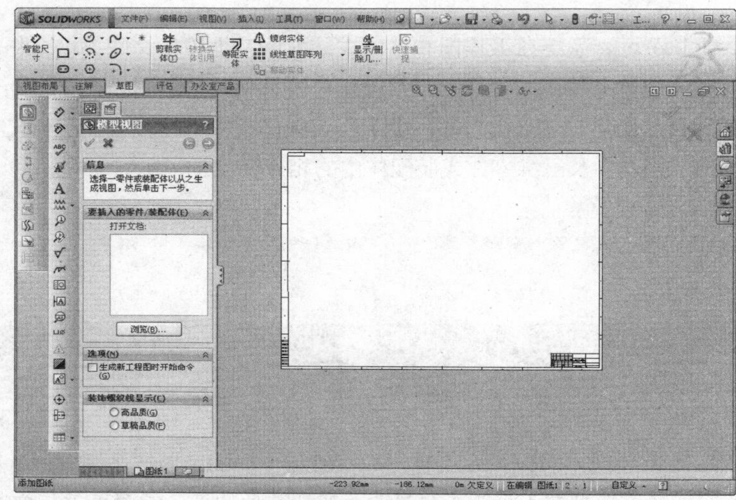

图7-3 工程图窗口

标准视图包含视图中显示的零件和装配体的特征清单。派生的视图（如局部或剖面视图）包含不同的特定视图项目（如局部视图按钮、剖切线等）。

工程图窗口的顶部和左侧有标尺，标尺会报告图纸中光标的位置。选择菜单栏中的“视图”→“标尺”命令，可以打开或关闭标尺。

如果要放大视图，右击“FeatureManager 设计树”中的视图名称，在弹出的快捷菜单中选择“放大所选范围”命令。

用户可以在“FeatureManager 设计树”中重新排列工程图文件的顺序，在图形区拖动工程图到指定的位置。

工程图文件的扩展名为“.slddrw”。新工程图使用所插入的第一个模型的名称。保存工程图时，模型名称作为默认文件名出现在“另存为”对话框中，并带有扩展名“.slddrw”。

7.2 定义图纸格式

SolidWorks 提供的图纸格式不符合任何标准，用户可以自定义工程图纸格式以符合本单位的标准格式。

进入工程图绘图环境中，右击工程图纸上的空白区域，或者右击“FeatureManager 设计树”中的“图纸格式”按钮，弹出快捷菜单，如图 7-4 所示，显示图纸格式编辑常用命令。

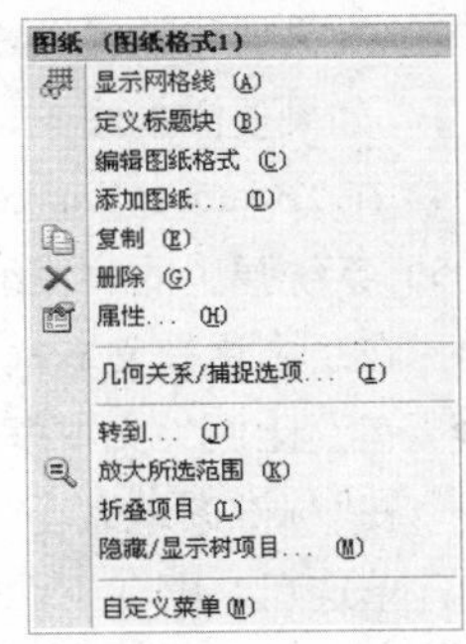

图7-4 快捷菜单

7.2.1 定义图纸格式

执行方式

右键选择“编辑图纸格式”命令。

执行命令后，进入图纸编辑环境。如图 7-5 所示。

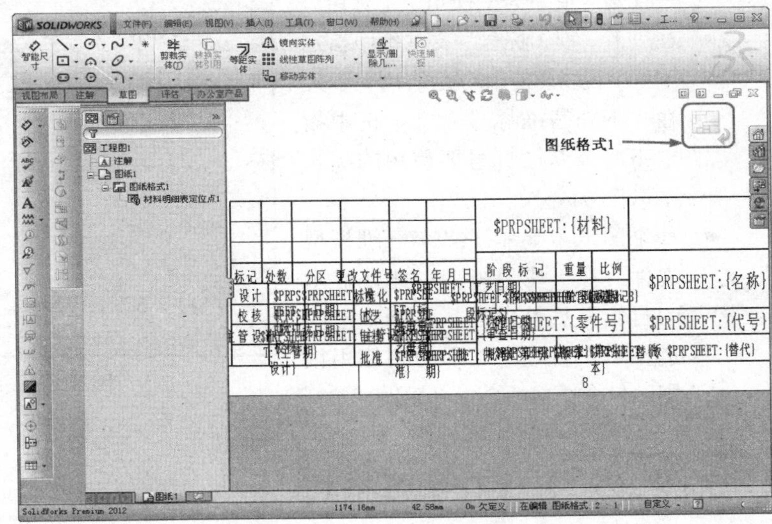

图7-5 进入图纸编辑环境

选项说明

（1）双击标题栏中的文字，即可修改文字。同时在“注释”属性管理器的“文字格式”选项组中可以修改对齐方式、文字旋转角度和字体等属性，如图 7-6 所示。

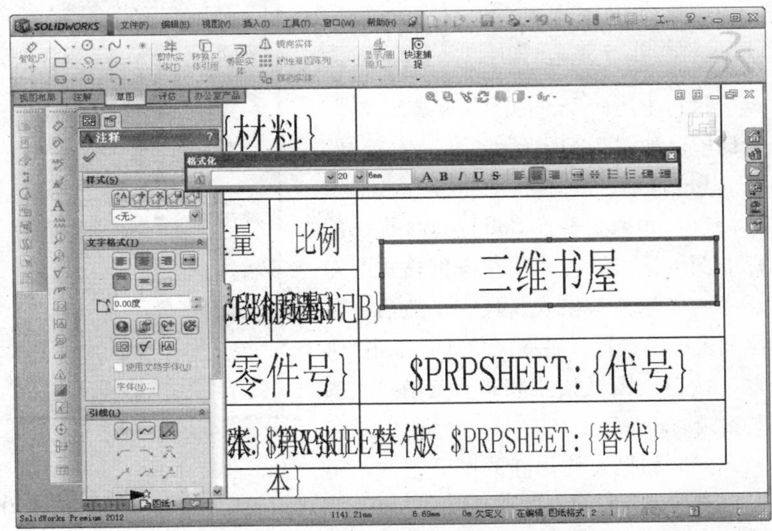

图7-6 “注释”属性管理器

（2）如果要移动线条或文字，单击该项目后将其拖动到新的位置即可。

（3）如果要添加线条，则单击“草图”工具栏中的“直线”按钮，然后绘制线条。

（4）在“FeatureManager 设计树”中右击“图纸”选项，在弹出的快捷菜单中选择“属性”命令。

（5）系统弹出的“图纸属性”对话框如图 7-7 所示，具体设置如下。

- 在“名称”文本框中输入图纸的标题。
- 在“比例”文本框中指定图纸上所有视图的默认比例。
- 在“标准图纸大小”列表框中选择一种标准纸张（如 A4、B5 等）。如果选中“自定义图纸大小”单选钮，则在下面的“宽度”和“高度”文本框中指定纸张的大小。
- 单击“浏览”按钮，可以使用其他图纸格式。
- 在“投影类型”选项组中选中“第一视角”或“第三视角”单选钮。
- 在“下一视图标号”文本框中指定下一个视图要使用的英文字母代号。
- 在“下一基准标号”文本框中指定下一个基准标号要使用的英文字母代号。
- 如果图纸上显示了多个三维模型文件，在“使用模型中此处显示的自定义属性值”下拉列表框中选择一个视图，工程图将使用该视图包含模型的自定义属性。

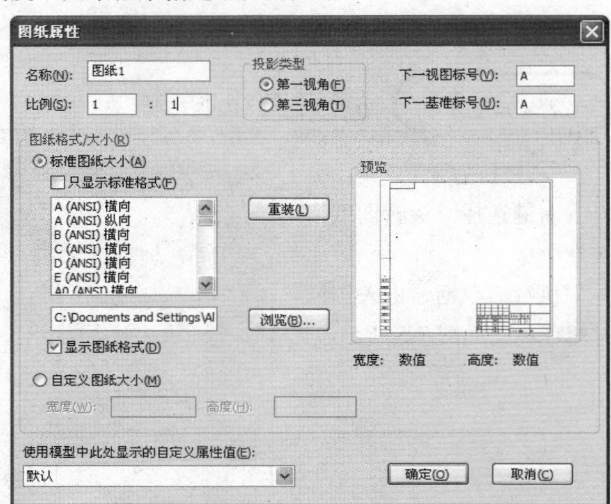

图7-7 “图纸属性”对话框

7.2.2 保存图纸格式

执行方式

菜单栏中的“文件”→“保存图纸格式”命令。

执行上述命令，打开“保存图纸格式”对话框，如图 7-8 所示。

选项说明

（1）如果要替换 SolidWorks 提供的标准图纸格式，在“保存图纸格式”对话框中显示模板格式文件夹，然后在下拉列表框中选择一种图纸格式。单击“确定”按钮。图纸格式将被保存在“< 安装目录 >\data”下。

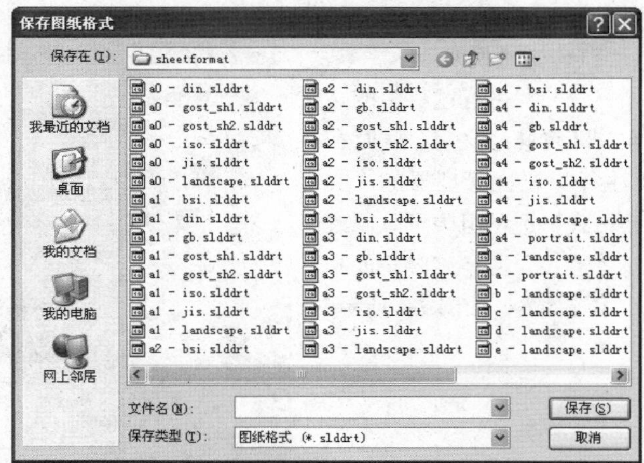

图7-8 “保存图纸格式”对话框

（2）如果要使用新的图纸格式，可以单击图 7-7 中的“自定义图纸大小”单选钮，自行输入图纸的高度和宽度；或者单击“浏览”按钮，选择图纸格式保存的目录并打开，然后输入图纸格式名称，最后单击“确定”按钮。

7.3　标准三视图的绘制

在创建工程图前，应根据零件的三维模型，考虑和规划零件视图，如工程图由几个视图组成，是否需要剖视图等。考虑清楚后，再进行零件视图的创建工作，否则如同用手工绘图一样，可能创建的视图不能很好地表达零件的空间关系，给其他用户的识图、看图造成不便。

标准三视图是指从三维模型的主视、左视、俯视 3 个正交角度投影生成 3 个正交视图，如图 7-9 所示。

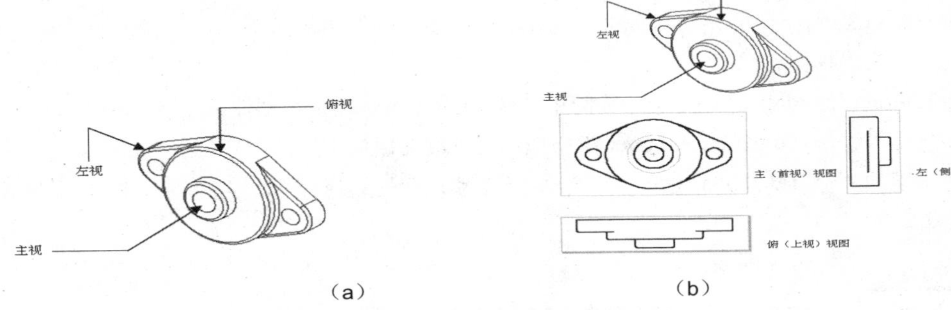

图7-9 标准三视图

在工具栏空白处单击右键弹出快捷菜单，选择“工程图”命令，弹出“工程图”，如图 7-10 所示，在图中显示各命令按钮。

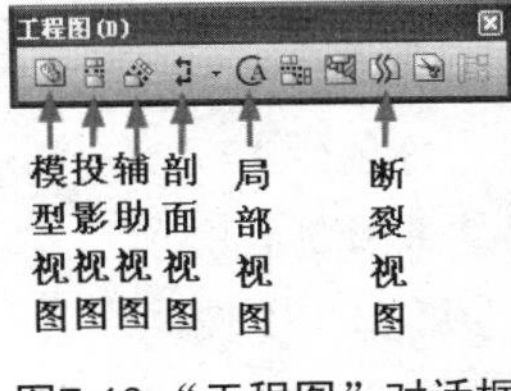

图7-10 “工程图”对话框

在标准三视图中，主视图与俯视图及侧视图有固定的对齐关系。俯视图可以竖直移动，侧视图可以水平移动。SolidWorks 生成标准三视图的方法有很多种，这里只介绍常用的两种。

7.3.1　用标准方法生成标准三视图

执行方式

“工程图”→“标准三视图”按钮。

执行上述命令，打开“标准三视图”属性管理器，如图 7-11 所示。同时光标变为形状。

图7-11 “标准三视图”属性管理器

选项说明

(1) 在“标准三视图”属性管理器中提供了 4 种选择模型的方法。

- 选择一个包含模型的视图。
- 从另一个窗口的“FeatureManager 设计树”中选择模型。
- 从另一个窗口的图形区中选择模型。
- 在工程图窗口右击，在快捷菜单中选择“从文件中插入”命令。

(2) 选择菜单栏中的“窗口”→“文件”命令，进入到零件或装配体文件中。

（3）利用步骤（1）中的任一种方法选择模型，系统会自动回到工程图文件中，并将三视图放置在工程图中。

（4）不打开零件或装配体模型文件，用标准方法生成标准三视图的操作步骤如下。

- 在弹出的“标准三视图”属性管理器中，单击“浏览”按钮。
- 在弹出的“插入零部件”对话框中浏览到所需的模型文件，单击“打开”按钮，标准三视图便会放置在图形区中。

7.3.2 利用 Internet Explorer 中的超文本链接生成标准三视图

利用 Internet Explorer 中的超文本链接生成标准三视图的操作步骤如下。

（1）新建一张工程图。

（2）在 Internet Explorer（4.0 或更高版本）中，导航到包含 SolidWorks 零件文件超文本链接的位置。

（3）将超文本链接从 Internet Explorer 窗口拖动到工程图窗口中。

（4）在出现的“另存为”对话框中保存零件模型到本地硬盘中，同时零件的标准三视图也被添加到工程图中。

7.3.3 实例——支承轴三视图

本实例是将支承轴零件图转化为工程图。首先打开零件图，再创建工程图，利用标准三视图命令创建三视图，最终结果如图 7-12 所示。

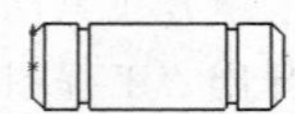
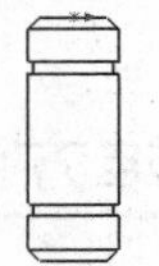

图7-12 支承轴三视图

操作步骤

（1）单击“标准”工具栏中的“打开”按钮，在弹出的“打开”对话框中选择零件文件“支承轴 .sldprt”。单击“打开”按钮，在绘图区显示零件模型，如图 7-13 所示。

（2）单击“标准”工具栏中的“从零件 / 装配图制作工程图”按钮，弹出“SolidWorks”对话框，如图 7-14 所示，单击“确定”按钮，弹出“图纸格式 / 大小”对话框，点选“标准图纸大小”单选钮，并设置图纸尺寸，如图 7-15 所示，单击“确定”按钮，完成图纸设置。

图7-13 支承轴零件

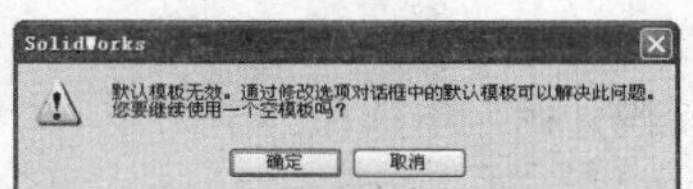

图7-14 “SolidWorks”对话框

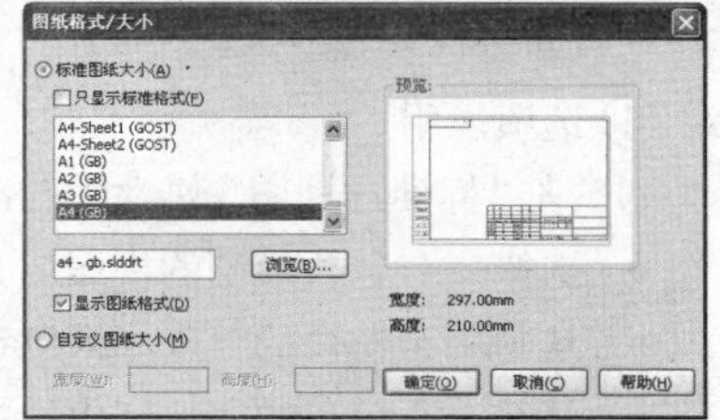

图7-15 “图纸格式/大小”对话框

（3）单击“工程图”工具栏中的“标准三视图”按钮，弹出“标准三视图”属性管理器，单击“浏览”按钮，弹出“打开”对话框，选择“支承轴”文件，单击“打开”按钮，在绘图区显示三视图，如图 7-12 所示。

（4）保存工程图。单击“标准”工具栏中的“保存”按钮，弹出“另存为”对话框，在“文件名”列表框中输入装配体名称“支承轴 .slddrw”，单击“确定”按钮，退出对话框，保存文件。

7.4　模型视图的绘制

标准三视图是最基本也是最常用的工程图，但是它所提供的视角十分固定，有时不能很好地描述模型的实际情况。SolidWorks 提供的模型视图解决了这个问题。通过在标准三视图中插入模型视图，可以从不同的角度生成工程图。

7.4.1　模型视图

执行方式

“工程图”→“模型视图”按钮。

选项说明

（1）和生成标准三视图中选择模型的方法一样，在零件或装配体文件中选择一个模型，如图 7-16 所示。

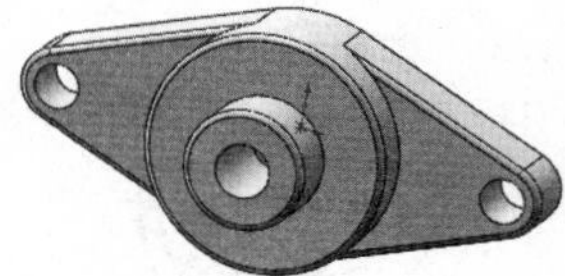

图7-16　三维模型

（2）当回到工程图文件中时，光标变为形状，用光标拖动一个视图方框表示模型视图的大小。

（3）在“模型视图”属性管理器的“方向”选项组中选择视图的投影方向。

（4）在绘图区单击，从而在工程图中放置模型视图，如图 7-17 所示。

图7-17　放置模型视图

（5）如果要更改模型视图的投影方向，则双击“方向”选项中的视图方向。

（6）如果要更改模型视图的显示比例，则选中“使用自定义比例”单选钮，然后输入显示比例。

7.4.2 实例——压紧螺母模型视图

本实例是将压紧螺母零件图转化为工程图。首先创建主视图，然后根据主视图创建俯视图，如图 7-18 所示。

操作步骤

（1）单击“标准”工具栏中的“新建”按钮，在弹出的“新建 SolidWorks 文件”对话框中选择“工程图”按钮，新建工程图文件。

（2）进入绘图环境后，在绘图区左侧显示“模型视图”属性管理器，单击“浏览”按钮，在弹出的“打开”对话框中选择零件文件“压紧螺母 .sldprt”。单击“打开”按钮，在绘图区显示放置模型，如图 7-19 所示，在绘图区左侧显示“模型视图”属性管理器，如图 7-20 所示。

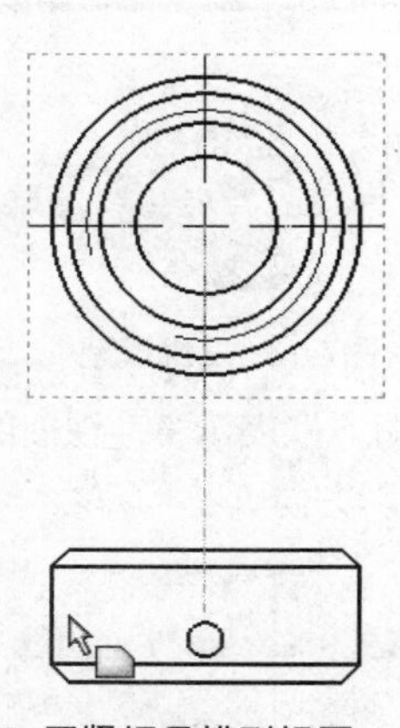

图7-18 压紧螺母模型视图

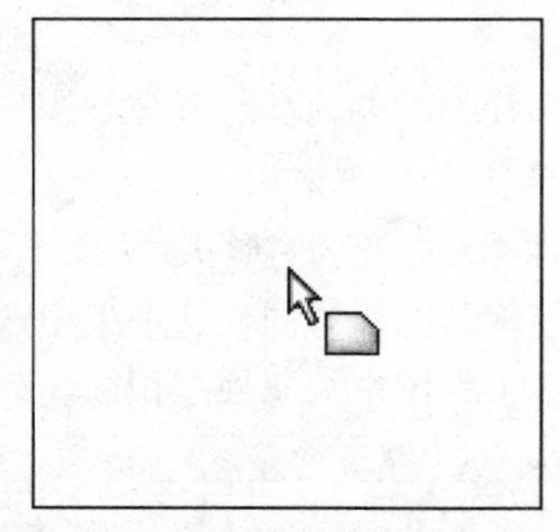

图7-19 放置模型

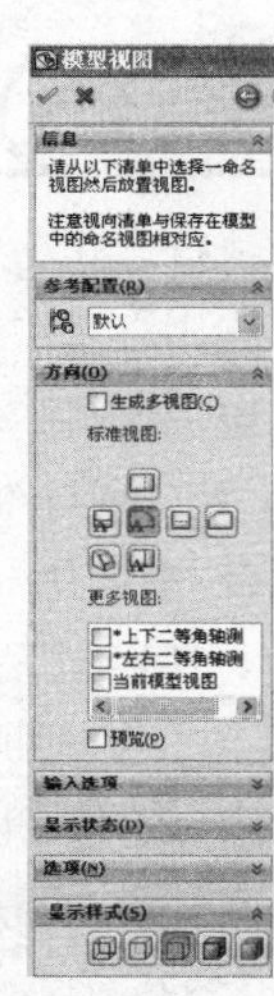

图7-20 “模型视图”属性管理器

（3）在“模型视图”属性管理器中选择“前视图”，并在图纸中合适的位置放置主视图，如图 7-21 所示。

（4）完成主视图放置后，向下拖动鼠标指针放置其余模型，同时在绘图区左侧显示“投影视图”属性管理器，显示放置“上视图”，如图 7-22 所示。在绘图区适当位置单击，放置模型，如图 7-18 所示。单击“确定”按钮，退出对话框。

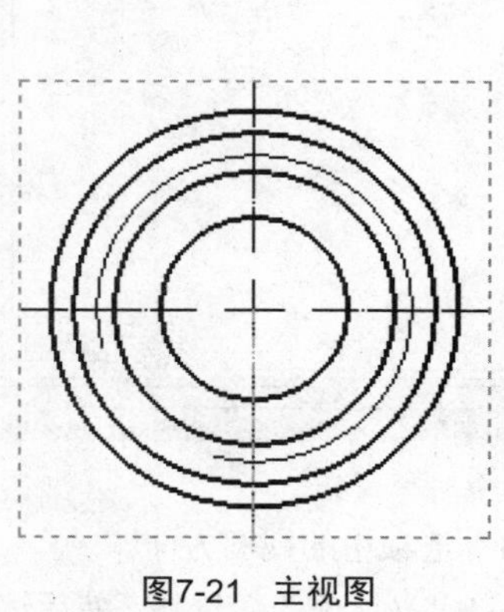

图7-21 主视图

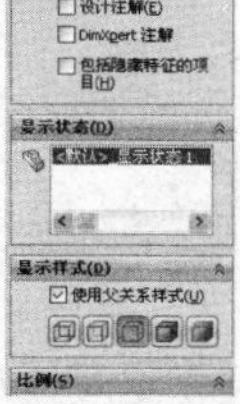

图7-22 “投影视图”属性管理器

7.5 派生视图的绘制

派生视图是指从标准三视图、模型视图或其他派生视图中派生出来的视图，包括剖面视图、旋转剖视图、投影视图、辅助视图、局部视图、断裂视图等。

7.5.1 剖面视图

剖面视图是指用一条剖切线分割工程图中的一个视图，然后从垂直于剖面方向投影得到的视图，如图 7-23 所示。

执行方式

“工程图”→“剖面视图”按钮。

执行上述命令，打开“剖面视图”属性管理器，同时“草图”工具栏中的“直线”按钮也被激活。

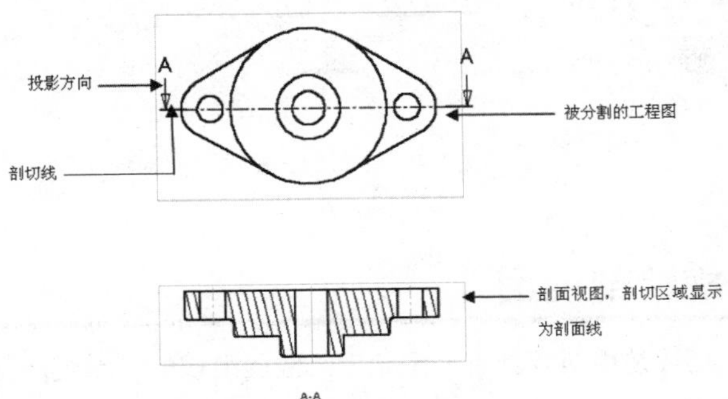

图7-23 剖面视图举例

选项说明

(1) 在如图 7-24 所示的工程图上绘制剖切线。绘制完剖切线之后，系统会在垂直于剖切线的方向上出现一个方框，表示剖切视图的大小。拖动这个方框到适当的位置，则剖切视图被放置在工程图中。

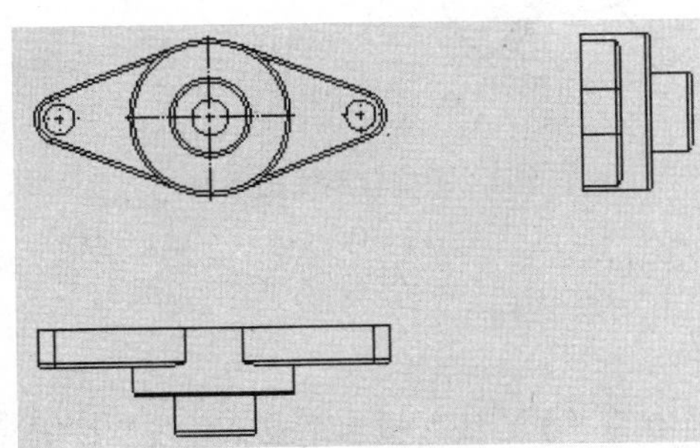

图7-24 基本工程图

(2) 在“剖面视图”属性管理器中设置相关选项，如图 7-25（a）所示。

- 如果勾选“反转方向”复选框，则会反转切除的方向。
- 在“名称”文本框中指定与剖面线或剖面视图相关的字母。
- 如果剖面线没有完全穿过视图，勾选“部分剖面”复选框将会生成局部剖面视图。

- 如果勾选“只显示切面”复选框，则只有被剖面线切除的曲面才会出现在剖面视图上。
- 如果选中“使用图纸比例”单选钮，则剖面视图上的剖面线将会随着图纸比例的改变而改变。
- 如果选中“使用自定义比例”单选钮，则可以定义剖面视图在工程图纸中的显示比例。

（3）单击“确定”按钮，完成剖面视图的插入，如图 7-25（b）所示。

新剖面是由原实体模型计算得来的，如果模型更改，此视图将随之更新。

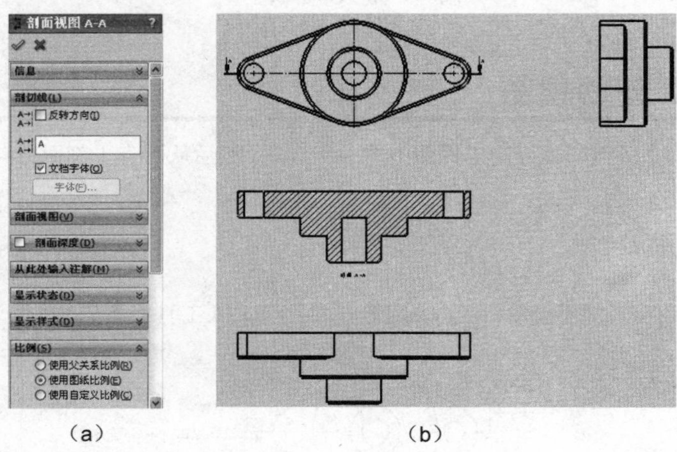

（a）　　　　　　　　　　（b）

图7-25 绘制剖面视图

7.5.2 旋转剖视图

旋转剖视图中的剖切线是由两条具有一定角度的线段组成的。系统从垂直于剖切方向投影生成剖面视图，如图 7-26 所示。

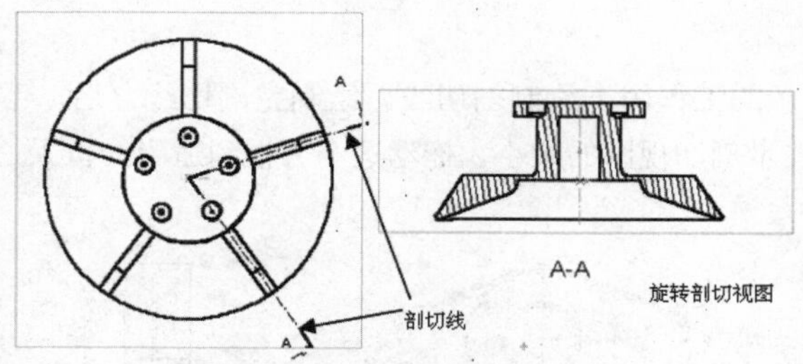

图7-26 旋转剖视图举例

执行方式

“工程图”→“旋转剖视图”按钮。

选项说明

（1）单击“草图”工具栏中的“中心线”按钮或“直线”按钮。绘制旋转视图的剖切线，剖切线至少应由两条具有一定角度的连续线段组成。

（2）按住【Ctrl】键选择剖切线段。

（3）单击“工程图”工具栏中的“旋转剖视图”按钮。

（4）系统会在沿第一条剖切线段的方向上出现一个方框，表示剖切视图的大小，拖动这个方框到适当的位置，则旋转剖切视图被放置在工程图中。

（5）在“剖面视图”属性管理器中设置相关选项，如图 7-27（a）所示。

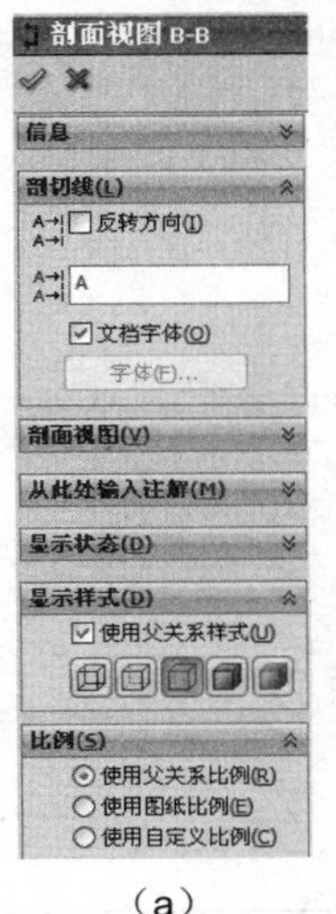

（a）

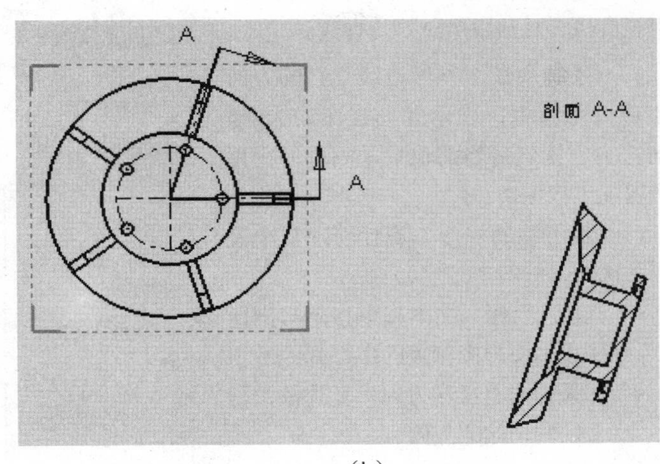

（b）

图7-27 绘制旋转剖视图

- 如果勾选“反转方向”复选框，则会反转切除的方向。
- 在（名称）文本框中指定与剖面线或剖面视图相关的字母。
- 如果剖面线没有完全穿过视图，勾选“局部剖视图”复选框将会生成局部剖面视图。
- 如果勾选“只显示切面”复选框，将只有被剖面线切除的曲面才会出现在剖面视图上。
- 选中“使用自定义比例”单选钮后用户可以自定义剖面视图在工程图纸中的显示比例。

(6) 单击“确定”按钮，完成旋转剖面视图的插入，如图 7-27（b）所示。

7.5.3 投影视图

投影视图是通过从正交方向对现有视图投影生成的视图，如图 7-28 所示。

执行方式

“工程图”→“投影视图”按钮。

选项说明

（1）系统将根据光标在所选视图的位置决定投影方向。可以从所选视图的上、下、左、右 4 个方向生成投影视图。

（2）系统会在投影方向上出现一个方框，表示投影视图的大小，拖动这个方框到适当的位置，则投影视图被放置在工程图中。

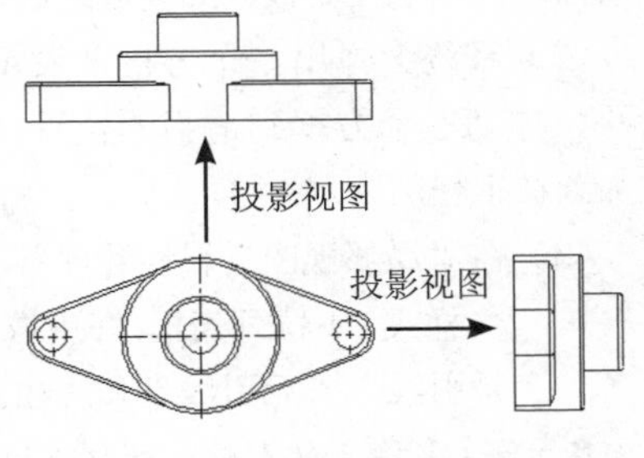

图7-28 投影视图举例

7.5.4 辅助视图

辅助视图类似于投影视图，它的投影方向垂直于所选视图的参考边线。

执行方式

“工程图”→“辅助视图”按钮。

选项说明

（1）选择要生成辅助视图的工程视图中的一条直线作为参考边线，参考边线可以是零件的边线、侧影轮廓线、轴线或所绘制的直线。

（2）系统会在与参考边线垂直的方向上出现一个方框，表示辅助视图的大小，拖动这个方框到适当的位置，则辅助视图被放置在工程图中。

（3）在“辅助视图”属性管理器中设置相关选项，如图 7-29（a）所示。

- 在（名称）文本框中指定与剖面线或剖面视图相关的字母。
- 如果勾选“反转方向”复选框，则会反转切除的方向。

（4）单击“确定”按钮，生成辅助视图，如图 7-29（b）所示。

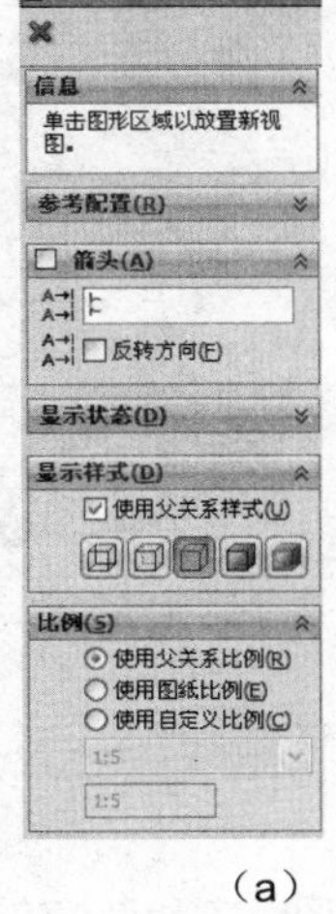

（a）

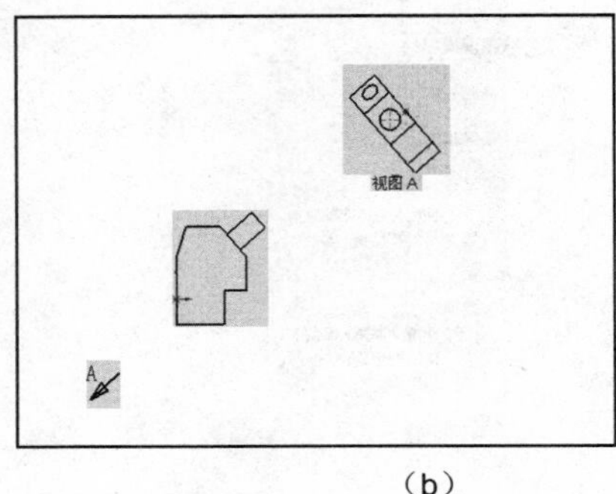

（b）

图7-29 绘制辅助视图

7.5.5 局部视图

可以在工程图中生成一个局部视图，来放大显示视图中的某个部分，如图 7-30 所示。局部视图可以是正交视图、三维视图或剖面视图。

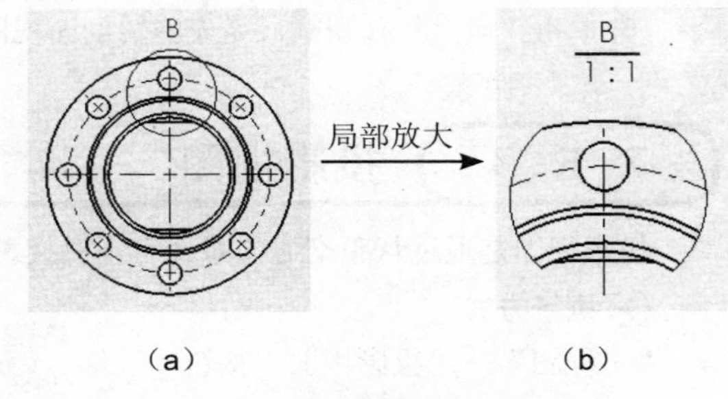

（a）（b）

图7-30 局部视图举例

执行方式

“工程图”→“局部视图”按钮。

选项说明

（1）此时，“草图”工具栏中的“圆”按钮被激活，利用它在要放大的区域绘制一个圆。

（2）系统会弹出一个方框，表示局部视图的大小，拖动这个方框到适当的位置，则局部视图被放置在工程图中。

（3）在“局部视图”属性管理器中设置相关选项，如图 7-31（a）所示。

- （样式）下拉列表框：在下拉列表框中选择局部视图按钮的样式，有“依照标准”、“断裂圆”、“带引线”、“无引线”和“相连”5 种样式。
- （名称）文本框：在文本框中输入与局部视图相关的字母。
- 如果在“局部视图”选项组中勾选了“完整外形”复选框，则系统会显示局部视图中的轮廓外形。
- 如果在“局部视图”选项组中勾选了“钉住位置”复选框，在改变派生局部视图的视图大小时，局部视图将不会被改变大小。
- 如果在“局部视图”选项组中勾选了“缩放剖面线图样比例”复选框，将根据局部视图的比例来缩放剖面线图样的比例。

（4）确定”按钮，生成局部视图，如图 7-31（b）所示。

技巧荟萃 局部视图中的放大区域还可以是其他任何的闭合图形。其方法是首先绘制用来作放大区域的闭合图形，然后再单击“局部视图”按钮，其余的步骤相同。

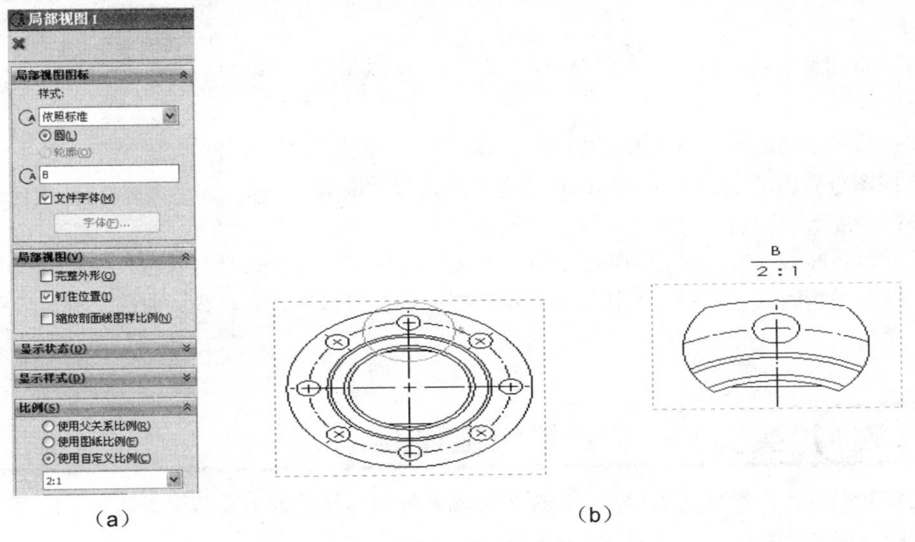

（a） （b）

图7-31 绘制局部视图

7.5.6 断裂视图

工程图中有一些截面相同的长杆件（如长轴、螺纹杆等），这些零件在某个方向的尺寸比其他方向的尺寸大很多，而且截面没有变化。因此可以利用断裂视图将零件用较大比例显示在工程图上，如图 7-32 所示。

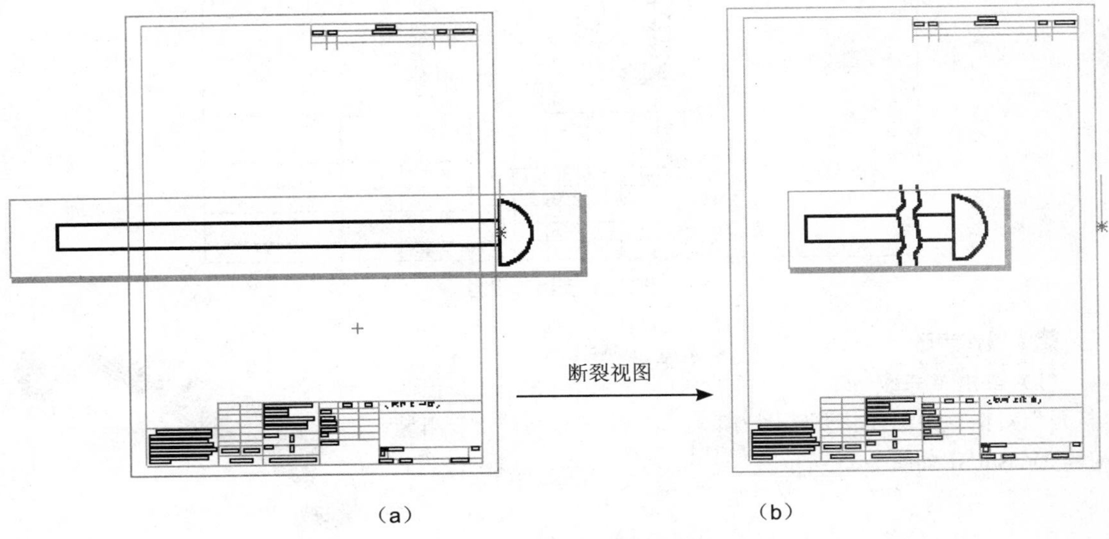

（a） （b）

图7-32 断裂视图举例

执行方式

“工程图”→“断裂视图”按钮。

执行上述命令，打开“断裂视图”属性管理器，如图 7-33 所示，此时折断线出现在视图中。

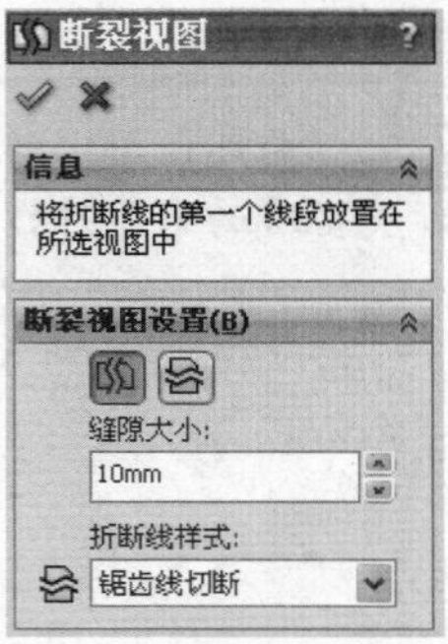

断裂视图
信息
将折断线的第一个线段放置在所选视图中
断裂视图设置(B)
缝隙大小:
10mm
折断线样式:
锯齿线切断

图7-33 “断裂视图”属性管理器

选项说明

（1）可以添加多组折断线到一个视图中，但所有折断线必须为同一个方向。

（2）将折断线拖动到希望生成断裂视图的位置。

（3）在视图边界内部右击，在弹出的快捷菜单中选择“断裂视图”命令，生成断裂视图，如图 7-32（b）所示。

（4）此时，折断线之间的工程图都被删除，折断线之间的尺寸变为悬空状态。如果要修改折断线的形状，则右击折断线，在弹出的快捷菜单中选择一种折断线样式（直线、曲线、锯齿线和小锯齿线）。

7.5.7 实例——创建管组工程图

本例是将管组零件图转化为工程图。首先创建辅助视图，然后根据辅助视图创建剖视图，最后创建断裂视图。最终结果如图 7-34 所示。

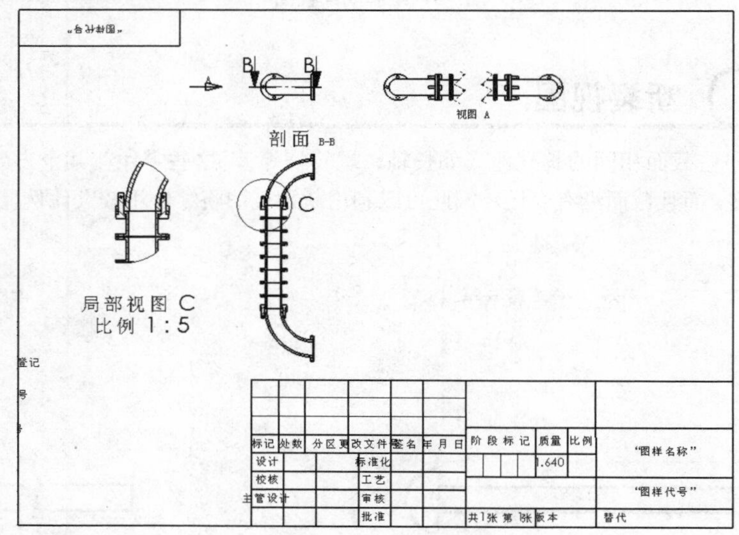

图7-34 管组工程图

操作步骤

（1）单击“标准”工具栏中的“打开”按钮，在弹出的“打开”对话框中选择将要转化为工程图的装配体文件“管组装配体.sldasm”，如图 7-35 所示。

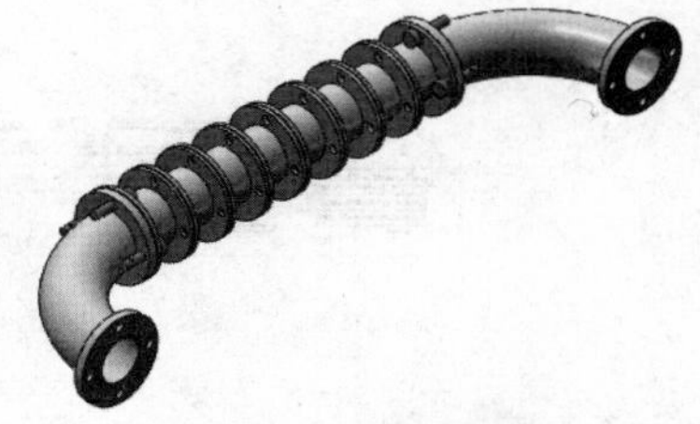

图7-35 装配体模型

（2）单击“标准”工具栏中的“从零件 / 装配图制作工程图”按钮，弹出“SolidWorks”对话框，如图 7-36 所示，单击“确定”按钮，弹出“图纸格式 / 大小”对话框，选中“标准图纸大小”单选钮，并设置图纸尺寸，如图 7-37 所示，单击“确定”按钮，完成图纸设置。

（3）在工程图文件绘图区右侧显示“视图调色板”属性管理器，如图 7-38 所示，选择前视图，并在图纸中合适的位置放置前视图，如图 7-39 所示。

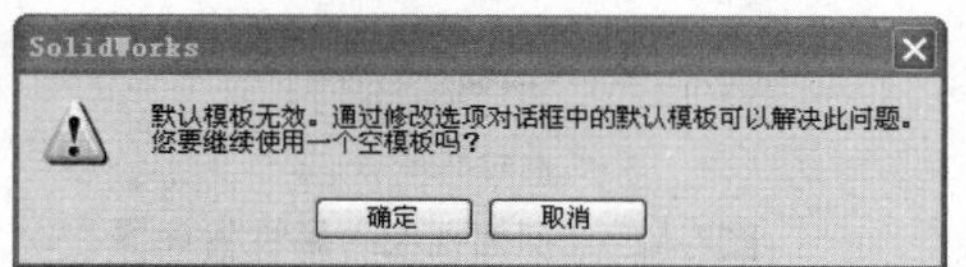

图7-36 “SolidWorks”对话框

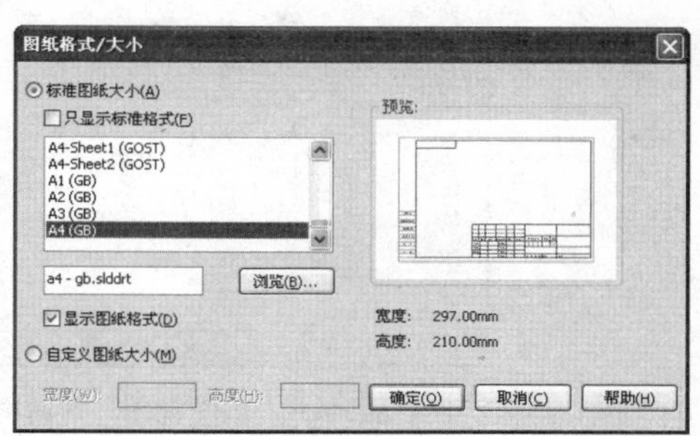

图7-37 “图纸格式/大小”对话框

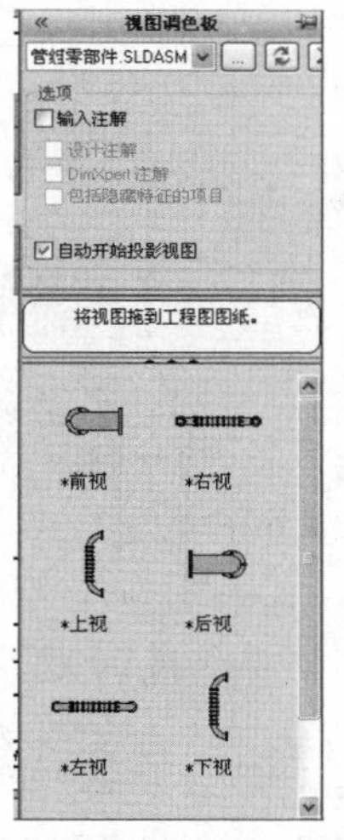

图7-38 “视图调色板”属性管理器

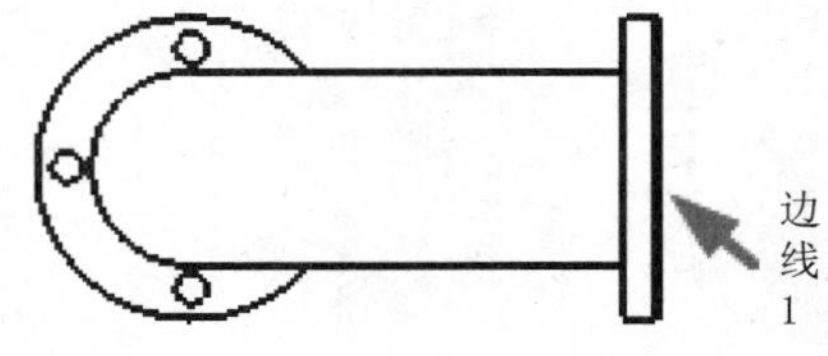

图7-39 创建前视图

（4）单击“工程图”工具栏中的“辅助视图”按钮，在前视图上单击边线 1，向右拖动鼠标指针，生成辅助视图如图 7-40 所示。

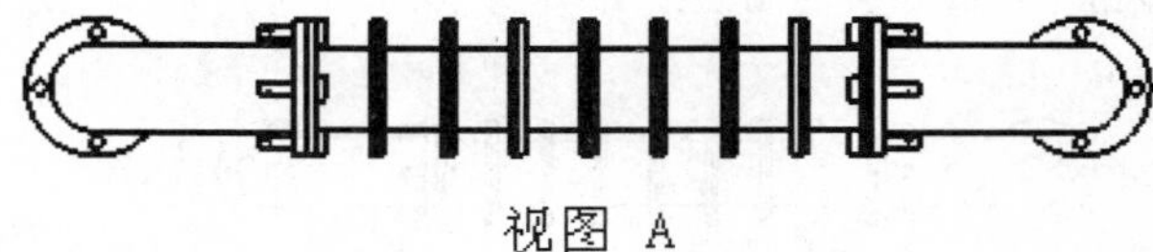

图7-40 辅助视图

（5）单击“工程图”工具栏中的“剖面图”按钮，在前视图上选择水平剖视线，弹出“剖面视图”对话框，如图 7-41 所示。勾选“反转方向”复选框，如图 7-42 所示，系统弹出“剖面视图”属性管理器，单击“确定”按钮，生成剖面图如图 7-43 所示。

（6）单击“工程图”工具栏中的“局部视图”按钮，在剖面图上按住鼠标左键，向外拖动，绘制适当大小的圆，绘图区左侧弹出“局部视图”属性管理器，如图 7-44 所示，同时绘图区显示局部视图，向左侧拖动鼠标，放置局部视图，如图 7-45 所示。

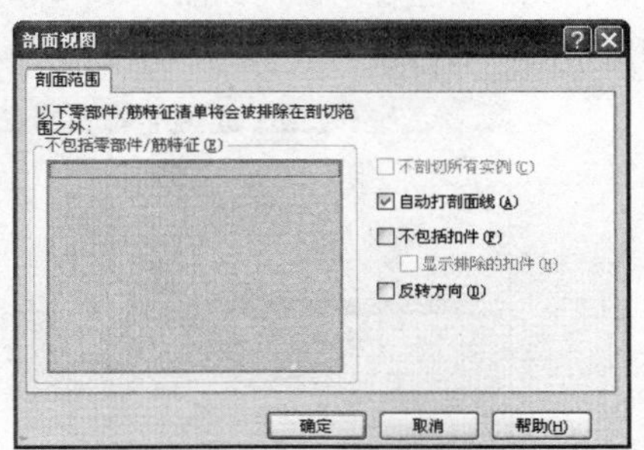

图7-41 “剖面视图”对话框

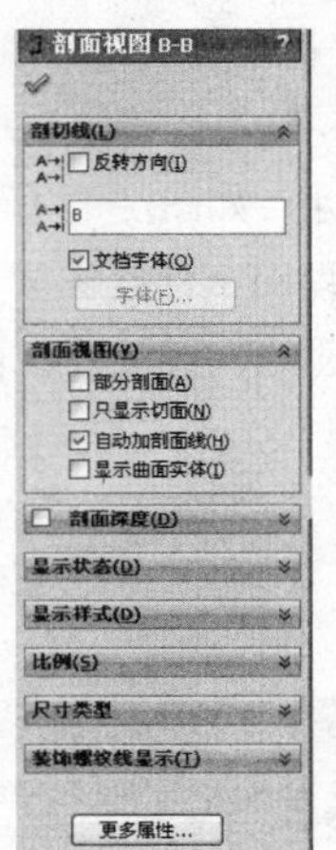

图7-42 “剖面视图”属性管理器

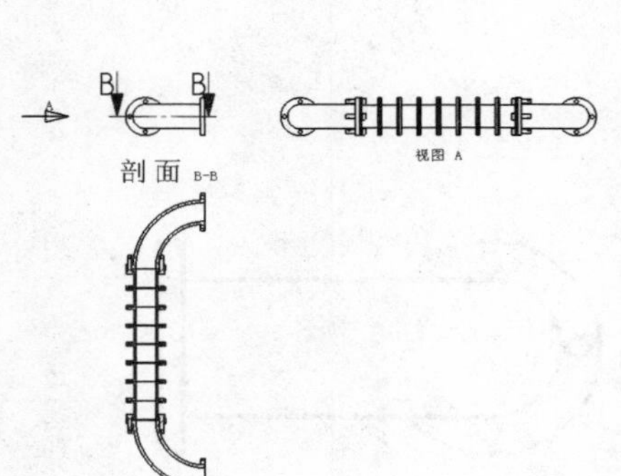

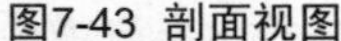

图7-43 剖面视图

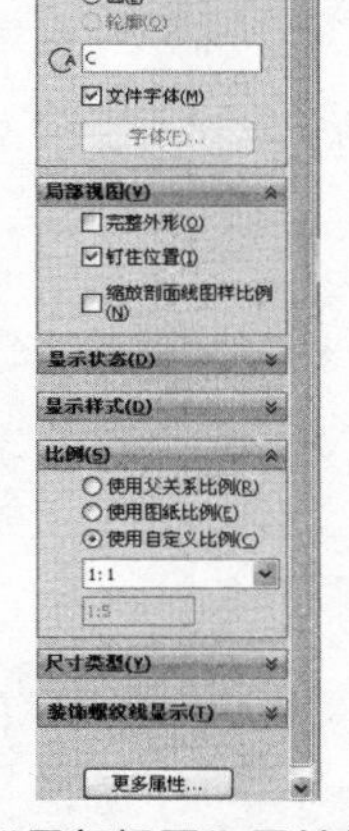

图7-44 “局部视图”属性管理器

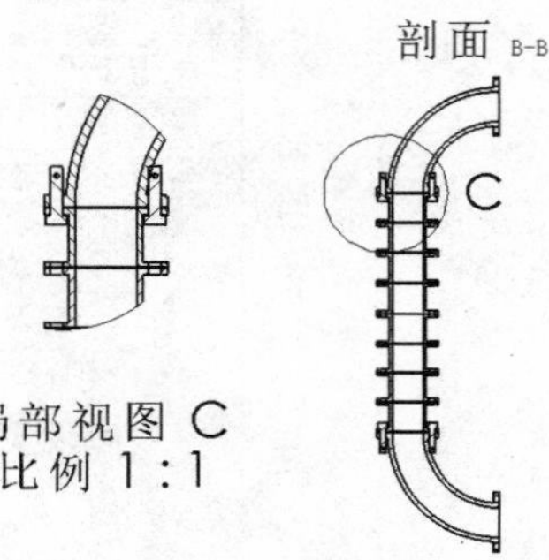

图7-45 局部视图

（7）单击“工程图”工具栏中的“断裂视图”按钮，弹出“断裂视图”属性管理器。在辅助视图 A-A 上单击，在绘图区显示“竖直折线”符号，在相应位置单击放置“竖直折线”，单击“确定”按钮，生成断裂视图如图 7-46 所示。

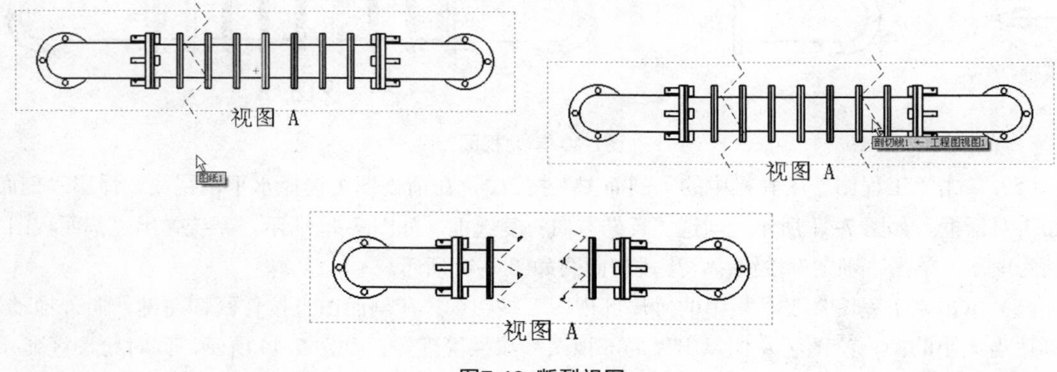

图7-46 断裂视图

7.6 编辑工程视图

工程图建立后，可以对视图进行一些必要的编辑。编辑工程视图包括：移动视图、对齐视图、删除视图、剪裁视图及隐藏视图等。

7.6.1 旋转 / 移动视图

旋转 / 移动视图是工程图中常使用的方法，用来调整视图之间的距离。

执行方式

“视图”→“旋转视图”按钮。

打开素材文件中的“素材\第 7 章\7.6.1.slddrw”工程图文件，如图 7-47 所示，选择旋转的视图。单击选择如图 7-48 所示中的左视图，视图框变为绿色。

执行上述命令，打开如图 7-49 所示的“旋转工程视图”对话框。

选项说明

（1）在“工程视图角度”一栏中输入值“45”，然后单击“关闭”按钮。结果如图 7-50 所示。

注意

对于被旋转过的视图，如果要恢复视图的原始位置，可以执行“旋转视图”命令，在“旋转工程视图”对话框中的“工程视图交点”一栏中输入值“0”即可。

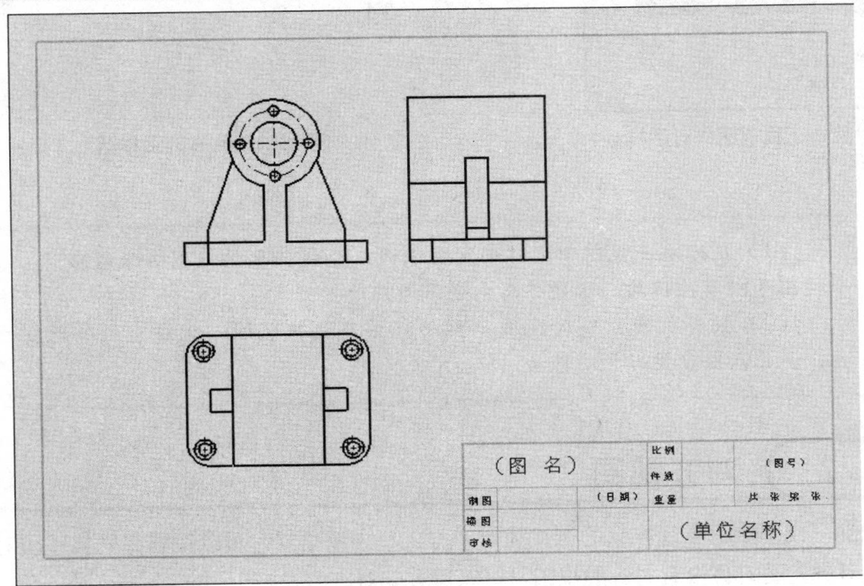

图7-47 工程图

（2）也可以移动视图。选择移动的视图，单击该视图，视图框变为绿色。将鼠标指针移到该视图上，当鼠标指针变为时，按住鼠标左键拖动该视图到图中合适的位置，如图 7-48 所示，然后释放鼠标左键。

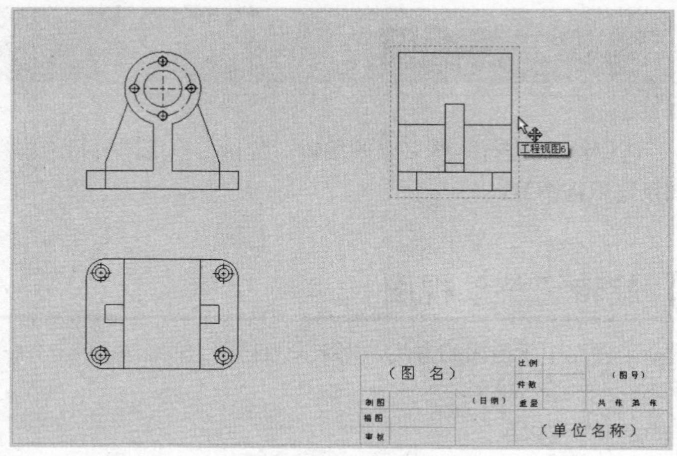

图7-48 移动的视图

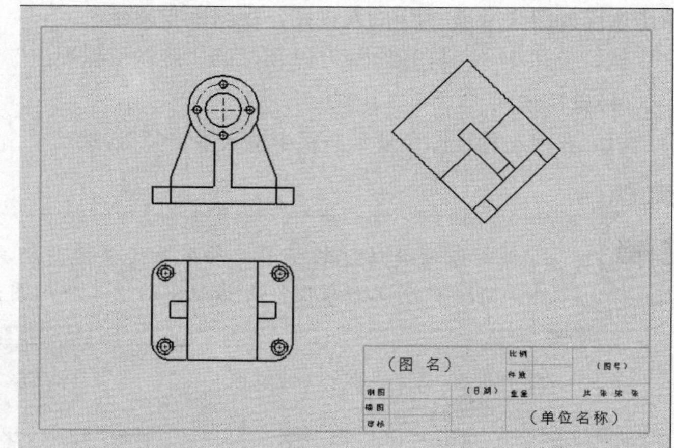

图7-49 “旋转工程视图”对话框

图7-50 旋转后的工程图

注意

（1）在标准三视图中，移动主视图时，左视图和俯视图会跟着移动；其他的两个视图可以单独移动，但始终与主视图保持对齐关系。

（2）投影视图、辅助视图、剖面视图及旋转视图与生成它们的母视图保持对齐，并且只能在投影方向移动。

7.6.2 对齐视图

建立标准三视图时，系统默认的方式为对齐方式。视图建立时可以设置与其他视图对齐，也可以设置为不对齐。要对齐没有对齐的视图，可以设置其对齐方式。

执行方式

右键快捷菜单→“视图对齐”命令 。

打开如图 7-50 所示的工程图文件。右键单击图 7-50 中的左视图，此时系统弹出快捷菜单，如图 7-51 所示，选择“视图对齐”选项，然后选择子菜单“默认旋转”选项。结果如图 7-52 所示。

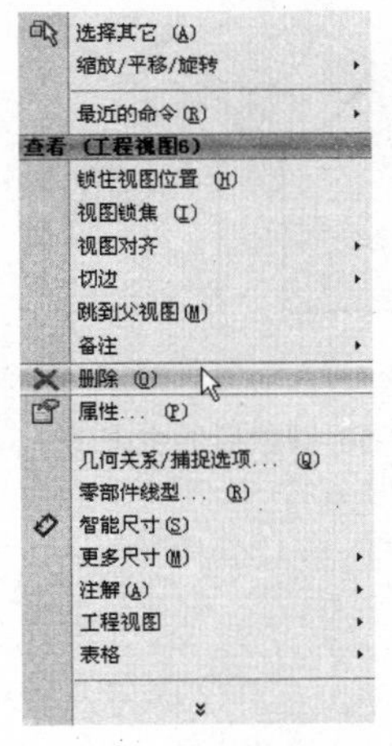

图7-51 系统快捷菜单

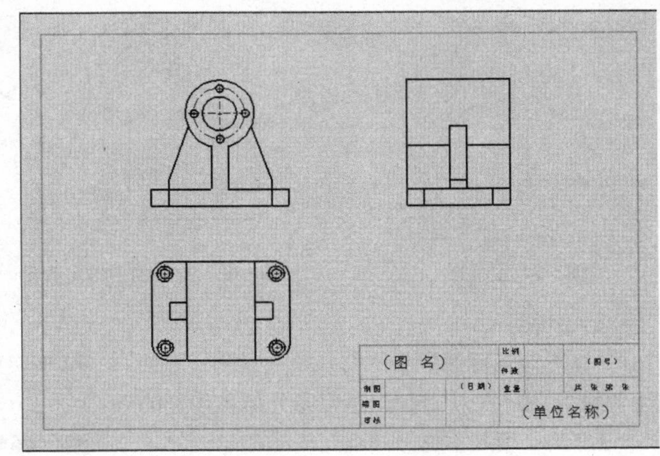

图7-52 对齐后的工程图

选项说明

如果要解除已对齐视图的对齐关系，右键单击该视图，在系统弹出的快捷菜单中，选择“视图对齐”，然后选择“解除对齐关系”子菜单即可。

7.6.3 删除视图

对于不需要的视图，可以将其删除。删除视图有两种方式，一种是键盘方式，另一种是右键快捷菜单方式。

1. 键盘方式

选择被删除的视图。左键单击需要删除的视图。按一下键盘中的【Delete】键，此时系统弹出如图 7-53 所示的“确认删除”对话框。单击“确认删除”对话框中的“是”按钮，删除该视图。

确认删除
删除以下项吗?
工程视图6 (投影视图)
是(Y)
全部是(A)
否(N)
取消(C)
帮助(H)
以后不要再问(D)

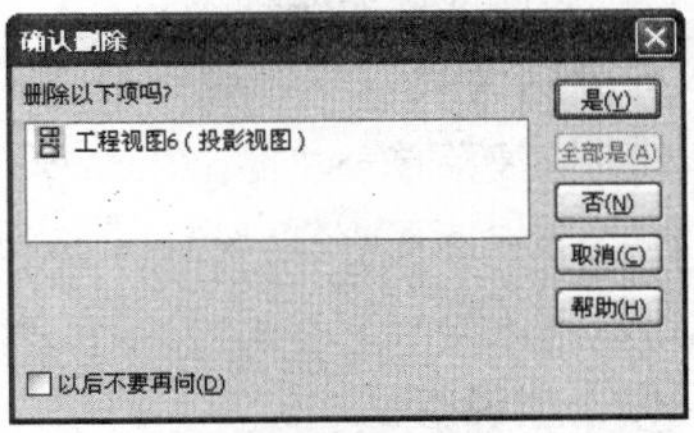

图7-53 “确认删除”对话框

2. 右键快捷菜单方式

选择被删除的视图。右键单击需要删除的视图。系统弹出如图 7-51 所示的系统快捷菜单，在其中选择“删除”选项。此时系统弹出“删除确认”对话框，单击对话框中的“是”按钮，删除该视图。

7.6.4 剪裁视图

如果一个视图太复杂或者太大，可以利用剪裁视图命令将其剪裁，保留需要的部分。

执行方式

选择“插入”菜单→“工程视图”→“剪裁视图”命令或单击“工程图”工具栏→“剪裁视图”按钮。

打开如图 7-50 所示的工程图文件。选择主视图，如图 7-54 所示。单击“草图”工具栏中的“圆”按钮，在主视图中绘制一个圆，作为剪裁区域，如图 7-55 所示。执行上述命令，结果如图 7-56 所示。

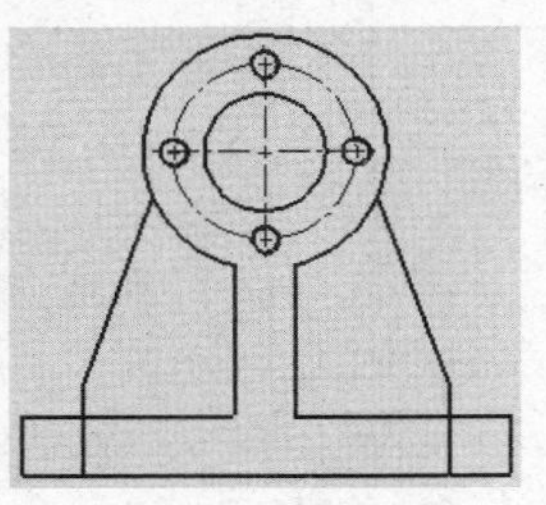

图7-54 主视图

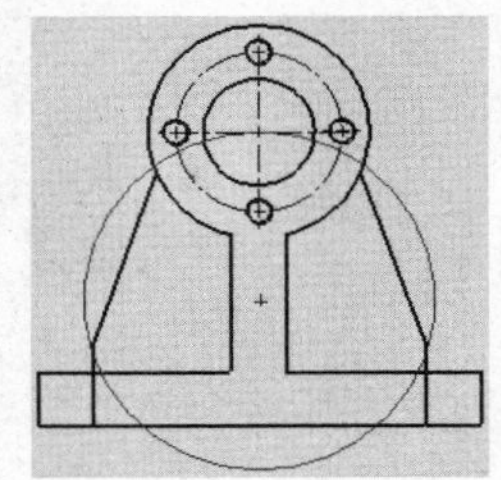

图7-55 绘制圆后的主视图

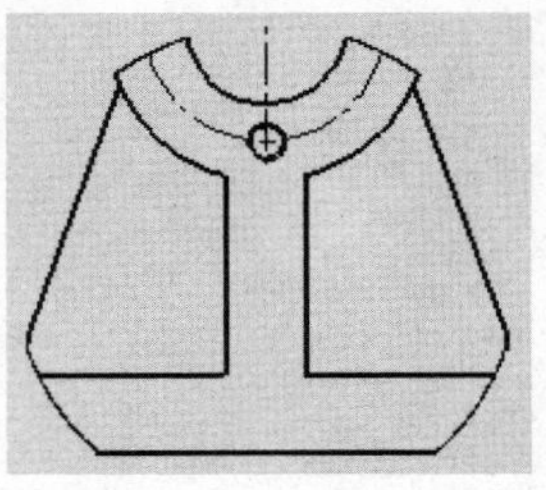

图7-56 剪裁后的主视图

选项说明

（1）执行剪裁视图命令前，必须先绘制好剪裁区域。剪裁区域不一定是圆，可以是其他不规则的图形，但是其必须是不交叉并且封闭的图形。

（2）剪裁后的视图可以恢复为原来的形状。右键单击剪裁后的视图，此时系统弹出如图 7-57 所示的系统快捷菜单，在“剪裁视图”的子菜单中选择“移除剪裁视图”即可。

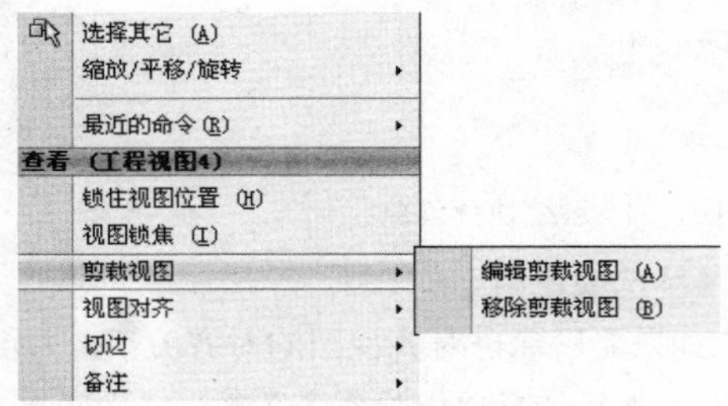

图7-57 系统快捷菜单

7.6.5 隐藏 / 显示视图

在工程图中，有些视图需要隐藏，比如某些带有派生视图的参考视图。这些视图是不能被删除的，否则将删除其派生视图。

执行方式

右键快捷菜单→“隐藏”命令。

在图形界面或者在“FeatureManager 设计树”中右键单击需要隐藏的视图，执行上述命令，隐藏视图。

选项说明

（1）如果该视图带有从属视图，则系统弹出如图 7-58 所示的提示框，根据需要进行相应的设置。

（2）对于隐藏的视图，工程图中不显示该视图的位置。选择菜单栏中的“视图”→“被隐藏视图”命令，可以显示工程图中被隐藏视图的位置，如图 7-59 所示。显示隐藏的视图可以在工程图中对该视图进行相应的操作。

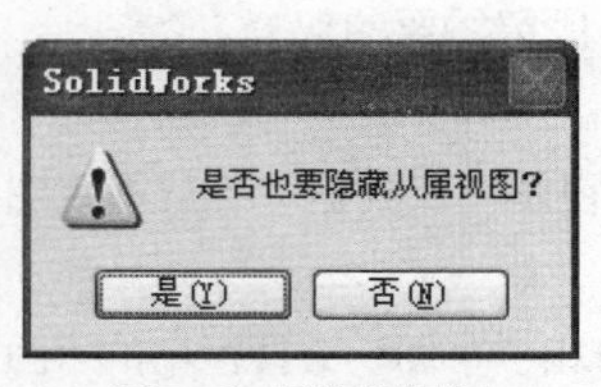

图7-58 系统提示框

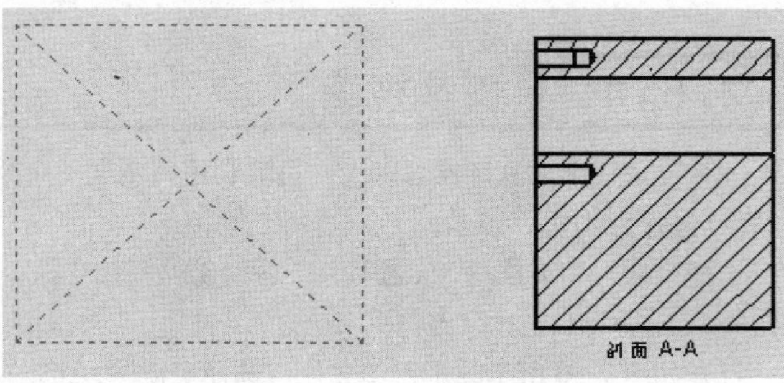

图7-59 显示被隐藏视图的位置

（3）显示被隐藏的视图和隐藏视图是一对相反的过程，操作方法相同。

7.6.6 隐藏 / 显示视图中的边线

视图中的边线也可以隐藏和显示。

执行方式

"线型"工具栏→"隐藏 / 显示边线"按钮或单击右键弹出快捷菜单→"隐藏 / 显示边线"命令，如图 7-61 所示。

打开如图 7-50 所示的工程图文件。选择主视图，如图 7-60 所示。执行上述命令，弹出如图 7-62 所示的"隐藏 / 显示边线"属性管理器。单击视图中的边线 1 和边线 2，然后单击"隐藏 / 显示边线"属性管理器中的"确定"按钮。结果如图 7-63 所示。

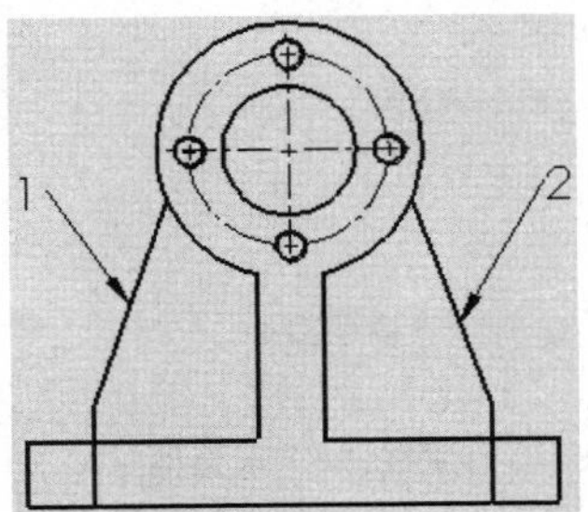

图7-60　主视图

图7-61　系统快捷菜单

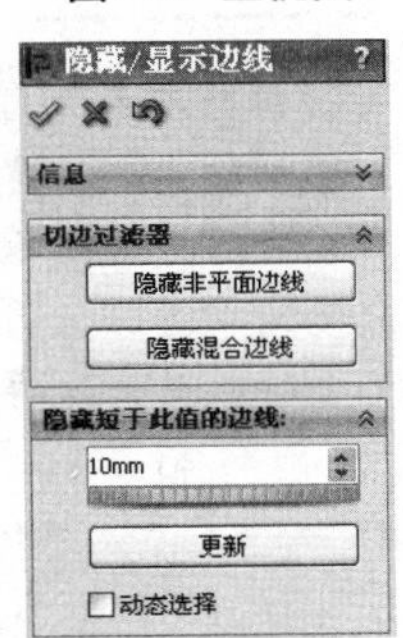

图7-62　"隐藏/显示边线"属性管理器

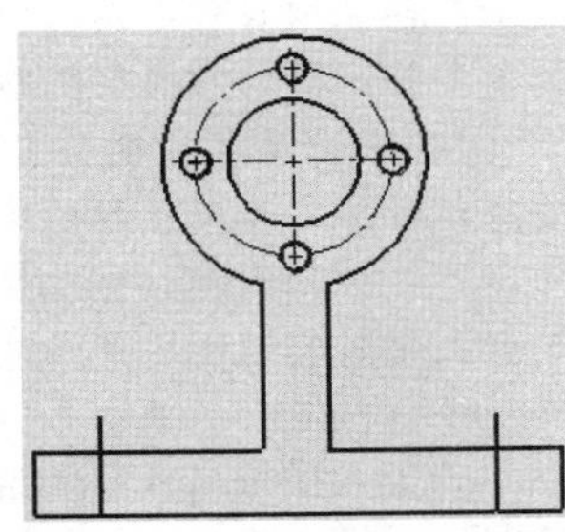

图7-63　隐藏边线后的主视图

7.7 标注工程视图

工程图绘制完以后，必须在工程视图中标注尺寸、几何公差、形位公差、表面粗糙度符号及技术要求等其他注释，才能算是一张完整的工程视图。本节主要介绍这些项目的设置和使用方法。

7.7.1 插入模型尺寸

SolidWorks 工程视图中的尺寸标注是与模型中的尺寸相关联的，模型尺寸的改变会导致工程图中尺寸的改变。同样，工程图中尺寸的改变会导致模型尺寸的改变。

执行方式

选择"插入"菜单→"模型项目"命令或单击"注解"工具栏→"模型项目"按钮。

打开素材文件中的素材 \ 第 7 章 \7.7.1.slddrw”工程图文件，执行上述命令，打开如图 7-64 所示的“模型项目”属性管理器。

选项说明

（1）“尺寸”设置框中的“为工程按钮注”一项自动被选中。

（2）如果只将尺寸插入到指定的视图中，取消勾选“将项目输入到所有视图”复选框，然后在工程图上选择需要插入尺寸的视图，此时“来源 / 目标”设置框如图 7-65 所示，自动显示“目标视图”一栏。

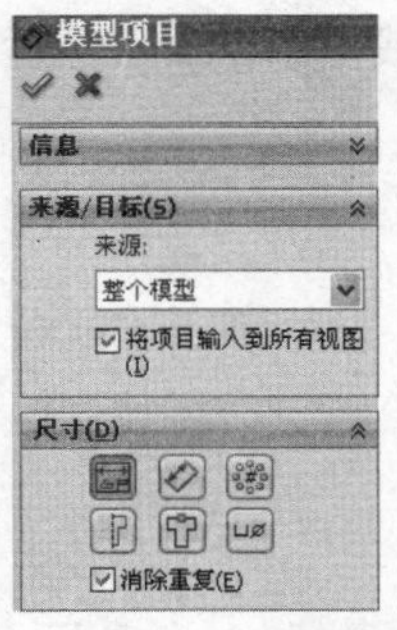

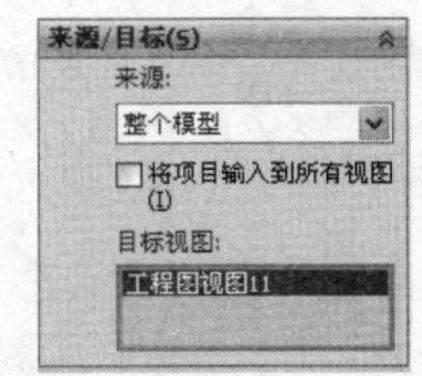

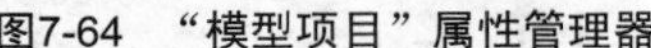

图7-64 “模型项目”属性管理器　　图7-65 “来源/目标”设置框

注意

插入模型项目时，系统会自动将模型尺寸或者其他注解插入到工程图中。当模型特征很多时，插入的模型尺寸会显得很乱，所以在建立模型时需要注意以下几点。

（1）因为只有在模型中定义的尺寸，才能插入到工程图中，所以，在将来创建模型特征时，要养成良好的习惯，并且使草图处于完全定义状态。

（2）在绘制模型特征草图时，仔细地设置草图尺寸的位置，这样可以减少尺寸插入到工程图后调整尺寸的时间。

如图 7-66 所示为插入模型尺寸并调整尺寸位置后的工程图。

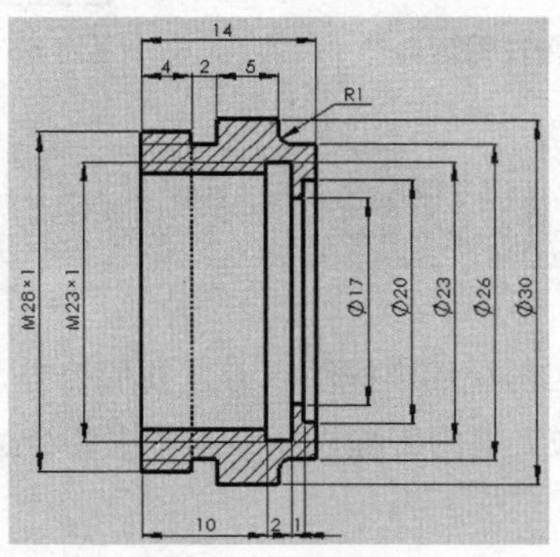

图7-66 插入模型尺寸后的工程视图

7.7.2 修改尺寸属性

插入工程图中的尺寸，可以进行一些属性修改，如添加尺寸公差、改变箭头的显示样式、在尺寸上添加文字等。

单击工程视图中某一个需要修改的尺寸，此时系统弹出“尺寸”属性管理器。在管理器中，用来修改尺寸属性的通常有 3 个设置栏，分别是：“公差 / 精度”设置栏，如图 7-67 所示；“标注尺寸文字”设置栏，如图 7-68 所示；“尺寸界限 / 引线显示”设置栏，如图 7-69 所示。

1．修改尺寸属性的公差和精度

尺寸的公差共有 10 种类型，单击“公差 / 精度”设置栏中的“公差类型”下拉菜单即可显示，如图 7-70 所示。下面介绍几个主要公差类型的显示方式。

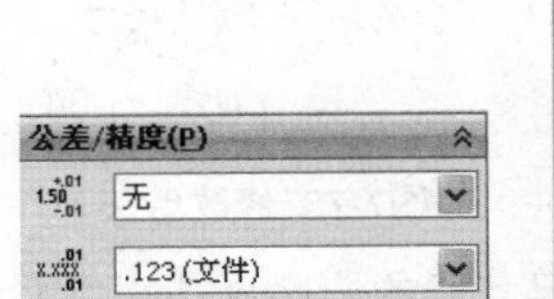

图7-67 公差/精度

图7-68 尺寸文字设置

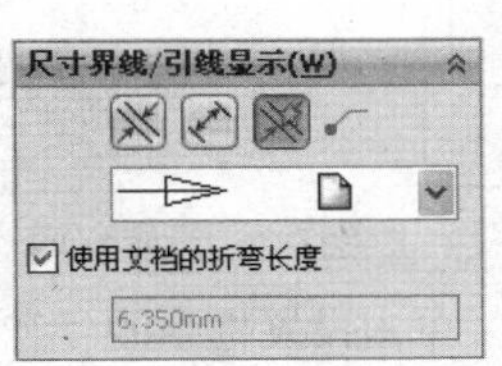

图7-69 尺寸界限/引线显示设置

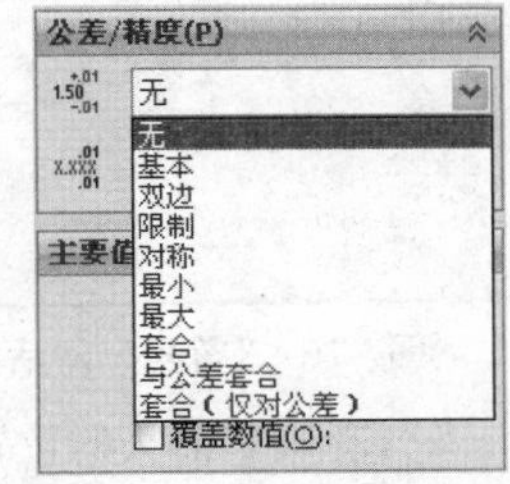

图7-70 公差显示类型

（1）“无”显示类型。以模型中的尺寸显示插入到工程视图中的尺寸，如图 7-71 所示。

（2）“基本”显示类型。以标准值方式显示标注的尺寸，为尺寸加一个方框，如图 7-72 所示。

（3）“双边”显示类型。以双边方式显示标注尺寸的公差，如图 7-73 所示。

（4）“对称”显示类型。以限制方式显示标注尺寸的公差，如图 7-74 所示。

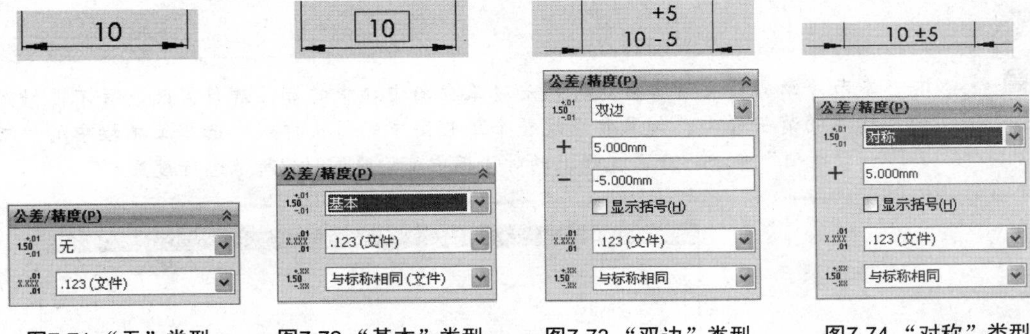

图7-71 “无”类型　图7-72 “基本”类型　图7-73 “双边”类型　图7-74 “对称”类型

2．修改尺寸属性的标注尺寸文字

使用“标注尺寸文字”设置框，可以在系统默认的尺寸上添加文字和符号，也可以修改系统默认的尺寸。

设置框中的 <DIM> 是系统默认的尺寸，如果将其删除，可以修改系统默认的标注尺寸。将鼠标指针移到 <DIM> 前面或者后面，可以添加需要的文字和符号。

单击设置框下面的“更多”按钮，此时系统弹出如图 7-75 所示的“符号”对话框。在对话框中选择需要的标注符号，然后单击“确定”按钮，符号添加完毕。

如图 7-76 所示为添加文字和符号后的“标注尺寸文字”设置栏，如图 7-77 所示为添加符号和文字前的尺寸，如图 7-78 所示为添加符号和文字后的尺寸。

3．修改尺寸属性的箭头位置及样式

使用“尺寸界限 / 引线显示”设置框，可以设置标注尺寸的箭头位置和箭头样式。

箭头位置有三种形式。分别介绍如下。

- 箭头在尺寸界限外面：单击设置框中的“外面”按钮⊠，箭头在尺寸界限外面显示，如图 7-79 所示。
- 箭头在尺寸界限里面：单击设置框中的“里面”按钮⤢，箭头在尺寸界限里面显示，如图 7-80 所示。

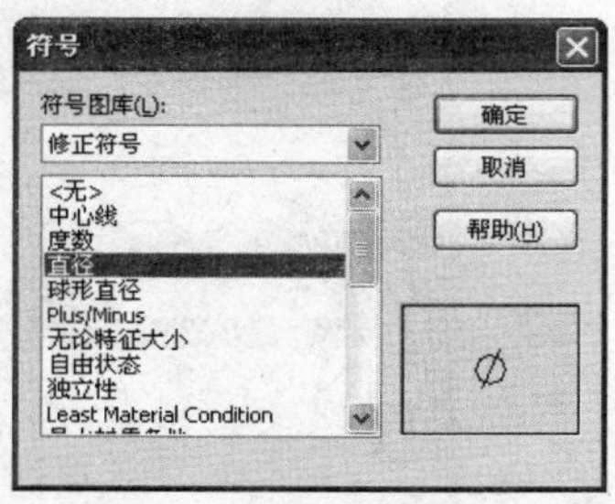

图7-75 “符号”对话框

图7-76 设置好的“标注尺寸文字”设置栏

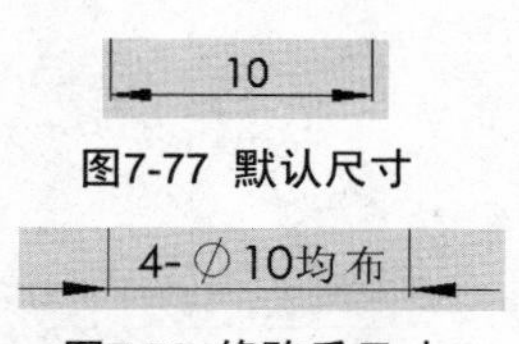

图7-77 默认尺寸

图7-78 修改后尺寸

智能确定箭头的位置：单击设置框中的“智能”按钮⊠，系统根据尺寸线的情况自动判断箭头的位置。

图7-79 箭头在尺寸界限外

图7-80 箭头在尺寸界限里

箭头有 11 种标注样式，可以根据需要进行设置。单击设置框中的“样式”下拉菜单，如图 7-81 所示，选择需要的标注样式。

本节介绍的设置箭头样式，只是对工程图中选中的标注进行修改，并不能修改全部标注的箭头样式。如果要修改整个工程图中的箭头样式，选择菜单栏中的“工具”→“选项”命令，在系统弹出的对话框中，按照图7-82所示进行设置。

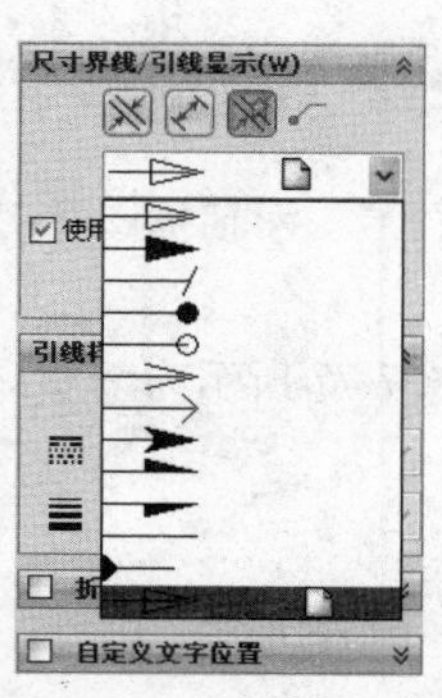

图7-81 箭头标注样式选项

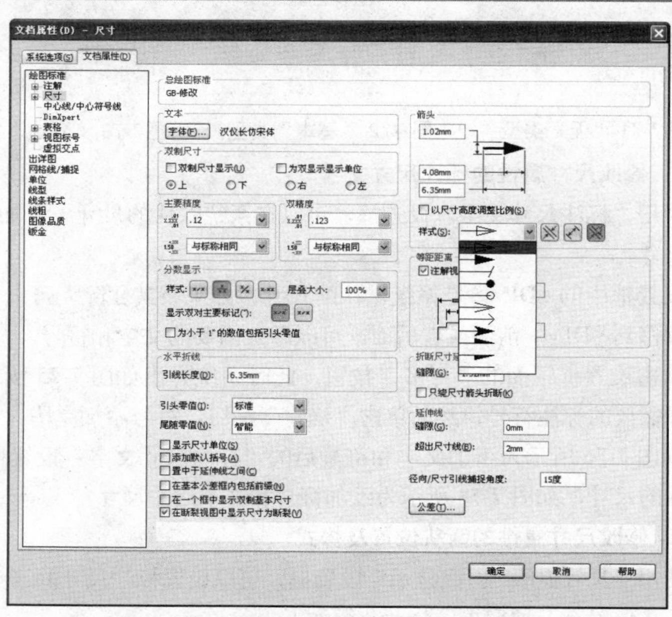

图7-82 设置整个工程图的箭头样式对话框

7.7.3 标注基准特征符号

有些形位公差需要有参考基准特征，需要指定公差基准。

执行方式

单击“注解”工具栏→“基准特征”按钮或选择“插入”菜单→“注解”→“基准特征符号”命令。

执行上述命令，打开“基准特征”属性管理器，如图7-83所示，并且在视图中出现标注基准特征符号的预览效果。在“基准特征”属性管理器中修改标注的基准特征。

选项说明

如果要编辑基准面符号，双击基准面符号，在弹出的“基准特征”属性管理器中修改即可。

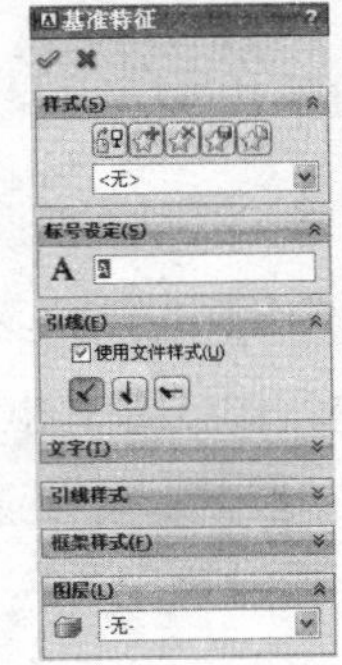

图7-83 “基准特征”属性管理器

7.7.4 标注形位公差

为了满足设计和加工的需要，需要在工程视图中添加形位公差，形位公差包括代号、公差值及原则等内容。SolidWorks 软件支持 ANSI Y14.5 Geometric and True Position Tolerancing（ANSI Y14.5 几何和实际位置公差）准则。

执行方式

单击“注解”工具栏→“形位公差”按钮或选择“插入”菜单→“注解”→“形位公差”命令。

执行上述命令，打开如图7-84所示的“形位公差”属性管理器和如图7-85所示的“属性”对话框。

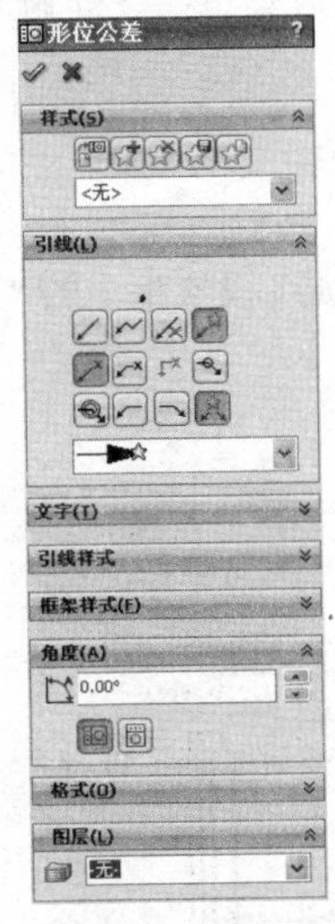

图7-84 “形位公差”属性管理器

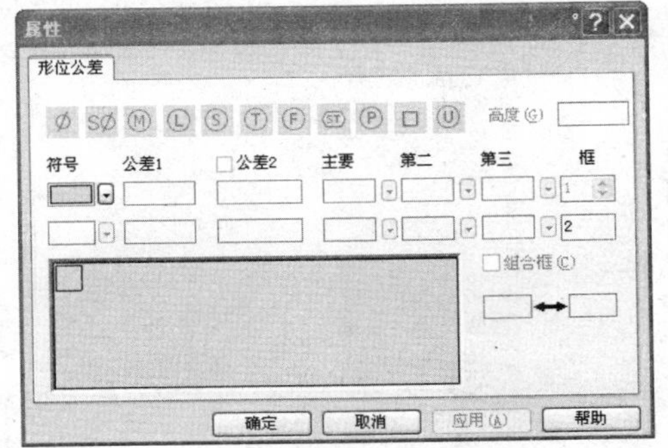

图7-85 “属性”对话框

选项说明

（1）在“形位公差”中的“引线”一栏选择标注的引线样式。单击“属性”对话框中“符号”一栏下面的下拉菜单，如图7-86所示，在其中选择需要的形位公差符号；在“公差1”一栏输入公差值；

单击“主要”一栏下面的下拉菜单，在其中选择需要的符号或者输入参考面，如图7-87所示，在其后的“第二”、“第三”栏中可以继续添加其他基准符号。设置完毕的“属性”对话框如图7-88所示。

图7-86 符号下拉菜单

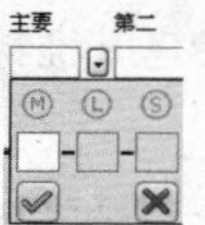

图7-87 主要下拉菜单

（2）单击“属性”对话框中的“确定”按钮，确定设置的形位公差，然后视图中出现设置的形位公差，调整在视图中的位置即可。如图7-89所示为标注形位公差的工程图。

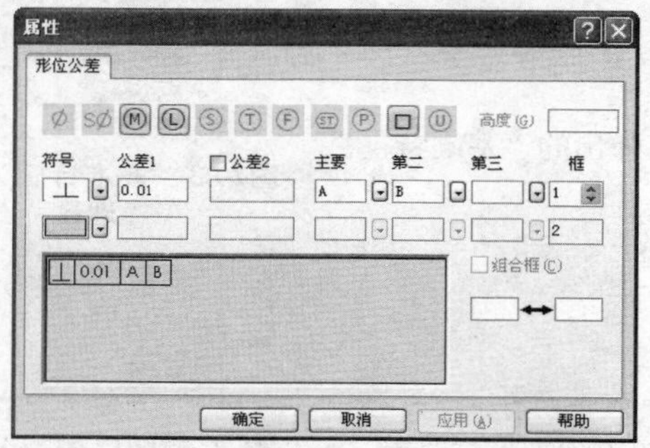

图7-88 设置完毕的“属性”对话框

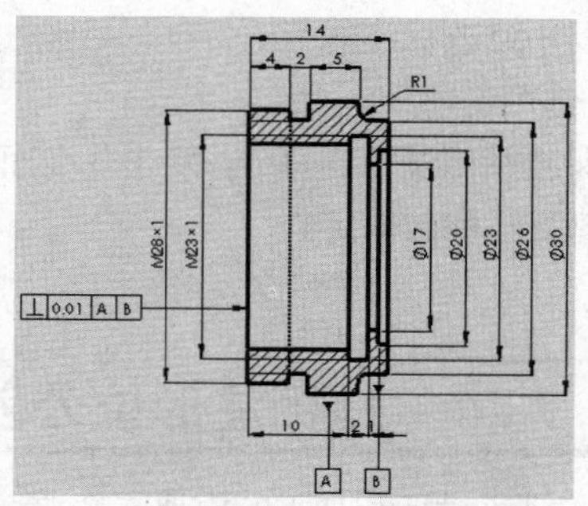

图7-89 标注形位公差的工程图

7.7.5 标注表面粗糙度符号

表面粗糙度表示零件表面加工的程度，因此必须选择工程图中实体边线才能标注表面粗糙度符号。

执行方式

单击“注解”工具栏→“表面粗糙度符号”按钮或选择“插入”菜单→“注解”→“表面粗糙度符号”命令。

执行上述命令，打开“表面粗糙度”属性管理器，如图7-90所示。

选项说明

（1）单击“符号”设置框中的“要求切削加工”按钮；在“符号布局”设置框中的“最大粗糙度”一栏中输入值“3.2”。

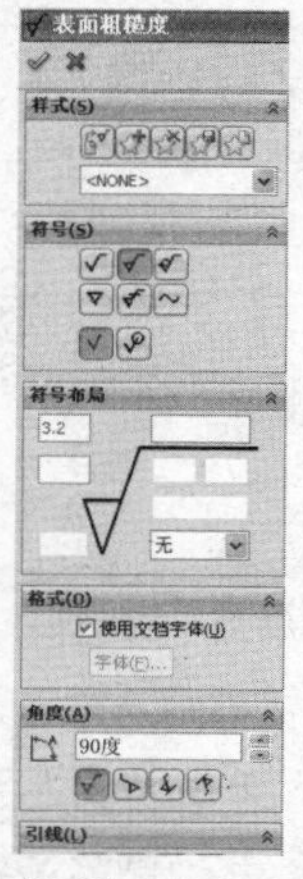

图7-90 “表面粗糙度符号”属性管理器

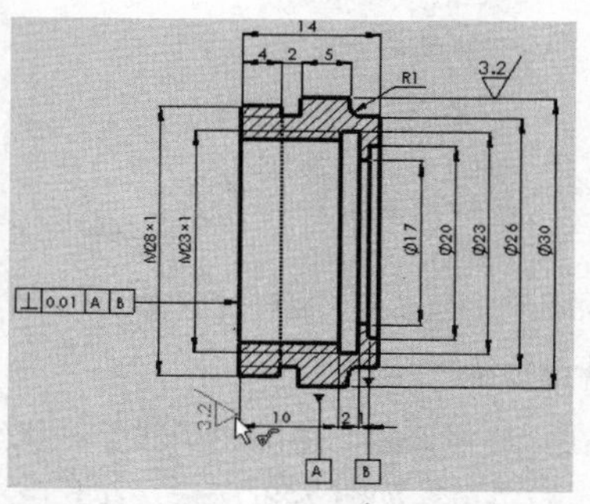

图7-91 标注粗糙度符号后的工程图

（2）选取要标注表面粗糙度符号的实体边缘位置，然后单击鼠标左键确认。

（3）在“角度”设置框中的“角度”一栏中输入值“90”，或者单击“旋转 90 度”按钮，标注的粗糙度符号旋转 90 度，然后单击鼠标左键确认标注的位置，如图 7-91 所示。

7.7.6 添加注释

在尺寸标注的过程中，注释是很重要的因素，比如技术要求等。

执行方式

单击“注解”工具栏→“注释”按钮**A**或选择“插入”菜单→“注解”→“注释”命令。

执行上述命令，打开“注释”属性管理器，单击“引线”设置框中的“无引线”按钮，然后在视图中合适位置单击鼠标左键确定添加注释的位置，如图 7-92 所示。此时系统弹出如图 7-93 所示的“格式化”对话框，设置需要的字体和字号后，输入需要的注释文字。单击“确定”按钮，注释文字添加完毕。

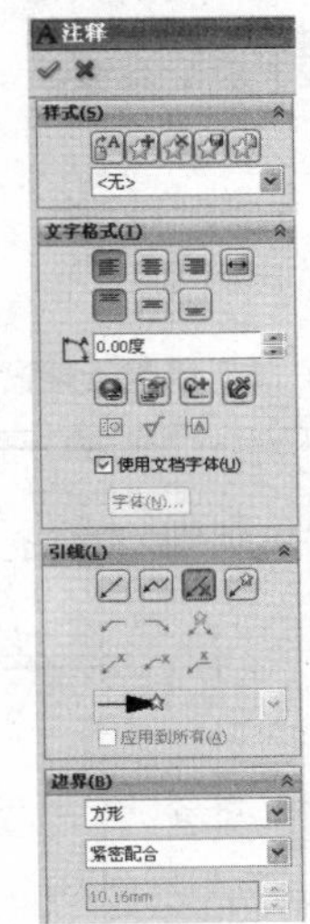

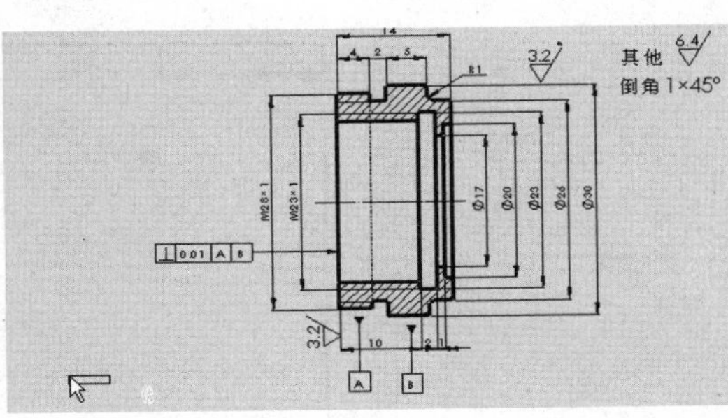

图7-92 添加注解图示

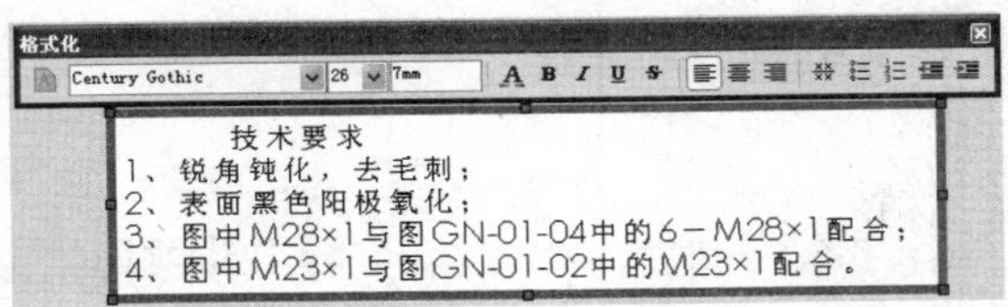

图7-93 “格式化”对话框

7.7.7 添加中心线

中心线常应用在旋转类零件工程视图中，本节以添加如图 7-94 所示工程视图的中心线为例说明添加中心线的方法。

执行方式

单击“注解”工具栏→“中心线”按钮或选择“插入”菜单→“注解”→“中心线”命令。执行上述命令，打开如图 7-95 所示的“中心线”属性管理器。

选项说明

（1）单击如图 7-94 所示中的边线 1 和边线 2，添加中心线，结果如图 7-96 所示。

（2）单击添加的中心线，然后拖动中心线的端点，将其调节到合适的长度，结果如图 7-97 所示。

注意 在添加中心线时，如果添加对象是旋转面，直接选择即可；如果投影视图中只有两条边线，选择两条边线即可。

在工程视图中除了上面介绍的标注类型外，还有其他注解，例如：零件序号、装饰螺纹线、几何公差、孔标注、焊接符号等。这里不再赘述。如图 7-98 所示为一幅完整的工程图。

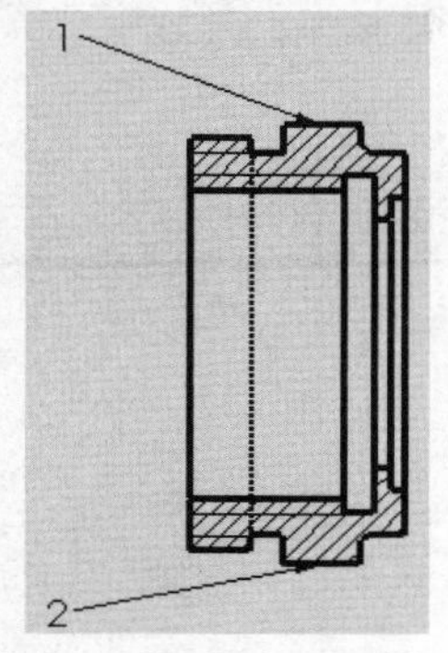

图7-94 需要标注的视图

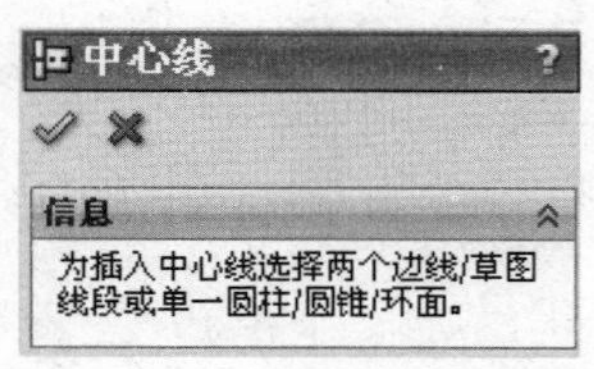

图7-95 “中心线”属性管理器

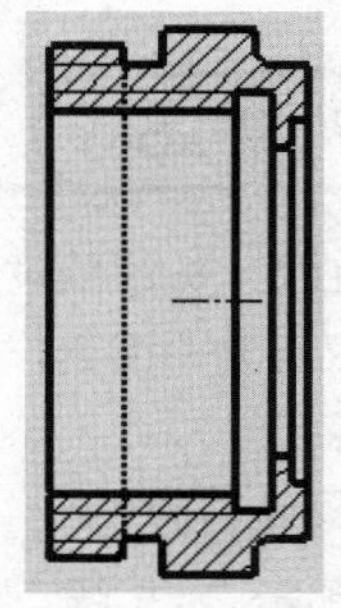
图7-96 添加中心线后的视图

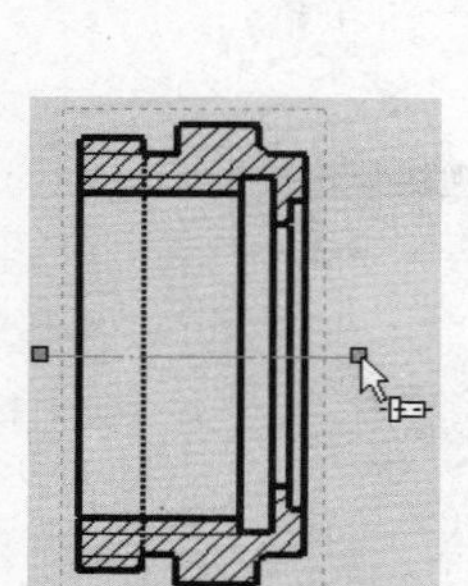
图7-97 调节中心线长度后的视图

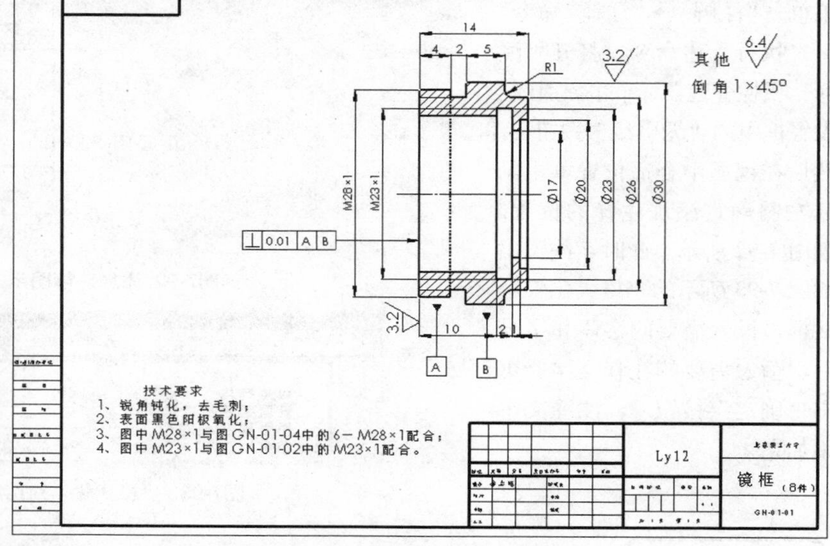

图7-98 完整的工程图

7.8 实战综合实例——绘制阀体工程图

学习目的

通过阀体工程图的绘制实例掌握工程图绘制的各种功能。

重点难点

本实例重点是掌握工程图绘制各种功能的灵活应用，难点是工程图的标注。

本实例是将阀体零件图转化为工程图。首先创建俯视图，然后根据俯视图创建剖视图，再创建左视图，最后标注尺寸和粗糙度，添加技术要求，如图 7-99 所示。

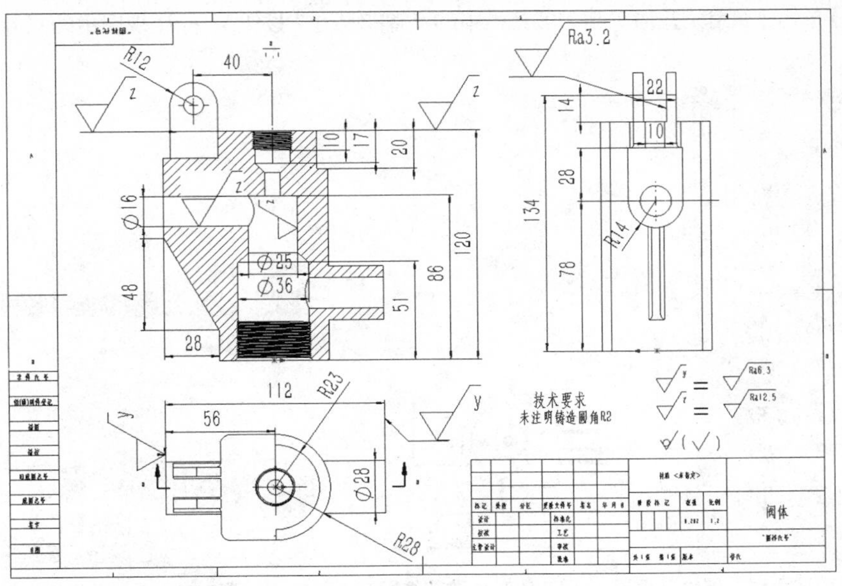

图7-99 阀体工程图

操作步骤

Step01 单击“标准”工具栏中的“打开”按钮，在弹出的“打开”对话框中选择将要转化为工程图的零件文件。

Step02 单击“标准”工具栏中的“从零件 / 装配图制作工程图”按钮，弹出“SolidWorks”对话框，如图 7-100 所示，单击“确定”按钮，弹出“图纸格式 / 大小”对话框，选中“标准图纸大小”单选钮，并设置图纸尺寸，如图 7-101 所示，单击“确定”按钮，完成图纸设置。

Step03 在工程图文件绘图区右侧显示“视图调色板”属性管理器，如图 7-102 所示，选择前视图，并在图纸中合适的位置放置前视图，如图 7-103 所示。

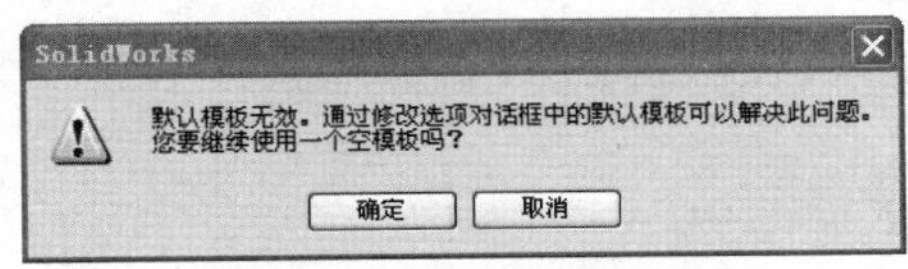

图7-100 “SolidWorks”对话框

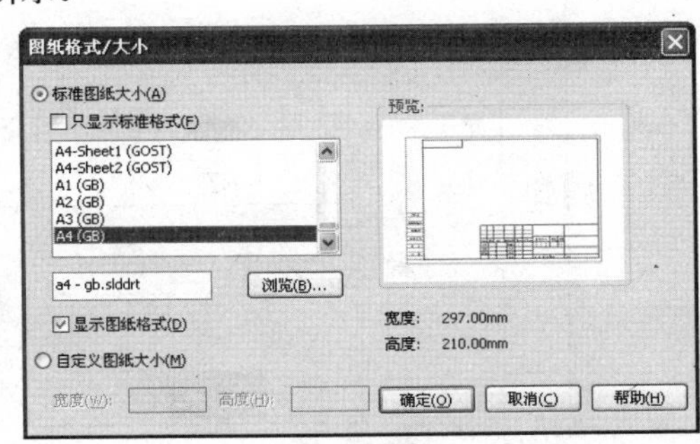

图7-101 “图纸格式/大小”对话框

Step04 单击“工程图”工具栏中的“剖面图”按钮，在前视图上选择水平剖视线，弹出“剖面视图”对话框，勾选“反转方向”复选框，如图 7-104 所示，系统弹出“剖面视图”属性管理器，单击“确定”按钮，生成剖面图，如图 7-105 所示。

Step05 单击“工程图”工具栏中的“投影视图”按钮，在剖面图上单击，向右拖动鼠标，生成投影视图，如图 7-106 所示。

Step 06 单击“尺寸 / 几何关系”工具栏中的“智能尺寸”按钮，标注视图中的尺寸，如图 7-107 所示。

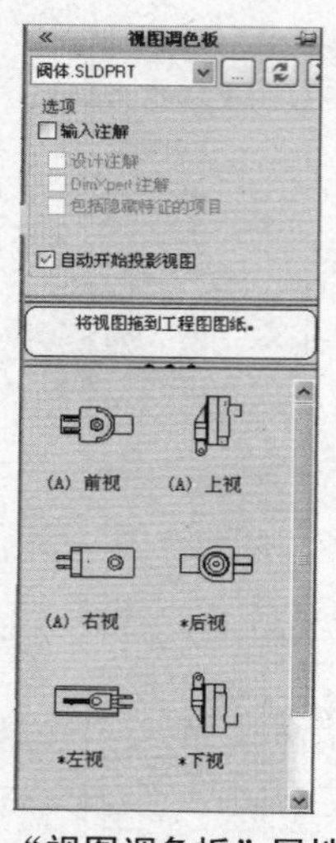

图7-102 “视图调色板”属性管理器

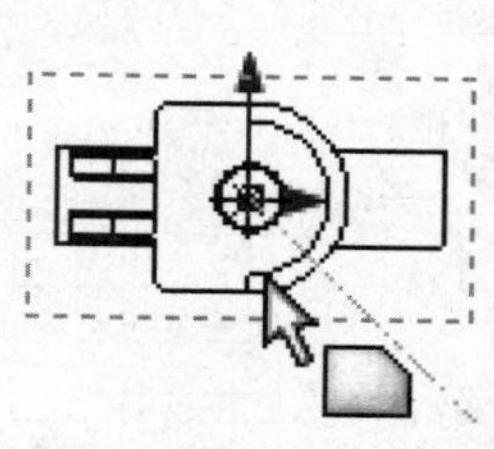

图7-103 创建前视图

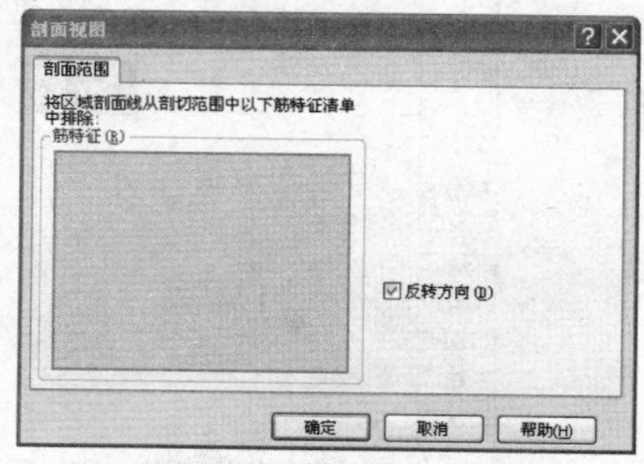

图7-104 “剖面视图”对话框

图7-105 剖面视图

图7-106 阀体工程图

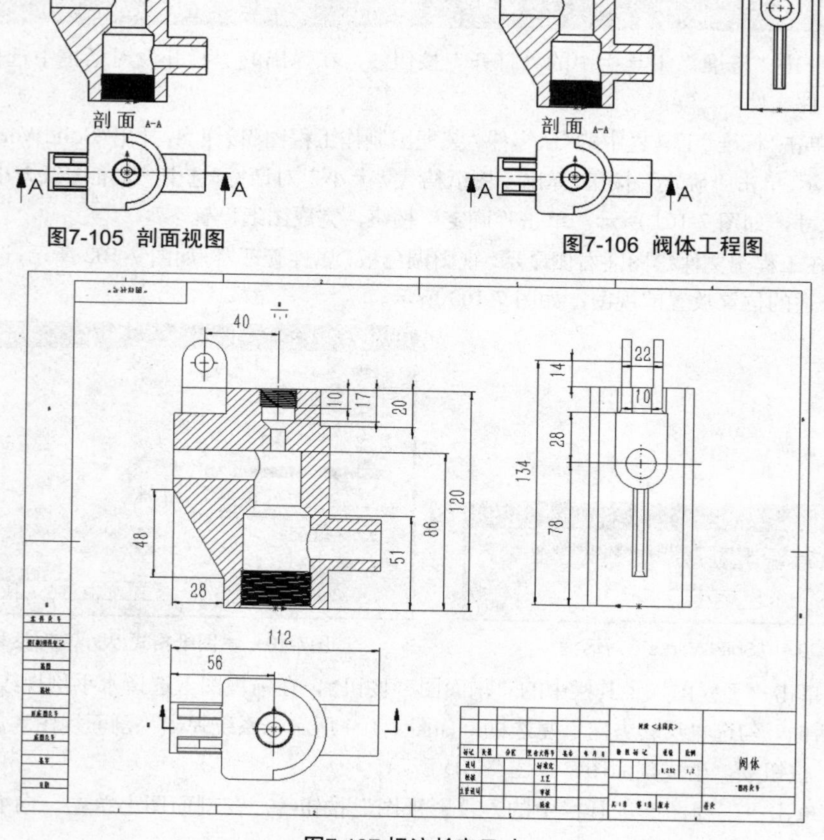

图7-107 标注长度尺寸

Step 07 在公差单位等级框内选择单位为“无”，标注半径和直径尺寸，如图 7-108 所示。

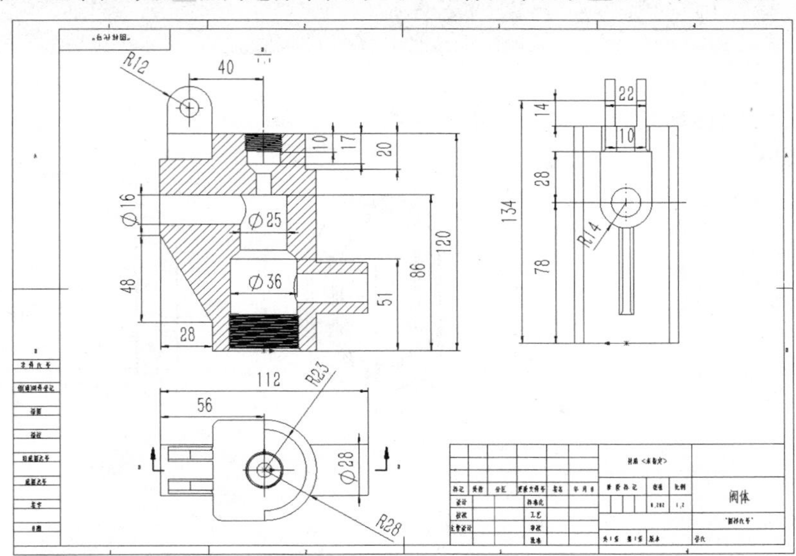

图7-108　标注尺寸

Step 08 单击“注解”工具栏中的“表面粗糙度”按钮，弹出“表面粗糙度”属性管理器，各选项设置如图 7-109 所示；设置完成后，移动光标到需要标注表面粗糙度的位置单击，再单击属性管理器中的“确定”按钮，完成表面粗糙度的标注，表面粗糙度标注效果如图 7-110 所示。

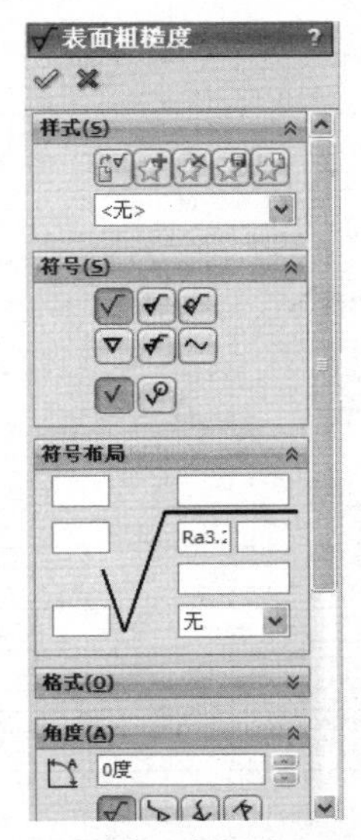

图7-109　“表面粗糙度”属性管理器

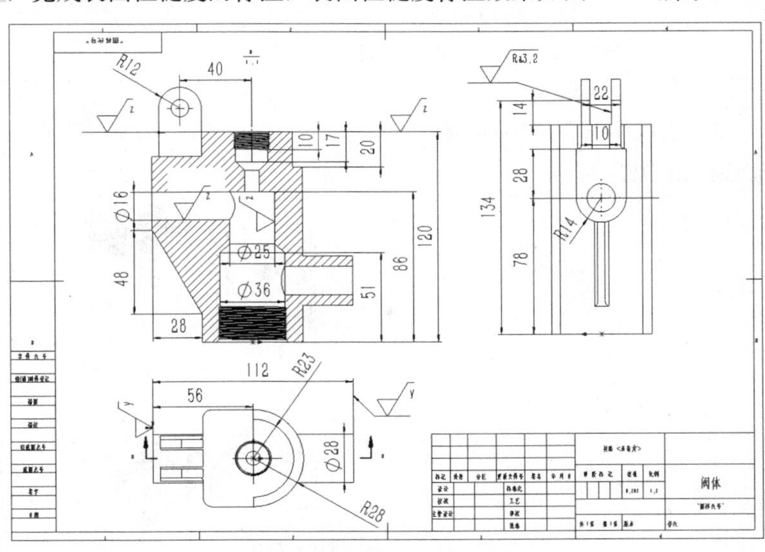

图7-110　表面粗糙度标注效果

Step 09 单击“注解”工具栏中的“注释”按钮，为工程图添加注释——技术要求，如图 7-99 所示，完成工程图的创建。

案例总结

本例通过一个典型的零件工程图——阀体工程图的绘制过程将本章所学的工程图绘制相关知识进行了综合应用，包括工程图绘制、工程图编辑、工程图标注等功能的灵活应用。

7.9 思考与上机练习

1．绘制如图 7-111 所示的齿轮泵前盖工程图。

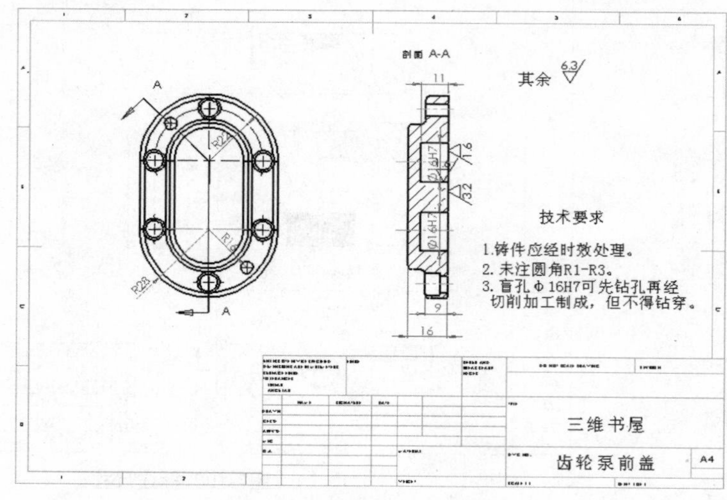

图7-111 齿轮泵前盖工程图

（1）打开零件三维模型，生成基本视图。

（2）绘制剖视图。

（3）标准尺寸和文字。

2．绘制如图 7-112 所示的齿轮泵装配体工程图。

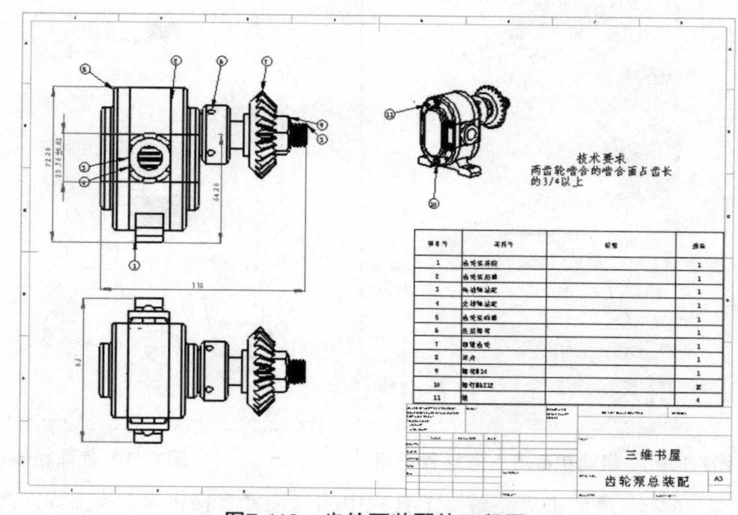

图7-112 齿轮泵装配体工程图

（1）打开装配体三维模型，生成视图。

（2）绘制明细表。

（3）标准尺寸和文字。

第8章 制动器设计综合实例

本章导读

本章介绍制动器装配体组成零件的绘制方法和装配过程。制动器装配体由臂、挡板、阀体、键、盘和轴等零部件组成。通过本章的学习，熟悉工程设计的完整流程，掌握工程设计实践的方法和技巧。

8.1 键

本例绘制的键，如图 8-1 所示。首先绘制键的横截面草图，通过拉伸得到键。

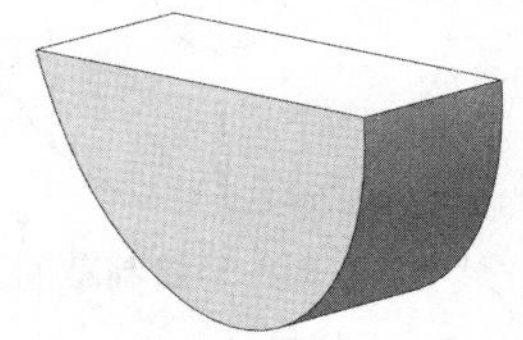

图8-1 键

操作步骤

（1）选择菜单栏中的“文件”→“新建”命令，或者单击“标准”工具栏中的“新建”图标，在弹出的“新建 SolidWorks 文件”对话框中选择“零件”图标，然后单击“确定”按钮，创建一个新的零件文件。

（2）在左侧的“FeatureManager 设计树”中选择“前视基准面”作为绘制图形的基准面。依次单击“草图”工具栏中的“圆”图标、“直线”图标和“裁剪实体”图标，绘制草图。结果如图 8-2 所示。

（3）选择菜单栏中的“插入”→“凸台 / 基体”→“拉伸”命令，或者单击“特征”工具栏中的“拉伸凸台 / 基体”图标，此时系统弹出如图 8-3 所示的“凸台 - 拉伸”属性管理器，设置拉伸终止条件为“给定深度”，输入拉伸距离为“12.50mm”，然后单击属性管理器中的“确定”图标，结果如图 8-1 所示。

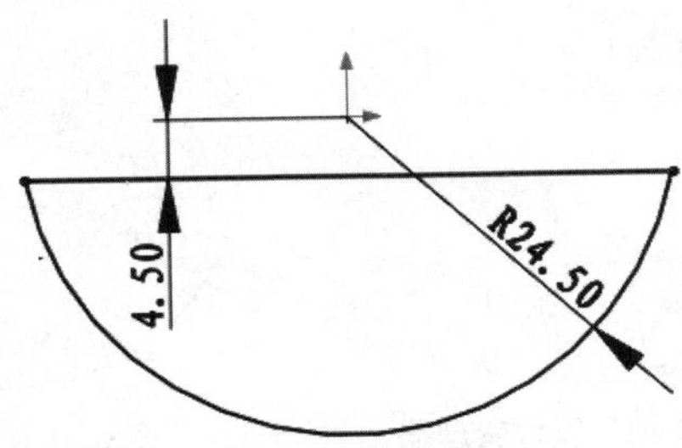

图8-2 绘制草图

图8-3 “凸台-拉伸”属性管理器

8.2 挡板

本例绘制的挡板，如图 8-4 所示。首先绘制挡板的横截面，通过拉伸得到挡板基体，然后通过拉伸切除创建孔。

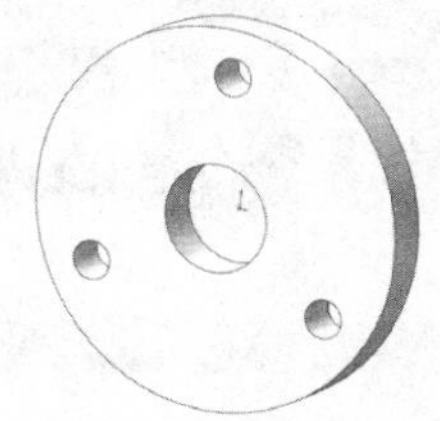

图8-4 挡板

操作步骤

1. 创建挡板主体

（1）选择菜单栏中的“文件”→“新建”命令，或者单击“标准”工具栏中的“新建”图标，在弹出的“新建 SolidWorks 文件”对话框中选择“零件”图标，然后单击“确定”按钮，创建一个新的零件文件。

（2）在左侧的“FeatureManager 设计树”中选择“前视基准面”作为绘制图形的基准面。单击“草图”工具栏中的“圆”图标，绘制草图，结果如图 8-5 所示。

（3）选择菜单栏中的“插入”→“凸台 / 基体”→“拉伸”命令，或者单击“特征”工具栏中的“拉伸凸台 / 基体”图标，此时系统弹出如图 8-6 所示的“凸台 - 拉伸”属性管理器，设置拉伸终止条件为“给定深度”，输入拉伸距离为“25.00mm”，然后单击属性管理器中的“确定”图标，结果如图 8-7 所示。

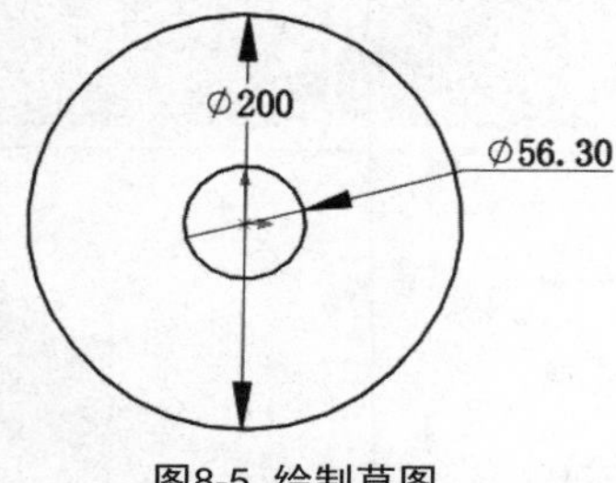

图8-5 绘制草图

图8-6 “凸台-拉伸”属性管理器

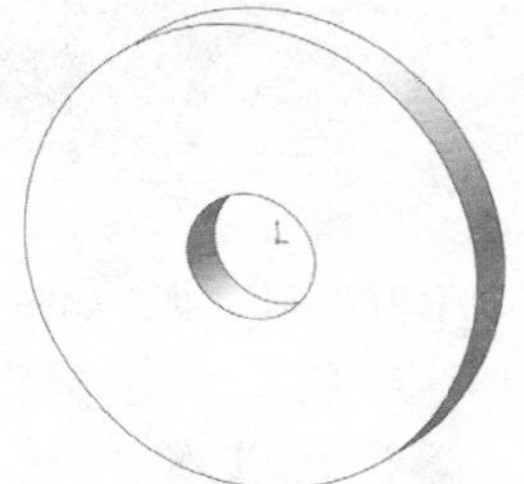

图8-7 拉伸实体

2. 绘制孔

（1）选择图 8-7 中的前表面作为基准面，单击“标准视图”工具栏中的“正视于”图标，新建草图。

（2）单击“草图”工具栏中的“圆”图标，绘制圆，结果如图 8-8 所示。单击“草图”工具栏中的“圆周阵列”图标，弹出如图 8-9 所示的“圆周阵列”属性管理器，拾取坐标原点为阵列中心，输入阵列角度为“360 度”，勾选“等间距”复选框，输入阵列个数为“3”，然后单击属性管理器中的“确定”图标，结果如图 8-10 所示。

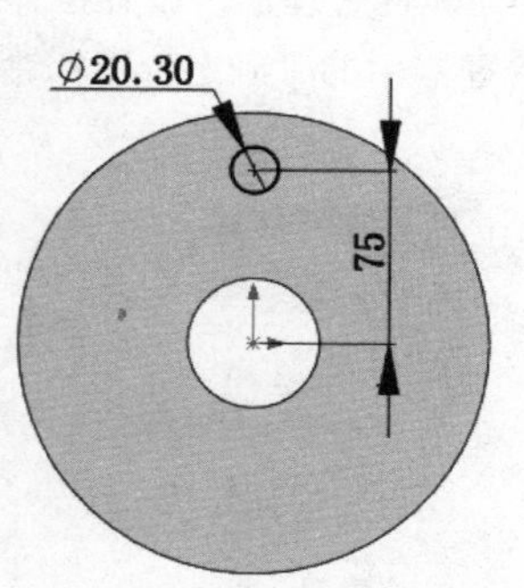

图8-8 绘制草图

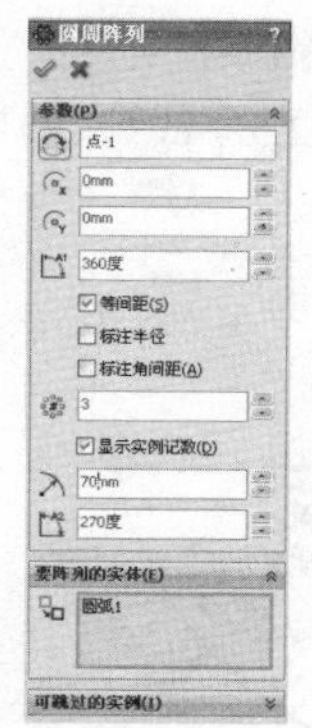

图8-9 “圆周阵列”属性管理器

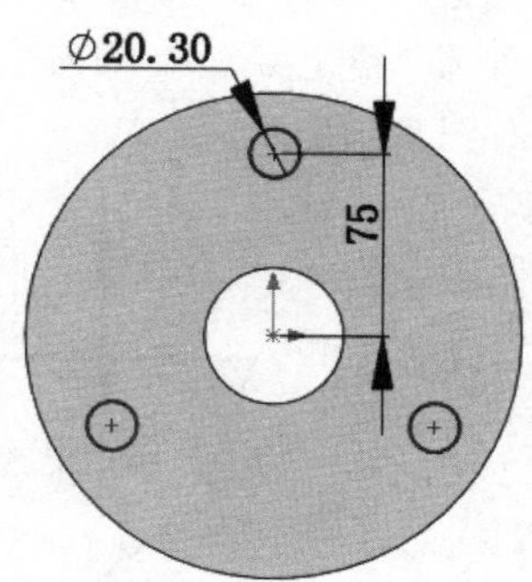

图8-10 圆周阵列

（3）选择菜单栏中的“插入”→“切除”→“拉伸”命令，或者单击“特征”工具栏中的“切除拉伸”图标，此时系统弹出如图 8-11 所示的“切除 - 拉伸”属性管理器。设置拉伸终止条件为“完全贯穿”，然后单击属性管理器中的“确定”图标，结果如图 8-4 所示。

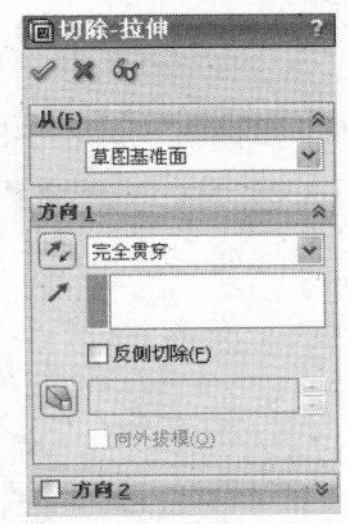

图8-11 “切除-拉伸” 属性管理器

8.3 盘

本例绘制的盘，如图 8-12 所示。首先绘制盘的横截面草图，通过拉伸创建盘的基体，然后通过拉伸切除得到盘上的两个孔。

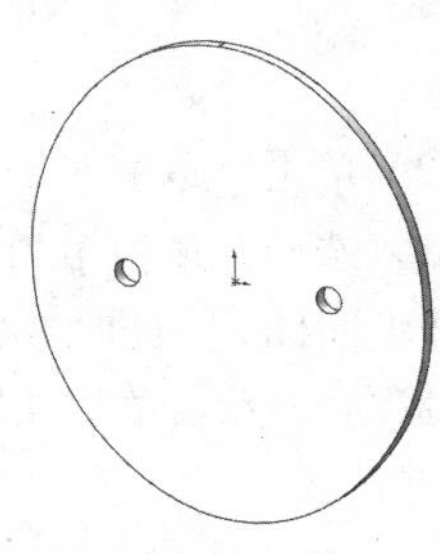

图8-12 盘

操作步骤

1. 创建盘主体

（1）选择菜单栏中的“文件”→“新建”命令，或者单击“标准”工具栏中的“新建”图标，在弹出的“新建 SolidWorks 文件”对话框中选择“零件”图标，然后单击“确定”按钮，创建一个新的零件文件。

（2）绘制草图。

- 在左侧的“FeatureManager 设计树”中选择“前视基准面”作为绘制图形的基准面。依次单击“草图”工具栏中的“中心线”图标和“样条曲线”图标，绘制样条曲线。
- 单击“草图”工具栏中的“智能标注”图标，标注尺寸，结果如图 8-13 所示。
- 单击“草图”工具栏中的“镜像实体”图标，弹出“镜像”属性管理器，如图 8-14 所示，选择上步绘制的样条曲线作为要镜像的实体，选择竖直中心线为镜像点，单击属性管理器中的“确定”图标。重复“镜像”命令，将绘制的样条曲线和镜像后的样条曲线以水平中心线为镜像点进行镜像处理，结果如图 8-15 所示。

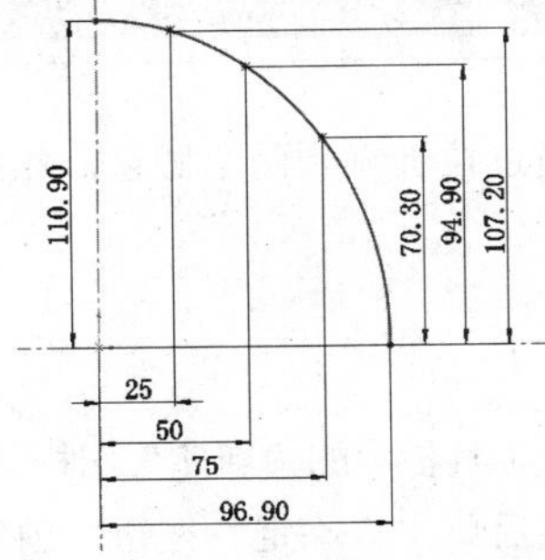

图8-13 绘制样条曲线并标注尺寸

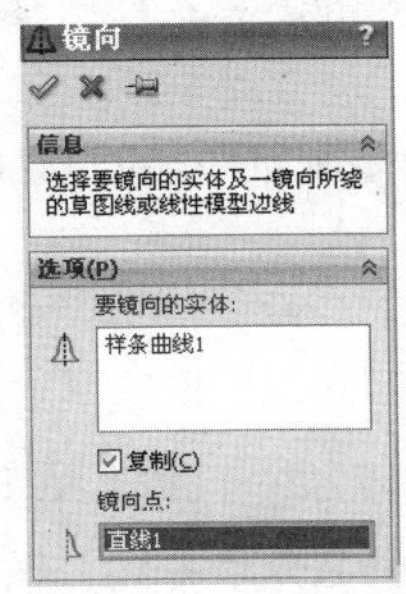

图8-14 “镜像”属性管理器

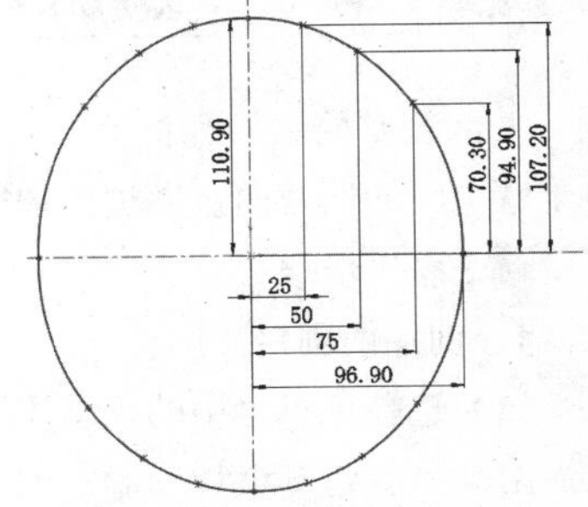

图8-15 镜像草图

- 选择菜单栏中的“插入”→“凸台 / 基体”→“拉伸”命令，或者单击“特征”工具栏中的“拉伸凸台 / 基体”图标，此时系统弹出如图 8-16 所示的“凸台 - 拉伸”属性管理器，设置拉伸终止条件为“给定深度”，输入拉伸距离为“6.30mm”，然后单击属性管理器中的“确定”图标，结果如图 8-17 所示。

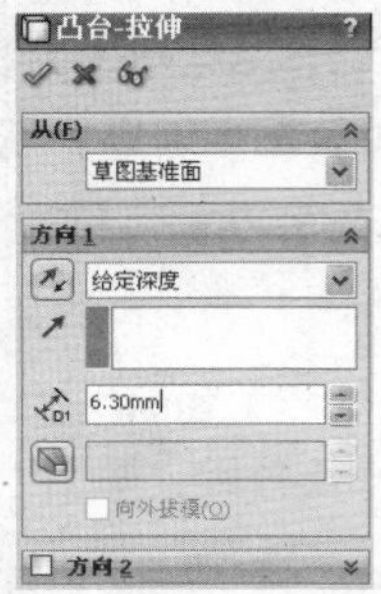

图8-16 “凸台-拉伸”属性管理器

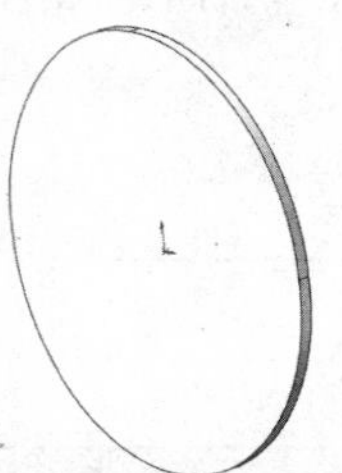

图8-17 拉伸实体

2. 绘制孔

(1) 选择图 8-17 中的前表面作为基准面，单击“标准视图”工具栏中的“正视于”图标，新建草图。

(2) 单击“草图”工具栏中的“圆”图标，绘制圆，结果如图 8-18 所示。

(3) 选择菜单栏中的“插入”→“切除”→“拉伸”命令，或者单击“特征”工具栏中的“切除拉伸”图标，此时系统弹出如图 8-19 所示的“切除 - 拉伸”属性管理器。设置拉伸终止条件为“完全贯穿”，然后单击属性管理器中的“确定”图标，结果如图 8-12 所示。

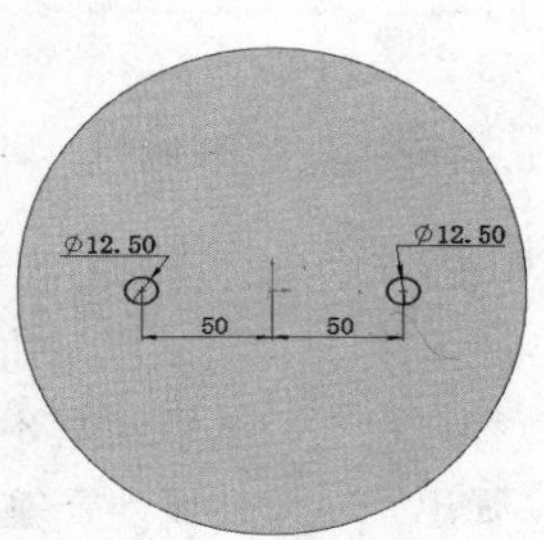

图8-18 绘制草图

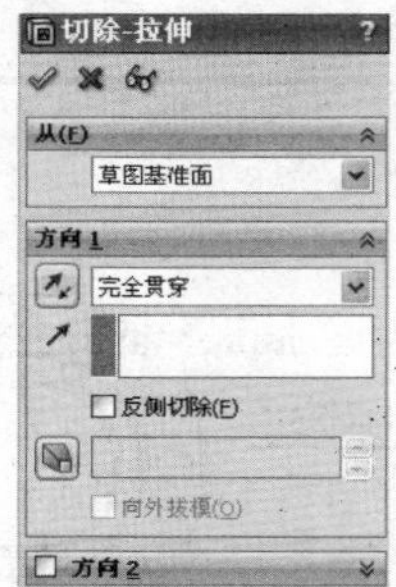

图8-19 “切除-拉伸”属性管理器

8.4 臂

本例绘制的臂，如图 8-20 所示。首先绘制臂两端的圆环截面，通过拉伸得到两个圆台，然后绘制臂中间的柄截面，通过拉伸得到柄。

操作步骤

1. 创建两圆台

(1) 选择菜单栏中的“文件”→“新建”命令，或者单击“标准”工具栏中的“新建”图标，在弹出的“新建 SolidWorks 文件”对话框中选择“零件”图标，然后单击“确定”按钮，创建一个新的零件文件。

(2) 在左侧的“FeatureManager 设计树”中选择“前视基准面”作为绘制图形的基准面。单击“草图”工具栏中的“圆”图标，绘制草图，结果如图 8-21 所示。

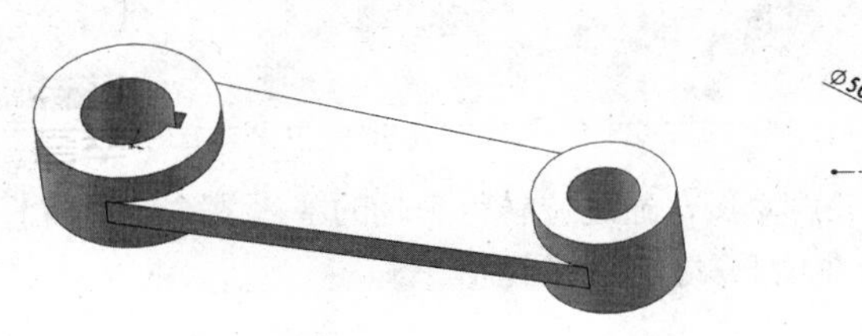

图8-20 臂

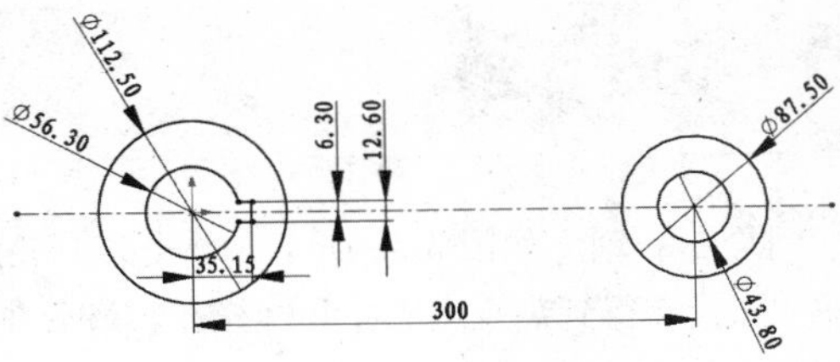

图8-21 绘制草图

（3）选择菜单栏中的“插入”→“凸台 / 基体”→“拉伸”命令，或者单击“特征”工具栏中的“拉伸凸台 / 基体”图标，此时系统弹出如图 8-22 所示的“凸台 - 拉伸”属性管理器，设置拉伸终止条件为“两侧对称”，输入拉伸距离为“62.50mm”，然后单击属性管理器中的“确定”图标，结果如图 8-23 所示。

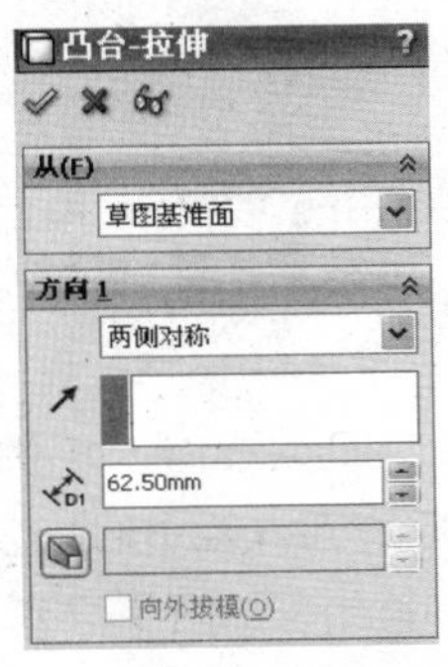

图8-22 “凸台-拉伸”属性管理器

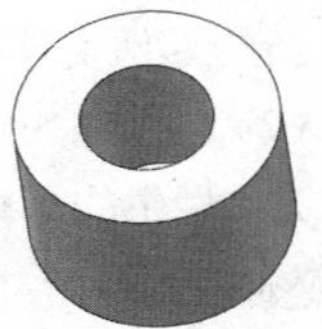

图8-23 拉伸实体

2. 创建臂柄

（1）在左侧的“FeatureManager 设计树”中选择“前视基准面”作为绘制图形的基准面，单击“标准视图”工具栏中的“正视于”图标，新建草图。

（2）单击“草图”工具栏中的“转换实体引用”图标，将两个圆柱体的外边圆转换为圆；单击“草图”工具栏中的“直线”图标，绘制两条直线并添加与圆相切关系；单击“草图”工具栏中的“剪裁实体”图标，修剪多余的线段。结果如图 8-24 所示。

（3）选择菜单栏中的“插入”→“凸台 / 基体”→“拉伸”命令，或者单击“特征”工具栏中的“拉伸凸台 / 基体”图标，此时系统弹出如图 8-25 所示的“凸台 - 拉伸”属性管理器，设置拉伸终止条件为“两侧对称”，输入拉伸距离为“18.70mm”，然后单击属性管理器中的“确定”图标，结果如图 8-20 所示。

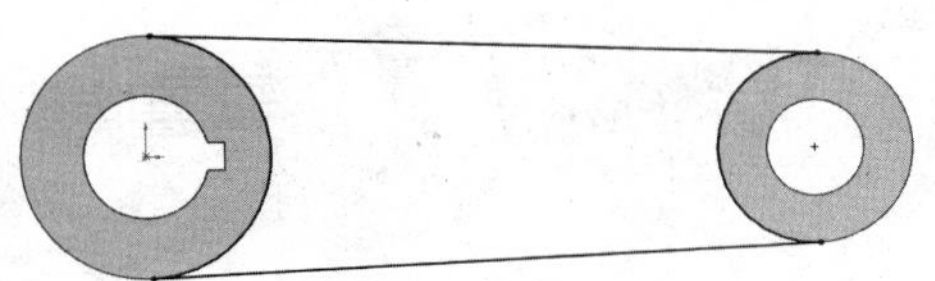

图8-24 绘制草图

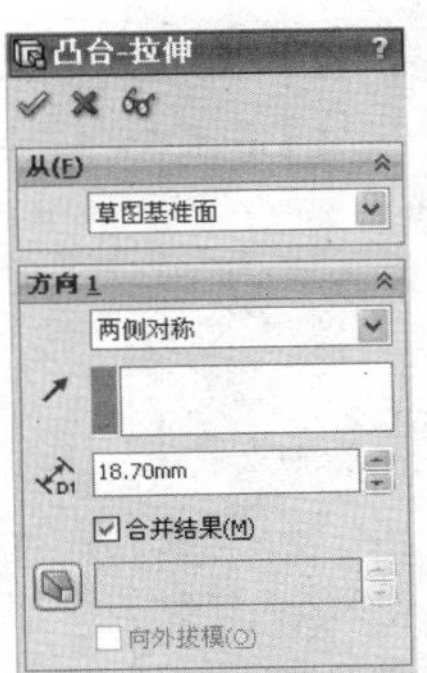

图8-25 “凸台-拉伸”属性管理器

8.5 轴

本例绘制的轴，如图 8-26 所示。首先绘制轮廓草图，通过旋转得到轴的基体；然后在轴上通过拉伸切除操作得到装盘用的扣和螺栓孔。最后在轴上安装键用的键槽。

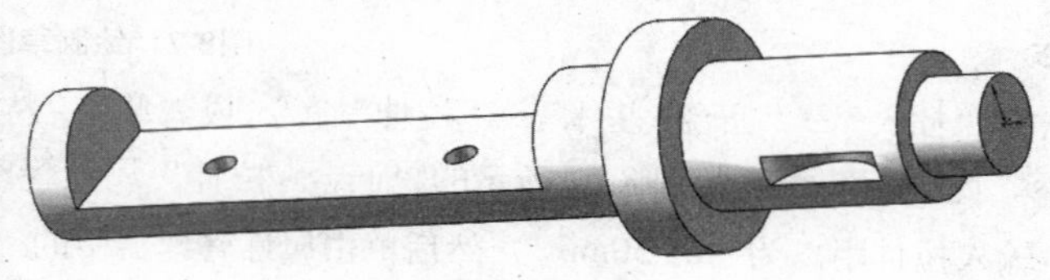

图8-26 轴

操作步骤

1. 创建基体

（1）选择菜单栏中的“文件”→“新建”命令，或者单击“标准”工具栏中的“新建”图标，在弹出的“新建 SolidWorks 文件”对话框中选择“零件”图标，然后单击“确定”按钮，创建一个新的零件文件。

（2）在左侧的“FeatureManager 设计树”中选择“前视基准面”作为绘制图形的基准面。单击“草图”工具栏中的“中心线”图标，绘制一条通过原点的竖直中心线；单击“草图”工具栏中的“直线”图标，绘制草图；单击“草图”工具栏中的“智能尺寸”图标，标注草图尺寸，结果如图 8-27 所示。

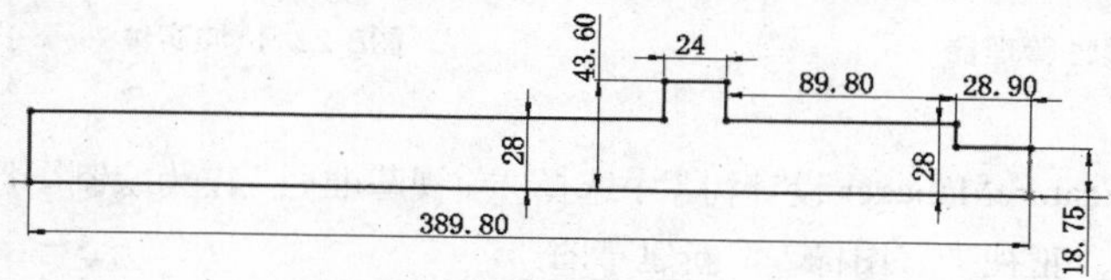

图8-27 绘制草图

（3）选择菜单栏中的“插入”→“凸台 / 基体”→“旋转”命令，或者单击“特征”工具栏中的“旋转凸台 / 基体”图标，此时系统弹出如图 8-28 所示的“旋转”属性管理器，按照图 8-28 所示设置后，单击属性管理器中的“确定”图标，结果如图 8-29 所示。

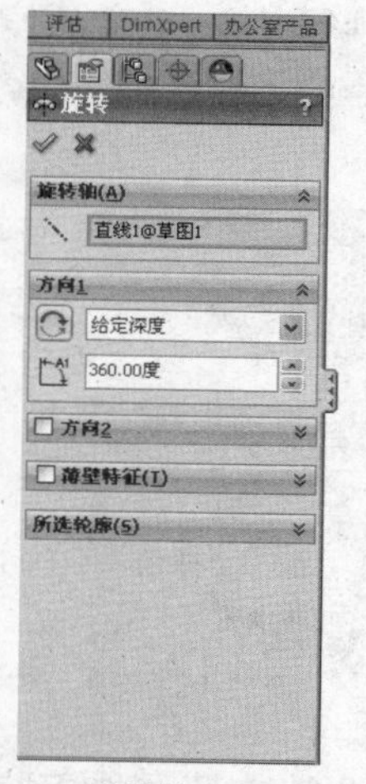

图8-28 “旋转”属性管理器

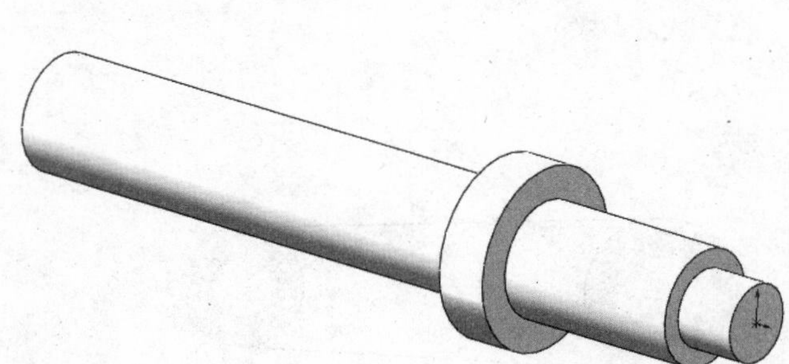

图8-29 旋转后的图形

2．创建盘扣

（1）在左侧的“FeatureManager 设计树”中选择“前视基准面”作为绘制图形的基准面，单击“标准视图”工具栏中的“正视于”图标，新建草图。

（2）单击“草图”工具栏中的“边角矩形”图标，绘制草图；单击“草图”工具栏中的“智能尺寸”图标，标注草图尺寸，结果如图 8-30 所示。

（3）选择单击菜单栏中的“插入”→“切除”→“拉伸”命令，或者单击“特征”工具栏中的“切除拉伸”图标，此时系统弹出如图 8-31 所示的“切除 - 拉伸”属性管理器。设置拉伸终止条件为“两侧对称”，输入拉伸切除距离为“56.00mm”，然后单击属性管理器中的“确定”图标，结果如图 8-32 所示。

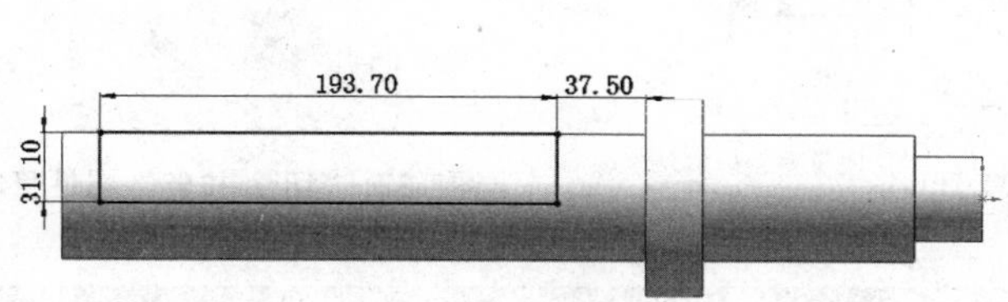

图8-30　绘制草图

图8-31　“切除-拉伸”属性管理器

（4）选择图 8-32 中的面 1 作为绘制图形的基准面，单击“标准视图”工具栏中的“正视于”图标，新建草图。

（5）单击“草图”工具栏中的“圆”图标，绘制草图；单击“草图”工具栏中的“智能尺寸”图标，标注草图尺寸，结果如图 8-33 所示。

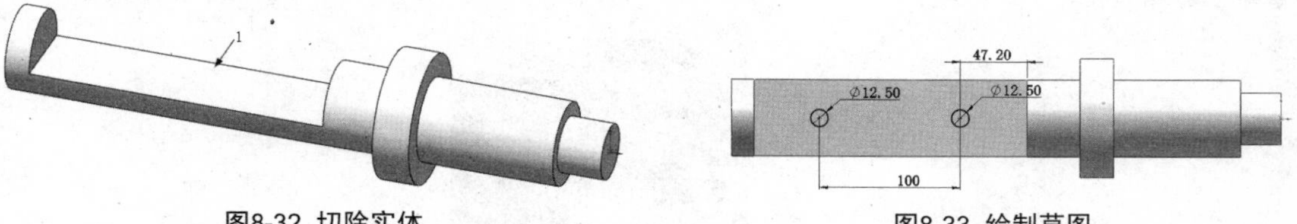

图8-32　切除实体

图8-33　绘制草图

（6）选择菜单栏中的“插入”→“切除”→“拉伸”命令，或者单击“特征”工具栏中的“切除拉伸”图标，此时系统弹出如图 8-34 所示的“切除 - 拉伸”属性管理器，设置拉伸终止条件为“完全贯穿”，然后单击属性管理器中的“确定”图标，结果如图 8-35 所示。

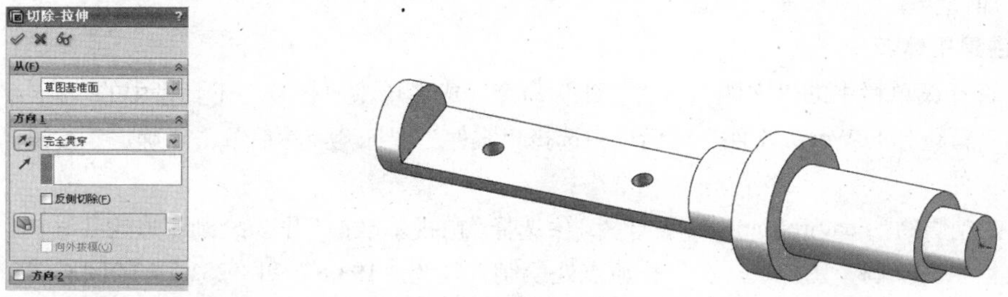

图8-34　“切除-拉伸”属性管理器

图8-35　切除实体

3．创建键槽

（1）在左侧的“FeatureManager 设计树”中选择“上视基准面”作为绘制图形的基准面，单击“标准视图”工具栏中的“正视于”图标，新建草图。

（2）单击“草图”工具栏中的“圆”图标，绘制草图；单击“草图”工具栏中的“智能尺寸”图标，标注草图尺寸，结果如图 8-36 所示。

（3）选择菜单栏中的“插入”→“切除”→“拉伸”命令，或者单击“特征”工具栏中的“切除拉伸”图标，此时系统弹出如图 8-37 所示的“切除 - 拉伸”属性管理器。设置拉伸终止条件为“两侧对称”，输入拉伸切除距离为“12.50mm”，然后单击属性管理器中的“确定”图标，结果如图 8-26 所示。

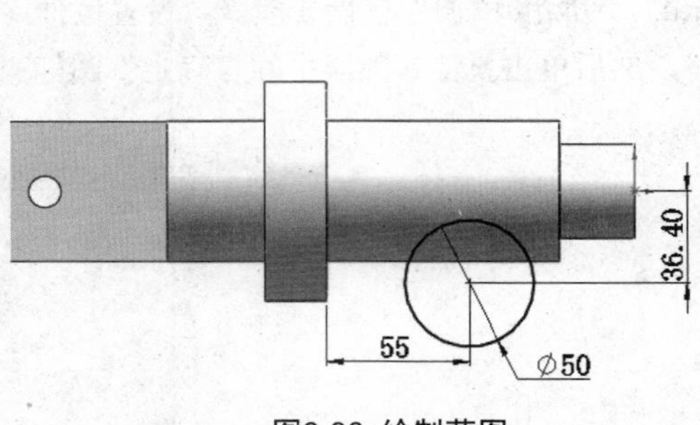

图8-36 绘制草图

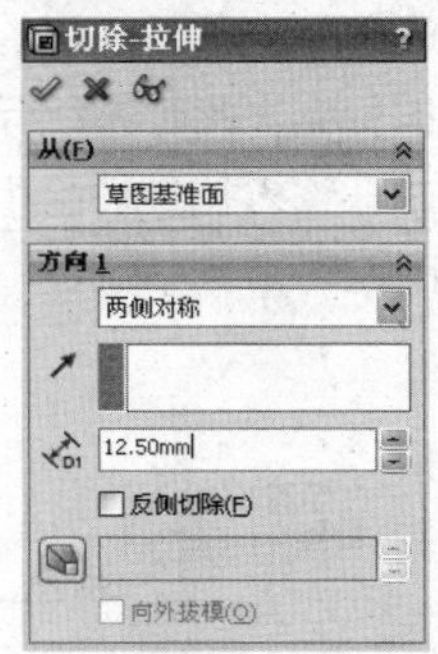

图8-37 “切除-拉伸”属性管理器

8.6 阀体

本例绘制的阀体，如图 8-38 所示。首先创建阀体主体，通过拉伸创建一个安装座，接着进行阵列创建其他的安装座，然后通过镜像创建全部的安装座；座外突肩通过拉伸得到，然后创建连接管，最后创建螺栓孔。

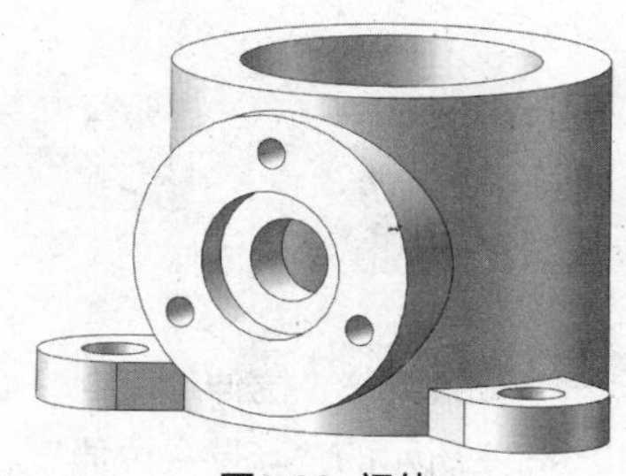
图8-38 阀体

操作步骤

1. 创建主体部分

（1）选择菜单栏中的“文件”→“新建”命令，或者单击“标准”工具栏中的“新建”图标，在弹出的“新建 SolidWorks 文件”对话框中选择“零件”图标，然后单击“确定”按钮，创建一个新的零件文件。

（2）在左侧的“FeatureManager 设计树”中选择“前视基准面”作为绘制图形的基准面。单击“草图”工具栏中的“圆”图标，在坐标原点处绘制直径为“193.8”和“281.2”的同心圆。

（3）选择菜单栏中的“插入”→“凸台 / 基体”→“拉伸”命令，或者单击“特征”工具栏中的“拉伸凸台 / 基体”图标，此时系统弹出如图 8-39 所示的“凸台 - 拉伸”属性管理器，设置拉伸终止条件为“两侧对称”，输入拉伸距离为“225.00mm”，然后单击属性管理器中的“确定”图标，结果如图 8-40 所示。

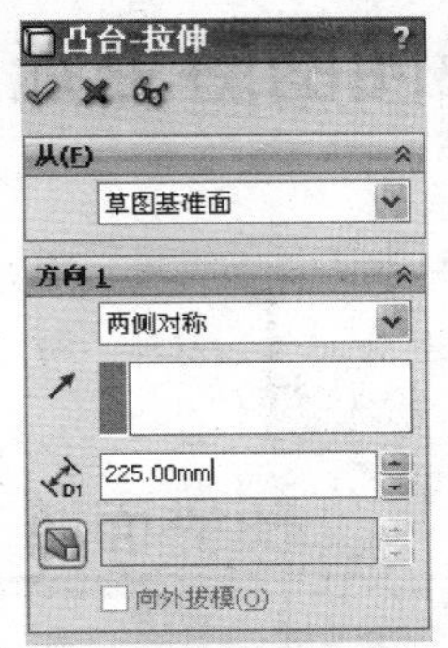

图8-39 “凸台-拉伸”属性管理器

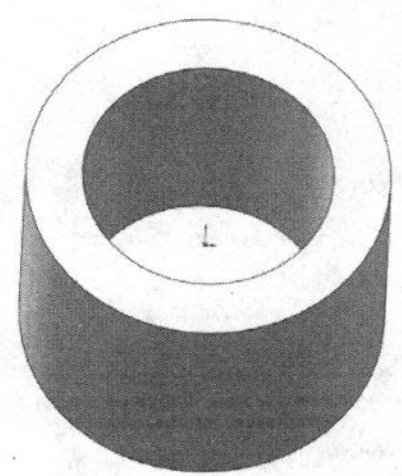

图8-40 拉伸实体

2．创建安装座

（1）选择图 8-40 中的下底面为草图绘制基准面。单击“标准视图”工具栏中的“正视于”图标，新建草图。

（2）依次单击“草图”工具栏中的“圆”图标、“实体转换引用”图标、“直线”图标和“裁剪实体”图标，绘制草图；单击“草图”工具栏中的“智能尺寸”图标，标注草图尺寸，结果如图 8-41 所示。

（3）选择菜单栏中的“插入”→“凸台 / 基体”→“拉伸”命令，或者单击“特征”工具栏中的“拉伸凸台 / 基体”图标，此时系统弹出如图 8-42 所示的“凸台 - 拉伸”属性管理器，设置拉伸终止条件为“给定深度”，输入拉伸距离为“31.30mm”，然后单击属性管理器中的“确定”图标，结果如图 8-43 所示。

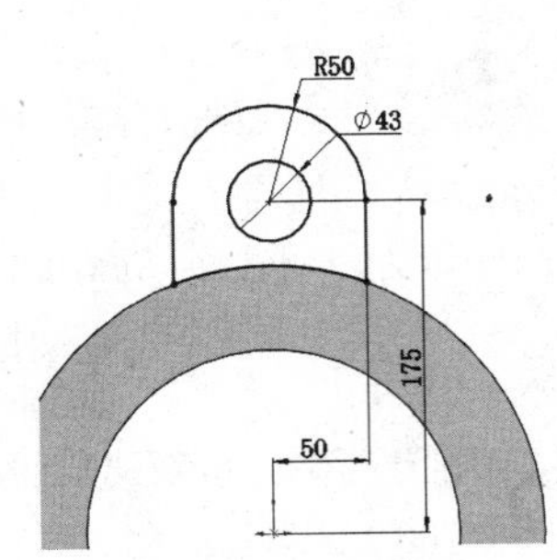

图8-41 绘制草图

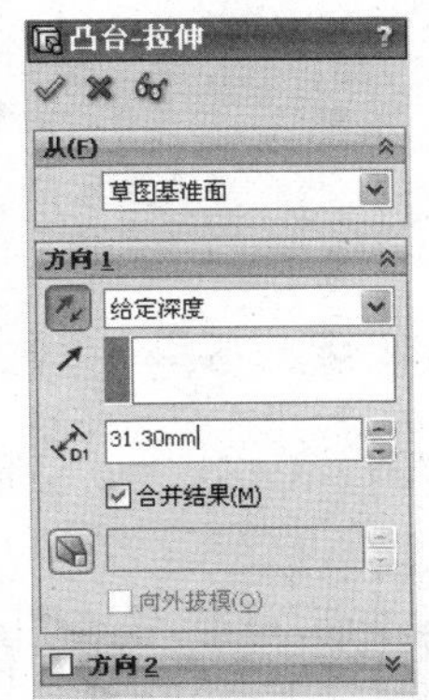

图8-42 “凸台-拉伸”属性管理器

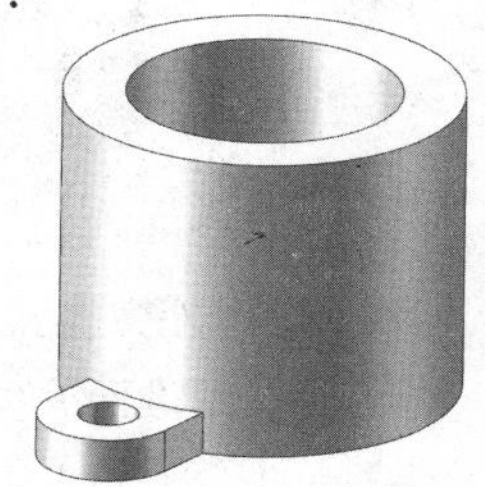

图8-43 拉伸实体

（4）选择菜单栏中的“视图”→“临时轴”命令，显示视图中的所有临时轴。

（5）选择菜单栏中的“插入”→“阵列 / 镜像”→“圆周阵列”命令，或者单击“特征”工具栏中的“圆周阵列”图标，此时系统弹出如图 8-44 所示的“圆周阵列”属性管理器。选择大圆柱体的中心轴为基准轴，输入阵列角度为“360.00 度”，输入阵列个数为“3”，选择上步创建的拉伸体作为要阵列的特征，然后单击属性管理器中的“确定”图标，结果如图 8-45 所示。

（6）选择菜单栏中的“插入”→“参考几何体”→“基准面”命令，或者单击“特征”工具栏中的“基准面”图标，此时系统弹出如图 8-46 所示的“基准面”属性管理器。选择“上视基准面”为第一参考面，输入距离为“145.00mm”，然后单击属性管理器中的“确定”图标，创建基准面 1。重复“基准面”命令，在另一侧创建距离上视基准面为“159.40mm”的基准面 2，如图 8-47 所示。

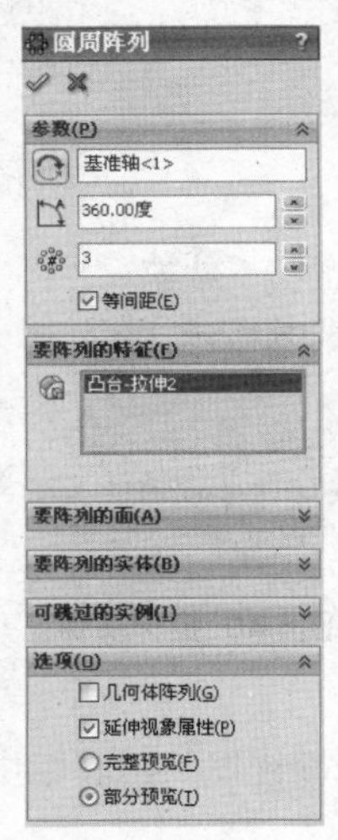

图8-44 “圆周阵列”属性管理器

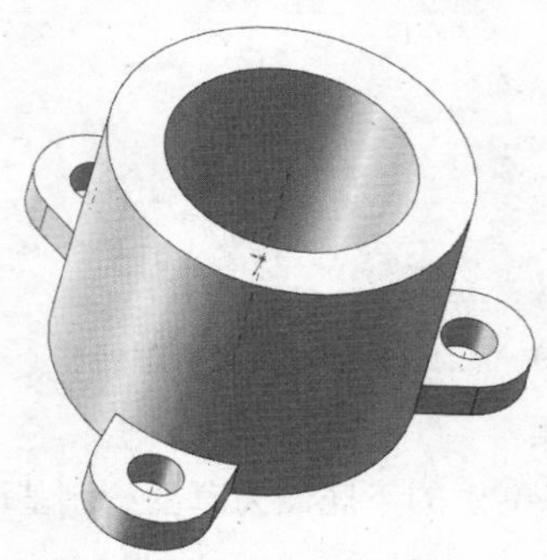

图8-45 阵列特征

图8-46 “基准面”属性管理器

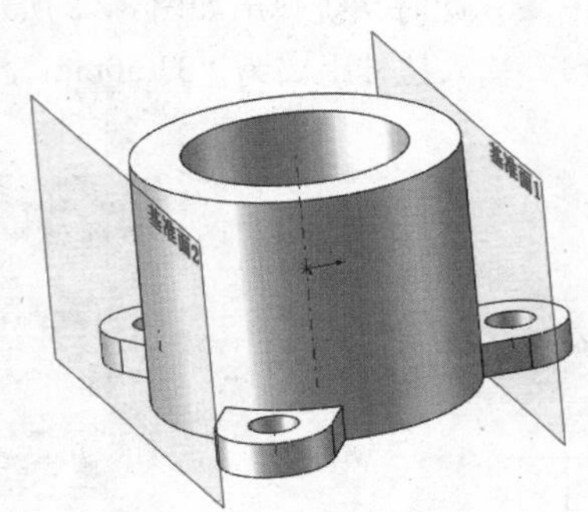

图8-47 创建基准面

3. 创建座外突肩

（1）选择基准面1作为草图绘制基准面。单击“标准视图”工具栏中的“正视于”图标，新建草图。

（2）单击“草图”工具栏中的“圆”图标，在坐标原点绘制直径为“100”的圆。

（3）选择菜单栏中的“插入”→“凸台/基体”→“拉伸”命令，或者单击“特征”工具栏中的“拉伸凸台/基体”图标，此时系统弹出如图8-48所示的“凸台-拉伸”属性管理器，设置拉伸终止条件为“成形到一面”，选择大圆柱的外表面为指定面，然后单击属性管理器中的“确定”图标，结果如图8-49所示。

（4）选择基准面2作为草图绘制基准面。单击“标准视图”工具栏中的“正视于”图标，新建草图。

（5）单击“草图”工具栏中的“圆”图标，在坐标原点绘制直径为“200”的圆。

（6）选择菜单栏中的“插入”→“凸台/基体”→“拉伸”命令，或者单击“特征”工具栏中的“拉伸凸台/基体”图标，此时系统弹出“凸台-拉伸”属性管理器，设置拉伸终止条件为“成形到一面”，选择大圆柱的外表面为指定面，然后单击属性管理器中的“确定”图标，隐藏临时轴和基准面，结果如图8-50所示。

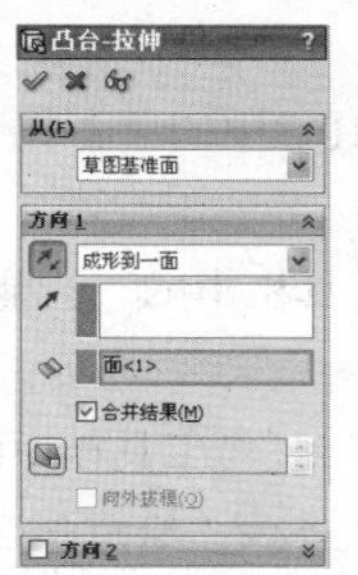

图8-48 “凸台-拉伸”属性管理器

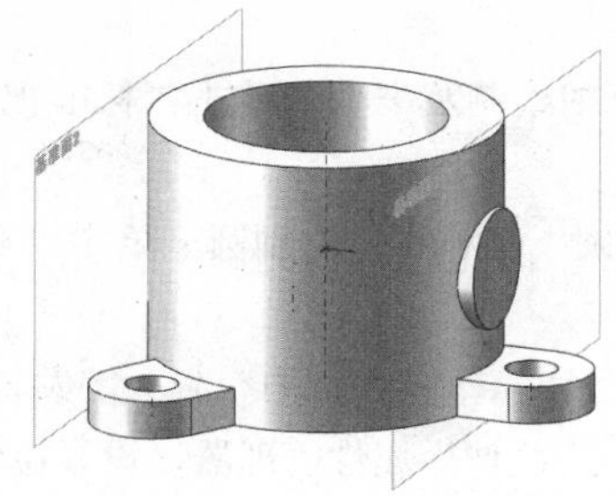

图8-49 拉伸实体

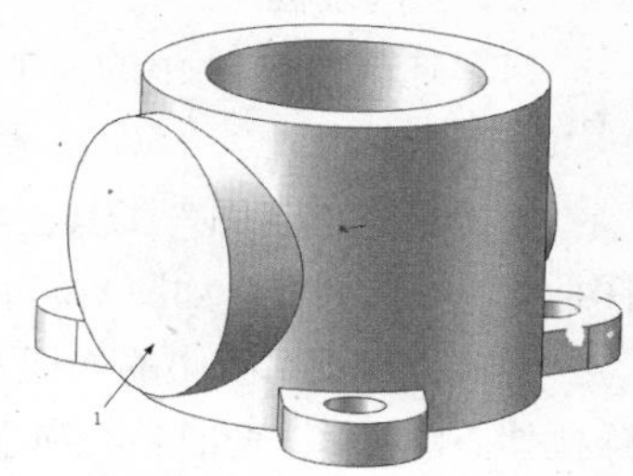

图8-50 拉伸实体

4．创建连接管

（1）选择图 8-50 中的面 1 作为草图绘制基准面。单击“标准视图”工具栏中的“正视于”图标，新建草图。

（2）单击“草图”工具栏中的“圆”图标，在坐标原点绘制直径为“100”的圆。

（3）选择菜单栏中的“插入”→“切除”→“拉伸”命令，或者单击“特征”工具栏中的“切除拉伸”图标，此时系统弹出如图 8-51 所示的“切除 - 拉伸”属性管理器，设置拉伸终止条件为“给定深度”，输入拉伸切除距离为“25.00mm”，然后单击属性管理器中的“确定”图标，结果如图 8-52 所示。

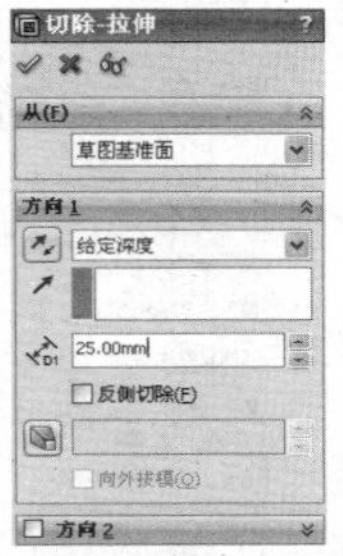

图8-51 “切除-拉伸”属性管理器

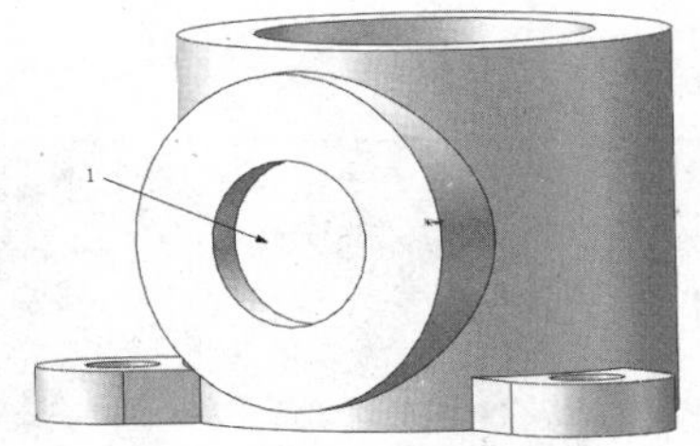

图8-52 切除实体

（4）选择图 8-52 中的面 1 作为草图绘制基准面。单击“标准视图”工具栏中的“正视于”图标，新建草图。

（5）单击“草图”工具栏中的“圆”图标，在坐标原点绘制直径为“56.2”的圆。

（6）选择菜单栏中的“插入”→“切除”→“拉伸”命令，或者单击“特征”工具栏中的“切除拉伸”图标，此时系统弹出如图 8-53 所示的“切除 - 拉伸”属性管理器。设置拉伸终止条件为“给定深度”，输入拉伸切除距离为“256.30mm”，然后单击属性管理器中的“确定”图标，结果如图 8-54 所示。

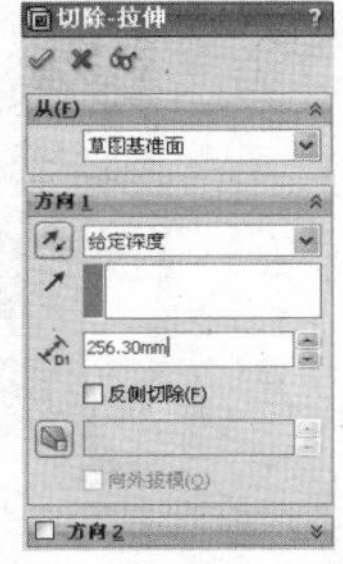

图8-53 “切除-拉伸”属性管理器

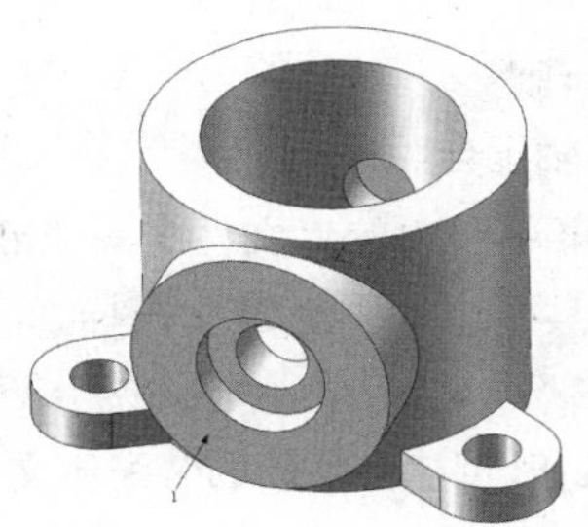

图8-54 切除实体

5. 创建螺栓孔

（1）选择图 8-54 中的面 1 作为草图绘制基准面。单击“标准视图”工具栏中的“正视于”图标，新建草图。

（2）单击“草图”工具栏中的“圆”图标，绘制圆；单击“草图”工具栏中的“智能尺寸”图标，标注尺寸，如图 8-55 所示。

（3）选择菜单栏中的“插入”→“切除”→“拉伸”命令，或者单击“特征”工具栏中的“切除拉伸”图标，此时系统弹出“切除 - 拉伸”属性管理器，设置拉伸终止条件为“给定深度”，输入拉伸切除距离为“37.50mm”，然后单击属性管理器中的“确定”图标。

（4）选择菜单栏中的“视图”→“临时轴”命令，显示视图中的所有临时轴。

（5）选择菜单栏中的“插入”→“阵列 / 镜像”→“圆周阵列”命令，或者单击“特征”工具栏中的“圆周阵列”图标，此时系统弹出如图 8-56 所示的“圆周阵列”属性管理器。选择大圆柱体的中心轴为基准轴，输入阵列角度为“360.00 度”，输入阵列个数为“3”，选择上步创建的拉伸体作为要阵列的特征，然后单击属性管理器中的“确定”图标，结果如图 8-38 所示。

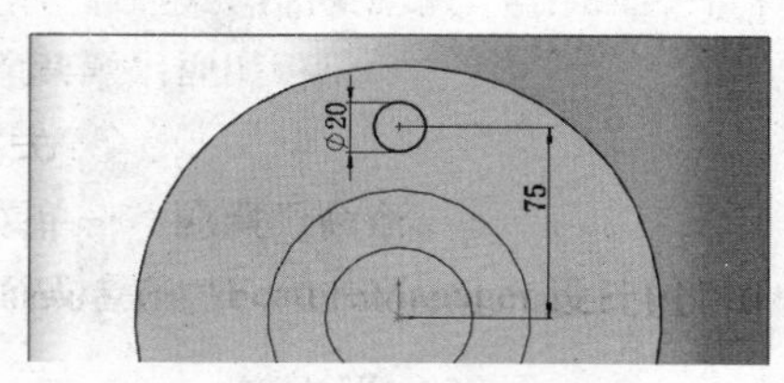

图8-55 绘制草图

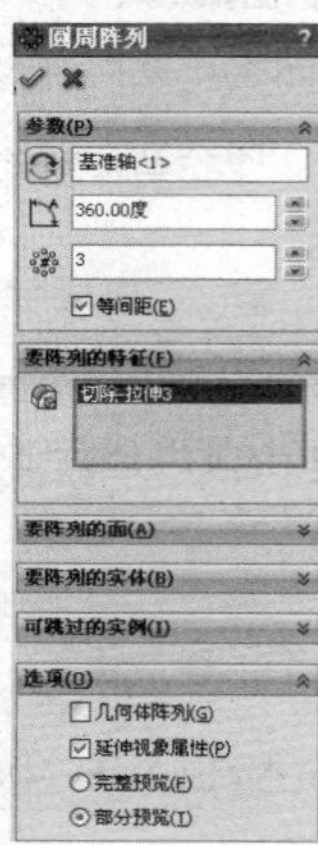

图8-56 “圆周阵列”属性管理器

8.7 装配体

本例绘制的制动器装配体，如图 8-57 所示。首先创建一个装配体文件，然后依次插入制动器装配体零部件，最后添加配合关系。

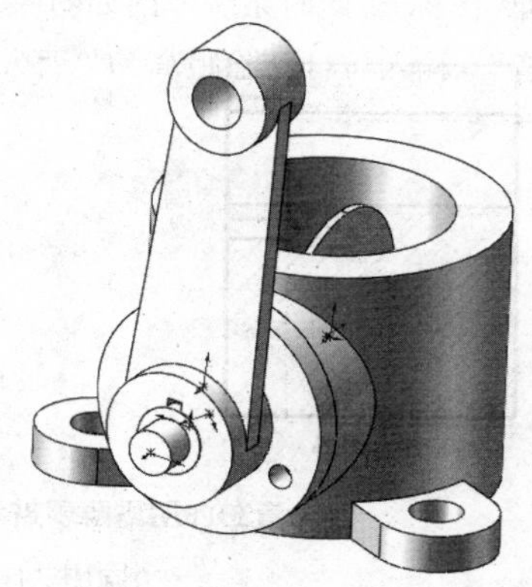

图8-57 制动器装配体

操作步骤

1. 阀体 - 轴配合

（1）选择菜单栏中的“文件”→“新建”命令，或单击“标准”工具栏中的“新建”图标，在弹出的“新建 SolidWorks 文件”对话框中，先单击“装配体”图标，再单击“确定”按钮，创建一个新的装配体文件。系统弹出“开始装配体”属性管理器，如图 8-58 所示。

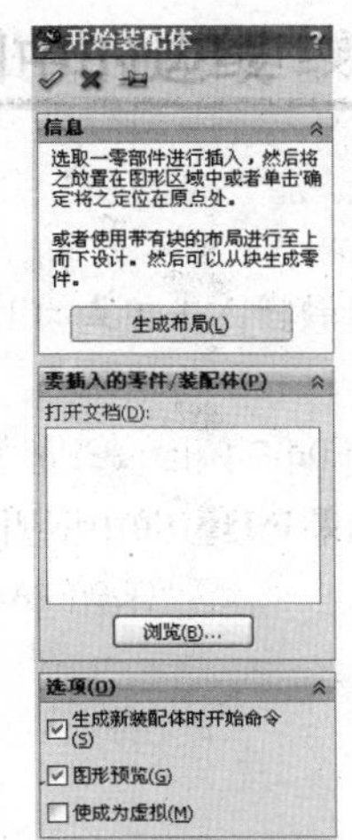

图8-58　“开始装配体”属性管理器

（2）单击“开始装配体”属性管理器中的“浏览”按钮，系统弹出“打开”对话框，选择前面创建的“阀体”零件，这时对话框的浏览区中将显示零件的预览结果，如图 8-59 所示。在“打开”对话框中单击“打开”按钮，系统进入装配界面，光标变为形状，选择菜单栏中的“视图”→“原点”命令，显示坐标原点，将光标移动至原点位置，光标变为形状，如图 8-60 所示，在目标位置单击将阀体放入装配界面中。

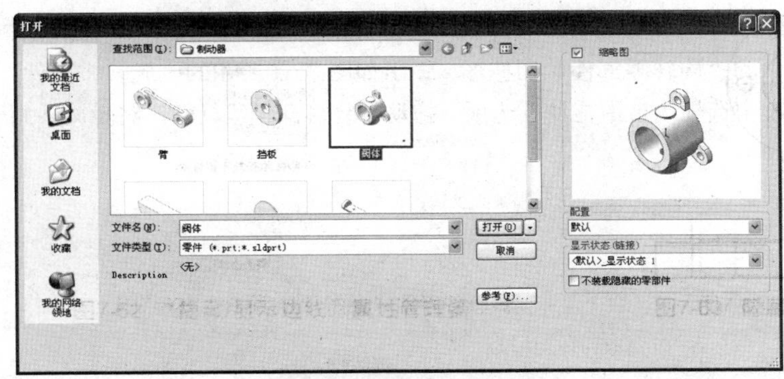

图8-59　打开所选装配零件

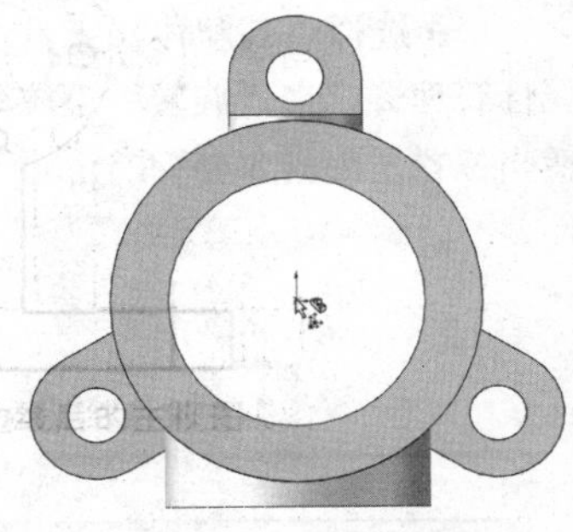

图8-60　定位阀体

（3）选择菜单栏中的“插入”→“零部件”→“现有零件 / 装配体”命令，或单击“装配体”工具栏中的“插入零部件”图标，在弹出的“打开”对话框中选择“轴”，将其插入到装配界面中，如图 8-61 所示。

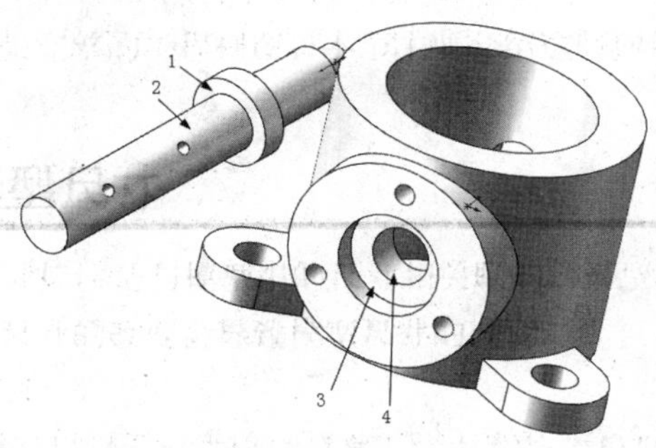

图8-61　插入轴

（4）选择菜单栏中的“插入”→“配合”命令，或单击“装配体”工具栏中的“配合”图标，系统弹出“配合”属性管理器，如图 8-62 所示。选择图 8-61 中的面 2 和面 4 为配合面，在“配合”属性管理器中单击“同轴心”图标，添加“同轴心”关系，单击“确定”图标。选择面 1 和面 3 为配合面；在“配合”属性管理器中单击“重合”图标，添加“重合”关系，单击“确定”图标，结果如图 8-63 所示。

图8-62 “配合”属性管理器

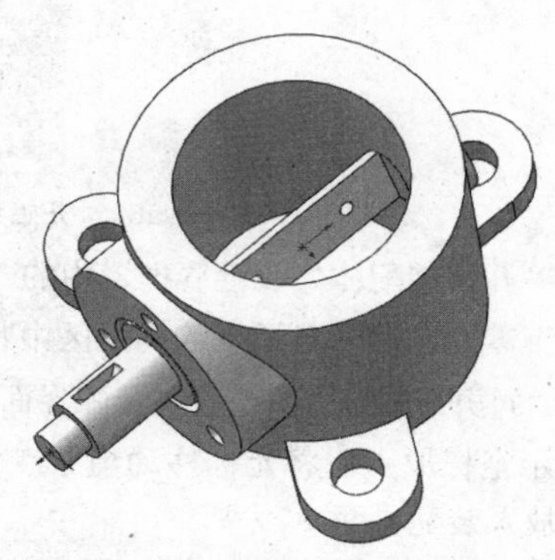

图8-63 配合后的图形

（5）选择“装配体”工具栏中的“旋转零部件”图标，弹出如图 8-64 所示的“旋转零部件”属性管理器，在“旋转”下拉列表中选择“自由拖动”选项，拖动轴绕自身轴线旋转，将轴旋转到适当位置，如图 8-65 所示。

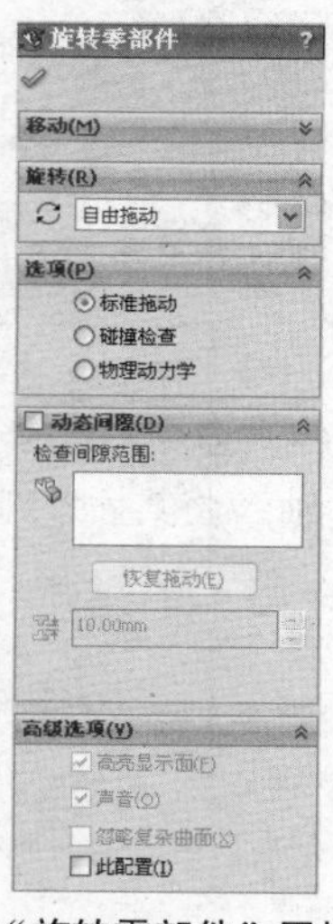

图8-64 “旋转零部件”属性管理器

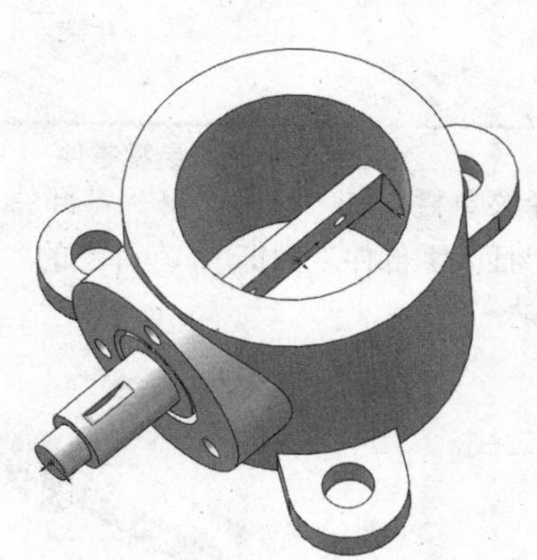

图8-65 旋转轴

2．装配盘

（1）选择菜单栏中的“插入”→“零部件”→“现有零件 / 装配体”命令，或单击“装配体”工具栏中的“插入零部件”图标，在弹出的“打开”对话框中选择“盘”，将其插入到装配界面中，如图 8-66 所示。

（2）单击“装配体”工具栏中的“配合”图标，选择图 8-66 中的面 2 和面 4，添加“同轴心”关系；选择图 8-66 中的面 1 和面 5，添加“重合”关系；选择图 8-66 中的面 3 和面 6，添加“同轴心”关系；单击“确定”图标，完成盘的装配，如图 8-67 所示。

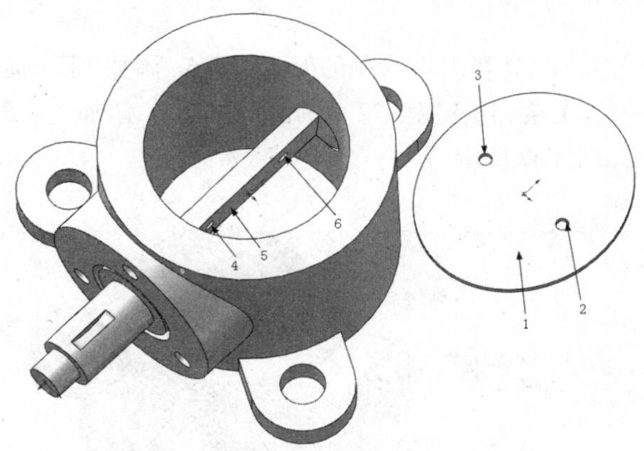

图8-66 插入“盘”到装配体

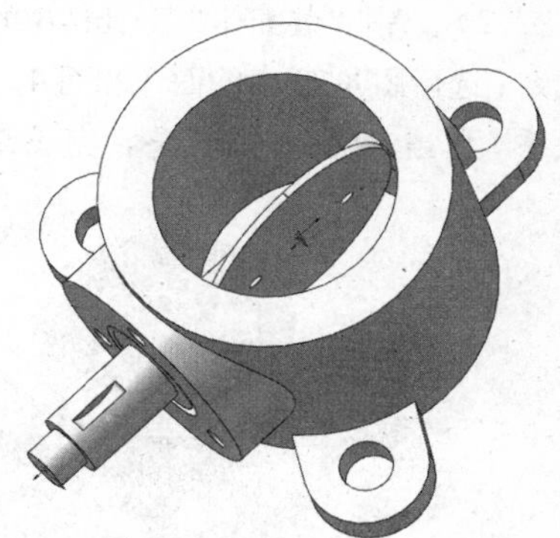

图8-67 配合后的图形

3．装配挡板

（1）选择菜单栏中的“插入”→“零部件”→“现有零件 / 装配体”命令，或单击“装配体”工具栏中的“插入零部件”图标，在弹出的“打开”对话框中选择“挡板”，将其插入到装配界面中，如图 8-68 所示。

（2）单击“装配体”工具栏中的“配合”图标，选择图 8-68 中的面 2 和面 4，添加“同轴心”关系；选择图 8-68 中的面 3 和面 6，添加“同轴心”关系；选择图 8-68 中的面 1 和面 5，添加“重合”关系；单击“确定”图标，完成挡板的装配，如图 8-69 所示。

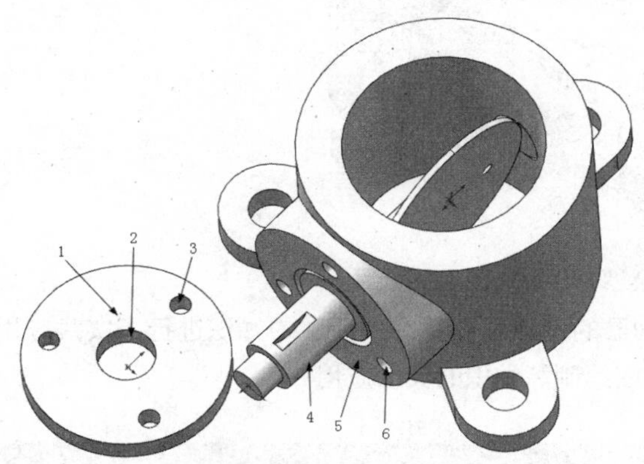

图8-68 插入“挡板”到装配体

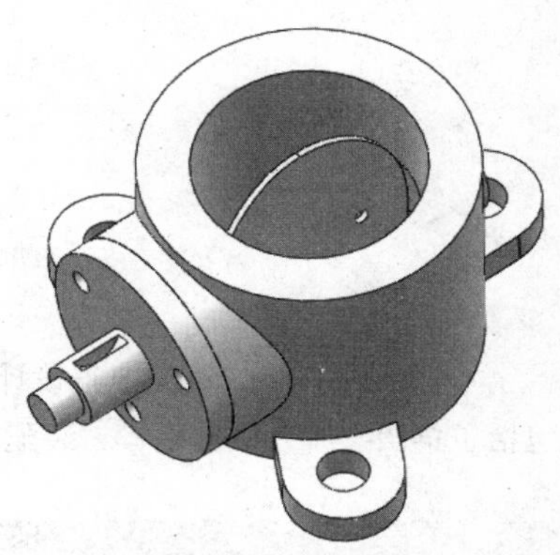

图8-69 配合后的图形

4. 装配键

（1）选择菜单栏中的“插入”→“零部件”→“现有零件 / 装配体”命令，或单击“装配体”工具栏中的“插入零部件”图标，在弹出的“打开”对话框中选择“键”，将其插入到装配界面中，如图 8-70 所示。

（2）单击“装配体”工具栏中的“配合”图标，选择图 8-70 中的面 2 和面 4，添加“同轴心”关系；选择图 8-70 中的面 1 和面 3，添加“重合”关系；选择轴的前视基准面和键的上视基准面，添加“平行”关系；单击“确定”图标，完成键的装配，如图 8-71 所示。

5．装配臂

（1）选择菜单栏中的“插入”→“零部件”→“现有零件 / 装配体”命令，或单击“装配体”工具栏中的“插入零部件”图标，在弹出的“打开”对话框中选择“臂”，将其插入到装配界面中，如图 8-72 所示。

（2）单击“装配体”工具栏中的“配合”图标，选择图 8-72 中的面 2 和面 6，添加“同轴心”关系；选择图 8-72 中的面 3 和面 4，添加“平行”关系；选择图 8-72 中的面 1 和面 5，添加“重合”关系；单击“确定”图标，完成臂的装配，如图 8-57 所示。

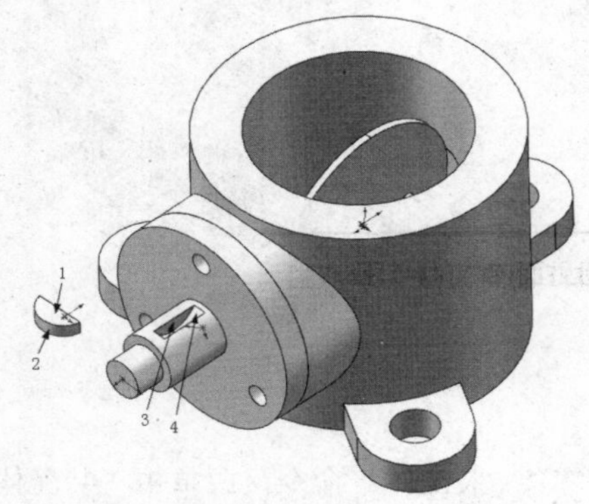

图8-70 插入“键”到装配体

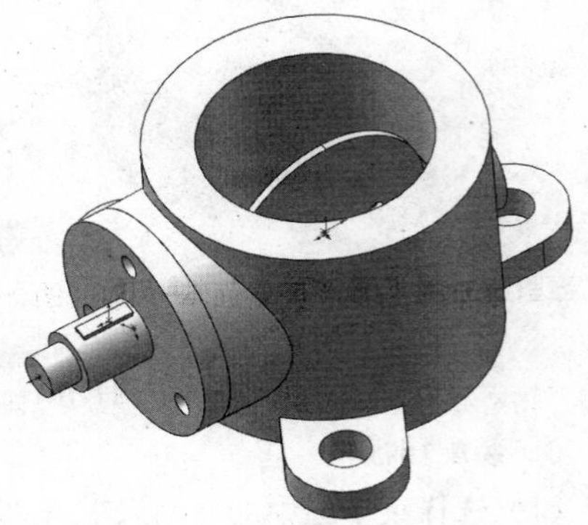
图8-71 配合后的图形

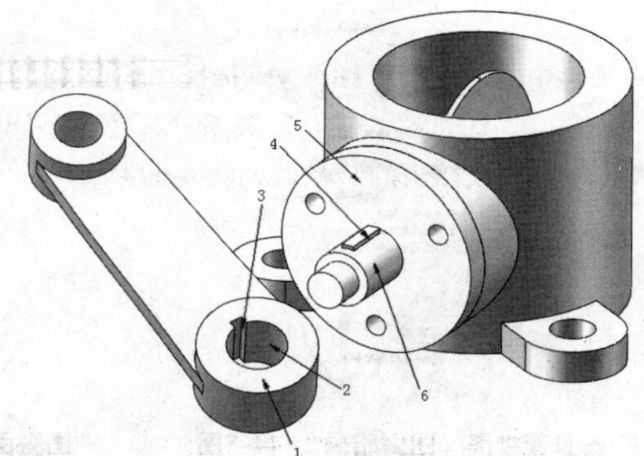

图8-72 插入“臂”到装配体

本章通过一个完整的工程设计案例——制动器的设计过程将全书所学的知识进行了实践应用，包括了草图绘制、零件建模、装配体建模、工程图绘制等知识的灵活应用。

8.8 思考与上机练习

1．绘制如图 8-73~ 图 8-82 所示的球阀零件。

操作提示

（1）绘制相关草图。

（2）利用特征功能绘制相关造型。

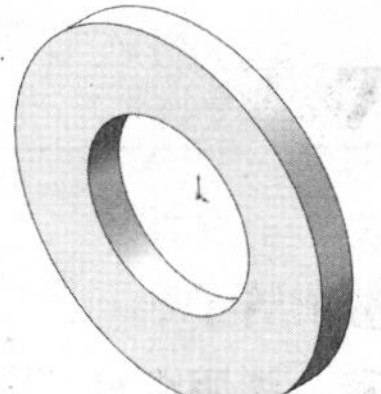
图8-73 垫圈

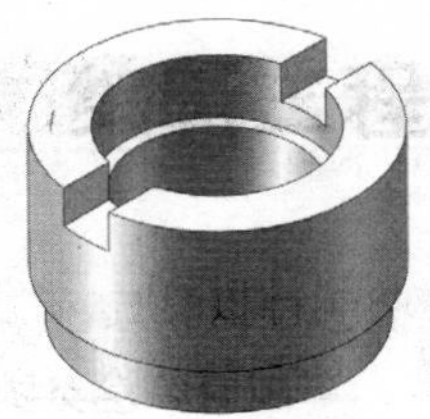
图8-74 压紧套

图8-75 密封圈

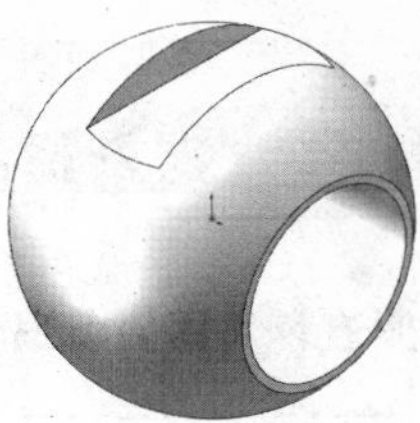
图8-76 阀芯

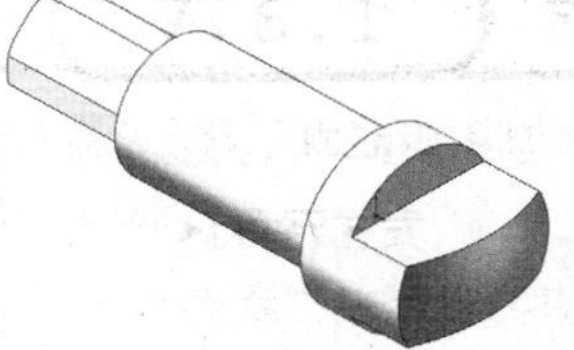
图8-77 阀杆

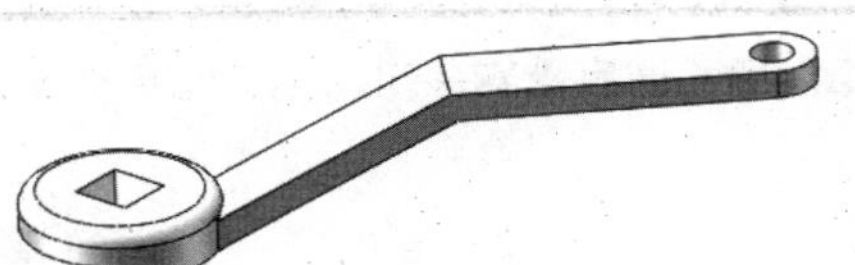
图8-78 扳手

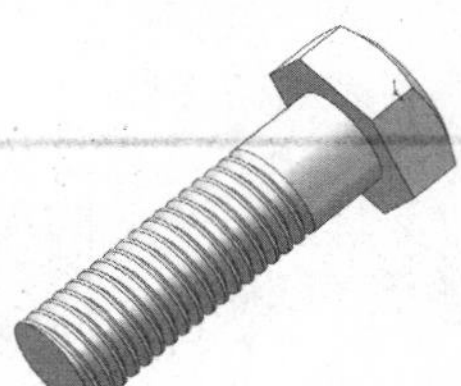
图8-79 螺栓

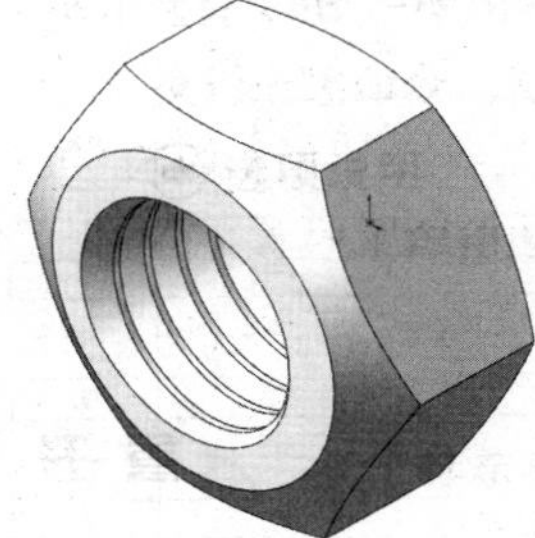
图8-80 螺母

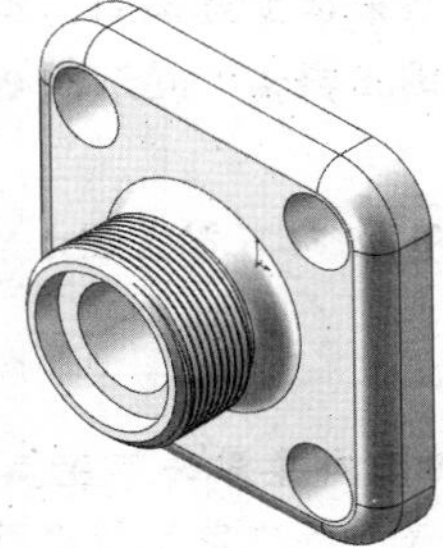
图8-81 阀盖

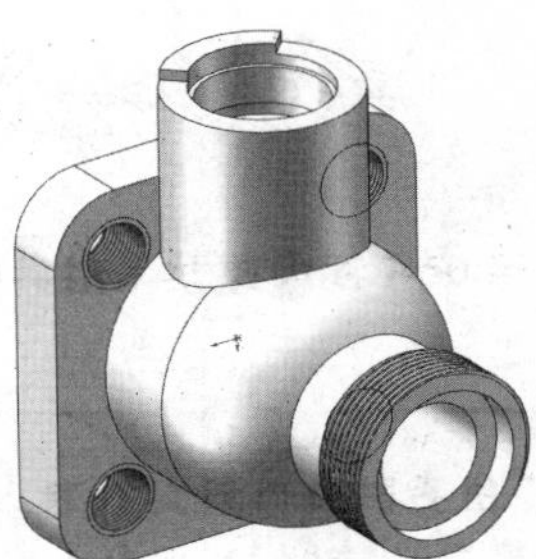
图8-82 阀体

2. 绘制如图 8-83 所示的球阀装配体。

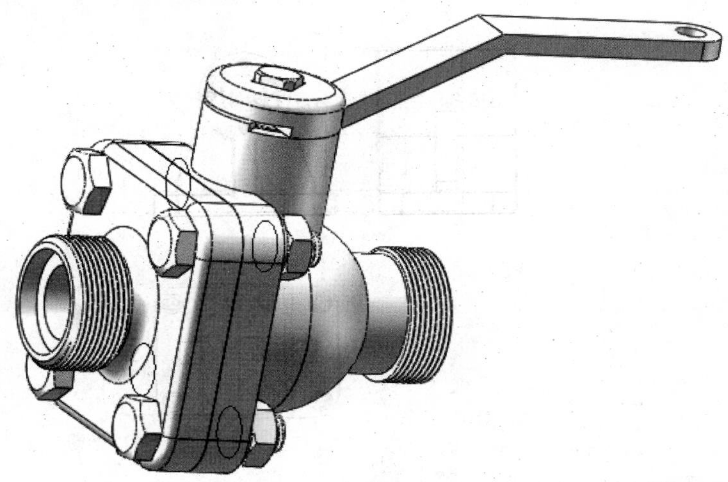
图8-83 球阀装配体

操作提示

（1）插入相关零件。

（2）插入配合关系。

3. 绘制如图 8-84 所示的球阀装配体工程图。

(1) 生成视图。

(2) 标注视图。

技术要求

制造与验收技术条件应符合国家标准的规定

项目号	零件号	说明	数量
1	阀体		1
2	扳手		1
3	压紧套		1
4	阀杆		1
5	阀芯		1
6	密封圈		2
7	阀盖		1
8	螺栓		4
9	垫圈		4
10	螺母		4

图8-84 绘制球阀装配工程图